ケミカルバイオロジー
化合物集

研究展開のヒント

日本学術振興会 ケミカルバイオロジー第189委員会 編

序

化学を出発点として生命現象の解明を目指すケミカルバイオロジーは、基礎研究だけでなく応用研究にもつながることから、2015年4月、日本学術振興会（JSPS）産学協力委員会に、学界と産業界の委員によって構成される「日本におけるケミカルバイオロジーの新展開　第189委員会」が設置されました。ケミカルバイオロジーという言葉に馴染みのない方でも、2015年ノーベル生理学・医学賞の対象となったイベルメクチン（ivermectin）という名前は聞いたことがあるのではないでしょうか。熱帯地域に蔓延していた寄生虫病（オンコセルカ症）の治療薬として開発されたイベルメクチンは、もともと放線菌から単離されたエバーメクチン（avermectin）を有機化学的に変換した誘導体です。また、抗がん剤として使われているエリブリン（eribulin）は、海綿由来の天然有機化合物であるハリコンドリンB（halichondrin B）の大環状ケトンを合成した構造類縁体です。このように、医薬・農薬として実用化された化合物には、微生物や植物が生産する天然物にヒントを得て合成されたものが、数多く存在します。医薬・農薬として、実用化には至らなかったものの、新たな生物機能を解明するバイオプローブとして用いられている化合物も多数存在します。

本書では、第189委員会のメンバーが中心となって、これまでに報告された有用生物活性物質をカタログ化しました。すなわち、それぞれの化合物について、化合物の由来、精製方法または合成方法、化学構造、生物活性・機能をできるだけ簡潔にまとめました。化合物の種類は無数にあるので、すべての化合物を網羅することは不可能ですが、化合物の由来や生物活性に関するエッセンスをとりまとめ、次世代に、ケミカルバイオロジーの発展に貢献してきた化合物を伝承したいとの思いが込められています。

ケミカルバイオロジーの研究成果は、医薬・農薬・食品産業に応用されることが大いに期待されています。本書では、「医薬・農薬になった化合物は、どのように開発されたのか？」「ケミカルバイオロジーの発展に、化合物がどう役立っているのか？」「化合物が、どのように見つかってきたのか？見つけていくのか？」「化合物が、どのように合成されてきたのか？」「化合物をどのように使って、何がわかってきたのか？」がまとめられていますので、生物活性化合物の現状を俯瞰するのに役立つのではないでしょうか。また、今後の研究展開のヒントになることを期待しています。

本書のご推薦を頂いた大村智先生、伊丹健一郎先生、福島真人先生、加藤博之先生に深謝いたします。

2018年10月

理化学研究所　長田裕之

（日本学術振興会産学協力委員会

「日本におけるケミカルバイオロジーの新展開

第189委員会」委員長）

推薦のことば

大村 智
北里大学特別栄誉教授

「天然化合物はケミカルバイオロジー研究に大切な役割を果たしてきました。生命現象の不思議や病気の原因を調べる化合物について学んでみよう」

伊丹 健一郎
名古屋大学トランスフォーマティブ生命分子研究所拠点長、教授

「生命の謎に迫る分子や医農薬として働く分子がどのようにして発見・開発されたかがわかる本です。ワクワクしながら読めそうです！」

加藤博之
日本感染症医薬品協会　事務局長

「大村先生がノーベル賞を受賞したときに、微生物が作る薬のことに興味を持ちました。その時に読みやすい本を探したけど見当たりませんでした。本書には、化合物開発の経緯が書かれていますので、専門家だけでなく、学生の皆さんにもお薦めしたいと思います」

福島真人
東京大学総合文化研究科　教授

「日本の天然化合物研究は、長い研究史を誇り、多くのすぐれた成果を挙げてきたが、近年ケミカルバイオロジーという形で、ダイナミックに変容を遂げつつあり、国際的にも注目を集めている。本書は、社会に貢献する科学的な成果が、長期的にどう変化し、伝統を守りつつ、新たな時代の要請に対応してどのように進化してきたかを知りうる重要な書であり、天然物化学や創薬のみならず、科学史、あるいは日本の社会文化史に関心がある読者にとっても、有意義な著作であることは間違いない」

目次

1 章

医薬に関する化合物

1.1 アルツハイマー型・レビー小体型認知症治療薬　アリセプト

エーザイ株式会社　ニューロロジービジネスグループ　木村禎治

化合物名　アリセプト（ドネペジル塩酸塩）

キーワード　アルツハイマー病（AD）、アルツハイマー型認知症、レビー小体型認知症、神経伝達物質、アセチルコリン（acetylcholine; ACh）、コリン仮説、アセチルコリンエステラーゼ（acetylcholine esterase; AChE）、ドネペジル（donepezil; DPZ）、水迷路学習試験

1. はじめに

2015年の全世界における新規認知症患者数は990万人であり、3秒に1人の割合で発症すると推定されている（World Alzheimer Report 2015）。2050年には認知症患者数が1億3150万人に達すると予想され、患者ばかりでなく、家族、医療・介護関係者の負担を考えると、認知症は社会構造そのものを蝕む社会的疾患と言っても過言ではない。この危機感から2013年に英国のキャメロン首相の呼びかけでG8認知症サミットがロンドンで開催され、認知症問題にともに取り組むための共同声明が合意された。認知症の約50%を占めるアルツハイマー病（AD）に関しては、患者の脳病理研究、バイオマーカーやイメージングを用いた経時的変化の追跡、遺伝子関連解析からその病因の解明が進んできている。創薬においても、アミロイド仮説に基づく薬剤が臨床試験の最終段階に進んでおり、ADの発症予防・進行抑制が現実のものとなりつつある。

2. 創薬仮説

ここで時計の針を逆に回し、アリセプトの創薬研究が開始された1980年代初頭に戻ってみる。当時、認知症は痴呆（2004年の厚生労働省の用語検討会で「認知症」への言い換えが報告）と呼ばれており、「痴呆は老いが原因で、病気ではないので病院で診てもらうものではない」、「物忘れは誰にでもある」、「身内に痴呆人がいると恥ずかしい」等認知症への社会的認知が極めて低かった。認知症の一つであるADの研究は、1907年にドイツの神経病理学者Alois Alzheimerが進行性痴呆の脳に老人斑と神経原繊維変化を見出したことから始まった。その後、1970年代になりAD患者脳において、大脳皮質のアセチルコリン（ACh）の合成酵素であるコリンアセチル転移酵素（choline acetyltransferase; ChAT）の活性が正常対照群と比べ著しく低下していることが見出された〔Bowen et al 1976〕。1982年にはAD大脳皮質のコリン神経の起始核であるマイネルト基底核で大型神経細胞の顕著な脱落が見られることが報告された〔Whitehouse et al 1982〕。これらの病理所見から、老人斑の沈着、神経原線維変化に加え、コリン作動性神経の脱落をADの三大兆候と捉え、コリン作動性神経の賦活がADの症状改善につながるという「コリン仮説」が提唱された〔Bartus et al 1982, Coyle et al 1983〕。「コリン仮説」を基とした創薬アプローチとしては以下の3つの方法が考えられる。

1）記憶に深く関わる神経伝達物質であるAChのシナプス前膜からの遊離を促進させる

2）AChの分解酵素であるアセチルコリンエステラーゼ（AChE）を阻害し、シナプス間隙のAChの濃度を高める

3）シナプス後膜にあるムスカリン受容体を活性化させる

この中で、酵素阻害が薬物標的として好ましいと考え、AChE阻害剤の探索を開始することとした。

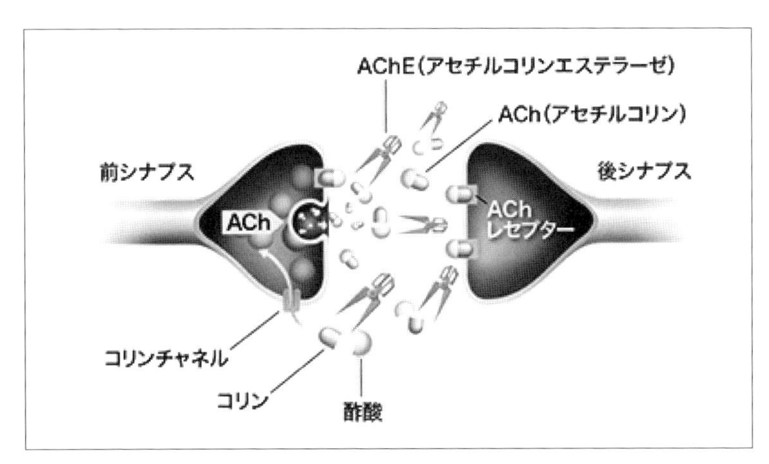

図1．アセチルコリンエステラーゼ阻害剤作用機序

＊エーザイホームページ「Aricept.jp」（http://www.aricept.jp）より引用

3．化合物探索

AChE阻害剤としては、アルカロイドであるフィゾスチグミン（physostigmine）と農薬として合成されたタクリン（tacrine）が知られていた。これらの化合物は、小数例の臨床研究において有効性を示す結果も報告されたが、フィゾスチグミンは血中半減期が極めて短いことおよび末梢性の副作用が強いこと〔Muramoto et al 1979〕、タクリンは肝機能障害が見られたこと〔Summers et al 1981〕から医薬品として成功には至っていない（タクリンは臨床試験が実施され、1993年に米国でアルツハイマー病治療薬として承認されたが、肝機能障害のためその後販売中止となっている）。そこで、**1**）AChEに対して選択性が高いこと、**2**）脳移行性が優れていること、**3**）作用持続が長いこと、の3条件を満たす医薬品としての資質の高い化合物を探索することとした。新規化合物を見出す方法として、ハイスループットスクリーニングは今でこそリード化合物探索の主流であるが、当時はロボット化した自動アッセイシステムも開発されていなかったため、その前身にあたるブラインドスクリーニング（自社保有化合物をランダムに一つひとつ手作業でアッセイしていく方法）を用いた。加えて、今であれば、ヒトの酵素を用いてスクリーニングすることは一般的であるが、このブラインドスクリーニングでは、当時容易に入手できた電気ウナギの酵素を使用している。このブラインドスクリーニングからピペラジン系化合物**1**（**図2**中の**1**、以降同じ）にAChE阻害活性があることが見出された。化合物**1**のピペラジンをピペリジン（化合物**2**）に変換することで70倍阻害活性が増強した。しかし、化合物**2**はラット脳ホモジネート由来のAChEでは阻害活性が弱く、これ以降はラットAChEをスクリーニングに使用することになった。もし最初から

ラットAChEをスクリーニング酵素として使っていれば、化合物**1**の活性は弱すぎて、発見できていなかったかも知れない（セレンディピティが現れたかどうかは後でわかることである）。AChE阻害活性の増強を狙い、最適化研究を進め、当時世界最強のAChE阻害剤**3**を得た。しかし、化合物**3**は生体内利用率が悪いことが判明した。そこでさらなる構造変換を進め、アミド結合をケトンに置き換え、さらに環化しインダノン骨格へ変換することで、活性を維持したまま、生体内利用率と脳内移行性がよい化合物**4**に至った。化合物**4**の構造活性相関をシステマティックに追究することで最適なプロファイルを有する化合物**5**（ドネペジル；donepezil）が見出された〔Sugimoto et al 1992, 1995〕。

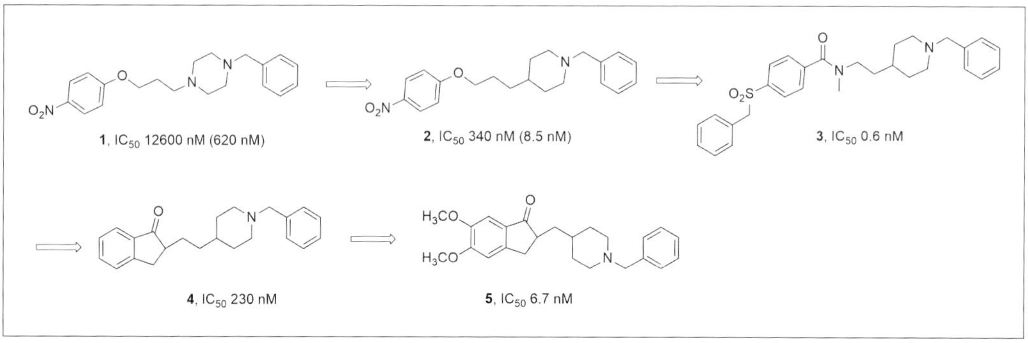

1, IC_{50} 12600 nM (620 nM)　**2**, IC_{50} 340 nM (8.5 nM)　**3**, IC_{50} 0.6 nM

4, IC_{50} 230 nM　**5**, IC_{50} 6.7 nM

図2．ドネペジル発見への流れ

* IC_{50}はラット脳由来酵素を用いた値、カッコ内は電気ウナギの酵素を用いた値

ドネペジル塩酸塩は、5,6-ジメトキシインダノンと1-ベンジル-4-ホルミルピペラジンをアルドール反応に付し、得られたエノン体を接触還元し、塩酸塩とすることで得られる。

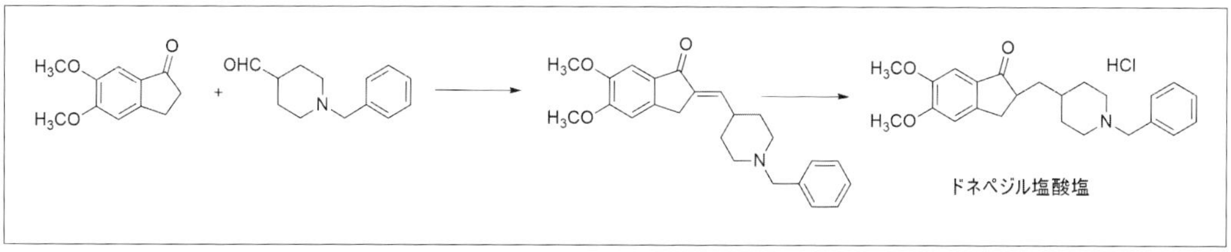

ドネペジル塩酸塩

図3．ドネペジル塩酸塩の合成

4．薬理活性

フィゾスチグミンで問題となった末梢性副作用回避に関しては、末梢に多く存在するブチリルコリンエステラーゼ（BuChE）との選択性および脳内移行性向上により達成できると考えた。実際に、ドネペジル塩酸塩はAChEに対してIC_{50} 6.7nMの阻害活性を示し、一方BuChEに対してIC_{50} 7400nMの阻害活性であり、1100倍の乖離があることがわかった〔山西 et al 1998〕。ドネペジル塩酸塩をラットに経口投与し、脳、心臓、小腸、胸筋を採取し、AChEの活性を部位別に調べたところ、脳以外の末梢組織ではほとんど阻害活性は見られなかった。また、ドネペジルは血漿中濃度の6～8倍脳内に移行することがわかった〔小倉 et al 2000〕。実際に、ドネペジル塩酸塩を2.5mg/kg経口

投与すると、大脳皮質あるいは海馬でシナプス間隙のACh量が増加することをマイクロダイアリシス法により確認した〔小笹 et al 1998〕。これらのことから、ドネペジル塩酸塩は、神経化学的実験から中枢作用型AChE阻害剤ということができる。

ドネペジル塩酸塩が脳内シナプス間隙のACh量を増加させることを確認したが、その作用により学習記憶機能が改善するかどうかを複数の行動薬理学的試験で検証した。コリン作動性神経の細胞体が存在する大脳基底核を破壊すると受動回避反応での反応潜時が短縮することが知られている（明暗ボックスにラットを置くと、その習性により暗室に入る。しかし、暗室に入ると電気ショックが流れるため、ラットは暗室が危険であると学習する。この暗室に入るまでの時間を反応潜時と呼ぶ。大脳基底核破壊ラットでは、暗室が危険であることを学習できず、正常ラットより短時間で暗室に入ってしまう）。ドネペジル塩酸塩0.125～1.0mg/kgの経口投与により反応潜時が延長した。つまり、学習効果改善が見られたと考えられる〔Yamanishi et al 1991〕。海馬のコリン作動性神経は中隔野から投射されるため、中隔野を破壊することで、海馬機能不全が起こり、記憶障害が現れることが知られている。中隔野破壊ラットを水迷路試験（逃げ場になるプラットフォームを水中に設置したプールでラットを泳がせると、ラットはプラットフォームの位置を試行錯誤し探り当て、施行回数を増やすたびに、短時間でプラットフォームまで泳ぎ着くことができるようになる。中隔野破壊ラットでは、プラットフォームの場所が覚えられないため、試行回数を増やしてもプラットフォームにたどり着く時間が短くならない）で評価したところ、ドネペジル塩酸塩は0.5mg/kgから有意に記憶障害改善が見られた〔小倉 et al 2000〕。さらに、ラットスコポラミン誘発記憶障害モデル（スコポラミンはヒトでも記憶障害を起こすことが知られている）での放射状迷路課題においても、ドネペジル塩酸塩は0.5mg/kg経口投与で記憶障害を改善した〔杉本 et al 1999〕。これらの行動薬理試験の結果から、ドネペジル塩酸塩による脳内シナプス間隙でのACh増加が記憶学習機能向上につながることを非臨床モデルで証明できた。

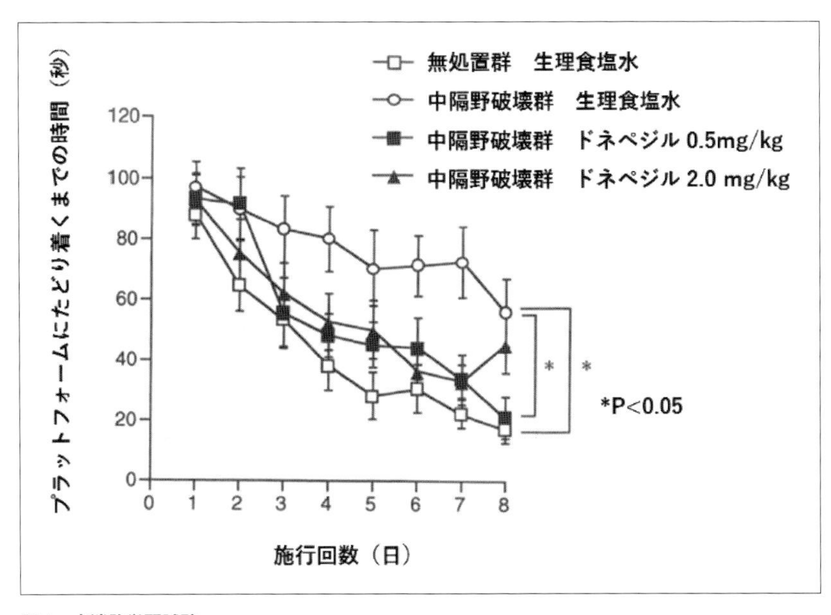

図4. 水迷路学習試験

5. 臨床試験

脳神経系薬物開発において、動物実験結果を臨床試験にいかに外挿するかは今でさえ大きな課題である。本臨床試験では、用量をいかに設定するかが有効性を立証する大きな鍵となった。臨床第1相で、ドネペジル塩酸塩5mgおよび10mg投与で赤血球中AChE活性が55 ～ 70%阻害されることが観察された。軽度および中等度のアルツハイマー型認知症患者を対象とした臨床第2相では5mgまでの用量の有効性および安全性を探索した。当時は、昨今のように国際共同治験は一般的ではなく、ドネペジル塩酸塩の第3相試験も日本と海外で別々に実施された。第2相試験の結果をもとに、日本ではドネペジル塩酸塩5mgを投与する24週間の、海外では5mgおよび10mgを投与する12週間および24週間のプラセボ対照二重盲検比較試験を実施した。これらの臨床試験の主要評価項目は、国内・海外いずれもFDAガイドラインで推奨されたdual assessmentの考え方を採用し、認知機能検査および全般臨床症状評価を用いた。結果として、国内外いずれの試験も2つの主要評価項目において、ドネペジル塩酸塩群はプラセボ群に比較して統計的に有意な改善効果を示した〔Rogers et al 1998a, Rogers et al 1998b, Homma et al 2000〕。1996年3月にFDAに新薬承認申請を行い、8か月の短期間で「軽度・中等度アルツハイマー型認知症治療薬」として承認を取得した。このことは、AD患者とその家族がこの難治性疾患に対する有用な新薬の登場をいかに待望していたかの証でもあると考える。本邦においても、1999年に承認を取得した。

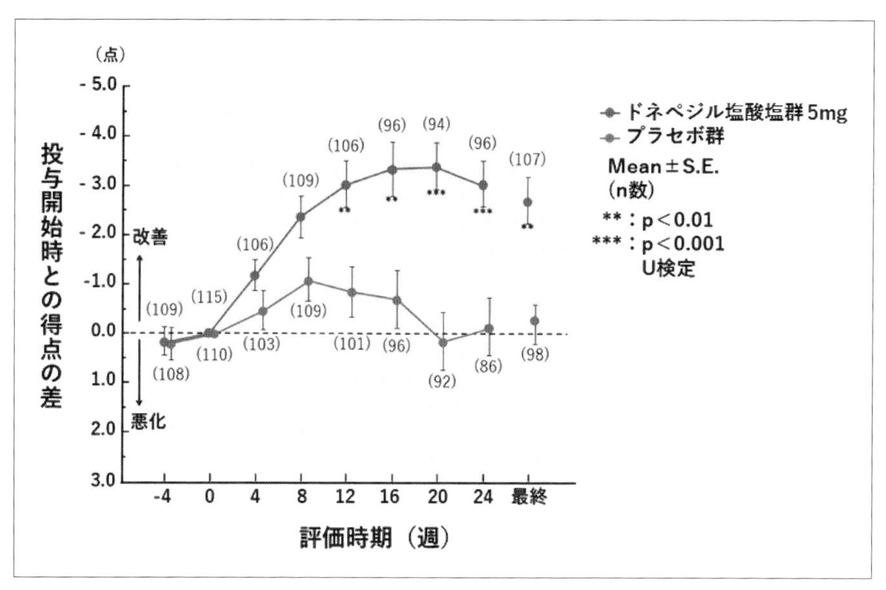

図5. ADAS-Jcogの経時変化〔日本人軽度および中等度アルツハイマー型認知症を対象としたプラセボ対照二重盲検比較試験, Homma et al 2000〕

* ADAS-Jcog: Alzheimer's Disease Assessment Scale-cognitive component-Japanese version

6. 患者貢献

アリセプト販売当初、アルツハイマー型認知症薬に対する認知度は高いものではなかった（当時日本では「脳血管性痴呆がほとんどで、アルツハイマー型痴呆はほとんどない」とまことしやかに言われていた）。既存薬が存在しない新たな市場で新薬による患者貢献を果たすには、疾患啓発・診断啓発をも同時に行っていく必要があった。実際に、疾患啓発に関しては、マスメディアや市民フォーラムを通じて、アルツハイマー型認知症とはどのような病気かということ、またこの病気は治療できる疾患であるということについて、繰り返し啓蒙活動を行った。また、診断啓発においては、かかりつけ医が簡単に使えるMMSE（Mini-Mental scale assessment）の普及活動や医師同士の診断技術向上プログラムを実施した。さらに、「アルツハイマー病研究会」を開催し、AD研究と治療の最新情報を共有できる場を作った。このような地道な活動を通し、これまで治療対象とならなかった「アルツハイマー型認知症」（治療できないため、受診しても何もせず帰宅させたことから、米国では"go home disease"と呼ばれていた）を治療可能な疾患に変えたことが、アリセプトの最も大きな患者貢献・社会貢献であったと思っている。その後も患者の声を聞く活動は継続され、高度アルツハイマー型認知症やレビー小体型認知症における認知症症状の進行抑制の適応を追加取得した。また、嚥下困難な患者がより服薬しやすいように「口腔内崩壊錠」や「内服ゼリー」を世に送り出した。さらに、自治体と共同し、「認知症と共生できるまちづくり」を目指した活動も行っている。

7. おわりに

AD研究が緒に就いたばかりの1980年代初頭に提唱された「コリン仮説」を拠り所とした「アリセプト（ドネペジル塩酸塩）」の開発史をここに記載した。アリセプトは、認知症患者に福音をもたらしたのは事実であるが、認知症との闘いにおいては初戦に過ぎない。その後、1990年代になり「アミロイド仮説」が提唱され〔Selkoe and Hardy 2016〕、これらを基にした薬剤の臨床試験が最終段階に入っている。ADの病因が解明されるにつれ、認知症が発症する前の早期AD段階での臨床試験、さらには症状が出現する前の予防治療に対する臨床研究が行われている。また、ADの病因は単純ではなく、複数の因子が絡み合う複合的疾患であるとの理解も進み、アミロイド以外のタウや神経炎症の研究も進んできている。これらの研究から、今後ADの治療選択肢が増え、現代の社会的疾患であるADが近い将来克服されることを切に願っている。

引用文献

Bartus RT, Dean III RL, Beer B (1982). The cholinergic hypothesis of geriatric memory dysfunction. *Science* **217**: 408-417.

Bowen DM, Smith CB, White P, Davison AN (1976). Neurotransmitter-related enzymes and indices of hypoxia in senile dementia and other abiotrophies. *Brain* **99**: 459 496.

Coyle JT, Price DL, DeLong MR (1983). Alzheimer's disease: a disorder of cortical cholinergic innervation. *Science* **219**: 1184-1190.

Homma A, Takeda M, Imai Y, Udaka F, Hasegawa K, Kameyama M, Nishimura T (2000). Clinical Efficacy and Safety of Donepezil on Cognitive and Global Function in Patients with Alzheimer's Disease. *Dement. Geriatr. Cogn. Disord.* **11**: 299–313.

Muramoto O, Sugishita H, Toyokura Y (1979). Effect of physostigmine on constructional and memory tasks in Alzheimer's disease. *Arch Neurol.* **36**: 501-503.

Rogers SL, Doody RS, Mohs RC, Friedhoff LT (1998a). Donepezil improves cognition and global function in Alzheimer disease: a 15-week, double-blind, placebo-controlled study. Donepezil Study Group. *Arch Intern Med.* **158**:1021-31.

Rogers SL, Farlow MR, Doody RS, Mohs R, Friedhoff LT *et al* (1998b). A 24-week, double-blind, placebo-controlled trial of donepezil in patients with Alzheimer's disease. *Neurology* **50**: 136-145.

Selkoe DJ, Hardy J (2016). The amyloid hypothesis of Alzheimer's disease at 25 years. *EMBO Mol Med.* **8**: 595-608.

Sugimoto H, Tsuchiya Y, Sugumi H, Higurashi K *et al* (1992). Synthesis and structure-activity relationships of acetylcholinesterase inhibitors: 1-benzyl-4-(2-phthalimidoethyl)piperidine, and related derivatives. *J. Med. Chem.* **35**: 4542-4548.

Sugimoto H, Iimura Y, Yamanishi Y, Yamatsu K (1995). Synthesis and Structure-Activity Relationships of Acetylcholinesterase Inhibitors: 1-Benzyl-4-[(5,6-dimethoxy-1-oxoindan-2-yl)methyl]piperidine Hydrochloride and Related Compounds. *J. Med. Chem.* **38**: 4821-4829.

Summers WK, Viesselman JO, Marsh GM, Candelora K (1981). Use of THA in treatment of Alzheimer-like dementia: pilot study in twelve patients. *Biol. Psychiatry* **16**: 145-153.

Whitehouse PJ, Price DL, Struble RG *et al* (1982). Alzheimer's disease and senile dementia: loss of neurons in the basal forebrain. *Science*, **215**: 1237-1239.

Yamanishi Y, Ogura H, Kosasa T *et al* (1991). Inhibitory action of E2020, a novel acetylcholinesterase inhibitor, on cholinesterase: comparison with other inhibitors. In Basic, Clinical, and Therapeutic Aspects of Alzheimer's and Parkinson's Diseases, Edited by Nagatsu T and Yoshida I **Vol 2**, pp 409-413, *Plenum Press, New York.*

小倉博雄、小笹貴史、山西嘉晴(1998). 内側中隔野破壊ラットの水迷路課題学習の獲得障害に対する塩酸ドネペジルの作用. 薬理と治療 **26**: 163-170.

小倉博雄、小笹貴史、荒木伸、山西嘉晴(2000). アルツハイマー病治療剤塩酸ドネペジル(Aricept®)の薬理学的特性. 日薬理誌 **115**: 45-51.

小笹貴史、栗谷由花、小倉博雄、山西嘉晴(1998). 塩酸ドネペジルのラット脳内アセチルコリン増加作用. 薬理と治療 **26**: 153-161.

杉本八郎、山西嘉晴、小倉博雄、飯村洋一、山津清實(1999). アルツハイマー病治療薬塩酸ドネペジルの研究開発. 薬学雑誌 **119**: 101-113.

山西嘉晴、小笹貴史、栗谷由花(1998). 塩酸ドネペジルのin vitroにおけるコリンエステラーゼ阻害作用。薬理と治療 **26**: 127-132.

1.2 免疫抑制薬　タクロリムス

アステラス製薬株式会社 研究本部　菅原真悟、藤井康友

化合物名 タクロリムス（tacrolimus）

キーワード 免疫抑制薬、T細胞、移植

1. 発見のきっかけ

タクロリムス（tacrolimus）はつくば付近の土壌から単離された*Streptomyces tsukubaensis*という放線菌が産生するマクロライド系の抗生物質である（**図1**）〔アステラス製薬株式会社 2016, 山下 2013〕。

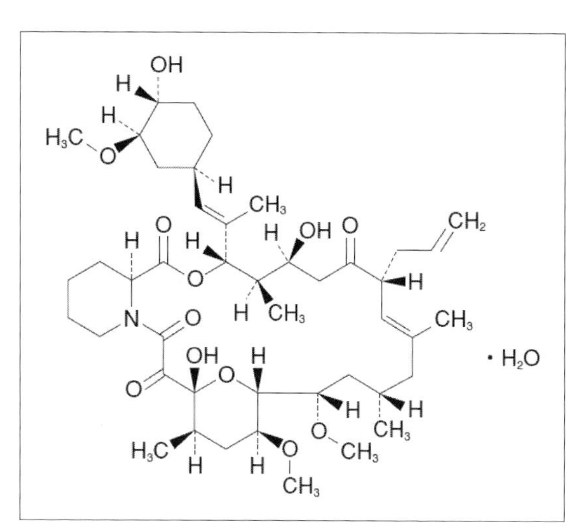

図1. タクロリムス水和物の構造

アステラス製薬の前身である旧藤沢薬品工業では、天然物医薬品研究を精力的に実施しており、全国各地の土壌を採取し、その中に存在する微生物から産生される生理活性物質を盛んに探索していた。対象は抗菌抗生物質が中心であったが、1982年より免疫抑制物質の探索に着手した。当時、免疫抑制物質のスクリーニングに適した評価系は知られていなかったため、移植臓器の拒絶反応が活性化T細胞により引き起こされる点に着目し、in vitro混合リンパ球反応系を利用してスクリーニングを行った。混合リンパ球反応系は、主要組織適合抗原の異なる2種のマウスから採取した脾臓細胞を培養プレート上で混合し、T細胞活性化に伴うサイトカイン等の産生およびそれらによるT細胞の増殖反応を評価する系である。約1年間かけて、カビ約8,000株、放線菌約12,000株の培養液をスクリーニングしたところで、1984年、*Streptomyces* sp.の培養液中に存在する物質、すなわちタクロリムスが混合リンパ球反応を強力に抑制することが発見された〔山下 2013〕。

2. タクロリムスの作用機序、生物活性

2.1. 免疫抑制機序

タクロリムスの免疫抑制機序は、T細胞シグナル伝達経路と相まって解明された。T細胞が抗原提示細胞から抗原提示を受け、T細胞受容体からのシグナル伝達経路を介して転写因子が活性化されてサイトカイン等の因子が発現誘導される〔大塚 et al 2001〕。タクロリムスは細胞内でタクロリムス結合タンパク質（FKBP）と結合し、その複合体が脱リン酸化酵素であるカルシニューリンに作用することが明らかとなった。興味深いことに、タクロリムス単独ではカルシニューリンに対して作用を示さないが、FKBPと複合体（FK506/FKBP複合体）を形成することによりカルシ

ニューリンに結合し、その酵素活性を阻害するのである。これらの発見をもとに、T細胞のシグナル伝達経路が次のように解明された。T細胞受容体からのシグナル伝達により細胞内のカルシウム濃度が上がりカルモジュリンが活性化される。カルモジュリンによりカルシニューリンが活性化されると、その酵素作用によりリン酸化されたnuclear factor of activated T cells（NFAT）という細胞質内に存在する転写因子が脱リン酸化される。脱リン酸化されたNFATは核内に移行し遺伝子発現を誘導する。FK506/FKBP複合体は、カルシニューリンの活性化を抑制し、カルシニューリンによるNFATの脱リン酸化作用を阻害することにより、NFATの核内への移行を妨げ免疫活性化遺伝子の発現を抑制する（**図2**）〔奥原 et al 1996, 大塚 et al 2001〕。また、タクロリムスと類似した免疫抑制作用を示すシクロスポリンA（cyclosporine A）も、シクロフィリンというFKBPとは異なるタンパク質と複合体を形成することによりカルシニューリン活性化を阻害することが併せて解明された〔奥原 et al 1996〕。

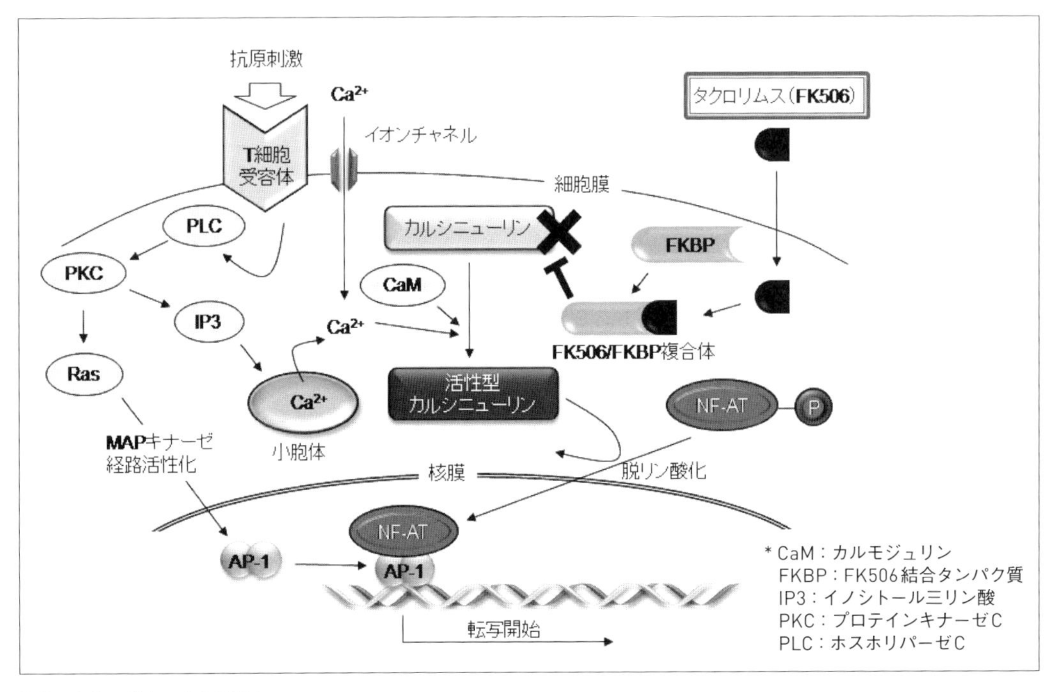

図2. タクロリムスの作用機序

2.2. 薬理作用機序および生物活性

タクロリムスはT細胞の活性化抑制作用を指標に選択された薬物であり、混合リンパ球反応において、T細胞由来のサイトカイン産生および細胞増殖をIC_{50}値0.22nMで抑制する。その作用は先行して開発されていた免疫抑制薬シクロスポリンAと比較して約100倍強力であった〔Kino et al 1987b〕。タクロリムスは、さらに細胞障害性T細胞の生成、インターロイキン（IL）-2、IL-3、インターフェロン（IFN）-γおよびIL-2受容体の発現といったT細胞が関与する免疫反応を広く抑制することが明らかになった。その一方、骨髄細胞の増殖反応に対しては、混合リンパ球反応を抑制する濃度の1000倍以上の濃度でしか抑制せず、より移植臓器拒絶反応に選択的に作用する副作用の少ない免疫抑制剤になることが期待された〔大塚 et al 2001〕。

IL-2およびIFN-γは、移植拒絶反応において主要な働きをする1型ヘルパーT（Th1）細胞から産生される因子である。タクロリムスは、ヒト末梢血単核球を抗CD3/CD28で刺激する反応系で、炎症性サイトカインである腫瘍壊死因子（TNF)-α、IL-1βおよびIL-6の産生をも抑制することが明らかとなっている〔Sakuma et al 2000〕が、こうした炎症性サイトカインは主に活性化された単球およびマクロファージ等の炎症性細胞から産生されることが知られている〔Mosser and Edwards 2008〕。タクロリムスはTh1細胞の活性化抑制を介して炎症性細胞に作用を示すと考えられる。またタクロリムスは、アレルギー反応に主体的にかかわる2型ヘルパーT（Th2）細胞の活性化も強力に抑制する〔Sakuma et al 2001〕。アレルギーの発症には、Th2細胞から産生されるIL-4、IL-5、IL-6、IL-13等のサイトカインを介して活性化される肥満細胞や好酸球、分化したB細胞から産生されるIgE抗体が大きな役割をしている。タクロリムスは、さまざまなアレルギーの動物モデルに対して抑制作用を示すが、その主な機序はTh2細胞の抑制を介したこれらの細胞に対する活性化阻害に基づくものと考察されている〔Anthony et al 2007〕。さらに、タクロリムスはT細胞に対する抑制作用以外にも、B細胞、肥満細胞、好酸球ならびに抗原提示細胞に対する直接的な抑制作用も報告されている〔Hom and Estridge 1993, Panhans-Gross et al 2001, Sengoku et al 2000, Walliser et al 1989〕。

以上のことから、タクロリムスはTh1およびTh2細胞の活性化抑制を介して、炎症性細胞、アレルギー関連細胞の活性化を抑制し、移植臓器拒絶反応、自己免疫疾患ならびにアレルギー疾患に対する作用を示すとともに、炎症性細胞、アレルギー関連細胞といった細胞に対する直接的作用も一部効果の発現に関与していると考えられている（**図3**）。

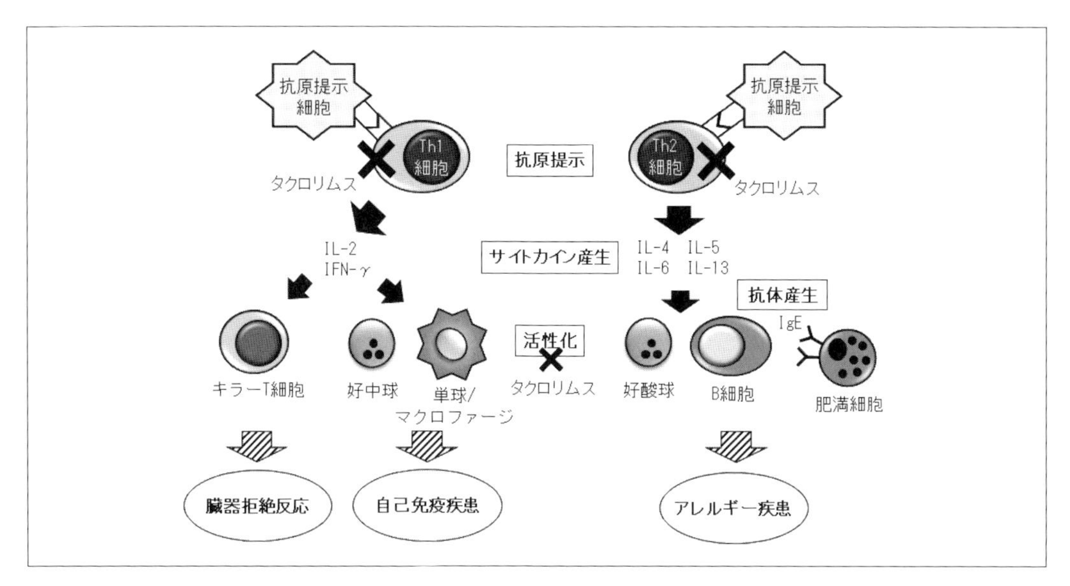

図3. タクロリムスの薬理作用機序

強い免疫抑制作用を有するタクロリムスは、**表1**に示すように、種々の移植モデルで評価され、有効性が確認されている。

その他にも、重症筋無力症〔Yoshikawa et al 1997〕、関節リウマチ〔Magari et al 2003〕、ループス腎炎〔Yamamoto et al 1990〕などの自己免疫疾患やアトピー性皮膚炎〔Hiroi et al 1998〕、アレルギー性結膜炎〔Sengoku et al 2003〕といったアレルギー疾患の動物病態モデルで有効性が確認されている。

表1. タクロリムスの薬理活性とシクロスポリンとの比較

試験項目	動物種 および 投与方法	有効量*)		文献
		タクロリムス	シクロスポリン	
in vitro での免疫抑制作用				
リンパ球混合培養反応	ヒト	0.22 nM	14 nM	〔Kino et al 1987b〕
	マウス	0.32 nM	27 nM	〔Kino et al 1987a〕
in vivo での免疫抑制作用				
抗体産生	マウス（経口）	4.4 mg/kg	39 mg/mL	〔Kino et al 1987a〕
移植臓器拒絶反応抑制作用				
肝移植	イヌ（経口）	1 mg/kgで有効	20 mg/kgで有効	〔Todo et al 1987〕
腎移植 （予防的投与）	ラット（経口）	1 mg/kg	3.2 mg/kg	〔Jiang et al 1999〕
（治療的投与）	ラット（経口）	3.2 mg/kgの移植2および4日後から投与のいずれにおいても有効	10 mg/kgの移植2日後から投与で有効、移植4日後から投与では無効	〔Jiang et al 1999〕
	サル（経口）	0.5 mg/kg	-	〔Kinugasa et al 2008〕
その他の作用				
骨髄細胞増殖抑制	マウス	1400 nM	800 nM	〔Kino et al 1987b〕

*)：*in vitro*試験は50%作用濃度、*in vivo*試験は50%作用投与量または評価された最少有効投与量を示す。

3. 臨床応用

タクロリムスは、臓器移植における拒絶反応の抑制を目的に開発された。開発当時である1980年代においては、日本国内で移植治療の基盤が整っておらず臨床治験を進めるのは困難であった。そこで、臓器移植が進んでいる欧米での開発が進められた。タクロリムスは、肝臓移植で有名であった米国Pittsburgh大学の主導で、1989年初めてヒトに投与された。患者は、2回の肝臓移植を受けたもののいずれも拒絶され、3回目の移植でも拒絶寸前にまで陥った女性であり、タクロリムスは救済を意図して投与された。その結果、タクロリムスは劇的な効果を示し、患者は回復するに至った〔大塚 et al 2001〕。その後、肝臓移植のみならず他の臓器移植にも使用されるようになった。日本では、1990年より生体部分肝移植の臨床試験を開始し、1991年に「肝臓移植における拒絶反応の抑制」を適応症として新薬製造申請を行った結果、1993年「プログラフ」という商品名にて世界で初めて製造承認された。現在、タクロリムスは、腎移植、肝移植、心移植、肺移植、膵移植、小腸、および骨髄移植における拒絶反応の抑制を適応症に承認され、世界約100の国と地域で使用されている〔山下 2013〕。

4. 波及効果

タクロリムスは、臓器移植における拒絶反応の抑制を効能・効果として移植領域において画期的な薬物として広く使用されるようになった。また、その免疫抑制作用に基づき、種々の自己免疫疾患・アレルギー疾患に対しても効果を発揮することが期待された。その後、いくつもの臨床試験を経て、まず難病である重症筋無力症に対して、その後、関節リウマチ、ループス腎炎、潰瘍性大腸炎、多発性筋炎・皮膚筋炎に合併する間質性肺炎に対して効能・効果が追加された〔山下 2013〕。

さらに局所製剤としても開発され、皮膚科領域においてアトピー性皮膚炎を適応症として軟膏剤が、眼科領域では春季カタルを適応症として点眼剤が使用されている〔山下 2013〕。

タクロリムスは、その強い免疫抑制作用を活かし、臓器移植における拒絶反応の抑制薬として、また、過剰免疫が関与する種々の疾患の治療薬として、今後も広く医療に貢献することが期待される。

引用文献

Anthony RM, Rutitzky LI, Urban JF, Jr., Stadecker MJ, Gause WC (2007). Protective immune mechanisms in helminth infection. *Nat Rev Immunol* **7**: 975-987.

Hiroi J, Sengoku T, Morita K, Kishi S, Sato S, Ogawa T *et al* (1998). Effect of tacrolimus hydrate (FK506) ointment on spontaneous dermatitis in NC/Nga mice. *Jpn J Pharmacol* **76**: 175-183.

Hom JT, Estridge T (1993). FK506 and rapamycin modulate the functional activities of human peripheral blood eosinophils. *Clin Immunol Immunopathol* **68**: 293-300.

Jiang H, Sakuma S, Fujii Y, Akiyama Y, Ogawa T, Tamura K *et al* (1999). Tacrolimus versus cyclosporin A: a comparative study on rat renal allograft survival. *Transpl Int* **12**: 92-99.

Kino T, Hatanaka H, Hashimoto M, Nishiyama M, Goto T, Okuhara M *et al* (1987a). FK-506, a novel immunosuppressant isolated from a Streptomyces. I. Fermentation, isolation, and physico-chemical and biological characteristics. *J Antibiot (Tokyo)* **40**: 1249-1255.

Kino T, Hatanaka H, Miyata S, Inamura N, Nishiyama M, Yajima T *et al* (1987b). FK-506, a novel immunosuppressant isolated from a Streptomyces. II. Immunosuppressive effect of FK-506 in vitro. *J Antibiot (Tokyo)* **40**: 1256-1265.

Kinugasa F, Nagatomi I, Ishikawa H, Nakanishi T, Maeda M, Hirose J *et al* (2008). Efficacy of oral treatment with tacrolimus in the renal transplant model in cynomolgus monkeys. *J Pharmacol Sci* **108**: 529-534.

Magari K, Nishigaki F, Sasakawa T, Ogawa T, Miyata S, Ohkubo Y *et al* (2003). Anti-arthritic properties of FK506 on collagen-induced arthritis in rats. *Inflamm Res* **52**: 524-529.

Mosser DM, Edwards JP (2008). Exploring the full spectrum of macrophage activation. *Nat Rev Immunol* **8**: 958-969.

Panhans-Gross A, Novak N, Kraft S, Bieber T (2001). Human epidermal Langerhans' cells are targets for the immunosuppressive macrolide tacrolimus (FK506). *J Allergy Clin Immunol* **107**: 345-352.

Sakuma S, Kato Y, Nishigaki F, Sasakawa T, Magari K, Miyata S *et al* (2000). FK506 potently inhibits T cell activation induced TNF-alpha and IL-1beta production in vitro by human peripheral blood mononuclear cells. *Br J Pharmacol* **130**: 1655-1663.

Sakuma S, Higashi Y, Sato N, Sasakawa T, Sengoku T, Ohkubo Y *et al* (2001). Tacrolimus suppressed the production of cytokines involved in atopic dermatitis by direct stimulation of human PBMC system. (Comparison with steroids). *Int Immunopharmacol* **1**: 1219-1226.

Sengoku T, Kishi S, Sakuma S, Ohkubo Y, Goto T (2000). FK506 inhibition of histamine release and cytokine production by mast cells and basophils. *Int J Immunopharmacol* **22**: 189-201.

Sengoku T, Sakuma S, Satoh S, Kishi S, Ogawa T, Ohkubo Y *et al* (2003). Effect of FK506 eye drops on late and delayed-type responses in ocular allergy models. *Clin Exp Allergy* **33**: 1555-1560.

Todo S, Podesta L, ChapChap P, Kahn D, Pan CE, Ueda Y *et al* (1987). Orthotopic liver transplantation in dogs receiving FK-506. *Transplant Proc* **19**: 64-67.

Walliser P, Benzie CR, Kay JE (1989). Inhibition of murine B-lymphocyte proliferation by the novel immunosuppressive drug FK-506. *Immunology* **68**: 434-435.

Yamamoto K, Mori A, Nakahama T, Ito M, Okudaira H, Miyamoto T (1990). Experimental treatment of autoimmune MRL-lpr/lpr mice with immunosuppressive compound FK506. *Immunology* **69**: 222-227.

Yoshikawa H, Iwasa K, Satoh K, Takamori M (1997). FK506 prevents induction of rat experimental autoimmune myasthenia gravis. *J Autoimmun* **10**: 11-16.

アステラス製薬株式会社 (2016). 日本薬局方　タクロリムスカプセル　添付文書.

大塚一幸, 広井純, 妹尾八郎 (2001). タクロリムスの発見と薬理作用. 日本循環器学会専門医誌 **9**: 137-142.

奥原正國, 後藤俊男, 木野亨, 細田純而 (1996). 免疫抑制剤タクロリムス (FK506) の発見と開発. 日本農芸化学会誌 **70**: 1-8.

山下道雄 (2013). タクロリムス (FK506) 開発物語. 生物工学会誌 **91**: 141-154.

1.3 アミノグリコシド系抗生物質 カナマイシン

Meiji Seika ファルマ株式会社　米沢実、味戸慶一

化合物名　ストレプトマイシン（streptomycin）、カナマイシン（kanamycin）

キーワード　アミノグリコシド、抗菌活性、耐性機構、半合成

1. はじめに

アミノグリコシド系抗生物質では、ストレプトマイシン（streptomycin）（**図1**）がワックスマンによって1944年に報告されたのが最初の発見とされている。その後、結核菌に有効な抗生物質探索の過程で、当時の国立予防衛生研究所抗生物質部長であった梅澤濱夫によって発見されたカナマイシンA（kanamycin A、単にカナマイシンとも記す）（図1）は、今日でも抗結核薬のひとつとして世界中で使用されている。さらに、抗生物質の耐性機構解明、耐性菌の影響を受けない半合成アミノグリコシドの合成へとつながった、伝承すべき天然物である。さらに、これらの研究の多くが梅澤をはじめとした多くの日本人研究者によってなされたことにも注目したい。

以上の事情から、本稿では、カナマイシンに注目することとした。

2. 発見の経緯

ストレプトマイシン、カナマイシンの発見の経緯については、梅澤自身による1962年の岩波新書「抗生物質の話」に詳しく述べられている。

ストレプトマイシンは、ウクライナ生まれでアメリカに移ったワックスマンにより発見されたのは周知のことである。元々、ワックスマンは放線菌分類を専門としていたが、1941年にアクチノマイシン（actinomycin）、1942年にストレプトスライシン（streptothricin）を発見し、1944年にブドウ球菌、大腸菌、赤痢菌などに有効な天然物としてストレプトマイシンを発見した。1946年にメルク社より上市されたが、イヌ、ネコで運動失調が起こることが判明し、1951年ごろからジヒドロストレプトマイシン（dihydrostreptomycin）が使用されるようになった。ところが、結核患者への長期使用に伴う聴覚毒性が、ジヒドロストレプトマイシンのほうがストレプトマイシンより強いことが判明し、結局、1960年以降、再度ストレプトマイシンが使用されるようになり、今日に至っている。

梅澤によれば、国内では1950年ごろまでは、ペニシリン（penicillin）、ストレプトマイシンの生産を中心とした研究がなされていたが、1951年以降、国内でも新規抗生物質の探索研究が開始されたとのことである。その際、要求された最も重要な課題は、結核に有効な新規抗生物質を取得することであった。梅澤は、鳥型結核菌である抗酸菌607株を用いて研究を開始した。当時のネオマシン（neomycin）、ストレプトスライシンBなどの研究経験から、放線菌が生産する水溶性物質の探索を進めた。これらの物質は陽イオン交換樹脂に吸着され、塩酸酸性水で溶出されたが、

マウスに腎毒性が強く、注射投与数日後に死亡するので、多くの研究者はこのような物質にはふれたがらなかった。しかし、梅澤は、マウスに最小致死用量を尾静脈投与したときに、死亡する場合は1日以内でその後の数日間には死亡しない物質を選択する方針を立てた。

このような経緯を経て、1955年から1957年ごろに、カナマイシンを含む3つの新規化合物を粗精製物として見出したが、結核菌に加えて他のグラム陽性菌、陰性菌にも有効で、生産量も多いカナマイシンの研究が先行した。ところが、1955年夏ごろにK-2Jと命名した生産株（*Streptomyces kanamyceticus*）がカナマイシンを生産しなくなったため、胞子のひとつひとつを拾い、年末には生産能力のある株を見出した。1956年春に、400L培養から粗粉末60gを取得して、有効性、毒性を調べ、ストレプトマイシンより優れるということが明らかとなった〔Umezawa et al 1957〕。当時、梅澤が所属していた予防衛生研究所ではこれ以上の規模での生産は無理であり、1956年9月に当時の明治製菓株式会社川崎工場に実験的生産を依頼し、臨床研究を経て、1958年に国内での上市に至った。

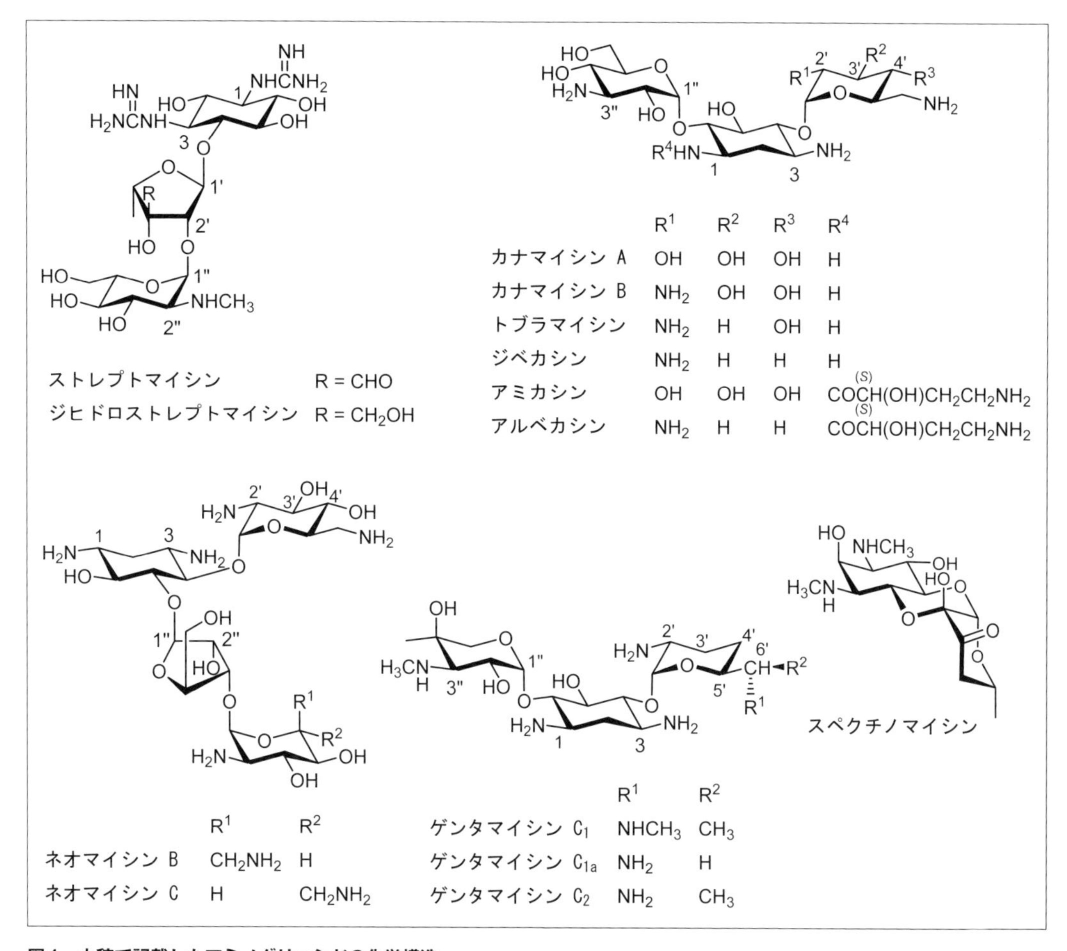

図1. 本稿で記載したアミノグリコシドの化学構造

3．生物活性、作用機序

生物活性としては、抗菌活性が主たるものである。抗菌活性からは、以下のようにも分類できる〔梅村 2007〕。① 抗結核菌作用を主に特徴とする（ストレプトマイシン、カナマイシン）、② 主として緑膿菌を除くグラム陰性菌に抗菌力を有する（カナマイシンB）、③ 緑膿菌を含む広範囲に抗菌力を有する（ゲンタマイシン（gentamicin）、トブラマイシン（tobramycin）、ジベカシン（dibekacin）、アミカシン（amikacin））、④ ペニシリナーゼ産生淋菌への作用を主に特徴とする（スペクチノマイシン（spectinomycin））、⑤ メチシリン耐性黄色ブドウ球菌（MRSA）に抗菌力を有する（アルベカシン（arbekacin））（図1）。

また、アミノグリコシド系抗生物質の作用機序は、細菌のリボソームの30Sサブユニットに結合し、タンパク質合成を阻害することである。

4．用途、波及効果

アミノグリコシド系抗生物質の耐性機序解明、耐性菌の影響を受けない半合成アミノグリコシドの合成については、微生物化学研究会に在籍した近藤信一の優れた総説がある〔近藤 1991〕。近藤は、梅澤濱夫、ならびに実兄で慶應義塾大学工学部教授を勤め半合成アミノグリコシド研究に多大な貢献をした梅澤純夫の両氏に師事した研究者である。

近藤によれば、カナマイシン耐性菌については、1966年のNew York Academy of Scienceでのシンポジウムで報告があり、参加していた梅澤濱夫が帰国後に直ちに耐性機構解明の取り組みを指示したとのことである。

梅澤濱夫、近藤らは、耐性赤痢菌由来の耐性遺伝子を導入した大腸菌が産生する酵素によって不活性化されたカナマイシンを分離精製し、その構造が6'-N-アセチルカナマイシンであることを明らかにした。アセチル基の位置は、遊離のアルミ基を脱アミノ化した後、酸水解後に6-アミノグルコースが得られたことにより決定された〔Umezawa et al 1967〕。すなわち、6'-aminoglycoside acetyltransferaseによるカナマイシンの不活化である。この後、各種のアミノグリコシド修飾酵素によるアミノグリコシド系抗生物質の耐性機構が解明されていくことになった（**図2**）。

近藤らは、続いて、カナマイシンのアミノ基を部分的にメチル化すると、感受性菌に対する抗菌力は劣るが、6'-aminoglycoside acetyltransferase産生による耐性大腸菌の発育を阻止することを示した。さらに、梅澤純夫らは、リン酸化酵素によって不活化を防ぐため、まず、リン酸化部位の水酸基を除去した、3'-デオキシカナマイシン、さらに、3',4'-ジデオキシカナマイシンB〔Umezawa et al 1971〕を半合成した。3',4'-ジデオキシカナマイシンBはジベカシンと命名されて、1975年に国内で上市された。

1972年に、当時のブリストル萬有製薬研究所の川口洋らは、カナマイシンの1位アミノ基を(S)-4-アミノ-2-ヒドロキシ酪酸（AHB）でアシル化したアミカシンを合成した。アミカシンは、今日でも、腎毒性の低いアミノグリコシド系抗生物質として、特にグラム陰性菌の緑膿菌による重症感染症の治療薬として広く使用されている。近藤らは、ジベカシンの1位アミノ基をAHBでアシル化したアルベカシンを合成した〔Kondo et al 1973〕。アルベカシンは、当時、国内で問題となっていたメチシリン耐性黄色ブドウ球菌（MRSA）にも有効であったため、MRSA感染症に有効な数少ない抗菌薬として、1990年に国内で上市された。

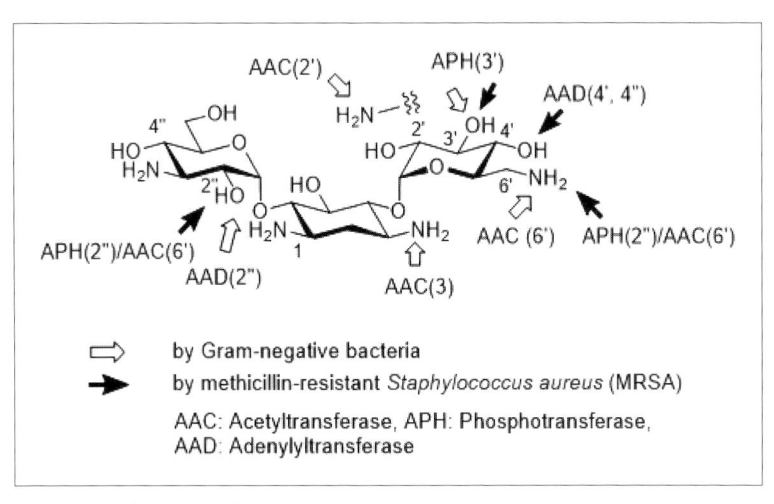

図2. アミノグリコシドの酵素的修飾

カナマイシンA（2'-OH）、カナマイシンB（2'-NH_2）を例に、グラム陰性菌とMRSAによる修飾酵素ならびに修飾部位を示す。略称の後に括弧で修飾される部位を炭素の位置で示し、修飾されるアミノグリコシドの数、種類によって、ローマ数字で示す。例えば、AAC(6')-Iは、6'位のアミノ基をアセチル化する酵素であり、カナマイシンのみを不活化する。

5. おわりに

アミノグリコシド系抗生物質は、現在も臨床で用いられている代表的な抗菌薬のひとつである。腎毒性、聴覚毒性という特異的な副作用を有することから、今日ではファーストチョイスとしては使用されていないことも事実であるが、抗結核薬として、また、緑膿菌による重症感染症治療薬としての位置付けは不変といえる。

現在、抗菌薬耐性は健康に関わる重要な課題として世界的にも認識され、WHOなどを中心として、その取り組みもなされている。こうした取り組みにより耐性菌の出現頻度は小さくなることは期待できるが、完全になくすことは困難である。予測のつきがたい耐性菌出現に備えるためにも、アミノグリコシド系抗生物質の果たすべき役割は今後も継続すると思われる。

引用文献

Kondo S, Iinuma K, Yamamoto H, Maeda K, Umezawa H(1973). Syntheses of 1-N-((S)-4-amino-2-hydroxybutyryl)-kanamycin B and -3', 4'-dideoxykanamycin B active against kanamycin-resistant bacteria. *J Antibiot* **26**: 412-415.

Umezawa H, Okanishi M, Utahara R, Maeda K, Kondo S(1967). Isolation and structure of kanamycin inactivated by a cell free system of kanamycin-resistant *Escherichia coli*. *J Antibiot* **A20**: 136-141.

Umezawa H, Ueda M, Maeda K, Yagishita K, Kondo S, Okami Y *et al*(1957). Production and isolation of a new antibiotic, kanamycin. *J Antibiot* **A10**: 181-188.

Umezawa H, Umezawa S, Tsuchiya T, Okazaki Y(1971). 3', 4'-Dideoxy-kanamycin B active against kanamycin-resistant *Escherichia coli* and *Pseudomonas aeruginosa*. *J Antibiot*. **24**: 485-487.

近藤信一(1991). アミノグリコシド抗生物質とともに一耐性菌との闘い一. 有機合成化学協会誌 **49**: 858-863.

梅村英二郎(2007). アミノ配糖体抗生物質の化学変換と構造活性相関. 明治製菓研究年報. **46**: 17-32

1.4 マクロライド系抗生物質 クラリスロマイシン

大正製薬株式会社　ロドニー・W・スティーブンス、杉本智洋

化合物名　クラリスロマイシン（clarithromycin）

キーワード　マクロライド系抗生物質、抗菌薬、リボソーム、びまん性汎細気管支炎、サイトカイン産生抑制

1. 発見、合成のきっかけ

マクロライドとは大環状ラクトンにアミノ糖や中性糖がグリコシド結合した化合物の総称であり1957年Woodwardにより命名された〔Woodward et al 1957〕。この中にはエリスロマイシン（erythromycin）、オレアンドマイシン（oleandomycin）、ロイコマイシン（leucomycin）、スピラマイシン（spiramycin）等が含まれるが、このうち抗菌薬として最も成功したのがエリスロマイシン系のマクロライドである。

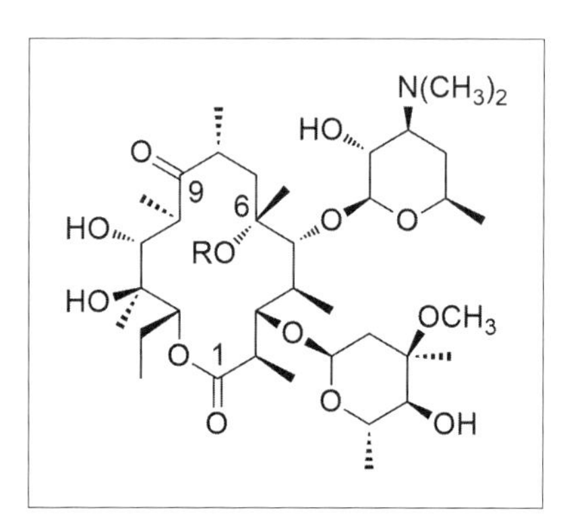

図1. エリスロマイシン（R=H）
クラリスロマイシン（$R=CH_3$）

エリスロマイシンはEli Lilly社のMcGuireらにより放線菌*Saccharopolyspora erythraea*から単離された14員環マクロライド系抗生物質であり〔McGuire et al 1952〕、現在に至るまで感染症の治療薬として広く用いられている。しかし、エリスロマイシンは胃酸により分解されやすく、経口投与した場合に血中濃度が低く安定しないという問題点が早くから指摘されていた。この酸性条件化におけるエリスロマイシンの不安定性は化学構造の特徴に由来している。すなわちエリスロマイシンは6位水酸基と9位カルボニル基との反応により生じる6,9-ヘミケタール体との平衡混合物として存在しているが、酸性条件化では脱水を伴う分解反応により抗菌活性を失う。この酸分解経路を阻止するというアイデアに基づき、6位の水酸基をメチル化した誘導体が、大正製薬の森本らによって見出されたクラリスロマイシン（clarithromycin）である〔Morimoto et al 1984〕。

酸性水溶液中（pH2.0、20℃）でのクラリスロマイシンの半減期はエリスロマイシンと比較して800倍以上となっており、想定どおり酸に対する安定性が劇的に向上していた。さらにクラリスロマイシンはエリスロマイシンを上回る抗菌力を有していることが判明した。また、腸管からの吸収性向上や標的部位である肺への高濃度分布、ヒト特有の活性代謝物の存在など、研究が進むにつれ、次々にクラリスロマイシンの好ましい特性が明らかになっていった。分子量700を超える天然物のエリスロマイシン骨格のうち、たった1か所の水酸基のメチル化というわずかな構造変化が、生物活性に対してこれほどまでに大きな変化を与えたことは驚きの発見であり、天然物を素材とした構造変換研究の醍醐味であると言えよう。

このように医薬品としてのポテンシャルを劇的に向上させたクラリスロマイシンに対しては、

欧米の製薬企業各社が興味を示し、1985年にはエリスロマイシンの最大メーカーであるAbbott社が開発に参画することになった。しかし、クラリスロマイシンの製品化の前には、合成法の改良という大きな問題があった。エリスロマイシンには分子内に5か所の水酸基が存在しており、そのうち6位水酸基のみをメチル化することは極めて困難だった。大正製薬の合成陣はこれに果敢に立ち向かい、9位にオキシム系保護基を利用する選択的メチル化法の開発に成功した。こうして工業化製造が可能となったクラリスロマイシンは1991年に日本で発売、そして世界130か国以上で使用されている代表的な抗菌薬に成長した。

2. 抗菌作用メカニズムと耐性菌への対応

マクロライド系抗生物質は細菌のリボソームに結合してタンパク質合成を阻害することで抗菌作用を発揮する。細菌リボソームはリボソームRNAとリボソームタンパク質の複合体で構成される30Sサブユニットと50Sサブユニットという2つのサブユニットからなる巨大構造体である。マクロライドはそのうち50Sサブユニットに結合することが知られており、2001年には共結晶X線構造解析によりその結合様式が明らかになった〔Schlunzen et al 2001〕。それによればマクロライドの糖部分2'位水酸基とリボソームの特定領域（大腸菌リボソームの塩基配列番号で2058番目のアデニン塩基）とは水素結合を形成しており、リボソームとの結合において重要な役割を果たしていることが示唆されている。

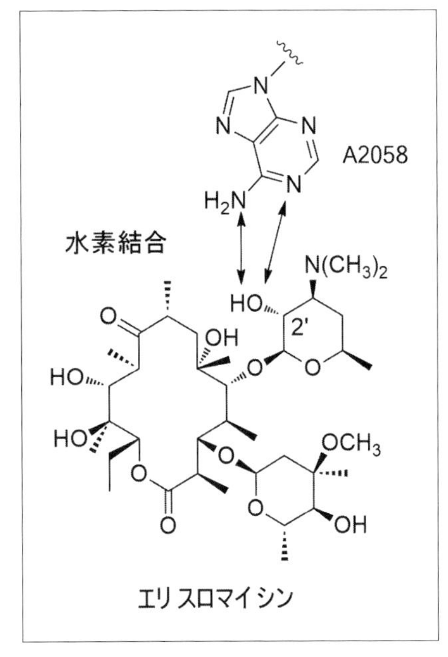

図2. エリスロマイシンとリボソームとの結合様式

抗菌薬の宿命的な課題であるが、臨床現場で抗菌薬が用いられているうちに耐性菌が発生する。マクロライド系抗生物質の場合も例外ではなく、呼吸器感染症での主要な原因菌の一つである肺炎球菌の場合では8割近い菌がマクロライドに対して耐性化しているとも言われている。その耐性化にはいくつかの機序があるが、臨床的に大きな問題となっているのが、先に述べたリボソームのマクロライド結合部位である2058番目のアデニン塩基がメチル化されて構造変化が起こるタイプの耐性菌である。

1980年代におけるクラリスロマイシンをはじめとする一連のマクロライド系抗生物質の開発が一段落した後の研究の目標は、これらマクロライド耐性菌に有効な化合物にシフトした。多くの製薬企業の精力的な検討の結果、耐性肺炎球菌に抗菌力を発揮させるには、芳香環を有する側鎖を大環状ラクトン構造の一部に導入することが有効であることが発見された。その中で最も成功したのは、Aventis社（現Sanofi社）によって開発されたテリスロマイシン（telithromycin）である。テリスロマイシンはクラリスロマイシンを原料にした構造変換で見出された化合物であり、マクロライド耐性菌に有効な薬剤として2003年に日本での発売を果たした。また、クラリスロマイシンでメチル基を導入した部位に側鎖を導入したセスロマイシン（cethromycin）やソリスロマイシン（solithromycin）など臨床開発段階に至る化合物が見出されてきている。

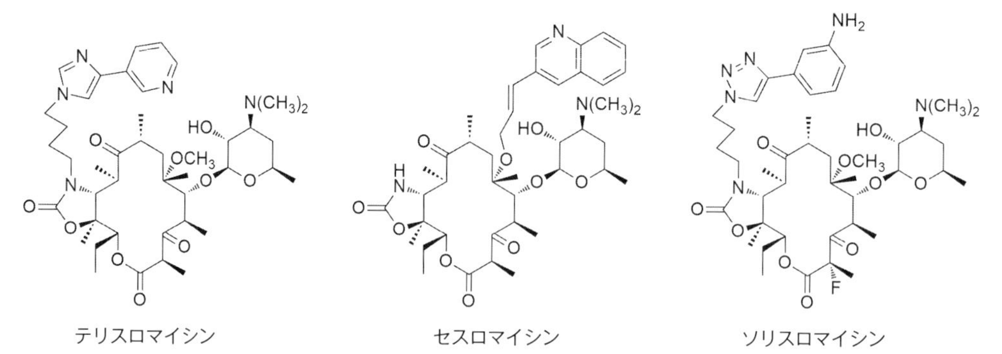

テリスロマイシン　セスロマイシン　ソリスロマイシン

図3. 耐性肺炎球菌に効果を有する主なマクロライド誘導体

3. 用途

クラリスロマイシンは抗菌薬として臨床現場で広く用いられている。感染症の原因となる細菌にはさまざまな種類が存在するが、クラリスロマイシンは一般感染症の原因となる黄色ブドウ球菌やレンサ球菌、肺炎球菌などに加え、非定型肺炎の原因となるマイコプラズマやクラミジアなどの非定型菌や、マイコバクテリウムやヘリコバクター・ピロリなどの広い範囲の細菌に対して抗菌力を発揮する。また、小児に対しても使用可能な薬剤であることから小児科領域においては*β*-ラクタム系抗生物質に次いで多く使用されている。さらに組織移行性に優れ、安全性が高いといった特徴もあいまって、感染症治療において重要な地位を占めている。

また、クラリスロマイシンはエリスロマイシンよりも合成的に取り扱いやすい構造であるうえに、医薬品としての普及が進んでおり入手が容易であることから、他のマクロライド系抗生物質の誘導体原料として多用されている。

4. 波及効果

マクロライド系抗生物質は、抗菌作用以外にもさまざまな薬理活性を示すことが明らかになってきた。その発見のきっかけとなったのがびまん性汎細気管支炎（diffuse panbronchiolitis; DPB）に対するエリスロマイシンの効果である。DPBとは慢性の下気道感染症を病態とする炎症性疾患であり、従来有効な治療法がなく、長い間に慢性呼吸不全状態に陥り、死亡するという極めて難治性の疾患であった。この疾患に対してエリスロマイシンが劇的な薬効を示すことが1980年代に工藤らにより明らかにされた〔Kudoh et al 1998〕。その後同様の効果がクラリスロマイシンなどの他のマクロライド系化合物にも存在することが明らかになった。DPBに対する作用機序に関する研究の結果、マクロライドは気道の慢性炎症に対して、気道粘液の過剰分泌の抑制作用や抗炎症作用（好中球の遊走能の抑制、サイトカイン産生抑制、活性酸素の放出抑制など）を持っていることが明らかになった。このうちIL-8などのサイトカイン産生抑制作用に関しては、クラリスロマイシンなどマクロライド系化合物をツール化合物として用いた研究の結果、転写因子であるNF-κBやAP-1の活性化抑制を介したmRNA発現抑制に基づきIL-8産生を抑制するメカニズムが提唱されているものの、未だにマクロライドが作用する標的分子は特定されておらず、抗菌作用以外の薬理活性に関する機序は完全には解明されていない。この分野に関しては、今後も研究の発展が継続していくと思われる。

以上、まとめるとクラリスロマイシンは発売以来、代表的なマクロライド系抗生物質として臨床現場で重要な地位を占めてきた。次いで注力された新規マクロライド系抗生物質の合成研究では誘導体合成原料として、耐性菌の克服という抗菌力の増強の面での発展と、抗菌薬とリボソームの結合に関する研究を促進した。さらに抗炎症作用を初めとする抗菌力以外の作用においては、研究ツール化合物としてメカニズムの解明に貢献してきたことになる。

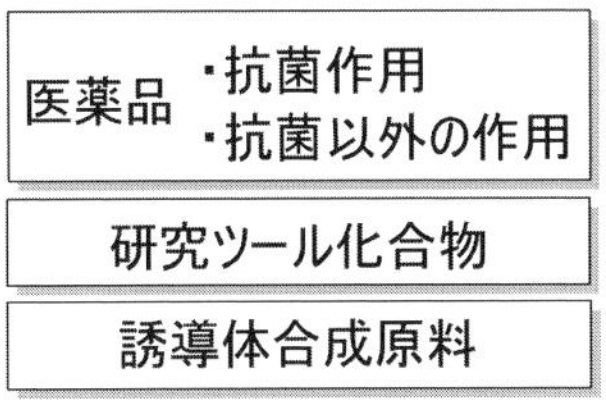

医薬品 ・抗菌作用
・抗菌以外の作用

研究ツール化合物

誘導体合成原料

図4. クラリスロマイシンの貢献

近年、創薬におけるリード化合物の供給ソースとして天然物が見直されてきているが、複雑な構造ながら原料供給が容易で、かつ誘導体合成ノウハウが蓄積されているクラリスロマイシン誘導体は、薬理作用の多様さもあいまって魅力的なケミカルクラスと考えられる。将来的にはマクロライド系抗生物質からのドラッグ・リポジショニングにより新しい医薬品が生み出されることを期待したい。

引用文献

Kudoh S, Azuma A, Yamamoto M, Izumi T, Ando M (1998). Improvement of survival in patients with diffuse panbronchiolitis treated with low-dose erythromycin. *Am J Respir Crit Care Med* **157**: 1829-1832.

McGuire JM, Bunch PL, Anderson RC, Boaz HE, Pwell EH, Smith JW (1952). Ilotycin, a new antibiotic. *Antibiot Chemother* **2**: 281-283.

Morimoto S, Takahashi Y, Watanabe Y, Omura S (1984). Chemical modification of erythromycins. I. Synthesis and antibacterial activity of 6-O-methylerythromycins A. *J Antibiot* **37**: 187-189.

Schlunzen F, Zarivach R, Harms J, Bashan A, Tocilj A, Albrecht R, Yonath A, Franceschi F (2001). Structural basis for the interaction of antibiotics with the peptidyl transferase centre in eubacteria. *Nature* **413**: 814-821.

Woodward RB (1957). Struktur und Biogenese der Makrolide. *Angewandte Chemie* **69**: 50-58.

1.5 抗寄生虫薬　イベルメクチン

北里大学　北里生命科学研究所　塩見和朗

化合物名 イベルメクチン、エバーメクチン

キーワード 抗寄生虫薬、オンコセルカ症、リンパ系フィラリア症

1. エバーメクチン（avermectin）の発見とイベルメクチン（ivermectin）の誕生

最近注目されている感染症として顧みられない熱帯病（Neglected Tropical Diseases）があり、NTDsと呼ばれている。結核、AIDS、マラリアの3大感染症ほどの患者数や死亡者数はないものの、貧困に根ざしており重点的に対策を行うべき感染症として、WHOは現在20の感染症をNTDsにリストアップしている〔北2017, Mitra and Mawson 2017〕。NTDsにはデング熱などのウイルス疾患、ハンセン病などの細菌疾患が含まれるが、半数以上がトリパノソーマ症や住血吸虫症などの寄生虫疾患となっている。そのうち2つの寄生虫疾患であるオンコセルカ症とリンパ系フィラリア症の予防・治療薬として、その撲滅に貢献しているのがイベルメクチンである。

エバーメクチンは大村智博士と米国の製薬企業メルク社との共同研究により発見された〔Ōmura and Crump 2004〕。大村博士は北里研究所で抗生物質の研究を行っていたが、米国ウェスレーヤン大学に留学し1973年に帰国した。帰国にあたり、大村博士はメルクに共同研究を提案した〔馬場 2012〕。大村博士は、従来ほとんどの動物薬が人体薬の使い古したものであったことに着目して、動物のための抗生物質の研究を行うこととした。また人獣共通感染症も多いので、そのような薬は将来人にも役に立つかもしれないと考えた。メルクと相談の結果、動物の寄生虫疾患の治療薬を対象とすることになった。当時メルクではキャンベル博士（William C. Campbell）がマウスに感染する線虫*Nematospiroides dubius*（現在は*Heligmosomoides polygyrus bakeri*と呼ばれている）による動物実験モデルを考案したところであった。そこで北里ではユニークな微生物を分離して、その培養や活性の*in vitro*実験を行い、メルクでは北里から送った菌の培養液を使って*in vivo*実験を行うという棲み分けをして共同研究を進めることになった。その結果、静岡県伊東市川奈の土壌から分離した一放線菌MA-4680の培養液が強力な抗線虫活性を示すことが見出された〔Burg et al 1979, Egerton et al 1979〕。この放線菌はその後の菌学研究により新種であると同定され、*Streptomyces avermectinius*（以前の名称は*S. avermitilis*）と命名された〔Takahashi et al 2002〕。

*Streptomyces avermectinius*の培養液からは、大環状ラクトンにデオキシ糖のオレアンドロースが2個結合している8種の化合物が得られて、エバーメクチンA_{1a}～A_{2b}およびB_{1a}～B_{2b}と命名された。そのうちエバーメクチンB_{1a}が最も優れた抗線虫活性を示したが、工業的に分離が容易でなかったため、B_{1a}とB_{1b}の約9:1の混合体として開発が行われた。イベルメクチンはこのエバーメクチンB_1混合体のX–Y部分の二重結合を化学的に還元した22,23-ジヒドロエバーメクチンB_1混合体であり、さらに活性スペクトルや安全性が向上している〔Chabala et al 1980〕。イベルメクチンは線虫感染症に対する動物薬として著効を示し、1981年に発売以来、長年にわたり動物用医薬品売上げの第1

位を占めてきた。当初は経済的に重要な消化管、肺、腎臓などの線虫感染症や眼虫症、パラフィラリア症など、家畜の線虫症に用いられた。さらにペットに対してもイヌ糸状虫の幼虫に著効を示し、イヌ糸状虫症の予防薬として広く用いられるようになった。イベルメクチンの使用によってイヌの寿命が10年延びたともいわれている。またエバーメクチンやイベルメクチンは、線虫のみならずダニなどの節足動物にも有効であった。そのため動物薬としてダニやシラミの駆除にも用いられ、殺虫剤として農薬に使用されている。

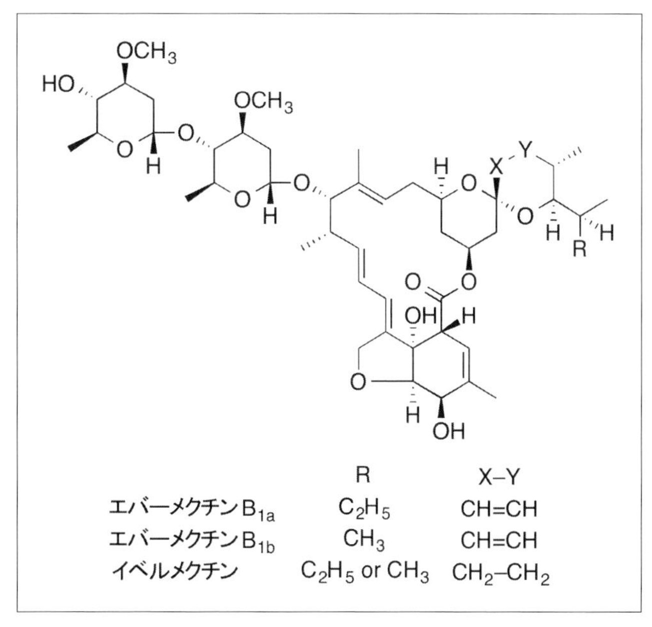

図1．エバーメクチンとイベルメクチン

2．イベルメクチンの人体薬への応用

このように動物の線虫感染症に有効であったイベルメクチンについて、WHO主導の下、ヒトの寄生虫感染症に対する効果が調べられた。その結果、オンコセルカ症、リンパ系フィラリア症などに優れた予防・治療効果を示すことが明らかとなった。オンコセルカ症はブユが媒介する回旋糸状虫（*Onchocerca volvulus*）により発症する。ブユの吸血時にヒトに感染し、成虫は皮下に寄生して腫瘤を作る。幼虫のミクロフィラリアは皮下に移動し、死滅すると激しいかゆみを生じる。幼虫が眼に到達し死滅すると、視力障害や失明を引き起こす。オンコセルカ症はブユが発生する河川の流域で流行し、失明を主症状とするため河川盲目症として知られている。流行地はサハラ以南のアフリカや中南米であり、1990年頃には患者数約1,800万人、視力障害者数50万人、失明者数27万人に達していた〔WHO 1995〕。1988年からメルクと北里研究所により無償提供されたイベルメクチンを、アフリカや中南米の流行地の住民に投与するプログラムが開始された。これは流行地の住民すべてをオンコセルカ症の感染から予防することで、その撲滅を目指す試みである。イベルメクチンはたいへん安全であり、その主たる副作用は死んだミクロフィラリアによる炎症や免疫反応であるが、これもわずかなものである。そのためイベルメクチンは短期間の訓練を受けた非医療従事者によって、年1回の集団投与を行うことができている。2014年にはアフリカで1億9百万人に投与され、2025年にはオンコセルカ症は撲滅できると考えられている。なお集団投与が開始されてから30年近く経過したが、まだイベルメクチン耐性のヒト寄生虫は出現していない。

リンパ系フィラリア症は熱帯・亜熱帯を中心に世界に広く分布し、蚊によって感染したバンクロフト糸状虫（*Wuchereria bancrofti*）やマレー糸状虫（*Brugia malayi*）により発症する。フィラリア成虫がリンパ系に寄生して引き起こされる疾患であり、象皮病や陰嚢水腫として知られている。フィラリアがリンパ管に寄生すると、管が詰まったりして流れが止まり、破裂して水腫となる。また溜まったリンパは皮下組織を刺激して、皮膚が象の皮膚のように厚くなる。これが象皮病である。日本はかつて濃厚な流行地であったが、1970年代までに制圧に成功した。しかし世界では、イベルメクチンの投与が開始された2000年には1億2千万人が感染しており、1,500万人がリンパ浮腫を、2,500万人が陰嚢水腫を患っていた。イベルメクチンはアルベンダゾールと併用して、2014年には1億4千万人に投与され、2020年の撲滅が予想されている。

2015年、大村博士とキャンベル博士は、顧みられない熱帯病であるオンコセルカ症とリンパ系フィラリア症の撲滅に対するイベルメクチンの大いなる貢献が評価され、マラリア治療薬アルテミシニンの発見者である屠呦呦氏とともに、ノーベル生理学・医学賞を受賞した。抗生物質の発見によるノーベル賞受賞者としては、世界初の抗生物質ペニシリンを発見した英国のフレミング、チェーン、フローリー（1945年）および結核に有効なストレプトマイシンを発見した米国のワックスマン（1952年）以来となる。

3. イベルメクチンの作用機構

イベルメクチン類は、無脊椎動物の神経・筋細胞に存在するグルタミン酸作動性Cl⁻チャネルに、選択的かつ高い親和性を持って結合することが知られている。そのためCl⁻に対する細胞膜の透過性が上昇して、神経や筋細胞に過分極が生じ、線虫や節足動物が麻痺を起こして死ぬことになる。哺乳類はγ-アミノ酪酸（GABA）作動性Cl⁻チャネルを持っているが、イベルメクチンはこれに対する親和性がはるかに低く、さらにイベルメクチンが血液-脳関門を通過できないため脳内に存在するこのイオンチャネルに到達できないことから、毒性は低いものになっている。イベルメクチンと線虫*Caenorhabditis elegans*のグルタミン酸作動性Cl⁻チャネルとの共結晶が解析された結果、イベルメクチンはホモペンタマーであるチャネルタンパク質の5個の各サブユニットの膜貫通領域に結合して、チャネルを開いた状態に固定していることが明らかとなった〔Hibbs and Gouaux 2011〕。

4. 日本におけるイベルメクチンの適応

日本においては、イベルメクチンは糞線虫症の治療薬として認可されている。糞線虫症は熱帯および亜熱帯に広く分布する消化管寄生虫症で、糞線虫（*Strongyloides stercorali*）の幼虫が土壌から経皮感染する消化管寄生虫感染症である。日本では沖縄・奄美地方に約3万人の感染者が存在していた。糞線虫症患者は成人T細胞白血病の原因であるHTLV-1との重複感染がしばしば認められ、重症化の頻度が高いため問題になっている。イベルメクチンはこの糞線虫症に対しても特効薬である〔Zaha et al 2002〕。またイベルメクチンは節足動物にも有効であることから、動物には外部寄生虫薬としても使われている。疥癬はダニの一種であるヒゼンダニ（*Sarcoptes scabiei*）が皮膚に寄生することで発症し、かゆみの強い湿疹を形成する疾患であり、高齢者施設、病院などで集団発生して大きな問題となっている。日本では年間10万人以上の患者がいると考えられている。この特効薬としてもイベルメクチンが適応になっている。

5. イベルメクチンの今後

イベルメクチンは無脊椎動物のグルタミン酸作動性Cl⁻チャネルに作用することから、上述した寄生虫疾患以外のさまざまなヒトの病気への利用が検討されている〔Crump 2017〕。ハエ幼虫症は皮膚などに寄生したウジによる疾患であるが、イベルメクチンはこれにも効果を示した。またトコジラミに対する効果も報告されている。寄生虫疾患では、動物実験において旋毛虫や住血吸虫に対して治療効果を示した。寄生虫は昆虫により媒介されるものが多いが、そのベクターコントロールとしてイベルメクチンを利用することも考えられている。マラリア原虫を媒介するカをはじめとして、NTDsであるアフリカトリパノソーマ症におけるツェツェバエ、シャーガス病のサシガメ、リーシュマニア症のサシチョウバエに対してイベルメクチンが効果を示すとの報告もある。さらに住血吸虫の中間宿主であるヒラマキガイ科の貝を殺すという研究もある。

酒皶（しゅさ）は主に中高年の顔面に生じる慢性炎症性疾患で、その原因は明らかになっていないが免疫や毛包虫の関与もいわれている。この酒皶にイベルメクチンは外用で有効である。また頷き症候群はアフリカ東部で近年発見された奇病で、これも原因は解明されていない。子供が発症して病的に頷き、知的障害を起こして、最終的に死に至る。回旋糸状虫感染による自己免疫反応かもしれないといわれ、イベルメクチンの集団投与とともに新しい患者は減少した。

さらにイベルメクチンは、喘息や神経疾患に対する効果も検討されている。またAIDS、デング熱、日本脳炎などのウイルス疾患への応用も考えられており、イベルメクチンの制がん活性も研究されている。今後さらに広い領域でイベルメクチンあるいはその類縁体が利用されることを期待したい。

引用文献

Burg RW *et al* (1979). Avermectins, new family of potent anthelmintic agents: producing organism and fermentation. *Antimicrob Agents Chemother* **15**: 361-367.

Chabala JC *et al* (1980). Ivermectin, a new broad-spectrum antiparasitic agent. *J Med Chem* **23**: 1134-1136.

Crump A (2017). Ivermectin: enigmatic multifaceted 'wonder' drug continues to surprise and exceed expectations. *J Antibiot* **70**: 495-505.

Egerton JR *et al* (1979). Avermectins, new family of potent anthelmintic agents: efficacy of the B_{1a} component. *Antimicrob Agents Chemother* **15**: 372-378.

Hibbs RE & Gouaux E (2011). Principles of activation and permeation in an anion-selective Cys-loop receptor. *Nature* **474**: 54-60.

Mitra AK & Mawson AR (2017). Neglected tropical disease: epidemiology and global burden. *Trop Med Infect Dis* **2**: 36.

Ōmura S & Crump A (2004). The life and times of ivermectin — a success story. *Nat Rev Microbiol* **2**: 984-989.

Takahashi Y, Matsumoto A, Seino A, Ueno J, Iwai Y, Ōmura S (2002) *Streptomyces avermectinius* sp. nov., an avermectin-producing strain. *Int J Syst Evol Microbiol* **52**: 2163-2168.

WHO (1995). Onchocerciasis and its control: report of a WHO Expert Committee on Onchocerciasis Control. WHO Technical Report Series 852, Geneva.

Zaha O, Hirata T, Kinjo F, Saito A (2002). Ivermectin in clinical practice. *In* Macrolide Antibiotics. Chemistry, Biology, and Practice, 2nd ed (ed. by Ōmura, S.) pp. 403-419, Academic Press, San Diego.

北 潔 編 (2017). 別冊・医学のあゆみ. グローバル感染症最前線 — NTDsの先へ, 医歯薬出版.

馬場錬成 (2012). 大村 智 — 2億人を病魔から守った化学者, 中央公論新社.

1.6 HMG-CoA還元酵素阻害剤 スタチン

理化学研究所　創薬・医療技術基盤プログラム　丹澤和比古
第一三共RDノバーレ株式会社　西剛秀

化合物名　スタチン（statin）

キーワード　スタチン、HMG-CoA還元酵素、HMG-CoA還元酵素阻害剤、プラバスタチン、高コレステロール血症

スタチン（statin）は、HMG-CoA還元酵素（3-hydroxy-3-methylglutaryl Coenzyme A reductase）を阻害することによって、血中LDLコレステロール（low-density lipoprotein cholesterol）を低下させる薬物の総称である。1973年に遠藤らによって、最初のスタチンであるコンパクチン（compactin; ML-236B）が発見されて以来、さまざまな種類のスタチンが開発され、今までに8種類のスタチンが日本および海外の製薬会社から高コレステロール血症の治療薬として販売されている。

1. 単離

三共（現：第一三共）において、HMG-CoA還元酵素阻害剤の研究が1971年より開始され、遠藤らのグループにより約6,000株の微生物スクリーニングが実施された。その結果アオカビの一種*Penicillium citrinum*から世界初のHMG-CoA還元酵素阻害剤であるコンパクチン（ML-236B）が1973年に単離された〔Endo et al 1976〕。その後、コンパクチンの薬物代謝研究の過程で、イヌの代謝物として、コンパクチンのデカリン骨格6β位に水酸基が導入されたプラバスタチン（pravastatin）が1979年に見出され、結果的にこれが日本で最初に上市されたスタチンとなる。一方、メルクはコウジカビの一種*Aspergillus terreus*からロバスタチン（lovastatin）を1979年に単離することに成功した。

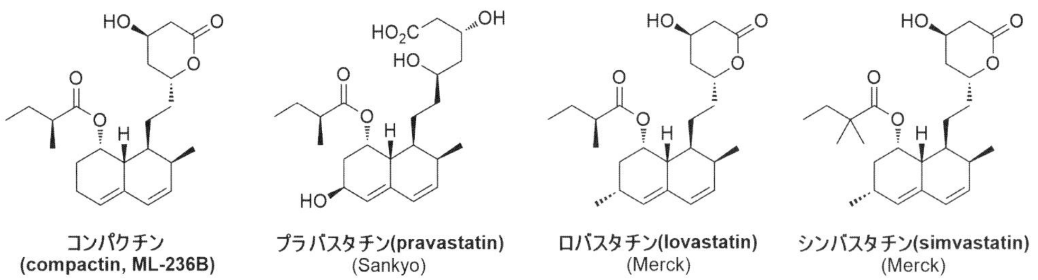

コンパクチン (compactin, ML-236B)
プラバスタチン(pravastatin) (Sankyo)
ロバスタチン(lovastatin) (Merck)
シンバスタチン(simvastatin) (Merck)

図1. スタチン類の構造

ロバスタチンは、同一物質について三共が特許権を有していたため、権利化はアメリカなど当時の先発明主義の国に限定されたが、世界で初めて製品化されたスタチンとなる。その後、メル

クはロバスタチンの側鎖に合成的手法によってメチル基を導入したシンバスタチン（simvastatin）を開発し、グローバルに販売展開した。

2. 発酵生産

プラバスタチンはコンパクチンの代謝物であるが、コンパクチンのデカリン骨格6β位のみを合成的手法によって特異的に水酸化することはきわめて困難であったため、工業的製法としては微生物変換による二段階発酵生産プロセスが用いられている。まず*Penicillium citrinum* SANK 11480からコンパクチンを発酵生産し、続いて放線菌（*Streptomyces carbophilus* SANK 62585）を用いてコンパクチンナトリウム塩（ML-236B Na）のデカリン骨格6β位に水酸基を導入し、プラバスタチンへの変換を行っている。この水酸化は*S. carbophilus*の細胞内にあるチトクロームP450によって行われる。

3. 作用機序

コレステロールはAcetyl CoAから20数段階の酵素反応を経て生合成されるが、その過程でHMG-CoAをメバロン酸に変換するHMG-CoA還元酵素がコレステロール生合成の律速段階になっている。プラバスタチンをはじめとするHMG-CoA還元酵素阻害薬はHMGと類似した部分化学構造（HMG-moiety）を有し、HMG-CoA還元酵素とHMG-CoAに対して競合的に結合することにより、酵素反応の最初の段階を阻害する。その結果、肝臓でのコレステロール生合成が低下し、肝細胞内のコレステロールプールが減少すると、それを補完するために肝細胞のLDL受容体の発現が誘導され、血中から肝臓へのLDLコレステロールの取り込みが促進されて結果的に血中LDLコレステロールが減少する。

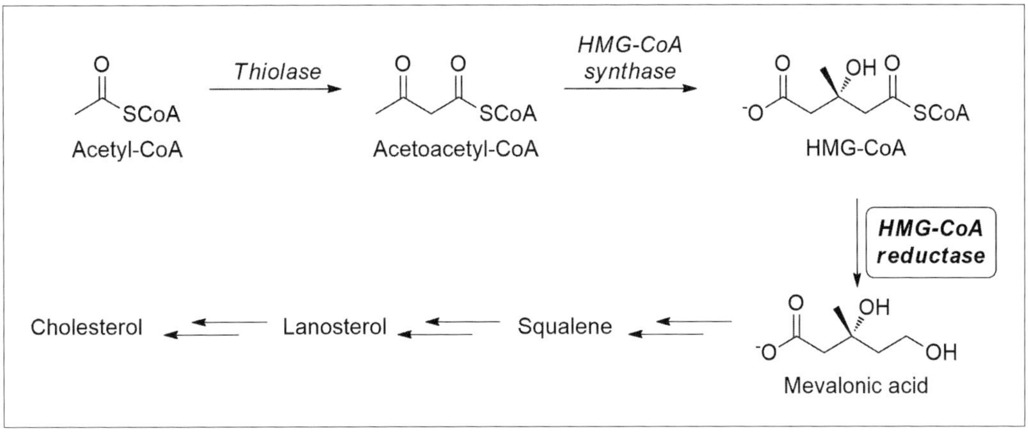

図2. コレステロール生合成経路

プラバスタチンの体内動態の特性としては、分子内に水酸基を有することにより親水性が高く、作用機序において重要な肝臓系への組織選択性を有すること、チトクロームP450を介する薬物相互作用を起こしにくいことが挙げられる。水溶性であるプラバスタチンが細胞の脂質二重膜を通過できるのは、膜輸送担体OATP2の働きによることが知られている。プラバスタチンは膜輸送担体を介して肝臓や小腸に取り込まれることによりこれら臓器でのコレステロール合成を強く阻害するものの、他の臓器での阻害活性は弱い。スタチンは肝細胞では能動輸送と受動拡散の両機構で取り込まれるのに対し、OATP2が存在しない他の臓器の細胞では受動拡散のみで取り込まれる。プラバスタチンは高い親水性のため受動拡散による取り込みが少ない。疎水性の高いスタチンはチトクロームP450を介する薬物相互作用のリスクが高くなる。

4. HMG-CoA還元酵素阻害剤の開発経過

HMG-CoA還元酵素阻害剤は、微生物生産物に由来する三共のプラバスタチン、メルクのロバスタチン、シンバスタチンの上市以降その有用性が高く評価され、多くの製薬会社により活発な研究開発競争が行われた。後から参入した企業は微生物生産物の特許を持たないためデカリン骨格に代わる新たな疎水性ドメインの全合成を試みざるを得ず、このことは結果的にストロングスタチンと呼ばれる強力なスタチンの開発をもたらした。これまでに合計8種類のスタチンが日本および海外の製薬会社から高コレステロール血症の治療薬として上市されており、多くのブロックバスターを創出した。うち7剤は現在も販売されており、その構造式等を**図3**にまとめた。スタチンは天然物から探索されたロバスタチン、天然物から構造改変されたプラバスタチン、シンバスタチンと完全な化学合成品であるフルバスタチン（fluvastatin)、アトルバスタチン（atorvastatin)、ピタバスタチン（pitavastatin)、ロスバスタチン（rosuvastatin)、（セリバスタチン（cerivastatin)：2001年、安全性の問題により販売中止）に大別される。このうちHMG-moietyはすべてのスタチンに共通しており、微生物生産物から見出された構造が用いられている。

5. 研究の広がり

スタチンの発見は、高コレステロール血症と関連疾患の予防、および基礎研究に多大な進歩をもたらした。GoldsteinおよびBrownはLDL受容体の発見を通じてコレステロールの代謝制御機構を解明し、この業績により1985年にノーベル生理学・医学賞を受賞したが、この研究の発展にはスタチンが大きな役割を果たしている。スタチンは、高コレステロール血症の治療薬として世界各国で使用されているが、大規模臨床試験により、高脂血症患者での心筋梗塞や脳血管障害の発症リスクを低下させる効果があることが明らかにされている。脂質異常症治療薬の最終目標は、LDLコレステロール値のさらなる低下ではなく、心血管系疾患のイベント抑制であるが、スタチンはこれらの抑制効果を有することが大規模臨床試験により実証されている。また、FGF3軟骨形成異常症の患者由来iPS細胞を軟骨細胞に分化誘導する際に、その培地中にスタチンを添加することによって軟骨組織形成が回復したことが報告されており、ドラッグ・リポジショニングの可能性も示唆されている。このようにスタチンに関するサイエンスは今でも広がりを見せており、今後の展開も期待される。

引用文献

Endo A, Kuroda M, Tsujita Y(1976). ML-236A, ML-236B, and ML-236C, new inhibitors of cholesterogenesis produced by Penicillium citrinium. *J Antibiot* **29**: 1346-1348.

スタチン（主な商品名）	上市	構造式	製薬会社
ロバスタチン （メバコール®）	1987年	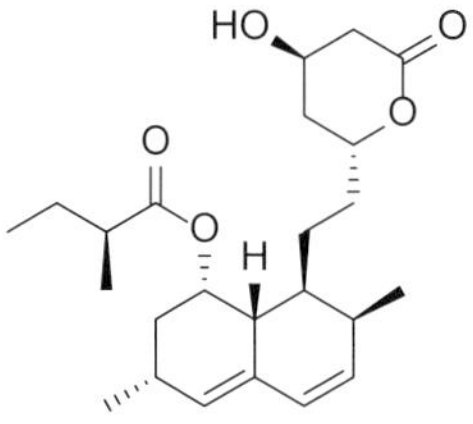	メルク
プラバスタチンナトリウム （メバロチン®、プラバコール®）	1989年	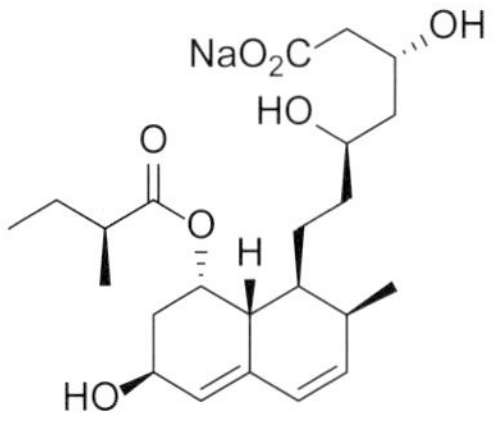	第一三共 ブリストル・マイヤーズ・スクイブ
シンバスタチン （リポバス®、ゾコール®）	1991年	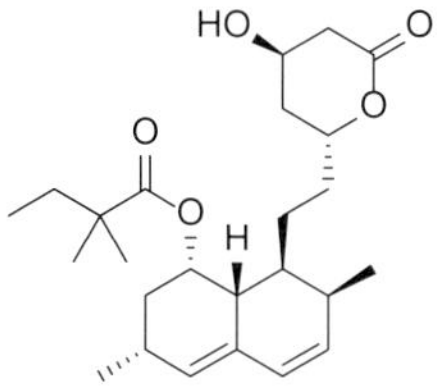	メルク MSD
フルバスタチンナトリウム （ローコール®）	1993年	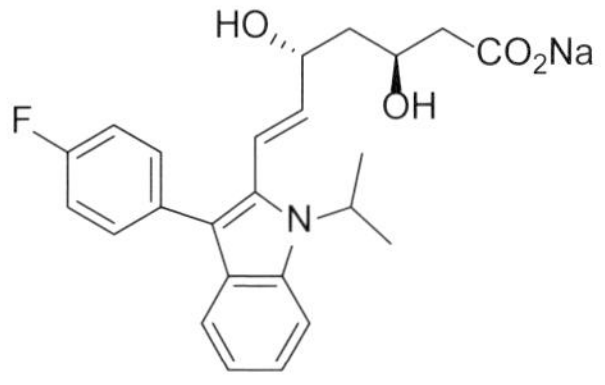	ノバルティス 田辺三菱
アトルバスタチンカルシウム （リピトール®）	1997年	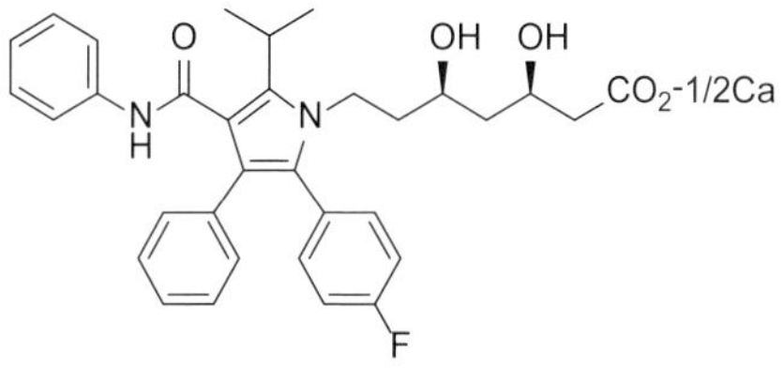	パーク・デービス、後にファイザー アステラス
ピタバスタチンカルシウム （リバロ®）	2003年	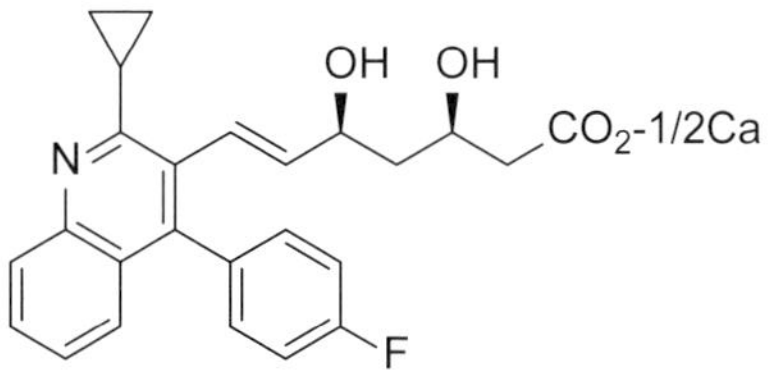	日産化学工業 興和
ロスバスタチンカルシウム （クレストール®）	2003年	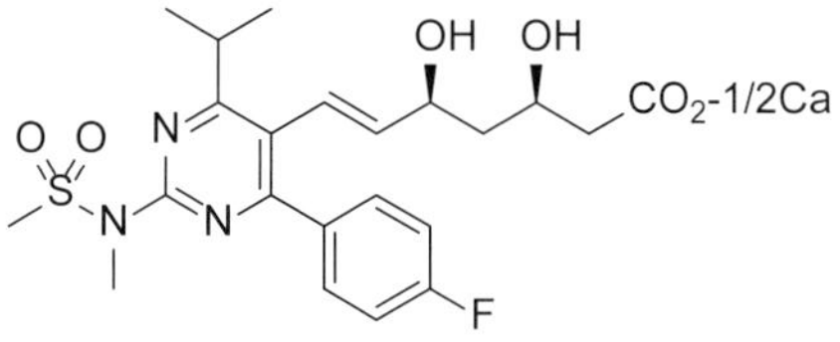	塩野義 アストラゼネカ

図3. 販売されているスタチン

2章
農薬に関する化合物

2.1 電子伝達系複合体IIIQ_i部位を阻害する殺菌剤 アンチマイシン

石原産業株式会社　吉田潔充、三谷滋

化合物名　アンチマイシン、フェンピコキサミド、シアゾファミド

キーワード　ミトコンドリア電子伝達系、複合体III（complexIII）Q_i部位、農業用殺菌剤

1. 発見

ミトコンドリア電子伝達系複合体III（complexIII）Q_i部位を阻害するアンチマイシン（antimycin）は、放線菌である*Streptomyces*属から分離された抗生物質であり、天然のアンチマイシンはA1、A3などアルキル側鎖が3-6（平均5）の数種類の混合物である〔von Jagow and Link 1986〕。アンチマイシンの類縁化合物であるUK-2Aは*Streptomyces* sp. 517-02の培養ろ液から分離された天然生理活性物質であり〔Ueki et al 1996〕、それを利用して農業用殺菌剤フェンピコキサミド（fenpicoxamid）が合成された〔Owen et al 2017〕。

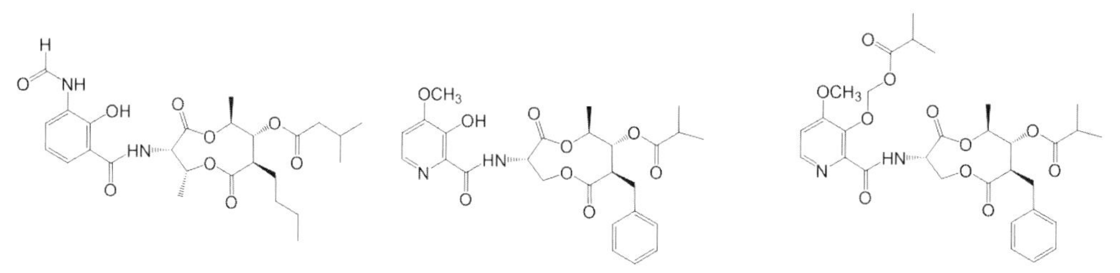

アンチマイシンA3　UK-2A　フェンピコキサミド

図1.

フニクロシン（funiculosin）は糸状菌*Penicillium funiculosum*から〔von Jagow and Link 1986〕、フニクロシンと化学構造に類似性があるイリシコリンH（ilicicolin H）は糸状菌*Cylindrocladium iliciola*から分離された〔Hayakawa et al 1971〕。またアスコクロリン（ascochlorin）は抗ウイルス活性物質の探索結果とし

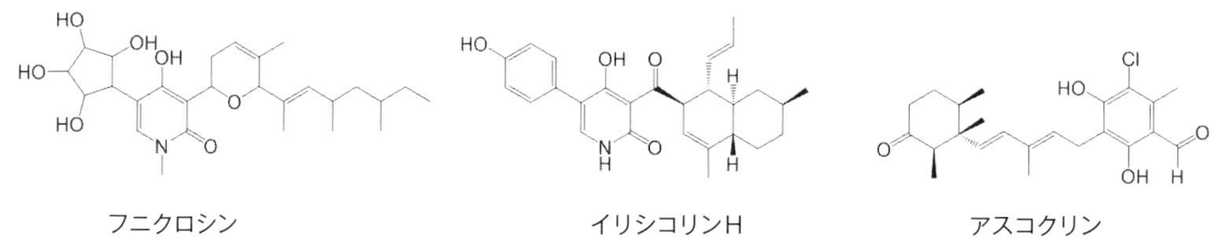

フニクロシン　イリシコリンH　アスコクリン

図2.

て植物病原菌である*Ascochyta viciae*（後に*Acremonium sclerotigenum*と再同定）から分離された〔Hijikawa et al 2017, Nawata et al 1969, Tamura et al 1968〕。

2-heptyl-4-hydroxyquinoline-*N*-oxide（HQNO）や2-*n*-nonyl-4-hydroxyquinoline-*N*-oxide（NQNO）はジハイドロストレプトマイシンのアンタゴニストとして、*Pseudomonas aeruginosa*から分離されたが、現在は化学合成されている〔von Jagow and Link 1986〕。

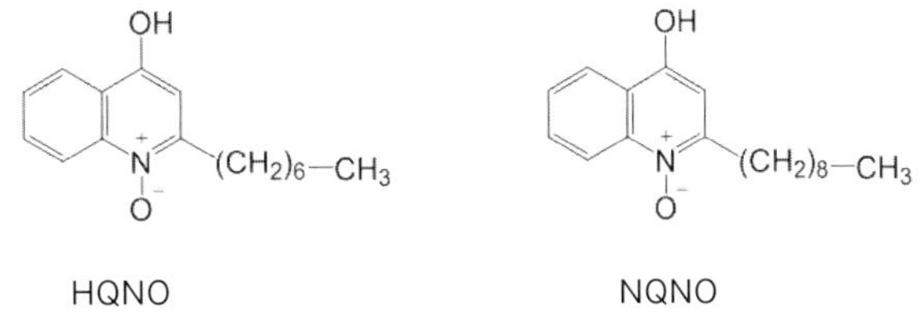

HQNO　NQNO

図3.

また農業用殺菌剤シアゾファミド（cyazofamid）やアミスルブロム（amisulbrom）はジメフルアゾール（dimefluazole）〔Pillonel 1995〕の周辺化合物を参考とし、各々スルファモイルイミダゾールやトリアゾール誘導体を最適化した結果、創製された。

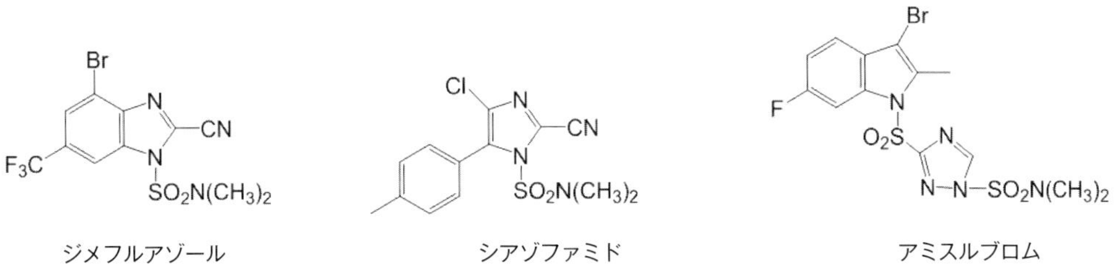

ジメフルアゾール　シアゾファミド　アミスルブロム

図4.

2. 生物活性・作用機構

ミトコンドリア内の電子駆動型ポンプとして機能する呼吸鎖電子伝達酵素は、酸化的リン酸化を担い、ATP合成酵素とともに好気的生物の生物共通のエネルギー通貨とも呼ばれるATP生合成を支えている〔三芳 2005〕。電子伝達系complexIIIの電子移動機構は一般にQ-cycle theoryが広く支持されている。この理論によると、ミトコンドリア内膜の細胞質側（Q_o部位）でubiquinolがubiquinoneに酸化され、マトリックス側（Q_i部位）でubiquinoneがubiquinolに還元される〔Link et al 1993, Trumpower 1990〕。

Q_i部位の阻害剤で、最も有名な天然物が前述のアンチマイシンである〔Berden and Slater 1972, Slater 1973, Zhang et al 1998〕。アンチマイシンは非常に強力な阻害剤であり、本化合物の活性発現には3-ホルミルアミノ基やフェノール性水酸基の存在が必須である〔Miyoshi et al 1995〕。アンチマイシンは植物病原菌に対する防除活性も認められるが、哺乳類に対しても、選択性がなく毒性が強いので、農業用途としては使用できなかった。アンチマイシンと構造が類似しているフェンピコキサミドは天然物であるUK-2Aが活性本体であり、そのcytochrome *c* reductase阻害活性はUK-2Aと比較して大きく劣る〔Owen et al 2017, Young et al 2017〕。

そのほかに知られている天然物由来のQ_i部位阻害剤としては、フニクロシン〔von Jagow and Link 1986〕、イリシコリン〔Gutierrez-Cirlos et al 2004〕、アスコクロリン〔Berry et al 2010〕、HQNO、NQNOなどが挙げられる〔von Jagow and Link 1986〕。一般に多くの呼吸阻害剤はQ_o/Q_i選択的であるが、アスコクロリンおよびNQNOはキノン/キノール分子のミミックとしてQ_o部位も阻害する〔Berry et al 2010, Gao et al 2003〕。

フニクロシンは植物病原糸状菌である*Pyricularia oryzae*や*Trichophyton mentagrophytes*、*Candida albicans*などに対し幅広い抗菌活性を示す〔Ando et al 1969〕。またイリシコリンHも*Candida* spp.、*Aspergillus fumigatus*や*Cryptococcus* spp.などに低濃度で抗菌活性を示す〔Singh et al 2012〕。天然物由来で抗菌活性があるキノン類HQNOやNQNOは抗細菌活性〔Heeb et al 2011〕、アスコクロリンは抗ウイルス活性も知られている〔Tamura et al 1968〕。

ジメフルアゾールは、標的酵素によってジメチルスルファモイル部分が認識されることにより、糸状菌の一種で卵菌に属する*Pythium aphanidermatum*に高い活性を示す〔Pillonel 1995〕が、本剤は開発には至らなかった。

シアゾファミドはアンチマイシンやcomplexIIIQ_o部位の阻害剤で農業用殺菌剤として販売されているストロビルリン（strobilurin）系殺菌剤などと異なり、作用点レベルで高い選択性を示し、病原菌のミトコンドリアのみを阻害する〔Mitani et al 2001〕。この高レベルの選択性は、卵菌のQ_i部位が他の糸状菌や動植物の同部位と異なっていること、シアゾファミドが非選択的阻害剤であるアンチマイシンとは結合様式が異なっていることを示唆している。またこのように酵素レベルでの選択性を有し、complexIIIのQ_i部位に作用する農業用殺菌剤はシアゾファミドが初めてであり、本剤が人畜や有用生物への高い安全性を有する理由と考えられている。

3. 農業用殺菌剤としての使用

シアゾファミドは世界で初めてミトコンドリア電子伝達系complex III Q_i部位に作用する農薬として2001年にUKで登録・販売された〔Mitani et al 2002〕。本剤は、フェニル置換2-シアノイミダゾールを母核として数多く合成された関連化合物の中から、種々の生物性能（残効性、耐雨性、治療効果、移行性、胞子形成阻害、少水量散布、作物安全性、圃場における効果試験など）に加え、安全性、経済合理性を総合的に評価され、最終的に選抜された。フロアブル製剤化された本剤は、ジャガイモ疫病やブドウべと病など経済的に重要な病気を引き起こす病原菌を含む卵菌による植物病害と難防除とされる土壌病害のアブラナ科野菜の根こぶ病に特異的に優れた防除効果を示す。同じ作用機構グループに属するアミスルブロムも卵菌病害と土壌病害であるアブラナ科野菜の根こぶ病に特異的に効果を示す農業用殺菌剤であり〔Honda et al 2008〕、2008年に日本で最初の登録を取得している。本剤は国内においては茎葉処理用のフロアブル製剤、土壌処理用の粉剤および顆粒水和剤、さらに種子塗沫用製剤など適用場面に応じた製剤品が開発されている〔本田 and 若山 2008, 若山 2012〕。

アンチマイシンに構造が類似している天然生理活性物質UK-2AもまたcomplexIIIのQ_i部位に結合し強い阻害活性を示すが、農業用途としては残効性に問題があった。フェンピコキサミドは

UK-2Aが活性本体であるが〔Owen et al 2017, Young et al 2017〕、欧州におけるムギ類の重要病原菌である *Zymoseptoria tritici* に対し、UK-2Aと比較して15倍活性が向上した。また、残効性の問題も解消した結果、圃場の同病原菌によって引き起こされる葉枯病に対して100gai/ha処理で平均82%の良好な防除効果を示した。本剤は穀類対象の殺菌剤として開発されている〔Owen et al 2017〕。

4. 波及効果および今後の展開

シアゾファミドは、現在、欧州、北米、南米、日本、アジアなど59か国で農薬登録されいる。本剤は従来の殺菌剤とは異なる化合物グループに属し、べと病、疫病を代表とする卵菌による病害やアブラナ科の根こぶ病に特異的に高い防除効果を示す。例えばジャガイモ疫病に対する標準処理薬量は80gai/haと低薬量である。さらに本剤はジャガイモ地上部散布により、地下部の疫病由来の塊茎腐敗にも高い防除効果を発揮することは特筆される〔Mitani et al 1998〕。

またシアゾファミドは新規な作用機構を有するので他剤の耐性菌管理に有用である。本剤はマルハナバチ、ミツバチなどの花粉媒介昆虫やオンシツツヤコバチ、カブリダニ類などの天敵類にも殆ど影響がなく、環境負荷低減による環境保全の目的によく適合することからIPM農業にも使用できる。また、本剤をセルトレイ育苗の苗に処理することで省力化・省コスト化が実現できるアブラナ科野菜の根こぶ病防除技術が世界で初めて開発された〔Mitani et al 2003〕。本剤は、より効果的でかつ安全で環境に優しい使用方法を検討することにより、環境負荷低減に貢献しつつ農家に高い収益性を約束する具体的な使用方法が期待されている。

同じ作用機構グループに属するアミスルブロムも各種疫病やべと病など、多発すると壊滅的な被害を生じる世界的に重要な病害から作物を守るために貢献できる〔本田 and 若山 2008〕。また土壌殺菌剤としてもIPMプログラムに組み込むことができ〔若山 2012〕、同剤を組み込んださまざまな病害防除技術の提案が期待されている。

フェンピコキサミドは、糸状菌 *Zymoseptoria tritici* が引き起こす欧州におけるムギ類の重要病害の一つである葉枯病に対し高い防除効果を示す。本病害対象に従来使用されてきた脂質生合成阻害剤や、ミトコンドリア電子伝達系complexIIIQ_o部位やcomplexIIに作用する農業用殺菌剤に対する薬剤耐性菌が次々に出現して防除効果の低下が問題となっている中で〔Lucas 2003, Cools and Fraaije 2013〕、本剤はそれらとは異なる新しい作用点を持つ葉枯病防除剤として使用者に受け入れられると予想される。

また抗菌活性がある天然物であるフニクロシン、イリシコリン、アスコクロリンやHQNO、NQNOをリードとした新規農薬は未創製であるが、多くの農薬メーカーにより、日々研究が進められていることから、近い将来に、農業現場に登場してくるかもしれない。

引用文献

Ando K, Suzuki S, Saeki T, Tamura G, Arima K (1969). Funiculosin, a new antibiotic I.Isolation,biological and chemical properties. *J Antibiot* **22**: 189-194.

Berden JA, Slater EC (1972). The allosteric binding of antimycin to cytochrome *b* in the mitochondrial membrane. *Biochim Biophys Acta* **256**: 199-215.

Berry EA, Huang L, Lee DW, Daldal F, Nagai K, Minagawa N (2010). Ascochlorin is a novel, specific inhibitor of the mitochondrial cytochrome bc_1 complex. *Biochim Biophys Acta* **1797**: 360-370.

Cools HJ, Fraaije BA(2013). Update on mechanisms of azole resistance in *Mycosphaerella graminicola* and implications for future control.*Pest Manag Sci* **69**: 150–155.

Gao X, Wen X, Esser L, Quinn B, Yu L, Yu CA, Xia D(2003). Structural basis for the quinone reduction in the bc_1 complex: a comparative analysis of crystal structures of mitochondrial cytochrome bc_1 with bound substrate and inhibitors at the Q_i site. *Biochemistry* **42**: 9067–9080.

Gutierrez-Cirlos EB, Merbitz-Zahradnik T, Trumpower BL(2004). Inhibition of the yeast cytochrome bc_1 complex by ilicicolin H, a novel inhibitor that acts at the Qn site of the bc_1 complex. *J Biol Chem* **279**: 8708-8714.

Hayakawa S, Minato H, Katagiri K(1971). The ilicicolins, antibiotics from *Cylindrocladium ilicicola*. *J Antibiot* **24**: 653-654.

Heeb S, Fletcher MP, Chhabra SR, Diggle SP, Williams P, Cámara M(2011). Quinolones: from antibiotics to autoinducers. *FEMS Microbiol Rev* **35**: 247-274.

Hijikawa Y, Matsuzaki M, Suzuki S, Inaoka DK, Tatsumi R, Kido Y, Kita K(2017).Re-identification of the ascofuranone-producing fungus *Ascochyta viciae* as *Acremonium sclerotigenum*. *J Antibiot* **70**: 304-307.

Honda T, Hasunuma N, Tanaka A, Sasaki K, Wakayama K(2008). Characteristics of amisulbrom as a foliar use fungicide on Oomycetes disease. *Proceedings of the 11th EuroBlight Workshop 2008*:269-274.

Link TA, Haase U, Brandt U, von Jagow G(1993). What information do inhibitors provide about the structure of the hydroquinone oxidation site of ubihydroquinone: cytochrome *c* oxidoreductase? *J Bioenerg Biomembr* **25**: 221–232.

Lucas J(2003). Resistance to Q_oI fungicides: implications for cereal disease management in Europe. *Pestic Outlook* **14**: 268-270.

Machida K, Takimoto H, Miyoshi H, Taniguchi M(1999). UK-2A, B, C and D, novel antifungal antibiotics from Streptomyces sp.517-02. V. Inhibition mechanism of bovine heart mitochondrial cytochrome bc_1 by the novel antibiotic UK-2A. *J Antibiot* **52**: 748-753.

Mitani S, Araki S, Matsuo N, Camblin P(1998). IKF-916–A novel systemic fungicide for the control of oomycete plant diseases. *Brighton Crop Prot Conf -Pests Dis* **2**: 351–358.

Mitani S, Araki S, Takii Y, Ohshima T, Matsuo N, Miyoshi H(2001). The biochemical mode of action of the novel selective fungicide cyazofamid: Specific inhibition of mitochondrial complex III in *Pythium spinosum*. *Pestic Biochem Physiol* **71**: 107–115.

Mitani S, Araki S, Yamaguchi T, Takii Y, Ohshima T, Matsuo N(2002). Biological properties of the novel fungicide cyazofamid against *Phytophthora infestans* on tomato and *Pseudoperonospora cubensis* on cucumber. *Pest Manag Sci* **58**: 139–145.

Mitani S, Sugimoto K, Hayashi H, Takii Y, Ohshima T, Matsuo N(2003). Effects of cyazofamid against *Plasmodiophora brassicae* Woronin on Chinese cabbage. *Pest Manag Sci* **59**: 287–293.

Miyoshi H, Tokutake N, Imaeda Y, Akagi T, Iwamura H(1995). A model of antimycin A binding based on structure-activity studies of synthetic antimycin A analogues. *Biochim Biophys Acta* **1229**: 149-154.

Nawata Y, Ando K, Tamura G, Arima K, Iitaka Y(1969). The molecular structure of ascochlorin. *J Antibiot* **22**: 511-512.

Owen WJ, Yao C, Myung K, Kemmitt G, Leader A, Meyer KG, Bowling AJ, Slanec T, Kramer VJ(2017). Biological characterization of fenpicoxamid, a new fungicide with utility in cereals and other crops. *Pest Manag Sci* **73**: 2005–2016.

Pillonel C(1995). Interaction of benzimidazole-*N*-sulfonamides with the cytochrome b/c_1 complex of *Pythium aphanidermatum*. *Pestic Sci* **43**: 107–113.

Singh SB, Liu W, Li X, Chen T, Shafiee A, Card D, Abruzzo G, Flattery A, Gill C, Thompson JR, Rosenbach M, Dreikorn S, Hornak V, Meinz M, Kurtz M, Kelly R, Onishi JC(2012). Antifungal spectrum, in vivo efficacy, and structure–activity relationship of ilicicolin H. *ACS Med Chem Lett* **3**: 814-817.

Slater EC(1973).The mechanism of action of the respiratory inhibitor, antimycin *Biochim Biophys Acta* **301**: 129-154.

Tamura G, Suzuki S, Takatsuki A Ando K, Arima K(1968). Ascochlorin, a new antibioric, found by paper-disc agar-diffusion method. *J Antibiotics* **21**: 539-544.

Trumpower BL(1990). The protonmotive Q cycle. *J Biol Chem* **265**: 11409–11412.

Ueki M, Abe K, Hanafi M, Shibata K, Tanaka T, taniguchi M(1996). UK-2A, B, C and D, Novel antifungal antibiotics from *Streptomyces* sp. 517-02 I. Fermentation, isolation, and biological properties. *J Antibiot* **49**: 639-643.

von Jagow G, Link TA(1986). Use of specific inhibitors on the mitochondrial bc_1 complex.*Methods Enzymol* **126**: 253-271.

Young DH, Wang NS, Meyer ST, Avila-Adame C(2017).Characterization of the mechanism of action of the fungicide fenpicoxamid and its metabolite UK-2A. *Pest Manag Sci* DOI: 10.1002/ps.4743.

Zhang Z, Huang L, Shulmeister VM, Chi YI, Kim KK, Hung LW, Crofts AR, Berry EA, Kim SH(1998). Electron transfer by domain movement in cytochrome bc_1. *Nature* **392**: 677-684.

本田卓，若山健二(2008). 新規殺菌剤アミスルブロム(ライメイ®)フロアブルの特徴と使い方. 植物防疫**62**: 440-444.

三芳秀人(2005). ミトコンドリア呼吸鎖酵素の阻害剤に関する研究. 日本農薬学会誌**30**: 127-132.

若山健二(2012). 新規土壌用殺菌剤アミスルブロム(オラクル®粉剤・顆粒水和剤)の特徴と使い方. 植物防疫**66**: 573-581.

2.2 電子伝達系複合体I阻害型殺虫・殺ダニ剤　ロテノン

日本農薬株式会社　総合研究所　諏訪明之、藤岡伸祐

化合物名　ロテノン、ピレトリン、ニコチン、フェンピロキシメート、ピリダベン、テブフェンピラド、フェナザキン、ピリミジフェン、トルフェンピラド

キーワード　ミトコンドリア電子伝達系複合体I、呼吸酵素系、ユビキノン

1. はじめに

紀元前より人類は害虫を駆除するために殺虫効果を有する植物を利用していたが、優れた天然殺虫成分として17世紀頃より広く利用されたのは、除虫菊、煙草、デリス根であった。これらに含まれる殺虫成分は有機化学の発展とともにピレトリン（pyrethrin）、ニコチン（nicotine）、ロテノン（rotenone）としてそれぞれ単離・構造解明され、ピレスロイド、ニコチノイド、ロテノイドの化学が発展してきた。その後、ピレスロイドやニコチノイドは実用的殺虫剤とするためにさまざまな構造改変が行われ、前者は合成ピレスロイド系殺虫剤として、また後者はニコチンから誘導されたものではないがニコチノイドの必須構造部位を備えたネオニコチノイド系殺虫剤としてそれぞれ合成殺虫剤の一大系統となった〔山本 2017〕。一方、ロテノイドは構造的複雑さと縮合環の変換で活性を維持できなかったことにより、ロテノイドから派生した合成殺虫剤は生まれなかった〔山本 1977, 右内 1980〕。しかし今日その作用機構が解き明かされ、ロテノイドの作用点であるミトコンドリア電子伝達系複合体Iの阻害活性を*in vitro*で評価できるようになり、その成果は研究上の利用から非常に有用な骨格群であったといえる。本稿では1990年代に相次いで創出された電子伝達系複合体I阻害型殺虫・殺ダニ剤の作用機構研究を交えてケミカルバイオロジーの視点からロテノンの研究史を解説する。

2. 発見および合成

マメ科に属する*Derris elliptica*の根は東南アジア地域では漁獲を目的としてかつて利用され、また中南米やアフリカ地域に自生する*Lonchocarpus*、*Tephrosia*なども殺魚活性を示すマメ科植物として古くから知られていた。これらの植物に含まれる有効成分がロテノンとその類縁化合物でありロテノイドと総称される。ロテノンは殺魚活性の他に優れた殺虫性を示したことから応用および基礎の両面から研究対象として取り扱われた。

化学的研究を概観すると1902年に永井がその主成分を単離してロテノンと命名し〔永井 1902〕、1932年にTakeiら〔Takei et al 1932〕、LaForgeら〔LaForge and Haller 1932〕、およびRobertson〔Robertson 1932〕によって同時期にそれぞれ独立して平面構造式が報告された（**図1**）。ロテノンの化学構造は芳香環と含酸素ヘテロ環からなり、分子中3個の不斉炭素原子を有する多環状のイソフラボノイドの一種である。またロテノンには同族体が多数あり、ロテノンの構造決定と前後して種々のロテノイ

ドが次々に単離され、それらの構造が報告された。

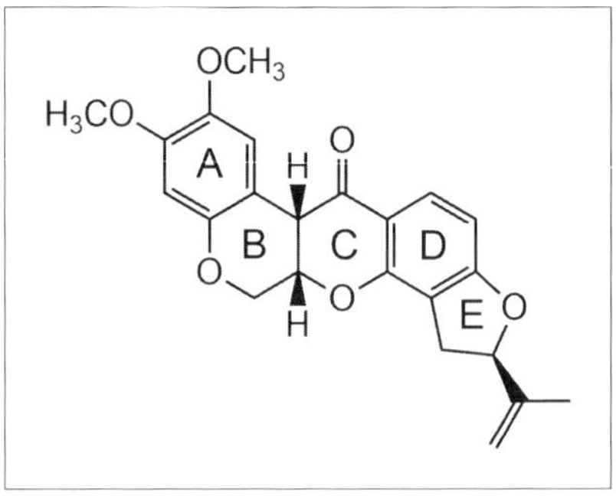

図1. ロテノン

ロテノイド系化合物の合成は、1961年にMiyanoらによりロテノン〔Miyano et al 1960〕、Fukamiら〔Fukami et al 1960, Fukami et al 1965〕やOllis〔Ollis 1961〕により各種ロテノイドの全合成の成功が報告された。X線結晶構造解析から示唆されるロテノンの立体構造はB環とC環の間で折れ曲がった構造となっている〔Arona et al 1975〕。ロテノンの生合成はCrombieら〔Crombie et al 1968〕およびGriesebach and Ollis〔Griesebach and Ollis 1961〕によって、3個の酢酸、シキミ酸経由のC_6-C_3ならびにC_1の挿入からできることが明らかにされた。

3. 生物活性および作用機構

ロテノンは哺乳動物と昆虫との間で高い選択性を示し、経口活性（LD_{50}）で比較すると、ラットに対して132mg/kg、ワモンゴキブリに対して6-16mg/kgである〔江藤 1979〕。この選択毒性の理由の一つとして、哺乳動物における酸化的な解毒代謝活性が昆虫と比較して著しく高いことが報告されている〔Fukami et al 1969〕。昆虫に対しては食毒および接触毒として、また気門、気管系、消化管などから吸収され、効果を発揮する。

右内〔1980〕は、63種のロテノン誘導体の活性検討から、構造活性相関について次の結論を得た〔右内 1980〕。ABCD環（クロマノン環）が活性発現に必須であり、B環とC環部位の3次元的構造の変化は活性を大幅に低下させ、ABCD環の配置を保持する限り骨格周辺に多少の改変を加えても活性は維持される。また水酸基の導入につれて活性は低下し、水酸基を保護すると活性は回復することから、疎水性が作用点における分子の親和性に重要な因子であるとしている。

ロテノンの作用機構の解明は1950年代に深見らにより進められ、ワモンゴキブリ*Periplaneta australasiae*の筋肉のホモジネートを使った実験により、本化合物の処理でコハク酸の酸化は抑制されず、グルタミン酸を基質とする呼吸酵素系は強く抑制されることが見出された〔深見 1956, 深見 and 富沢 1956〕。さらにロテノンと多数のロテノン誘導体を用いた殺虫試験と酵素阻害試験により*in vivo*の殺虫活性と酵素阻害活性が相関することがわかった〔Fukami and Tomizawa 1958〕。これらの検討からロテノンの一次作用が呼吸酵素系（NADHとユビキノンの間）であることが明らかとなった〔Fukami 1961〕。その後、1960年代よりさらに詳細な作用機構の解明が進み〔Horgan et al 1968a, Horgan et al 1968b, Gutman et al 1970〕、ロテノンの作用部位は電子伝達系複合体Iの反応過程の末端であるユビキノンをユビキノールに還元する反応触媒部位であることが報告された。なお、ロテノンと同様に電子伝達系複合体Iを阻害することが知られていた放線菌*Streptomyces mobaraensis*が産生するピエリシジンA（piericidin A）はユビキノンと拮抗的に作用して阻害することから、ロテノンも同様に拮抗的に作用すると考えられていた。しかし、その後ユビキノンと拮抗的に作用しないほうが妥当であることが示され〔Heinrich and Werner 1992, Ahmed and Krishnamoorthy 1992, Ueno et al 1994〕、これらからユビキノン反応部位においてロテノンとユビキノンはずれて結合していると推定された〔三芳 1995〕。これら2つの阻害剤の作用機構解析によりユビキノン反応部位が比較的大きな空間を持っていることが示唆された。

4. 電子伝達系複合体I阻害型殺虫・殺ダニ剤とロテノンの役割

ロテノンの主要代謝物の生成過程で生じるエポキシ体は発がん性があると指摘されていたが、側鎖の二重結合を飽和したジヒドロロテノンはエポキシ化しないことからそのリスクはないと考えられた。またそれはロテノンより代謝されにくく殺虫活性も高かったが、殺虫剤として汎用的に利用されることはなかった〔山本 2017〕。その理由の一つとして、1990年代からロテノンとは構造が全く異なるが同じように電子伝達系複合体Iを阻害する多種の合成殺虫・殺ダニ剤が農薬メーカー各社から次々に開発された影響もあったと思われる。フェンピロキシメート（fenpyroximate）、ピリダベン（pyridaben）、テブフェンピラド（tebufenpyrad）、フェナザキン（fenazaquin）、ピリミジフェン（pyrimidifen）、トルフェンピラド（tolfenpyrad）は、ヘテロ原子を介した疎水性側鎖を持つピラゾール環、ピリダジノン環、キナゾリン環、あるいはピリミジン環で構成される（**図2**）。

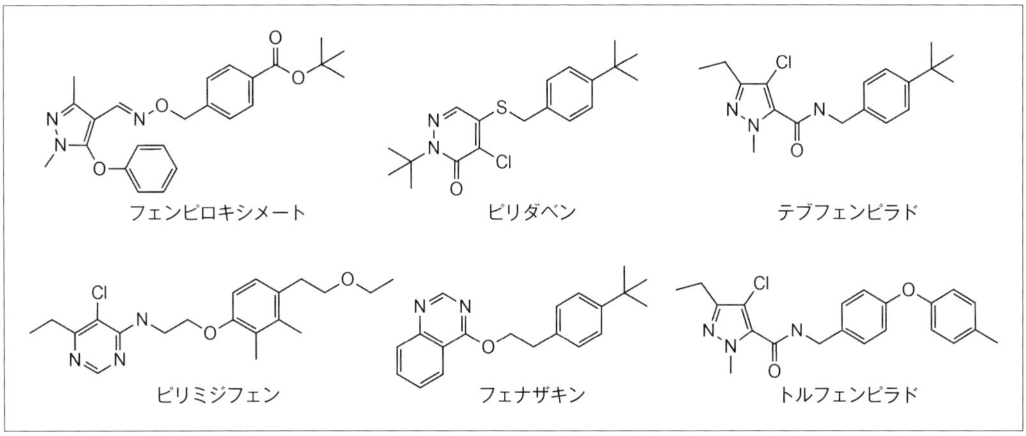

フェンピロキシメート　ピリダベン　テブフェンピラド

ピリミジフェン　フェナザキン　トルフェンピラド

図2. ミトコンドリア電子伝達系複合体I阻害型殺虫剤の構造

これらの薬剤はロテノン等の天然物を模してデザインされた訳ではなく、各社が独自に開発してそれぞれ異なる基本骨格を持っていたが、期せずしてこれらの作用機構はいずれも電子伝達系複合体Iの阻害であることが確認された〔Motoba et al 1992, Freiedrich et al 1994, Jewess 1994, Hollingworth et al 1994a, Hollingworth et al 1994b〕。

これらの合成農薬の作用機構解明においてロテノンは重要な役割を果たし、Wegeら〔Wege and Leonard 1994〕は本物質を用いてそれらの薬剤がロテノンと同じ電子伝達系複合体Iを阻害することを明らかにした〔Wege and Leonard 1994〕。いずれの薬剤も植物寄生性のダニ類に対して広い防除スペクトルを有し、またいくつかは昆虫類に対しても高い活性を示し、農薬としての性能は非常に優れていた。日本ではフェンピロキシメート、ピリダベン、テブフェンピラドの3剤が3年の間に相次いで上市され爆発的に普及したが、作用機構が公表される前にそれらが同時使用された結果、これらの薬剤が効かない抵抗性のダニが急速に出現した。その後、ダニにおける薬剤抵抗性の遺伝様式および各農薬の構造的違いから抵抗性発達の機構はダニにおける作用点の変異ではなく解毒代謝活性の増強との関わりが疑われたが、現象として一方の薬剤に対して抵抗性を示すダニがもう一方の薬剤に対しても抵抗性を示す交差抵抗性の関係がそれらの薬剤間で認められた〔Wege and Leonard 1994, Goka 1998〕。

なお、電子伝達系複合体Iは多数のサブユニットから構成されているため、多様な構造を持つ阻害剤の作用点が電子伝達系複合体Iの中のどこにあるのか明確になっていなかった。そこで[^{3}H]フェンピロキシメートや[^{3}H]ピリダベンを使った光親和性標識体、あるいは電子伝達系複合体I変異体を使った実験により、FeSクラスターからユビキノンへ至る途中にあるサブユニットの一つのPSSTが結合部位であることが明らかにされた〔Shiraishi et al 2012, Schuler et al 1999, Bajda et al 2017〕。

5. おわりに

ケミカルバイオロジーの役割の一つとして低分子の阻害剤を用いた生物の複雑な仕組みの解明を挙げることができるが、一連の研究を振り返るとロテノンはその阻害部位の特定の過程でミトコンドリア電子伝達系複合体の機構解明の一助となり、本分野の進展に寄与した天然物質であったといえる。その後1990年代になって開発された多数の電子伝達系複合体I阻害型農薬の作用機構の解明にもロテノンは貢献した。多様な骨格を持つそれらの電子伝達系複合体I阻害剤もまた、電子伝達系の中で最も大きく最も複雑であるといわれる電子伝達系複合体Iタンパク質の構造や機構の解明に重要な役割を果たしていくと思われる〔三芳 1995, Schuler and Casida 2001〕。今では電子伝達系複合体Iの構造が原子レベルで明らかにされており〔Zhu et al 2016〕、本分野の研究がさらに進展することで阻害剤のより詳細な作用機構の解明ならびに新規農薬の開発への貢献が期待される。

引用文献

Ahmed I & Krishnamoorthy G(1992). The non-equivalence of binding sites of coenzyme quinone and rotenone in mitochondrial NADH-CoQ reductase. *FEBS Lett* **300**: 275-278.

Arona S A, Bates R B, Gray R A & Delfel N E(1975). Crystal and molecular structure of the one to one complex of rotenone and carbon tetrachloride. J Am Chem Soc **97**: 5752-5755.

Bajda S, Dermauw W, Panteleri R, Sugimoto N, Douris V, Tirry L, Osakabe Mh & Vontas J(2017). A mutation in the PSST homologue of complex I (NADH: ubiquinone oxidoreductase) from Tetranychus urticaeis associated with resistance to METI acaricides. *Insec Biochem Mol Biol* **80**: 79–90.

Crombie L, Green C L & Whiting D A(1968). Biosynthesis of rotenoids. The origin of C-6a and the "extra" methylene at C-6. *Chem. Commun*: 234-235.

Freiedrich T, van Heek P, Leif H, Ohnishi T, Forche E, Kunze B, Jansen R, Trowitzsch-Kienast W, Hofle G, Reichenbach H & Weiss H(1994). *Eur J Biochem* **219**: 691-698.

Fukami H, Sakata G & Nakajima M(1965). Total synthesis of (±)-elliptone. *Agric Biol Chem* **29**: 82.

Fukami H, Takahashi K, Konishi K & Nakajima M(1960). Synthesis of chromanochromanone and 2-substituted isoflavanones. *Bull Agr Chem Soc Japan* **24**: 119-122.

Fukami J & Tomizawa C(1958). Effect of rotenone and its derivatives on the glutamic dehydrogenase in insects. *Botyu-Kagaku* **23**: 1-4.

Fukami J, Shishido T, Fukunaga K & Casida J E(1969). Oxidative metabolism of rotenone in mammals, fish, and insects and its felation to selective toxicity. *J Agric Food Chem* **17**: 1217-1226.

Fukami J(1961). Effect of rotenone and its derivatives on the glutamic dehydrogenase in insects. Bull Nat Ins Agr Sci Japan **13**: 33-45.

Goka K(1998). Mode of inheritance of resistance to three new acaricides in the Kanzawa spider mite *Tetranychus kanzawai* Kishida (Acari:Tetranychidae). *Exp Appl Acarol* **22**: 699–708.

Griesebach H & Ollis W D(1961). Biogenetic relationships between coumarins, flavonoids, isoflavonoids, and rotenoids. Experientia **17**: 4-12.

Gutman M, Singer T P, Beinert M & Casida J E(1970). Reaction sites of rotenone, piericidin A, and amytal in relation to the nonheme iron components of NADH dehydrogenase. *Proc Natl Acad Sci USA* **65**: 763-770.

Heinrich H & Werner S(1992). Identification of the ubiquinone-binding site of NADH:ubiquinone oxidoreductase (complex I) from Neurospora crassa. *Biochemistry* **31**: 11413-11419.

Hollingworth R M, Ahammadsahib K I, Gadelhak G & McLaughlin J L(1994a). *Abst Pap Am Chem Soc Meet Pt 1 Agro* p.156.

Hollingworth R M, Ahammadsahib K I, Gadelhak G & McLaughlin J L(1994b). *Biochem Soc Trans* **22**: 230-233.

Horgan D J, Ohno H, Singer T P & Casida J E(1968a). Studies on the rspiratory chain-linked reduced nicotinamide adenine dinucleotide dehydrogenase: XV. Interactions of piericidin with the mitochondrial respiratory chain. *J Biol Chem* **243**: 5967-5976.

Horgan D J, Singer T P & Casida J E(1968b). Studies on the respiratory chain-linked reduced nicotinamide adenine dinucleotide dehydrogenase XIII. Binding sites of rotenone, piericidin A, and amytal in the respiratory chain. *Biochemistry* **32**: 1935.

Jewess P J(1994). Insecticides and acaricides which act at the rotenone-binding site of mitochondrial NADH: ubiquinone oxidoreductase. *Biochem Soc Trans* **22**: 247-251.

LaForge F B & Haller H L(1932). ROTENONE. XIX. The nature of the alkali soluble Hydrogenation products of rotenone and its derivatives and their bearing on the structure of rotenone. *J Am Chem Soc* **54**: 810-818.

Miyano M, Kobayashi A & Matsui M(1960). Synthese and configurational elucidation of rotenoids Part XVIII. The total synthesis of the natural rotenone. *Bull Agr Chem Soc Japan* **24**: 540-542.

Motoba K, Suzuki T & Uchida M(1992). Effect of a new acaricide, fenpyroximate, on energy metabolism and mitochondrial morphology in adult female *Tetranychus urticae* (two-spotted spider mite). *Pestic Biochem Physiol* **43**: 37-44.

Ollis W D(1961). Recent developments in chemistry of natural phenolic compounds. *Pergamon Press, London.*

Robertson A(1932). Experiments on the synthesis of rotenone and its derivatives. Part II. The synthesis of rissic acid and of derric acid, and the constitution of rotenone, deguelin and tephrosin. *J Chem Soc* **1932**: 1380-1388.

Schuler F & Casida J E(2001). The insecticide target in the PSST subunit of complex I. *Pest Maneg Sci* **57**: 932–940.

Schuler F, Yano T, Bernardo S D, Yagi T, Yankovskaya V, Singer T P & Casida J E(1999). NADH–quinone oxidoreductase: PSST subunit couples electron transfer from iron–sulfur cluster N2 to quinone. *Proc Natl Acad Sci USA* **96**: 4149–4153.

Shiraishi Y, Murai M, Sakiyama N, Ifuku K & Miyoshi H(2012). Fenpyroximate binds to the interface between PSST and 49 kDa subunits in mitochondrial NADH–ubiquinone oxidoreductase. *Biochemistry* **51**: 1953–1963.

Takei S, Miyajima T & Ono M(1932). Über rotenon, den wirksamen bestandteil der derriswurzel, IX. Mitteil: Nachtrag zur konstitution der tetrahydro-tubas [a with diaeresis] ure und des rotenons. Synthese einiger abbauprodukte des rotenons. *Ber Deut Chem Ges* **65**: 1042-1049.

Ueno H, Miyoshi H, Ebisui K & Iwamura H(1994). Comparison of the inhibitory action of natural rotenone and its stereoisomers with various NADH-ubiquinone reductases. *Eur J Biochem* **225**: 441-417.

Wege P J & Leonard P K(1994). Insecticide resistance action committee (IRAC) fruit crops spider mite resistance management guidelines 1994. *Proc Brit Crop Protect Conf Pests and Diseases*: 427-430.

Zhu J, Vinothkumar K R & Hirst J(2016). Structure of mammalian respiratory complex I. *Nature* **536**: 354–358.

右内 忠昭(1980). ピレスロイドおよびロテノイド殺虫剤の代謝を中心とした毒理学的研究. 日本農薬学会誌 **5**: 453-461.

江藤 守総(1979). 農薬の科学(共著)Ⅲ. 有害動物の防除, 1. 殺虫剤: 131-205.

永井 一雄(1902). 魚籐有毒成分の研究 第一報. 東京化学会誌 **23**: 744-777.

深見 順一(1956). 昆虫の臓器組織呼吸に及ぼす2、3殺虫剤の影響、特にロテノーンについて.防虫科学 **21**: 122-128.

深見 順一, 富沢 長次郎(1956). 昆虫のグルタミン酸酸化酵素系に及ぼすロテノーンの影響. 防虫科学 **21**: 129-133.

三芳 秀人(1995). 阻害剤から見た呼吸鎖電子伝達機構. 化学と生物 **33**: 151-158.

山本 出(2017). 温故知新 - 害虫防除剤デザインの工夫から - 随想. 日本農薬学会誌 **42**: 22-27.

山本 出(1977). 殺虫剤づくりのあの手この手. 日本農薬学会誌 **2**: 549-557.

2.3 除虫菊の殺虫成分をリードとした殺虫剤　ピレトリン

住友化学株式会社　健康・農業関連事業研究所　氏原一哉、永野栄喜

化合物名　ペルメトリン、アレスリン、ビフェントリン、シフルトリン、シハロトリン、シペルメトリン、デルタメトリン、エンペントリン、エトフェンプロックス、フェンプロパトリン、フェンバレレート、フルメトリン、イミプロトリン、フェノトリン、メトフルトリン、レスメトリン、シラフルフェン、テフルトリン、テトラメトリン、トランスフルトリン

キーワード　ナトリウムチャンネルモジュレーター、殺虫剤、家庭用殺虫剤、農業用殺虫剤、ノックダウン効果

1. 単離・構造決定

シロハナムシヨケギク（*Tanacetum cinerariaefolium*）は、通常、除虫菊と呼ばれ、その胚珠に殺虫活性があることは、原産のダルマチア地方では中世より知られ、実際に殺虫粉として使われていたらしい。除虫菊の有効成分である天然ピレトリン（pyrethrin）は合成殺虫剤が発明・普及する以前の世界では数少ない害虫の防除法であり、1919年にはヨーロッパからアメリカへ300万ポンドの花が輸出されていた。1935年に日本の除虫菊収穫高は13,000トンに達し、世界生産量の90%を占めたといった記録がある。現在も、天然物殺虫剤として需要があり、年間1万トンの乾燥花弁が生産されている〔Ueyama 2017〕。

天然ピレトリンは6種類の殺虫活性化合物の混合物であるが、総合的な効力と含有量からピレトリンI（pyrethrin I）が最も重要な成分であり、菊酸と呼ばれる置換シクロプロパンカルボン酸とピレスロロンと呼ばれるシクロペンテノロンアルコールのエステル化合物である。天然ピレトリンの化学的研究は、藤谷巧産によるエステル化合物の報告から始まり〔Fujitani 1909〕、その特徴的な構造であるシクロプロパン環の存在は、山本亮らに報告され〔Yamamoto 1923〕、StaudingerとRuzickaにより詳細な構造が発表された〔Staudinger and Ruzicka 1924〕。彼らの提示した構造は、現在の知見では誤っている部分もあるが、分析機器が発達していない当時の科学水準を考えると偉大な成果である。正しい平面構造は1945年に〔LaForge and Barthel 1945〕、立体化学も含めた構造決定は1958年に成し遂げられ〔Katsuda et al 1958〕、その後の合成ピレスロイドの発展の基礎となった。

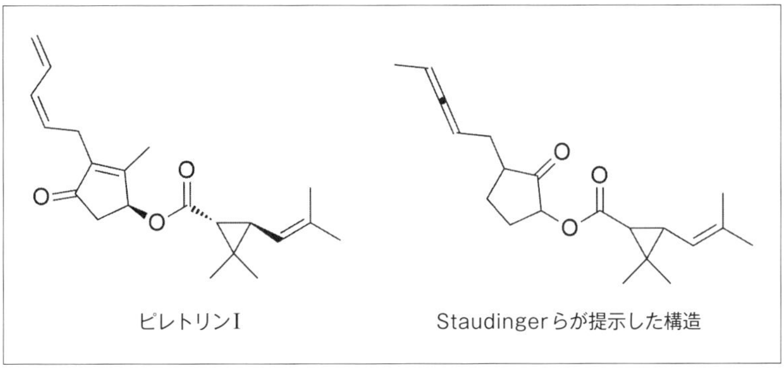

ピレトリンI　　Staudingerらが提示した構造

図1. ピレトリンIの構造

2. ピレスロイドの作用機構

ピレスロイドの作用機構は、電位依存性ナトリウムチャンネルの不活性化を阻害し、神経軸索を活性化することによって刺激の伝達の阻害を引き起こすと考えられている。近年は電位依存性カルシウムチャンネル、電位-リガンド依存性塩素イオンチャンネルあるいはGABA受容体といった他の作用点を経由したシナプスへの作用もあると指摘されており、さまざまなピレスロイド化合物のそれぞれの作用の差が、ピレスロイドの多様性をもたらしていることが示唆されている〔Clark and Symington 2012〕。

3. 合成ピレスロイドの発展

ピレトリンは単に殺虫活性を持つのみならず、昆虫の神経系に速効的に作用し、麻痺を引き起こす効果（ノックダウン効果）や、忌避効果に優れており、哺乳動物に対する高い安全性と加熱すると蒸散するという性質も併せ持つため、現在でも、蚊取り線香の有効成分として世界中で使われている。その主成分ピレトリンIは、3置換二重結合、シクロペンテノン、*cis*-共役ジエンといった不安定な部分構造を多く持つため、酸素や光に不安定であり、その用途は家庭内での使用にとどまっていた。また、植物を供給源としているため、産地や産年によって品質が不均一であることや、天候、政治状況によって供給が不安定になりがちである一方、構造が複雑であるため化学合成は困難であるという問題があった。これらの問題を解決するため、構造改変とその合成研究が半世紀にわたって展開され、現在、合成ピレスロイドと呼ばれる一連の化合物群が誕生した。

4. アルコール部の構造改変

最初の合成ピレスロイドはアレスリン（allethrin）であり〔Schechter et al 1949〕、ピレトリンIから不安定かつ合成が難しい*cis*-エチレン基を除去しているが、蚊に対する速効性は維持するという化合物である。翌年アレスリンの特許が開放されると工業化の競争が行われ1953年には商業化された。前述のようにこの当時、ピレトリンIの立体化学は解明されていない。つまりアレスリンは8つの可能性がある立体異性体のうち、どの異性体が活性成分であるか判らない状態で商業化されたということである。その当時の科学技術で立体化学を決定することがいかに難しかったかを垣間見ることができる。

アルコール部をイミドメチロールとしたテトラメトリン（tetramethrin）〔Kato et al 1964〕、ヒダントインメチロールとしたイミプロトリン（imiprothrin）〔Hirano et al 1979〕は、それぞれハエおよびゴキブリに対する優れた速効性を特徴にして開発された。一方、5-ベンジル-3-フルフリル〔Elliot et al 1967〕、3-フェノキシベンジル〔Fujimoto et al 1973〕といったピレトリンIとは大きく異なった変換をすると速効性は低下するものの致死性は向上し、家庭用殺虫剤やシラミ防除剤の用途で実用化された。後者のα位にシアノ基を導入した化合物シフェノトリン（cyphenothrin）は活性がさらに向上し、その後農薬として数多く実用化された化合物群の基となった〔Matsuo et al 1976〕。シアノ基を導入した化合物群はタイプIIピレスロイドと呼ばれ、ナトリウムチャンネルに対する効果の持続性が大幅に長くなっている点でそれ以前の化合物群（タイプIピレスロイド）とは性質が異なっている。

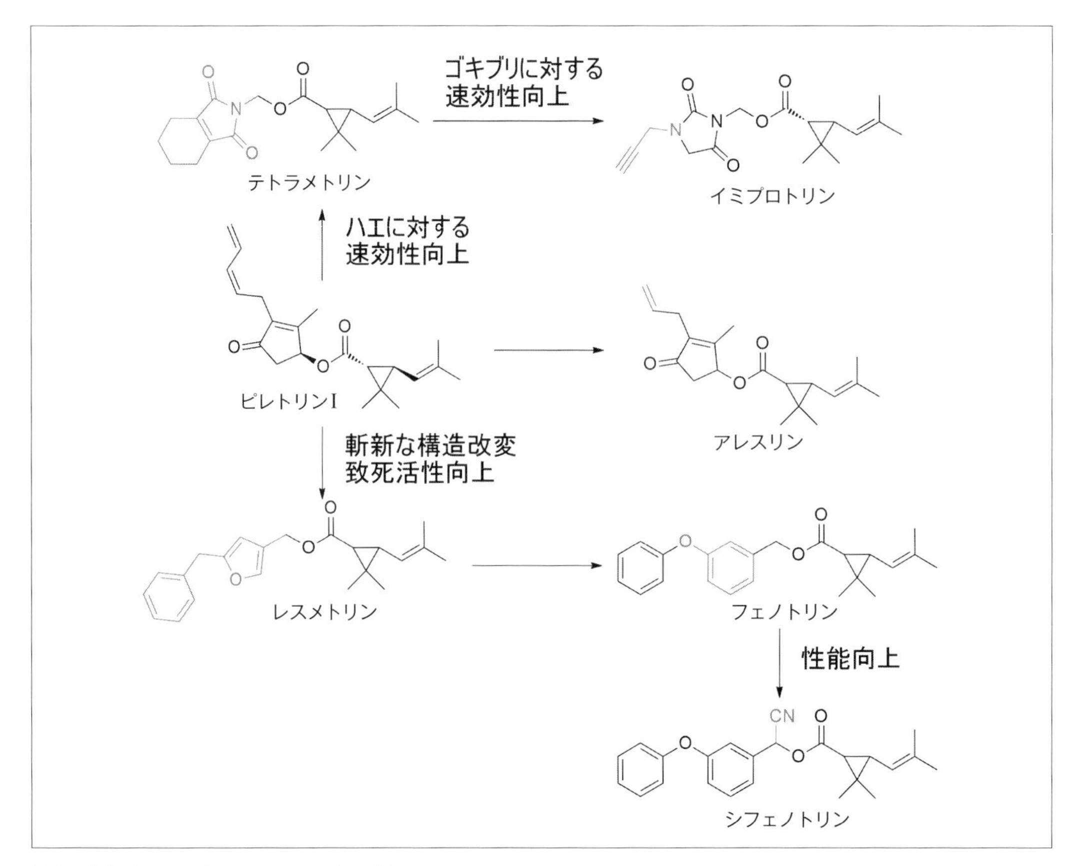

図2. 合成ピレスロイドのアルコール部の変換

5. 酸部分の構造改変

ピレスロイドは、2,2-*gem*-ジメチルシクロプロパンカルボン酸エステルが構造的な特徴であり、その1位と3位の相対配置は、天然物であるピレトリンと同じ*trans*配置では速効性が、*cis*配置では致死性が優れている。フェンバレレート（fenvalerate）は適切に構造を調整することにより*gem*-ジメチルシクロプロパン構造をイソプロピル基で表現した化合物であり〔Ohno et al 1974〕、製造が難しいと考えられるシクロプロパン環が含まれないとともに、酸化、光に対して不安定である3置換二重結合がベンゼン環に置き換えられているため、高い経済性と野外での安定性を併せ持ち、それらが要求される農業用殺虫剤として初めて実用化されたピレスロイドである。必須と思われる部分構造を置き換えていくという取り組みは、エステル部でも試みられ、適切な分子設計をすることによりエーテルに変換した化合物エトフェンプロックス（etofenprox）が発見された〔Yoshimoto et al 1989〕。本化合物は、魚類に対する安全性が高いという特長を生かし、水田用殺虫剤として実用化された。またエトフェンプロックスには不斉炭素がないという点も特徴である。

ピレスロイドが広く農薬になりうることがわかると、合成ピレスロイドの探索研究に多くの企業が参入し、競争が激化した。特にシフェノトリンの二重結合上のメチル基を塩素原子あるいは臭素に変換したシペルメトリン（cypermethrin）、デルタメトリン（deltamethrin）が優れた性能を示すことが判明すると〔Elliot et al 1975〕、その酸部であるペルメトリン酸をいかに合理的に製造するかが課題となった。

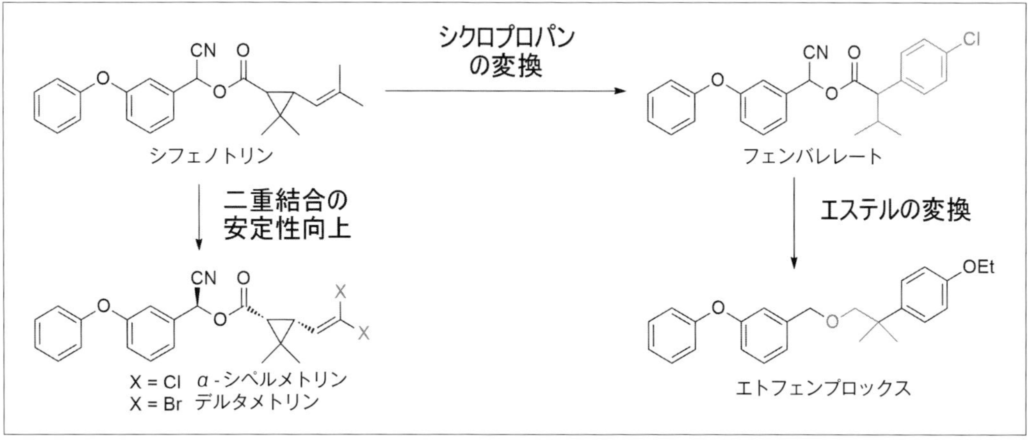

図3．酸部の構造改変

6．ペルメトリン酸の合成

ペルメトリン酸は数多くのピレスロイドの重要中間体であるため、この小さな化合物の製造法に対して多くの企業、研究機関が総力戦で取り組み、数多くの方法が考案された。その中でも、相模中央研究所で発明された方法は、原料の価格、入手性、製造工程数、廃棄物の質、量、いずれの面でも他法より優れており、ピレスロイドの合成化学における大きなブレイクスルーとなった〔Kondo et al 1977〕。各工程自体は既知反応であるが、その工程連結を成し遂げたことはプロセス化学の成果であるとともに、この時代にプレニルアルコールが日本で工業化され、安価に入手できる原料となったことも成功の一因である。

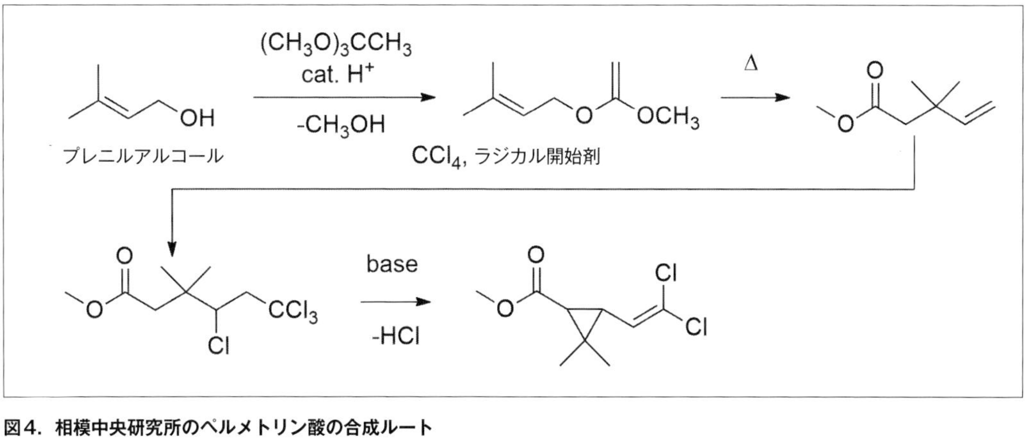

図4．相模中央研究所のペルメトリン酸の合成ルート

7．フッ素化学の発展とピレスロイド

フッ素化学の発展により、1970年ごろから医農薬にフッ素を導入することが盛んに行われるようになり、ピレスロイドにおいてもさまざまな試みがなされた。シフルトリン（cyfluthrin）はシペルメトリンのベンジル基の4位をフッ素原子で置換したものであり、殺虫活性が向上するとともにある種の抵抗性害虫に対しても効果を示す〔Hamman and Fuchs 1981〕。これはフッ素置換によって

謝を受けにくくなったためであると考えられる。シハロトリン（cyhalothrin）は酸部分の塩素原子をトリフルオロメチル基に置き換えたものであり、殺虫活性が向上している〔Bentley et al 1980〕。

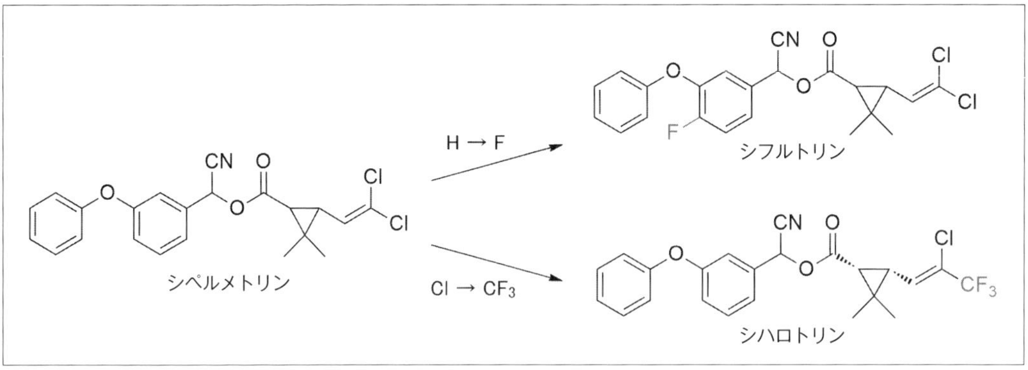

図5．シペルメトリンへのフッ素原子導入

菊酸ベンジルエステルに弱い殺虫活性があることは従来から知られていたが、2、3、5、6位をフッ素化すると飛躍的に活性が向上する。このアルコールのエステルは多数のフッ素原子で置換されているため蒸散性が高い化合物を設計しやすい。その特徴を生かして土壌燻煙用殺虫剤としてテフルトリン（tefluthrin）〔McDonald et al 1986〕が、蚊の防除剤としてトランスフルトリン（transfluthrin）〔Naumann 1998〕、メトフルトリン（metofluthrin）〔Ujihara et al 2004〕などが実用化されている。

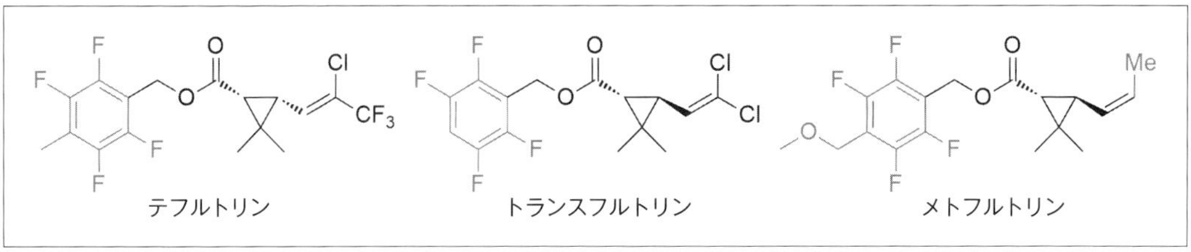

図6．フッ素化ベンジルエステルを有するピレスロイド

8．ピレスロイドの構造多様性と用途の広がり

ピレスロイドは、昆虫に施用することによりノックダウン、あるいは致死させることに優れている化合物であるが、構造の多様性はその用途においても広がりをもたらした。フェンプロパトリン（fenpropathrin）〔Matsuo et al 1973〕、フルメトリン（flumethrin）〔Naumann 1998〕は酸部が典型的なピレスロイドとは異なっているが、ダニ類に対する効果が優れている。フェンプロパトリンは農業用殺ダニ剤、フルメトリンは動物に寄生する昆虫やダニ類の駆除剤として実用化されている。エンペントリン（empenthrin）は、衣料害虫であるイガ類の殺卵活性と蒸散性を生かして、衣料用防虫剤として実用化されている〔Hirano et al 1973〕。ビフェントリン（bifenthrin）は、アリ類に対して高活性を示す〔Plummer et al 1983〕。シラフルオフェン（silafluofen）はエトフェンプロックスの4級炭素をケイ素原子に変換することで環境毒性を軽減した化合物であり、有機ケイ素化合物としては初めての殺虫剤である〔Katsuda et al 1986〕。

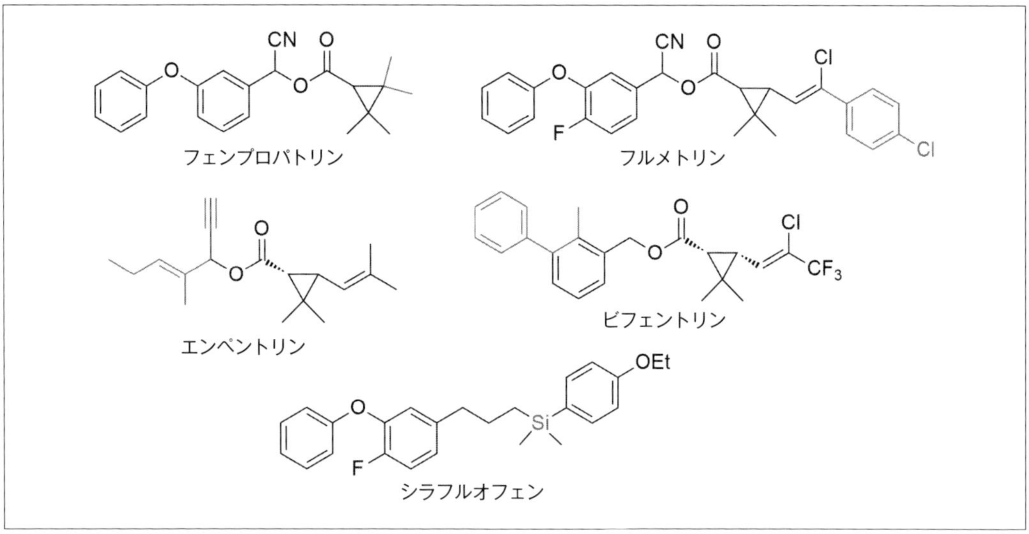

図7. 種々の構造を持つピレスロイド殺虫剤

引用文献

Bentley PD, Cheethamm R, Huff RK, Pascoe R, Sayle JD (1980). Fluorinated analogue of chrysanthemic acid. *Pestic Sci* **11**: 156-164.

Clark JM, Symington SB (2012). Advances in the mode of action of pyrethroides. *Topics in Current Chemistry* **314**: 49-72.

Elliot M, Farnham AW, Janes NF, Needham PH, Pearson BC (1967). 5-Benzyl-3-furylmethyl chrysanthemate, a new potent insecticide. *Nature* **213**: 493-494.

Elliot M, Farnham AW, Janes NF, Needham PH, Pulman DA (1975). Insecticidal activity of the pyrethrins and related compounds VII. *Pestic Sci* **6**: 537-542.

Fujimoto K, Ttaya N, Okuno Y, Kadota T, Yamaguchi T (1973). A new insecticidal pyrethroid ester. *Agric Biol Chem* **37**: 2681-2682.

Fujitani J (1909). Beitrange zur Chemie und Pharmakologie des Insektenpulvers. *Arch Exp Pathol Pharmakol* **61**: 41-75.

Hammann I, Fuchs R (1981). Baythroid, ein neues Insektizid. *Pflanzenschutz-Nachritchten Bayer* **34**: 122-152.

Hirano M, Ohno N, Kitamura S, Nishioka T, Fujita Y (1973). Efficacy of the pyrethroid compound pssessing a new type of alcohol moiety. *Jpn J Sanit Zool* **29**: 219-224.

Hirano M, Itaya N, Ohno N, Fujita Y, Yoshioka H (1979). A new pyrethroid-type ester with strong knockdown activity. *Pestic Sci* **10**: 291-294.

Kato T, Ueda K, Fujimoto K (1964). New insecticidally active chrysanthemates. *Agric Biol Chem* **28**: 914-915.

Katsuda Y, Chikamoto T, Inoue Y (1958). The absolute configuration of naturally derived pyrethrolone and cinerolone. *Bull Agric Chem Soc Jpn* **22**: 427-428.

Katsuda Y, Hirobe H, Minamite Y (1986). *Japan Kokai Tokkyo Koho.* JP 61-87687.

Kondo K, Matsui K, Negishi A (1977). *New synthesis of acid moiety of pyrethroids. ACS Symposium Series* **42**: 128-136.

Laforge FB, Barthel WF (1945). Constituents of pyrethrum flowers, XVIII. The structure and isomerism of pyrethrolone and cinerolone. *J Org Chem* **10**: 114-120.

Matsuo T, Itaya N, Okuno Y, Mizutani T, Ohno N, Kitamura S (1973). *Japan kokaki tokkyo koho* JP 48-10225.

Matsuo T, Itaya N, Mizutani T, Ohno N, Fujimoto K, Okuno Y, Yoshioka H (1976). 3-phenoxy-α-cyanobenzyl esters, the most potent synthetic pyrethroids. *Agric Biol Chem* **40**: 247-249.

McDonald E, Punja N, Jutsum AR (1986). Ratinale in the invention and optimization of tefluthrin, a pyrethroid for use in soil. *British Crop Protection Conference—Pests and Disease, Proceedings* **1**: 199-206.

Naumann K (1998) Research into fluorinated pyrethroid alcohols – episode in the history of pyrethroid discovery. *Pesti Sci* **52**: 3-20.

Ohno N, Fujimoto K, Okuno Y, Mizutani T, Hirano M, Itaya N, Honda T, Yoshioka H (1974). A new class of pyrethroidal insecticide : α-substituted phenylacetic acid esters. *Agric Biol Chem* **38**: 881-883.

Plummer EL, Cardis AB, Martinez AJ, VanSaun WA, Palmre RM, Pincus DS, Stewart RR(1983). Pyrethroid insecticides derived from substituted biphenyl-3-ylmethanols. *Pesti Sci* **14**: 560-570.

Schechter MS, Green N, LaForge FB(1949). Constituents of pyrethrum flowers. XXIII. Cinerolone and the synthesis of related cyclopentanolones. *J Am Chem Soc* **71**: 3165-3173.

Staudinger H, Ruzicka L(1924). Insektentotende Stoffe I-X. *Helv Chim Acta* **7**: 311-320.

Ujihara K, Mori T, Iwasaki T, Sugano M, Shono Y, Matsuo N(2004). Methoflithrin: a potent new synthetic pyrethroid with high vapor activity against mosquitoes. *Biosci Biotech Biochem* **68**: 170-174.

Yoshimoto T, Ogawa S, Udagawa T, Numata S(1989). Development of new insecticide, etofenprox. *J Pesti Sci* **14**: 259-268.

Ueyama N(2017). 日本における殺虫剤産業の発祥と発展. 化学と工業 **70**:590-592.

Yamamoto R(1923). 除蟲菊有効成分の研究(第二報及第三報). 日本化学会誌 **44**: 311-330.

2.4 除草活性を示す天然物とその合成類縁体 レプトスペルモン

クミアイ化学工業株式会社 河合清、清水力

化合物名 レプトスペルモン（leptospermone）

キーワード 除草剤、植物制御剤、4-ヒドロキシフェニルピルビン酸ジオキシゲナーゼ、HPPD、チロシン分解系、カロテノイド合成系、プラストキノン、フィトエンデサチュラーゼ

1. 単離

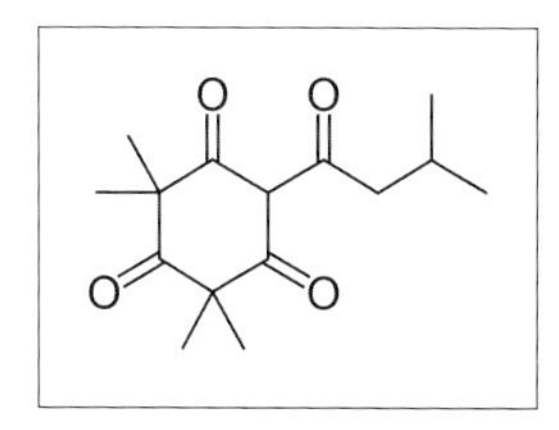

図1. レプトスペルモン

1977年、Zeneca社の研究チームは、ブラシノキ（別名：ハナマキ（花槙）、キンポウジュ（金宝樹））の下では、比較的わずかな雑草しか生育していないことに気づいた。ブラシノキが生育する土壌サンプルの詳細な解析の結果、ブラシノキが除草活性を持つレプトスペルモンを分泌していることが明らかとなった。この天然物質は、多くのオーストラリア産フトモモ科植物から水蒸気揮発性油の成分として以前に単離されていた。単離精製された高純度レプトスペルモンは1kg/haの高薬量処理濃度でさまざまな禾本科および広葉植物に対して、弱いながらもユニークな白化症状を引き起こす除草活性を示した〔Van Almsick 2012〕。

2. レプトスペルモンと合成類縁体

1982年にZeneca社の化学者は新規なアセチルCoAカルボキシラーゼ（ACCase）阻害型除草剤の開発を目的として、既存除草剤セトキシジムの構造類縁体の合成を行っていた。最初のターゲット化合物である**1**は**図2**に示す反応で合成され、ある程度の除草活性を示した。そこで同様の反応条件でさらなる類縁体の合成が試みられた。しかしながら、フェニル基を持つ類縁体の合成では予期した化合物**2**が得られず、代わりにベンゾイルシクロヘキサンジオン化合物**3**が得られた。化合物**3**に除草活性は認められなかったが、ジチオカーバメート系除草剤の大豆に対する薬害を軽減する効果（セーフナー活性）が認められた。そこで、化合物**3**を基に薬害軽減効果を持つ類縁体の最適化を進め、その過程において、2-クロロベンゾイル基を持つ化合物**4**がレプトスペルモンと同様なユニークな白化症状を引き起こすことがわかった。さらなる構造最適化の結果、シクロヘキサンジオン骨格の5位メチル基を除去することで（化合物**5**）、有意に除草活性が向上し、新規なベンゾイルシクロヘキサンジオン系除草剤の発見に至った。化合物**5**は1～2kg/haで土壌および茎葉処理することで、さまざまな広葉雑草に対して除草効果を示すとともに、トウモロコシに対しては高い安全性を示した。一方、イヌビエ等のいくつかの禾本科雑草に効果を示

すが、禾本科雑草に対する効果は全体的に弱いものであった〔Mitchell et al 2001〕。

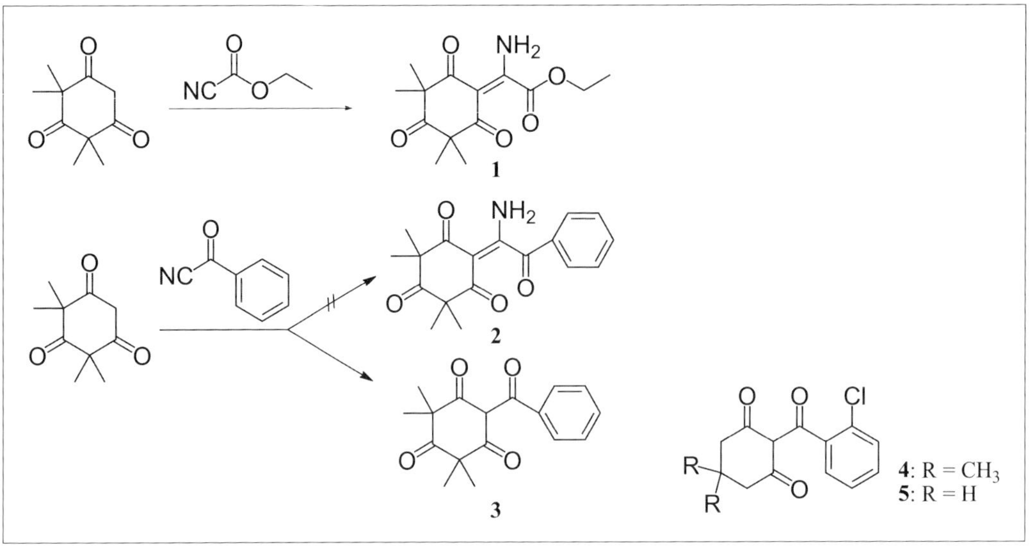

図2. レプトスペルモンの合成類縁体

3. レプトスペルモン合成類縁体の作用機構

動物のチロシン代謝の異常が端緒となり、スルコトリオンに代表される上述のシクロヘキサジオン系除草剤の作用点が4-ヒドロキシフェニルピルビン酸ジオキシゲナーゼ（HPPD）であることが、1992年から1993年にかけて明らかにされた〔Lindstedt et al 1992, Schulz et al 1993〕。HPPDはチロシンの異化経路における4-ヒドロキシフェニルピルビン酸からホモゲンチジン酸への変換を触媒する酵素である。HPPDによって生成するホモゲンチジン酸はトコフェロールやプラストキノンの前駆体として利用される。プラストキノンはカロテノイド生合成におけるフィトエン不飽和化酵素（PDS）による反応において電子受容体として機能する。したがってHPPDが阻害されプラストキノンの生合成が停止することで間接的にPDS反応が止まり、カロテノイドの生合成が阻害される。カロテノイドは葉緑体のチラコイド膜に多く含まれており、活性酸素や過酸化物からクロロフィルを保護する役割を果たしている。そのため、カロテノイドの生合成が阻害されると、植物は光による活性酸素の発生に対して保護作用を失い、その結果、クロロフィルが分解されて白化、枯死する。植物由来のHPPDはスローバインディングで阻害されるが、動物のHPPDは初期状態でも強く阻害されることから、植物と動物の間に違いが認められている。試験的除草剤であるDAS869については、シロイヌナズナ由来のHPPDとの結合がX線結晶構造解析され、結合に関与するアミノ酸残基が明らかにされている〔Yang et al 2004〕。

4. HPPD阻害型除草剤の現状と研究のひろがり

HPPD阻害型除草剤にはいくつかの系統がある。エノール部ではシクロヘキサンジオン系、ピラゾール系、ビシクロ系、イソオキサゾール系があり、さらにこれらのエノール部がプロドラッグ化したタイプがある。芳香環部では主にベンゼン環、ピリジン環の2,3,4-置換体、2,3-縮合環化体、3,4-縮合環化体、2,4-置換体などが特許出願されている。本系統の薬剤は、一般的にイネ科よりも広葉植物により効果が高く、選択性付与に成功した作物もトウモロコシ、ムギ、イネ等に限られている。

注目すべき点としては、ビシクロ系のベンゾビシクロンが低薬量で、除草効果を示す初めての水稲用HPPD阻害型除草剤として開発されたこと（ベンゾビシクロン加水分解体が活性本体）〔Sekino 2002〕、ピラゾール系の水稲除草剤ピラゾレートがHPPD阻害型除草剤であることが証明された〔Matsumoto et al 2002〕ことが挙げられる。その他の類縁化合物の特徴については以下のようになる。ピラゾール系のトプラメゾンは、トウモロコシ用茎葉処理剤で、本系統の中では高活性（18g/ha）で、主要な広葉雑草であるイチビ、オナモミ、ヒユ類、ブタクサ類等に効果がある。また、エノコログサ類やメヒシバ等のイネ科雑草にも有効である。本剤は土壌処理効果も有しており残効性も期待できる〔Wakabayashi 2007〕。ピラゾール系のピラスルホトールは麦用の茎葉処理剤で、シロザやアオビユ、ソバカズラ、ナタネ等の広葉雑草に効果がある〔Agrow 2008〕。麦類に適用性を有する初めてのHPPD阻害型除草剤である。本剤は単剤の他、殺草スペクトラムや効果安定性を向上させるため、他の作用性を持つ薬剤（ブロモキシニルやMCPA）との混合剤としても使用されている。本剤を含む製剤にはセーフナーとしてメフェピル-ジエチルが加用されており、麦類に対する作物安全性を高めている。シクロヘキサンジオン系のテンボトリオンはトウモロコシ用の茎葉処理剤でヒユ類やアサガオ類、シロザ、オナモミ、コチア等の主要な広葉雑草に加え、ヒエやメヒシバ類、エノコログサ等のイネ科雑草にも効果があり、先行剤のメソトリオンと差別化される。本剤は植物体への吸収・移行性に優れており、作用発現が早いのが特長である。本剤はセーフナーとしてイソキサジフェン-エチルを加用しており、作物選択性を向上させている〔Bayer〕。シクロヘキサンジオン系のテフリルトリオンは水稲用の薬剤で、その化学構造はテンボトリオンに類似し、ベンゼン環3位の置換基変換によりイネとトウモロコシに選択性がある。本剤は、ヒエを除く主要な広葉、カヤツリグサ科雑草に卓効を示す。本剤は同系統の先行剤であるピラゾレート等に比べ、低薬量で多年生雑草に対する効果に優れ、残効が長い点が特長である〔伊藤 2012〕。ベンゾビシクロンやテフリルトリオンのイネ安全性には日本型イネに存在するHIS1（4-HPPD Inhibitor Sensitive 1）遺伝子が関与することが明らかにされている〔Kato et al 2011〕。上述したHPPD阻害型除草剤の構造式は**図3**に示した。

近年、国内では米需要の拡大や生産調整水田および耕作放棄地の有効利用を目的として、飼料米や稲発酵粗飼料等の水稲栽培が推進され、これらの目的に適した多収水稲品種の育成と普及が進んでいる。2007年度に飼料用イネを栽培する一部の水田において、除草剤によると見られる薬害の事例が報告された〔渡邊 et al 2010〕。当時の多くの薬剤は飼料用イネに対する安全性が評価されていなかったが、この事例を受けて主要多収水稲品種の水稲除草剤に対する感受性が評価された結果、HPPD阻害型除草剤では、ベンゾビシクロンやテフリルトリオンが一部の飼料用イネ品種に対して安全性が低いことが明らかとなった〔渡邊 et al 2010〕。そしてこれら品種ではHIS1遺伝子が機能していないため、ベンゾビシクロン等のHPPD阻害型除草剤に対する感受性が高いと考えられた〔Kato et al 2011〕。一方、既存の薬剤と同等のHPPD阻害活性を示すシクロヘキサジオン系のフェンキノトリオン（**図4**）は、飼料用の多収性水稲品種に対して、食料用水稲品種と同等以上の高い安全性を示すが、この安全性は食料用および飼料用水稲品種に共通して存在するシトクロム

ピラゾレート　トプラメゾン　ピラスルホトール

ベンゾビシクロン　テフリルトリオン　テンボトリオン

スルコトリオン

図3. HPPD阻害型除草剤の構造

P-450（CYP81A6）による代謝によって付与されることが明らかにされている〔山本 et al 2015a，山本 et al 2015b，山本 et al 2015c〕。

HPPD阻害型除草剤については、さらなる構造展開の可能性があることおよび他の作用点を阻害する剤よりも抵抗性雑草の出現が少ないことから、現在も新規化合物の探索研究が行われている。

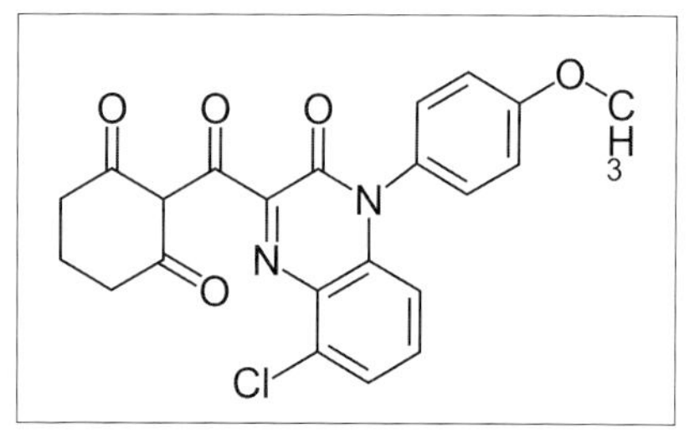

図4. フェンキノトリオンの構造

引用文献

Agrow（2008）. 535: 22.

Bayer Evaluation of Benzobicyclon for use in Mid Southern Rice. http://wwwbayercropsciencecom/bcsweb/cropprotectionnsf/id/.

Kato H, Maeda H, Sunohara Y, Ando I, Oshima M, Kawata M *et al*（2011）. Plant having increased resistance or susceptibility to 4-hppd inhibitor. WO2012090950 A1.

Lindstedt S, Holme E, Lock E, Hjalmarson O, Strandvik B（1992）. Treatment of hereditary tyrosinaemia type I by inhibition of 4-hydroxyphenylpyruvate dioxygenase. *The Lancet* **340**: 813-817.

Matsumoto H, Mizutani M, Ymaguchi T, Kadotani J（2002）. Herbicide pyrazolate causes cessation of carotenoids synthesis in early watergrass by inhibiting 4 - hydroxyphenylpyruvate dioxygenase. *Weed Biol Manag* **2**: 39-45.

Mitchell G, Bartlett DW, Fraser TEM, Hawkes TR, Holt DC, Townson JK *et al*(2001). Mesotrione: a new selective herbicide for use in maize. *Pest Manag Sci* **57**: 120-128.

Schulz A, Ort O, Beyer P, Kleinig H(1993). SC-0051, a 2-benzoyl-cyclohexane-1, 3-dione bleaching herbicide, is a potent inhibitor of the enzyme p-hydroxyphenylpyruvate dioxygenase. *Febs letters* **318**: 162-166.

Sekino K(2002). Discovery study of new herbicides from the inhibition of photosynthetic pigments biosynthesis. *J Pestic Sci* **27**: 388-391.

Van Almsick A(2012). Hydroxyphenylpyruvate dioxygenase (HPPD) inhibitors: heterocycles. *Modern Crop Protection Compounds*, Ed **2**: 262-274.

Wakabayashi K(2007). Recent bleaching herbicides. *Pest Manag Sci* **32**: 61-63.

Yang C, Pflugrath JW, Camper DL, Foster ML, Pernich DJ, Walsh TA(2004). Structural basis for herbicidal inhibitor selectivity revealed by comparison of crystal structures of plant and mammalian 4-hydroxyphenylpyruvate dioxygenases. *Biochemistry* **43**: 10414-10423.

伊藤雅仁(2012). 新規水稲用除草剤有効成分「テフリルトリオン」の開発. 雑草と作物の制御 **8**: 43-44.

山本峻資, 大山美香, 岡崎亮, 種谷良貴, 藤岡智則, 河合清(2015a). 新規除草剤フェンキノトリオンの作用機構. 日本農薬学会第40回記念大会講演要旨集: 145.

山本峻資, 藤岡智則, 種谷良貴, 池田光政, 河合清(2015b). 新規除草剤フェンキノトリオンのイネに対する安全性(1). 日本農薬学会第40回記念大会講演要旨集: 146.

山本峻資, 藤岡智則, 種谷良貴, 天野裕太, 河合清(2015c). 新規除草剤フェンキノトリオンのイネに対する安全性(2). 日本農薬学会第40回記念大会講演要旨集: 147.

渡邊寛明, 小荒井晃, 橘雅明, 川名義明, 赤坂舞子, 加藤浩(2010). 飼料用イネや米粉等の新規需要米向け多収水稲品種の4-HPPD阻害型水稲除草剤に対する感受性. 日本作物学会講演会要旨集 第229回日本作物学会講演会: 32.

3章 化合物ライブラリー

3.1 東大　化合物ライブラリー

東京大学　創薬機構　岡部隆義、小島宏建、長野哲雄

化合物名 KW16、K67、Cmp16

キーワード 化合物ライブラリー、スクリーニング

1. はじめに

化合物ライブラリーという言葉を耳にしたことがあるだろうか。「ライブラリー」=「図書館」だから、化合物合成ルートの文献を収集している施設をイメージするかもしれない。図書館が図書の収集、整理、管理、貸し出しを行うように、化合物ライブラリーは化合物そのものを収集、整理、管理し、要望により適宜利用できるようにした総体を指す（**図1**）。化合物ライブラリーは、これまで製薬企業の創薬研究におけるヒット探索のための重要基盤として認識されてきたが、アカデミアでは利用できる機会が少なかったため、あまり馴染みがなかった。ところが、1990年代のアメリカを皮切りに化学的手法を用いて生命現象を解明しようとするケミカルバイオロジーが急速な勢いで世界的に広まると、各大学、公的研究機関が個別にあるいは共同で化合物ライブラリーを整備するようになってきた。さらに最近では国家主導による公的化合物ライブラリーの構築も進められている。すなわち、化合物ライブラリーを用いて疾患に関連したタンパク質などの生体分子の機能を制御する小分子化合物をスクリーニングにより見出し、それに特異性などを付与するための最適化を行い、そして開発した制御化合物/ケミカルプローブを用いて生命現象の解明あるいは創薬基礎研究に利用できるようになってきている。

図書館	化合物ライブラリー
図書の整理・管理	サンプルの管理
図書の貸し出し	サンプルの提供
図書の購入	サンプルの購入
資料検索/読書相談	化合物探索支援
読書室/勉強室	スクリーニング施設
読書会	ワークショップ
学位論文の保管	大学化合物の保管
寄贈図書の受け入れ	学外化合物の受け入れ

図1. 図書館と化合物ライブラリー

本項では化合物ライブラリーのうち、合成小分子からなる化合物ライブラリーに焦点をあて、アカデミア利用の観点から紹介する。

2. 化合物ライブラリー構築の要請

製薬企業では多くの場合、新規標的分子に対する探索研究の段階ではその標的分子を制御（多くの場合は阻害）するヒット化合物を見出すため自社の化合物ライブラリーを用いてスクリーニングを行う。スクリーニングする際に標的分子がタンパク質の場合にその高次構造があればそれを参考にして、フォーカスされたライブラリーを用いて効率の良いスクリーニングをすることも可能になる。ここで重要なことは、化合物ライブラリーを用いることである。もし製薬企業にこの化合物ライブラリーがなかったならば、医薬品の開発は著しく遅延したことであろう。化合物

ライブラリーは製薬企業にとってかけがえのない宝であり、アカデミアの研究者が使いたいと思っても、簡単に貸し出すことはない。アカデミア研究者が興味ある標的分子に対する制御化合物を自ら探そうとした場合、そのハードルは極めて高い。そこでアカデミア研究を支援するために、公的な化合物ライブラリーの構築が世界各地で行われてきている。

3. 国内外の化合物ライブラリー

(1) 海外の化合物ライブラリー

海外、特にアメリカではアカデミアと製薬企業との間で人材の交流が活発であり、またアカデミア研究者がバイオテク企業に参画することも多いため、従来からアカデミア発の創薬が行われてきた。FDAで承認された科学的に新規な医薬品の起源の3割が大学であり、アカデミア研究者が関与するバイオテク企業を含めるとその割合が半数を超えることはその何よりの証拠である。2000年以降、国の予算が積極的に投入されるようになり、さらに拡大、加速化傾向にある。代表的な事例を化合物ライブラリーの面から紹介する。

❶ アメリカ　**Molecular Libraries Program（MLP）**

アメリカでは2004年からNIH Roadmapに従ってMolecular Libraries Programが開始された。プログラムの目標は大きく分けて3つあり、1つ目は公的な化合物ライブラリー（Molecular Libraries Small Molecule Repository、MLSMR）を構築すること、2つ目は全米10か所にスクリーニングセンター（Molecular Libraries Screening Centers Network）を設置すること、3つ目は化合物に関する網羅的なデータベース（PubChem）を整備することである。2008年までの第1期Pilot Phaseを受けた第2期Production Phase（2008 ～ 2013年）では、ケミストリー部門を強化し、スクリーニングセンターをMolecular Libraries Probe Production Centers Network（MLPCN）に再編し、「hit to probe」を標榜して研究を行った。またセンターの中で中核機関であったNIH Chemical Genomics Center（NCGC）は、2010年に希少疾患（Rare Disease）や顧みられない病気（Neglected Disease）の治療薬開発を目指すNIHのTherapeutics for Rare and Neglected Diseases（TRND）プログラムと合体し、NIH Center for Translational Therapeutics（NCTT）となり、2011年末には改組しNational Center for Advancing Translational Sciences（NCATS）の名称でさらに活動範囲を広げている。本プロジェクトによりMLSMRには35万余りの多様な構造の化合物が収集され、活用された。

❷ アメリカ　**National Center for Advancing Translational Sciences（NCATS）**

上述のNCATSはMLSMRをNCATS Small Molecule Repository（SMR）として引き継ぎ、さらに化合物ライブラリーの拡充に努めた。新たな制御化合物発見を目指したdrug-likeな化合物からなるNExT Diversity Libraries（8万4千超）、製薬企業でかつてスクリーニングに使用された化合物のコレクションであるSytravon（4万4千）、天然物にヒントを得て新規に合成した立体的な基本骨格を有するGenesis（10万超）、標的分子やパスウェイの解明を意図した承認薬、治験薬、ツール化合物からなるNCATS Pharmacologically Active Chemical Toolbox/NPACT（1万1千超）などである。このほかに、スクリーニング系の検証、ポジティブコントロール取得のためのAssorted collections（1千超）や各国の承認薬を集めたリパーパシング（drug repurposing）のためのNCATS Pharmaceutical Collection/NPC（2千4百）がある。これらの新規ライブラリーの構築を受けて、2017年2月にSMRの運用は終了した。

❸ イギリス　**LifeArc**

LifeArc（旧MRC Technology）はMedical Research Council（MRC）の関連機関で、もともとはMRCでの成果を商業移転するために設立された。現在、LifeArc内のCentre for Therapeutics Discovery（CTD）では12万超の化合物ライブラリーを有し、アッセイ系構築から、スクリーニング、メディシナルケミストリー、初期ADMEまでをも手掛け、バイオテク企業や製薬企業にライセンスアウトしている。低分子創薬の他に、抗体医薬開発に強みを有する。化合物ライブラリーの構成は承認薬、既知薬理活性化合物、フラグメント化合物、天然物、キナーゼ化合物、イオンチャネル化合物、タンパク質-タンパク質相互作用化合物となっている。また最近ではAstraZenecaと同社の保有する20万化合物をスクリーニング用途で利用できる契約を結んでいる。

❹ EU　**EU-OpenScreen**

ヨーロッパではアメリカのMLPに見られるような大規模な公的化合物ライブラリーやスクリーニング施設の整備はこれまで進んでこなかった。しかしながらケミカルバイオロジー、創薬のためのインフラ整備の要望は強く、European Strategy Forum on Research Infrastructures（ESFRI）ではヨーロッパ地域の大学、中小企業が大規模化合物ライブラリーや先進の技術にアクセスできるようEU-OpenScreenの設立をRoadmapに記載した。これに従って2010年よりPreparatory Phaseがスタートした。現在EU-OpenScreenでは14万の化合物の収集、ハイ・スループット・スクリーニングセンターおよびスクリーニングヒット後の最適化研究施設の設置、公的なデータベースの構築を進めている。また化合物ライブラリーの特徴としては市販化合物の他にアカデミア化学者の合成化合物の収集に特に注力していること、個々の化合物に物性、抗菌活性、細胞毒性等のデータを付与（バイオプロファイリング）しデータベース化しようとしていることがあげられる。

❺ EU　**European Lead Factory（ELF）**

ヨーロッパ最大の官民パートナーシップであるInnovative Medicines Initiative（IMI）は2013年から創薬コンソーシアムEuropean Lead Factoryを開始した（5年間、総予算約2億ユーロ）。本プロジェクトのメインは参加製薬企業7社から提供された30万化合物（EFPIA collection）と新規に合成する20万化合物（Public collection）で構成される化合物ライブラリー（Joint European Compound Library/JECL）の活用である。本ライブラリーは製薬企業とアカデミア双方で利用することができ、アカデミアのためのスクリーニング施設も設置された。アメリカNIHのMLPとは異なり、アッセイ結果は原則非公開とし、知財取得に向けた体制が取られている。Public collectionはこれまでに16万化合物が合成され、その特徴は立体的な基本骨格を有する点である。

❻ 韓国　**Korea Chemical Bank（KCB）**

韓国において公的化合物ライブラリーを整備し、それを創薬につなげようという動きは2000年から始まり、その中心をなすのがKorea Research Institute of Chemical Technology（KRICT）に設置されたKorea Chemical Bank（KCB）である。2004年にはナショナル・バンクに位置付けられ、さらに2008年には国のプロジェクトで合成した化合物はすべてKCBで収集することが決まった。2016年の時点で100以上の国内機関から43万超の化合物を収集していて、これまでに民間、アカデミアを問わず600以上のスクリーニングプロジェクトに化合物を提供した。ライブラリー化合物の90%以上はコンビナトリアル合成品を含む国内合成品である。スクリーニング用途に応じて、代表化合物のライブラリー、承認薬を含む臨床開発品、天然物、キナーゼ化合物、フラグメント化合物、GPCR化合物、タンパク質-タンパク質相互作用化合物等のセットを提供している。

(2) 国内の化合物ライブラリー

理化学研究所や産業技術総合研究所で構築、維持されている微生物代謝産物を主体とした化合物ライブラリーについては別項で詳しく紹介されるので、ここでは日本国内のアカデミア利用に向けた、合成化合物ライブラリーに関する2つの取り組みを紹介する。

❶ 東京大学　**創薬機構**

文部科学省の「ターゲットタンパク研究プログラム」(2007年～2012年)、「創薬等支援技術基盤プラットフォーム」(2012年～2017年、後半はAMED主管) 事業において化合物ライブラリーの構築が東京大学で精力的に進められた。構築されたライブラリーは現在AMED「創薬等ライフサイエンス研究支援基盤事業」を通じて利用開放されている。詳細は後述する。

❷ AMED　**創薬支援ネットワーク**

2011年に内閣官房に新設された医療イノベーション推進室（現：健康・医療戦略室）の構想の下、国策としてリード化合物創出を推進する創薬支援ネットワークが2013年に開始された。創薬支援ネットワークは医薬基盤研究所を中心とし理化学研究所、産業技術総合研究所などが協力し、アカデミアのシーズを実用化に結び付ける試みである。2015年からはヘッドクオーター機能がAMED創薬支援戦略部（現：創薬戦略部）に移り活動の幅を広げている。創薬支援ネットワークではアカデミアで生み出された基礎研究の成果（創薬シーズ）を迅速に実用化に結び付けるため、製薬企業と連携し「産学協働スクリーニングコンソーシアム（DISC)」を立ち上げた。ここで構築されたのが会員企業22社から提供された計20万化合物のライブラリーである。このライブラリーは創薬支援ネットワークで採択されたテーマのスクリーニングに利用されている。なおライブラリーの構成内容については非開示である。

4. 東京大学創薬機構における化合物ライブラリーの構築と運用

(1) 化合物ライブラリーの構築

先に紹介したように海外ではアカデミアが利用できる公的な化合物ライブラリーが存在するが、2007年当時の日本では小規模な例を除いて、そのような化合物ライブラリーはなかった。まず目指したのは、種々の創薬ターゲットに対応するよう構造多様性（Diversity）に富む化合物の収集である。それと同時にスクリーニングヒット後の構造最適化が可能な構造であること（DruglikenessとSynthetic Tractability)、化合物自体の純度（Purity）が確保されていることにも留意した。

事業開始3年間で10万超の化合物を取集する目標の下、海外ベンダーからの購入品を主体に一部大学合成化合物を加える形で収集を開始した。具体的にはベンダー提供の化合物データベースから、重複する化合物および忌避構造含有化合物（タンパク質との反応性が高い、あるいは水溶液中で容易に分解する等の化合物）を除き、さらにDruglikenessのフィルタリング（Lipinski's rule of five等利用）を実施、残った化合物をクラスター化して各クラスター中の代表化合物を選別した。さらに、化合物はDMSOに溶解して、アッセイバッファー中で使用されることから、DMSO溶解性、水溶性を化合物構造より計算し選択の指標に加えた。その後、企業の創薬経験者、大学の合成研究者複数が目視で構造を確認し、最終リストを作成、収集を進めた。このようにして収集した化合物が14万になった時点でのライブラリーの解析結果が**図2**である。各指標ともLipinski's rule of fiveに概ね収まり、ユニークな骨格が占める割合も50%と高い。

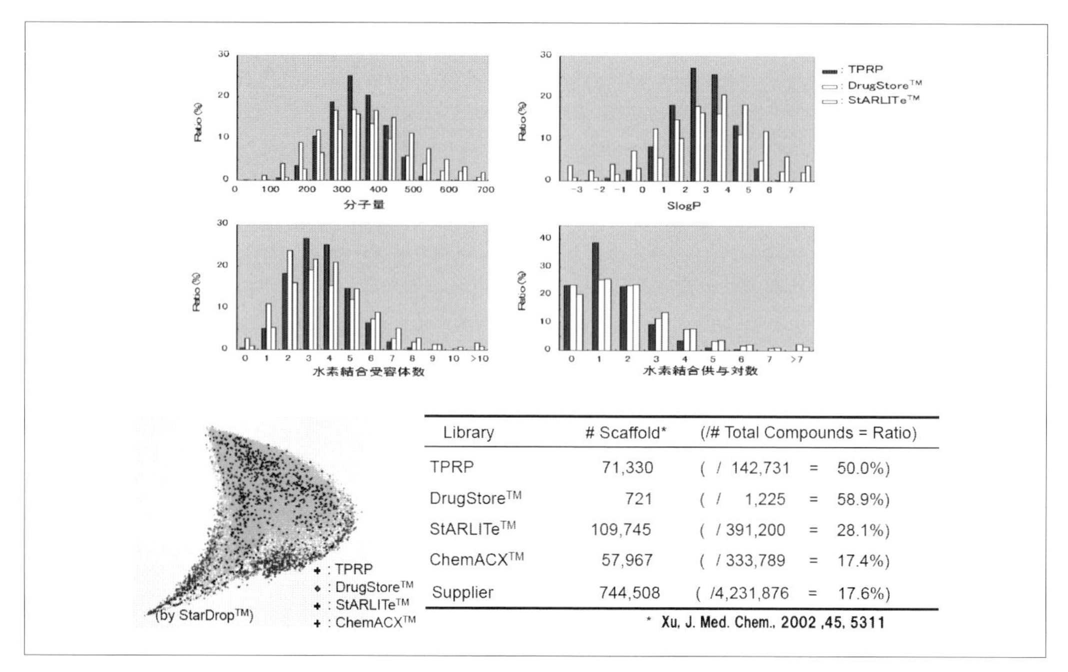

Library	# Scaffold*	(/# Total Compounds = Ratio)
TPRP	71,330	(/ 142,731 = 50.0%)
DrugStore™	721	(/ 1,225 = 58.9%)
StARLITe™	109,745	(/ 391,200 = 28.1%)
ChemACX™	57,967	(/ 333,789 = 17.4%)
Supplier	744,508	(/4,231,876 = 17.6%)

* Xu, J. Med. Chem., 2002 ,45, 5311

図2. 化合物ライブラリーの解析

* TPRP：東京大学で構築された化合物ライブラリー

次に注力したのは化合物の構造展開を考慮したフラグメント、スキャホールドと呼ばれる分子量の小さい（それぞれ250、350以下を目安）化合物の収集である。フラグメント化合物についてはSPR（Surface Plasmon Resonance）等での高濃度アッセイに対応するよう、バッファー中における200μMでの溶解性を確認した約1万化合物のセットも用意した。これらと並行してターゲットスペシフィックな化合物群（キナーゼやGPCR、タンパク質-タンパク質相互作用など）、薬理活性についてすでに報告のある化合物等も集めた。既存薬から新規の薬理活性を発見する手法はdrug repositioningあるいはdrug repurposingと呼ばれ、アカデミアでは多用されている。また収集済み化合物から厳選した化合物からなるコアライブラリー（9600化合物）を構築し、フルスクリーニング前の試行やスクリーニング化合物数を抑えたい場合に提供している。

現在保有している化合物ライブラリーの構成を**図3**に示す。化合物の総数は約28万である。これまで述べてきた構造多様性を重視したジェネラルライブラリー、ターゲットスペシフィックなフォーカストライブラリーの充実に加えて、最近では早期からの企業連携を目的として企業化合物の寄託も積極的に進めている。

化合物ライブラリーは、化合物の他、それを保管するシステム、そしてこれらに付随する情報を管理するシステムがあって初めて構築できたと言える。創薬機構では化合物（粉末、DMSO溶液）を保管する大型の自動倉庫を有し、残量等の情報は構造式と共に化合物データベース（**図4**）で一元管理されている。なおこのデータベースには企業寄託化合物を除く全化合物のLC-MSで測定した純度情報もリンクされている。

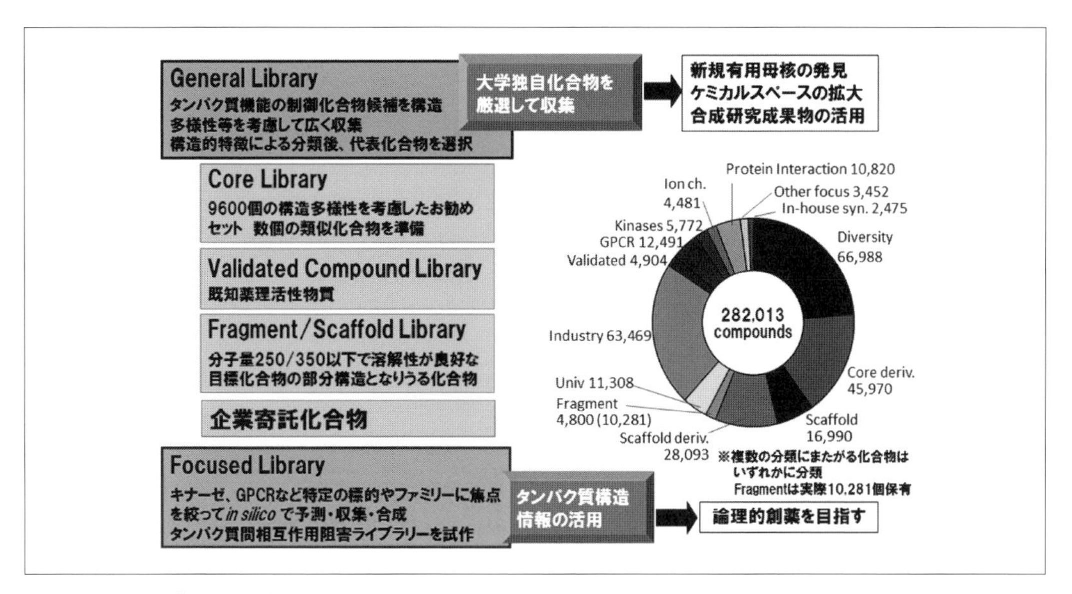

図3. 化合物ライブラリーの構成（2017年3月）

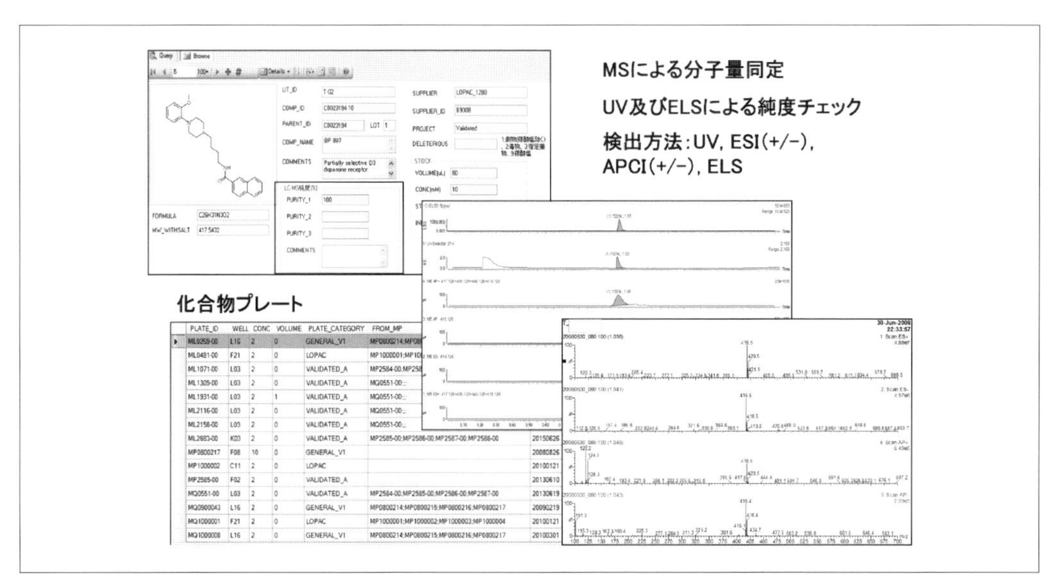

図4. 化合物の品質管理と化合物データベース

(2) 化合物ライブラリーの運用と成果

「ターゲットタンパク研究プログラム」（2007年～2012年）事業の一環として構築が開始された化合物ライブラリーは2009年よりプログラム外の研究テーマにも利用できるようになった。その結果、2017年3月時点で499のテーマに対し、延べ1900万サンプルが提供された。化合物ライブラリーの利用条件は、創薬機構側に事前に使用目的、使用方法を開示し、利用後は結果（スクリーニングデータ）を報告するだけである。利用にはアカデミア、民間企業の区別はなく、実際の利用者の約1割は製薬、化学、農薬、化粧品等の企業である。利用料金も化合物の分注に使用するチップ、プレート等の消耗品代と送料等の実費だけなので、大変利用しやすくなっている。なお利用者よりフィードバックされたスクリーニングデータは内部で厳重に管理され、化合物ライブラリーの改善のために利用される。そして、論文発表、特許公開等を経て秘匿の必要性がなくなった研究成果は速やかに公開する仕組みをとっている。

化合物ライブラリーが利用しやすくなったからと言って、それだけで当初の制御化合物/ケミカルプローブ取得の目的が直ぐに達成できるわけではない。取得のためには多検体を評価できる機器類、そのための技術、絞り込みのノウハウが必要である。創薬機構ではスクリーニングのための各種機器を取り揃え、利用開放している。また初心者のために「スクリーニング講習会」を2011年より開催し、500名以上の方に役立ててもらっている。個別の技術課題に対しては経験豊富な研究スタッフが適宜指導、支援を行っている。

このような活動を通じて創薬リード、ケミカルプローブ取得につながった事例を1つずつ紹介する。東北大学薬学部・青木研究室、東京大学理学部・濡木研究室、東京大学薬学部・長野研究室と共同でLPA産生酵素であるAutotaxin阻害剤の探索を行った〔Kawaguchi et al 2013〕。長野研究室で新規に開発した蛍光プローブを使って8万余りの化合物をスクリーニングしたところ、非常に強力な阻害活性を示すKW16（IC_{50} 4.2nM）を見出した（**図5**）。本化合物は選択性試験、X線共結晶解析、周辺化合物合成を経て、塩野義製薬に導出された。新潟大学医学部・小松研究室、慶応大学薬学部・増野研究室とは、転写因子Nrf2の制御タンパク質として知られているKeap1と肝臓がん細胞においては高発現しているリン酸化p62タンパク質の結合阻害剤を探索した〔Saito et al 2016〕。16万余りの化合物をスクリーニングした結果、Keap1-Nrf2の結合は阻害しないが、Keap1-リン酸化p62を阻害するK67を見出した（図5）。K67は先にBiogen社からKeap1-Nrf2阻害剤として報告されているCpd16（図5）と極めて類似しているにもかかわらず、作用は反対である点が興味深い。

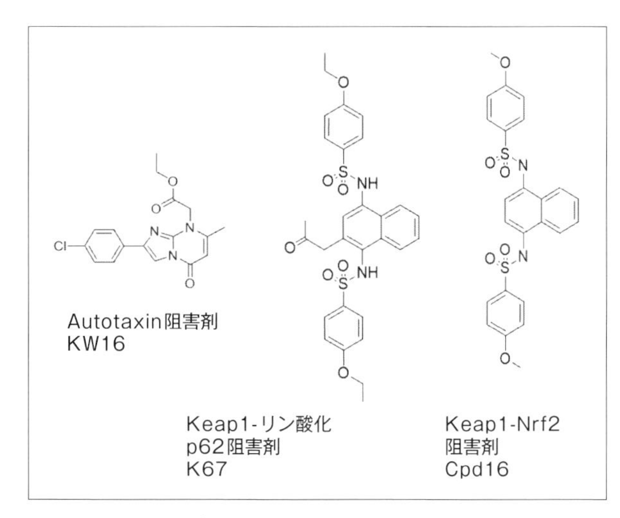

図5．スクリーニングから見出された阻害剤

5. 終わりに

現在、世界各地の研究機関で化合物ライブラリーが整備され利用されている。化合物ライブラリーはあくまで研究基盤で、どう利用されるかが重要である。化合物ライブラリー自体の高度化と共に、利用拡大に向けたさらなる取り組みが望まれる。

引用文献

Kawaguchi M, Okabe T, Okudaira S, Nishimasu H, Ishitani R *et al*(2013). Screening and X-ray crystal structure-based optimization of autotaxin (ENPP2) inhibitors, using a newly developed fluorescence probe. *ACS Chemical Biology* **8**: 1713-1721.

Saito T, Ichimura Y, Taguchi K, Suzuki T *et al*(2016). p62/Sqstm1 promotes malignancy of HCV-positive hepatocellular carcinoma through Nrf2-dependent metabolic reprogramming. *Nat. Commun.* **7**: 12030.

3.2 理研 微生物代謝産物ライブラリー

理化学研究所　環境資源科学研究センター　長田裕之

化合物名 Verticilactam、Spirotoamide、Pyrrolizilactone

キーワード Chemical library、fraction library、NPDepo

1. はじめに

フローリーらによって開発されたペニシリンの成功に刺激されて、1940年代後半から微生物からの抗生物質探索が本格化した。すなわち、スクリーニング源として各地で分離されたさまざまな微生物の培養液を用い、薬剤高感受性菌などを被検菌としたバイオアッセイ法によって狙った化合物を効率良く選別するスクリーニング系が確立されたのである。さらに、微生物の代謝産物は、抗生物質のスクリーニング源としてだけでなく、抗がん剤や農薬のスクリーニング源としても用いられ、大きな成功をもたらした。しかし、1990年以降、ハイスループットスクリーニング（HTS）の流行に伴って、製薬企業では、コンビナトリアルケミストリーで合成した化合物をスクリーニング源として重視するようになった。さらに抗がん剤のスクリーニングに関しては、天然物創薬を断念して、標的分子と特異的に結合する抗体医薬の開発に切り替えている製薬会社が増えている。

このような状況下でも、放線菌由来のテムシロリムス（Rapamycinのジヒドロエステル誘導体、mTOR inhibitor）や、グラム陰性細菌由来のイストダックス（化合物名FK-228またはRomidepsin、HDAC inhibitor）が、抗がん剤としてFDAの新薬承認を得ており、天然物およびその誘導体の有用性は未だに衰えていない。

2. 天然物にあった化合物ライブラリーの作製

さまざまな化学骨格（ビルディングブロック）を組み合わせて、多様性に富む化合物を合成するコンビナトリアルケミストリーは、数を増やす点では強みがあるが、天然物とは異なり、不斉炭素の数が少なく、生物活性で強力なものが少ない点が弱点である。

微生物の培養液は、さまざまな小分子化合物を含んでおり、化学構造の面からも生物活性の面からも、非常に多様性に富んでいるが、一つ一つの化合物を純品にまで精製することに手間がかかる点が弱みである。しかし、微生物培養液を、極性と分子量によって粗分けする程度なら手間はほとんどかからない。一つのフラクションに数種類の化合物が混在していても、そこに含まれる化合物の分子量とUVスペクトルがわかるなら、あとで必要な化合物を純品にまで精製することが可能である。そのような発想から、我々は22株の微生物（糸状菌6株、放線菌16株）を、それぞれ20L培養した後、シリカゲルクロマトグラフィー、逆相（C18）クロマトグラフィーにより約300のフラクションに粗分けした。各フラクションに含まれる化合物の重量は、少ないものでは0.5mg以下のものもあったが、6480フラクションの90％は、0.5mg以上の化合物を含んでいた。各フラクションのDMSO溶液（10mg/mL）を、さまざまな生物活性評価に提供した。フラクションライブラリーの素になった22株は、細胞増殖抑制活性または抗菌活性を持っているものを選んだので、得られた6480フラクションのうち1722フラクションに細胞増殖抑制活性または抗菌活性が認められた〔Kato et al 2012, Osada 2010〕。

3. 天然物のデータベース作製

各フラクションは、それぞれLC/MSとホトダイオードアレイの測定結果がついているので、それをX軸（HPLCの保持時間）、Y軸（*m/z*）、Z軸（UV）に展開したNatural Products Plot（NPPlot）を作製した（**図1**）。株毎にNPPlotを作製した後、すべてのNPPlotを重ね合わせると、糸状菌、あるいは放線菌に共通に表れるスポットと、その株固有のスポットがあることが容易に判別できた。Tautomycinの生産菌である*Streptomyces spiroverticillatus*のNPPlotに固有のスポットを見出したので、その成分を逆相（C18）カラムクロマトグラフィーによって、純品にまで精製し、各種NMR解析によりその構造を決定した。得られた化合物は、β-keto-amide構造を含む新規16員環マクロラクタムだったので、verticilactamと命名した〔Nogawa et al 2010〕。これに続いて、フラクションライブラリーとNPPlotを活用することで、spirotoamideやpyrrolizilactoneなどの新規化合物を単離した

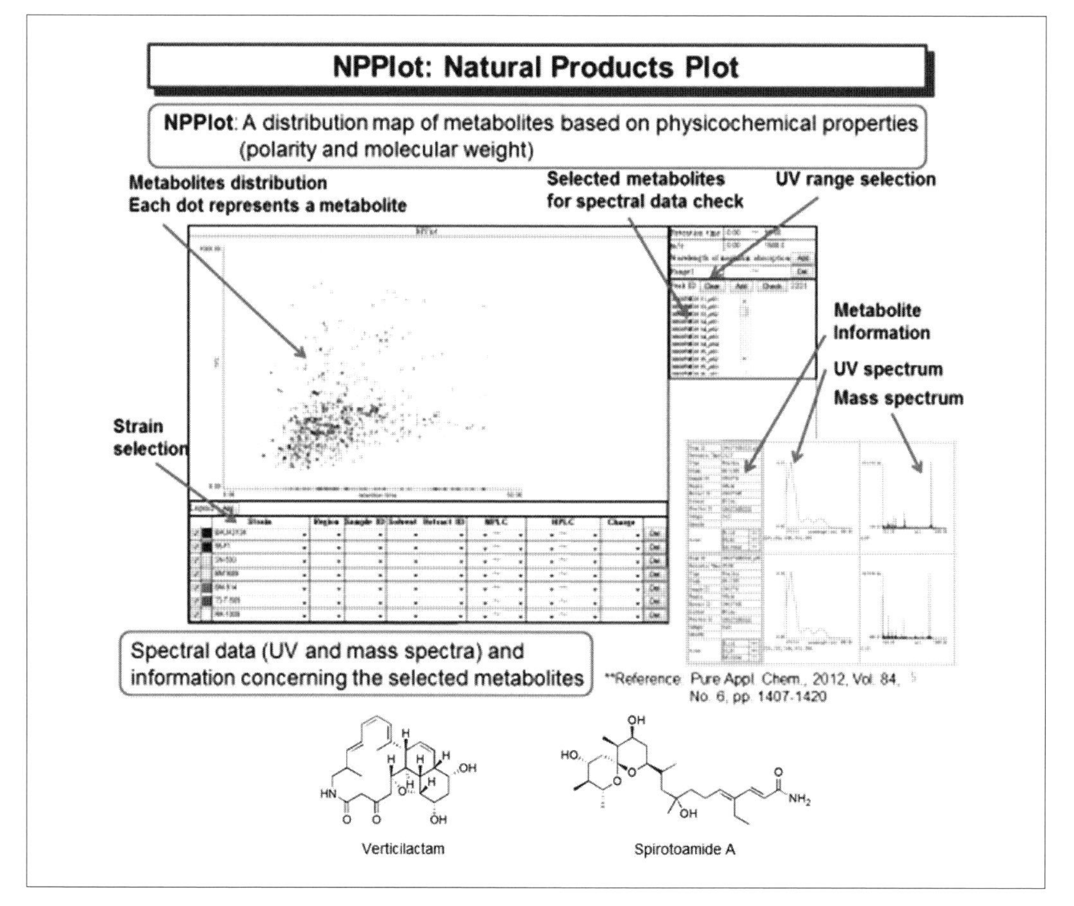

図1. NPPlot

〔Futamura et al 2013, Nogawa et al 2013〕。従来のバイオアッセイ系では同じ化合物を何度も単離してしまう危険性があったが、フラクションライブラリーとNPPlotによる方法により、新規化合物を単離できる確率が高まった。

4. 天然物にあったハイコンテントスクリーニング系

がん細胞に抗がん剤を添加すると、細胞形態が変化して死に至る。この細胞形態の変化（表現型）が抗がん剤の作用機作に依存していることは、経験的に知られていた。最近、表現型を自動的に画像処理し類別化するための顕微鏡・イメージング機器（ハイコンテントスクリーニング機）が市販されており、目的に合ったアルゴリズムを作成すれば、表現型に対する化合物の効果をまとめて選び出すことができる。

我々は、2種類の細胞（がん遺伝子v-srcの温度感受性変異型でトランスフォームしたラット腎細胞*src*[ts]-NRK細胞とヒト子宮頸がん由来HeLa細胞）を用いて、作用メカニズムが明らかになっている60種類の抗がん剤を添加したときの表現型を顕微鏡で観察し、パターンを分類した細胞形態変化データベース「モルフォベース（Morphobase）」を構築した。

その結果、アクチンや微小管などの細胞骨格に作用する抗がん剤は、標的分子に特徴的な形態変化を誘導しており、これを容易に判別することが可能になった。また、熱ショックタンパク質90（HSP90）やプロテアソームを阻害する抗がん剤なども、それぞれ独特な形態変化を誘導した（図2）。

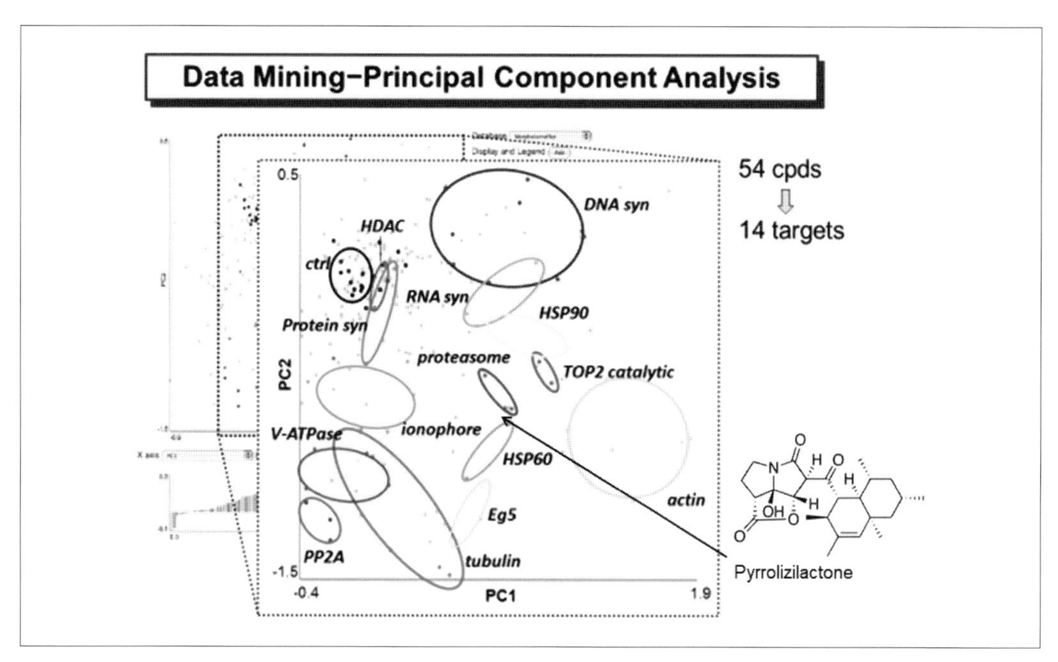

図2. Morphobase

化合物が誘導する形態の中には、目視でもその作用標的を推測することが可能な場合があるが、形態の認識は個人差があり、観察者の主観に左右されがちでもある。そこで我々は、誰もが同じように解析できるようにするため、細胞形態をハイコンテントスクリーニング機で定量化し、薬剤が誘導する形態変化のカタログ化を行った。薬剤の作用予測の精度を上げるために、*src*^{ts}-NRK細胞とHeLa細胞に対する形態変化を観察した。

まずイメージングアルゴリズムの開発を行い、コンピューター上で微細かつ複雑な細胞形態を認識できるようにした。次に、薬剤が誘導するさまざまな形態変化を特徴づけるため、細胞質や核、薬剤添加の影響で生じる顆粒や液胞などの構造体についてその大きさや数、扁平率など12種類のパラメータを設定した。さらに、207種類の作用既知薬剤によって誘導される*src*^{ts}-NRK細胞とHeLa細胞の形態変化をそれぞれ数値化し、得られた数値を計71次元の座標に変換した統計値で分析した。すると、類似の作用を示す作用既知薬剤群は近傍に位置し14種類のクラスターに分類できた。すなわち、細胞や細胞小器官の形状、細胞内タンパク質の挙動など複数のパラメータを一挙に定量化することで薬剤作用と形態変化とを定量的に関係付けることが可能になった。このようにして蓄積した形態変化の情報をデータベース化しモルフォベースを構築した〔Futamura et al 2012〕。

次に、作用未知の抗がん剤候補物質の作用を予測するためのプログラムを作成した。具体的には、1)候補物質と各作用既知薬剤の類似度のランキング、2)14種類のクラスターに分類された54種類の典型的な抗がん剤のデータを利用し、候補物質がどのクラスターに分類されるかのスコア化、の2通りの方法で類似性を計算し、形態変化パターンから薬剤作用を予測する手法「モルフォベースプロファイリング法」を開発した。

5. 新規天然物の発見に関する具体例

前述のフラクションライブラリーから抗がん剤候補物質をスクリーニングした結果、あるフラクションに殺細胞効果を見出した。フラクションに含まれる化合物のUVスペクトルからも新規化合物の可能性が高かったので、その化合物を精製したところ、新規化合物であったためpyrrolizilactoneと命名した。さらに、モルフォベースプロファイリング法により、pyrrolizilactoneはヒートショックタンパク質阻害剤あるいはプロテアソーム阻害剤のクラスターに分類された。最終的には、セルフリー系で実験的に検証したところ、pyrrolizilactoneは確かにプロテアソーム阻害活性を示すことが明らかとなった。

引用文献

Futamura Y, Kawatani M, Kazami S, Tanaka K, Muroi M, Shimizu T *et al*(2012). Morphobase, an encyclopedic cell morphology database, and its use for drug target identification. *Chem biol* **19**: 1620-1630.

Futamura Y, Kawatani M, Muroi M, Aono H, Nogawa T, Osada H(2013). Identification of a molecular target of a novel fungal metabolite, pyrrolizilactone, by phenotypic profiling systems. *Chembiochem : a European journal of chemical biology* **14**: 2456-2463.

Kato N, Takahashi S, Nogawa T, Saito T, Osada H(2012). Construction of a microbial natural product library for chemical biology studies. *Curr opin chem biol* **16**: 101-108.

Nogawa T, Okano A, Takahashi S, Uramoto M, Konno H, Saito T *et al*(2010). Verticilactam, a new macrolactam isolated from a microbial metabolite fraction library. *Org lett* **12**: 4564-4567.

Nogawa T, Kawatani M, Uramoto M, Okano A, Aono H, Futamura Y *et al*(2013). Pyrrolizilactone, a new pyrrolizidinone metabolite produced by a fungus. *J Antibiot* **66**: 621-623.

Osada H(2010). Introduction of new tools for chemical biology research on microbial metabolites. *Biosci Biotechnol Biochem* **74**: 1135-1140.

4章

研究ツールとしての化合物

4.1 キナーゼ阻害剤

慶應義塾大学　理工学部　井本正哉

化合物名 アーブスタチン、ゲニスティン、スタウスポリン、ラベンダスチンA、2,5-MeC、デスマール、K-252a、カルフォスチン

キーワード チロシンキナーゼ、プロテインキナーゼA、プロテインキナーゼC

1. チロシンキナーゼ阻害剤

1980年代初期、がん遺伝子の機能解析からヒト腫瘍の進展は正常な細胞増殖機構を制御しているがん遺伝子の発現異常や構造異常に密接に関連していることが示された。特に、多くのヒト腫瘍では特定のチロシンキナーゼの変異が観察され、これらの異常が実際にがん化やがんの進展、さらには再発や予後不良に関与していることが明らかになってきた。このことからチロシンキナーゼ阻害剤は従来の細胞傷害性の制がん剤とは異なり、Proof of Conceptに基づくがん治療薬として期待された。現在では、グリベック®（Gleevec）やイレッサ®（Iressa）などのチロシンキナーゼ阻害剤が実際にがん治療で使用されている。しかし、いち早く世界に先駆けてチロシンキナーゼ阻害剤探索に取り組んだのは日本人研究者であり、1980年代中期には第1世代ともいえるチロシンキナーゼ阻害剤が微生物二次代謝産物から相次いで報告された。本稿ではこの第1世代のチロシンキナーゼ阻害剤について概説する。

アーブスタチン（erbstatin）

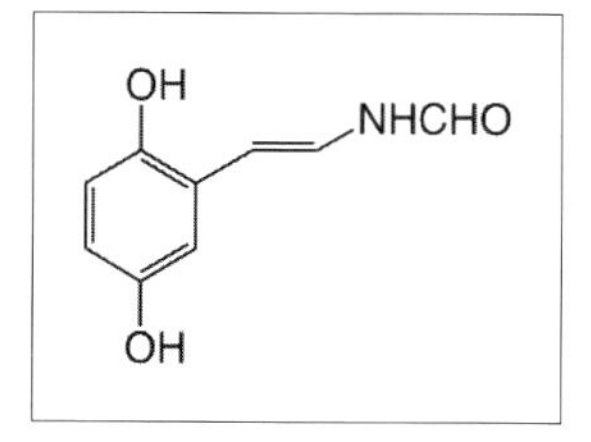

図1. アーブスタチンの構造

上皮細胞増殖因子（EGF）の受容体が過剰発現しているヒトカルシノーマA431細胞の細胞膜を用いてチロシンキナーゼ阻害物質をスクリーニングした結果、放線菌MH435-hF3株から新規物質アーブスタチン（**図1**）が発見された〔Nakamura et al 1986, Umezawa et al 1986〕。アーブスタチンはEGF受容体チロシンキナーゼに対してIC_{50}値が2.5μg/mlで阻害し、プロテインキナーゼAやCには100μg/mlでも阻害を示さないチロシンキナーゼ特異的阻害剤である。またアーブスタチンはチロシンに似た構造を有し、リン酸化されるタンパク質に拮抗的な阻害様式を示した〔Imoto et al 1987a〕。さらに、アーブスタチンは、EGFR以外の受容体型チロシンキナーゼであるHer-2や、Fyn、Lckなどの非受容体型チロシンキナーゼに対しても阻害活性を示す、スペクトラムの広いチロシンキナーゼ阻害剤である。アーブスタチンはA431細胞に対しても、EGFによって誘導されるEGF受容体の自己リン酸化を阻害し、またEGF受容体チロシンキナーゼによって活性化するイノシトールリン脂質代謝回転も同濃度で阻害されたことから、培養細胞レベルでもチロシンキナーゼを阻害することが示された〔Imoto et al 1987c〕。アーブスタチンは血清存在下で不安定であるが、安定化剤との併用投与により白血病細胞株L1210や乳がん細胞株MCF-7担がんマウスに対してそれぞれ抗腫瘍効果を示した〔Imoto et al 1987b〕。

ゲニスティン（genistein）

同じくヒトカルシノーマA431細胞の細胞膜を用いてチロシンキナーゼ阻害物質をスクリーニングした結果、*Pseudomonas* sp. YO-0170からゲニスティン（**図2**）が再発見された〔Ogawara et al 1986〕。さらにゲニスティンはpp60[v-src]やpp110[gag-fes]のチロシンキナーゼも阻害したが、プロテインキナーゼAのようなセリン-スレオニンキナーゼは阻害しなかった。ゲニスティンのEGF受容体チロシンキナーゼに対する阻害形式はATPに拮抗的で、リン酸化される基質に非拮抗阻害であった。また、A431細胞を用いた培養細胞系でも、ゲニスティンはEGFが誘導するEGF受容体のチロシン残基のリン酸化を阻害するとともに、セリン-スレオニンのリン酸化も阻害した〔Akiyama et al 1987〕。

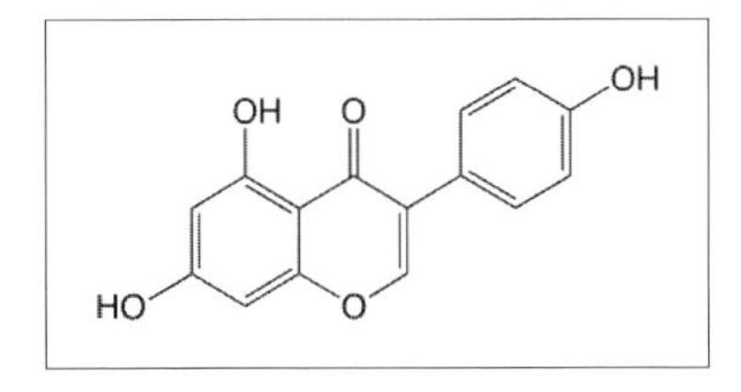

図2. ゲニスティンの構造

スタウロスポリン（staurosporin）

微生物が生産するアルカロイドであるスタウロスポリン（**図3**）は、プロテインキナーゼCをIC_{50}値が2.7nMで阻害し、またプロテインキナーゼAをIC_{50}値が8.2nMで阻害することが見出されたことから〔Tamaoki et al 1986〕、次にチロシンキナーゼに対する阻害活性が検討された。その結果、スタウロスポリンはp60[v-src]のチロシンキナーゼをIC_{50}値が6.4 nMで阻害した〔Nakano et al 1987〕。このことからスタウロスポリンはセリン-スレオニンキナーゼだけでなく、チロシンキナーゼも阻害する非常に強力なプロテインキナーゼ阻害剤であることが示された。

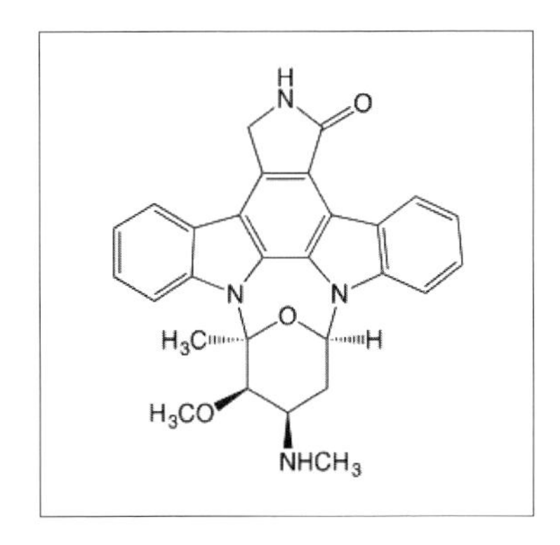

図3. スタウロスポリンの構造

ラベンダスチンA（lavendustin A）

同じくヒトカルシノーマA431細胞の細胞膜を用いたチロシンキナーゼ阻害物質のスクリーニングによって、*Streptomyces griseolavendus*の培養液の酢酸ブチル抽出液から新規化合物ラベンダスチンA（**図4**）が発見された〔Onoda et al 1989〕。ラベンダスチンAによる*in vitro*でのEGF受容体チロシンキナーゼに対するIC_{50}は4.4ng/mlであり、アーブスタチンより50倍強力であった。一方で、ラベンダスチンAはプロテインキナーゼAやCを阻害しなかった。ラベンダスチンAの構造はスペクトルデータや全合成で確認された。ラベンダスチンAのEGF受容体チロシンキナーゼに対する阻害形式はATPに拮抗的で、リン酸化される基質に非拮抗阻害であった。しかし、ラベンダスチンAはその細胞膜透過性が低いことから培養細胞系ではチロシンキナーゼを阻害しなかった。そこで、ラベンダスチンAのメチル誘導体が合成された。ラベンダスチンAのメチル誘導体は培養A431細胞系でもEGFが誘導するEGF受容体のチロシン残基のリン酸化を阻害し、その下流で起こるEGF受容体のインターナリゼーションやイノシトールリン脂質代謝回転も阻害した。

OH OH N OH OH OH O

図4. ラベンダスチンAの構造

2,5-MeC

アーブスタチンは血清中で不安定であったので、さまざまなアーブスタチンのアナログが合成された。その中でmethyl 2,5-dihydroxycinnamate（2,5-MeC）（**図5**）が血清中でアーブスタチンの4倍の安定性を示すことがわかった〔Umezawa et al 1990〕。2,5-MeCのチロシンキナーゼ阻害活性はアーブスタチンと同等であり、またアーブスタチン同様、リン酸化されるペプチド基質に拮抗的で、ATPに対しては非拮抗阻害の阻害様式を示した。2,5-MeCはA431細胞を用いた培養細胞系でもチロシンキナーゼを阻害した。また静止期に同調した正常ラット腎細胞に対しては、EGF刺激で誘導されるS期への進行を2,5-MeCは10時間遅らせ、EGFが誘導する細胞周期の進行にチロシンキナーゼが関与することが示された。

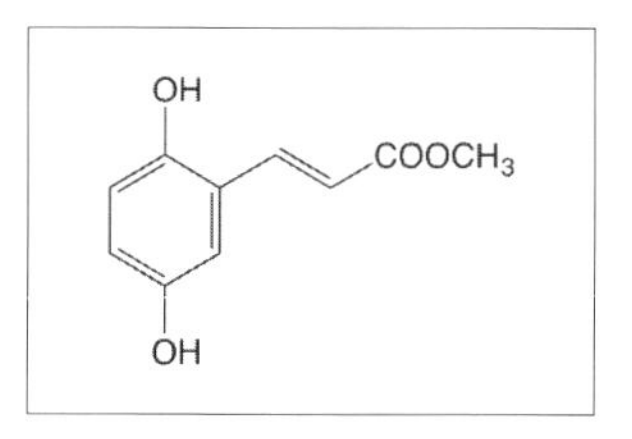

図5. 2,5-MeCの構造

デスマール（desmal）

微生物二次代謝産物からのスクリーニングでは既知のチロシンキナーゼ阻害剤がしばしばヒットするので、著者らは熱帯植物抽出液からチロシンキナーゼ阻害剤を探索した。その結果、*Desmos chinensis*のクロロホルム抽出物からデスマール（**図6**）を発見した〔Kakeya et al 1993〕。デスマールの構造はX線結晶解析によって決定された。デスマールのEGF受容体チロシンキナーゼに対する阻害形式はリン酸化されるタンパク質に拮抗的で、ATPに対しては非拮抗阻害であった。遺伝子導入によりEGF受容体を過剰発現させたNIH3T3細胞においても、デスマールはEGF刺激で誘導されるチロシンキナーゼを阻害するとともに、細胞骨格変化やイノシトールリン脂質代謝回転を阻害した。

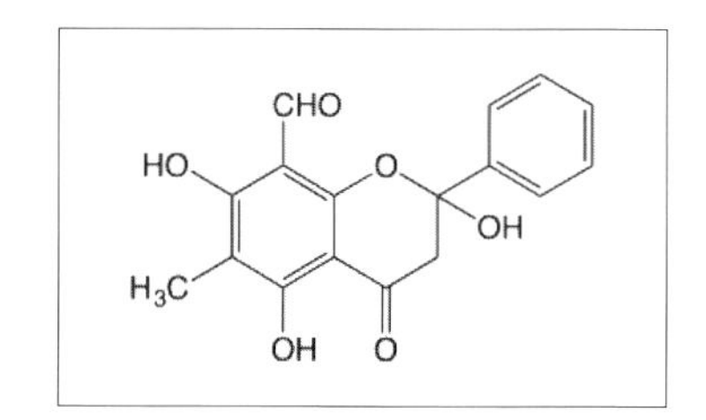

図6. デスマールの構造

2. 他のプロテインキナーゼ阻害剤

K-252a

プロテインキナーゼCはホルボールエステルやテレオシジンなどの発がんプロモーターの受容体であり、またイノシトールリン脂質代謝によって生じたジアシルグリセロールによって活性化される重要な細胞内情報伝達分子である。プロテインキナーゼCの阻害剤が探索され、*Nocardiopsis* sp. K-252が生産する新規化合物K-252a（**図7**）が単離された〔Kase et al 1986〕。K-252aはIC_{50}が32.9nMでプロテインキナーゼCを阻害する。また、K-252aはカルモジュリン依存性ホスホジエステラーゼも阻害するが、その活性は約1000倍弱い。多くのカルモジュリン阻害剤がプロテインキナーゼCも阻害することが知られているが、K-252aはこれらの化合物とは異なりプロテインキナーゼに高い選択性を持つ阻害剤である。

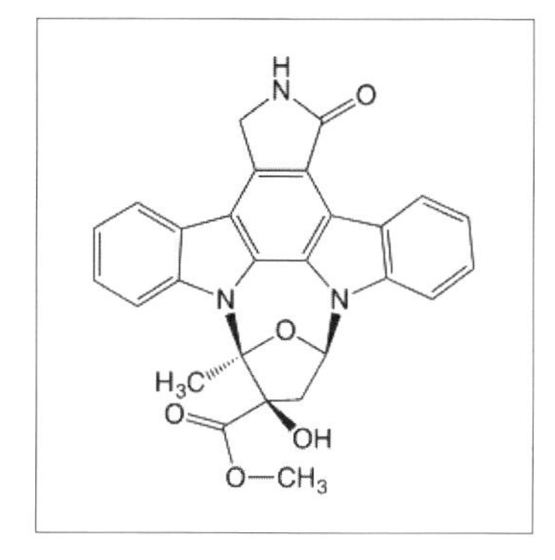

図7. K-252aの構造

カルフォスチンC（calphostin C）

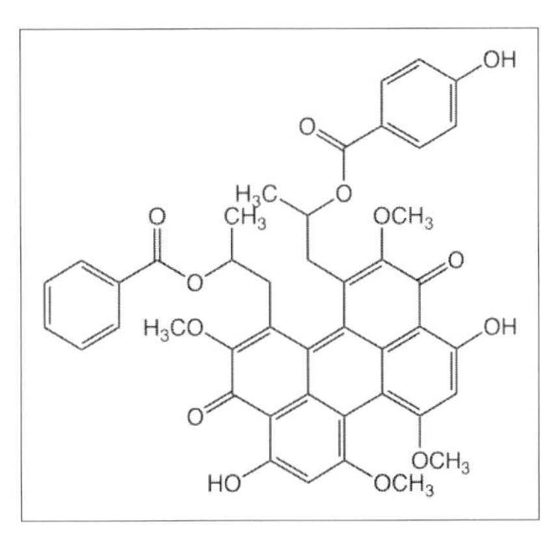

図8．カルフォスチンCの構造

プロテインキナーゼCの特異的阻害剤探索から、*Cladosporium cladosporioides*によって生産される新規化合物カルフォスチンC（**図8**）が発見された〔Kobayashi et al 1989a〕。カルフォスチンCはプロテインキナーゼCに対してIC_{50}値が50nMで阻害し、プロテインキナーゼAやpp60$^{v\text{-}src}$チロシンキナーゼに対しては50μMでもほとんど阻害効果を示さなかった〔Kobayashi et al 1989b〕。カルフォスチンCは脂質との競合関係になく、また[^{3}H]PDBu結合を阻害したことから、ホルボールエステルが結合するプロテインキナーゼCの調節領域に作用することが示されている。プロテインキナーゼCにはいくつかのisozymeが知られているが、カルフォスチンCはプロテインキナーゼC-α、-β、-γに対してはいずれも同等の阻害活性を示した。制がん活性も報告されており、HeLaS3細胞やMCF-7に0.14～0.18μMで細胞毒性を示し、P388白血病に対しては*in vivo*で抗腫瘍効果を示した。

引用文献

Akiyama T, Ishida J, Nakagawa S, Ogawara H, Watanabe S, Itoh N *et al*(1987). Genistein, a specific inhibitor of tyrosine-specific protein kinases. *The Journal of biological chemistry* **262**: 5592-5595.

Imoto M, Umezawa K, Isshiki K, Kunimoto S, Sawa T, Takeuchi T *et al*(1987a). Kinetic studies of tyrosine kinase inhibition by erbstatin. *The Journal of antibiotics* **40**: 1471-1473.

Imoto M, Umezawa K, Komuro K, Sawa T, Takeuchi T, Umezawa H(1987b). Antitumor activity of erbstatin, a tyrosine protein kinase inhibitor. *Japanese journal of cancer research : Gann* **78**: 329-332.

Imoto M, Umezawa K, Sawa T, Takeuchi T, Umezawa H(1987c). In situ inhibition of tyrosine protein kinase by erbstatin. *Biochemistry international* **15**: 989-995.

Kakeya H, Imoto M, Tabata Y, Iwami J, Matsumoto H, Nakamura K *et al*(1993). Isolation of a novel substrate-competitive tyrosine kinase inhibitor, desmal, from the plant Desmos chinensis. *FEBS letters* **320**: 169-172.

Kase H, Iwahashi K, Matsuda Y(1986). K-252a, a potent inhibitor of protein kinase C from microbial origin. *The Journal of antibiotics* **39**: 1059-1065.

Kobayashi E, Ando K, Nakano H, Iida T, Ohno H, Morimoto M *et al*(1989a). Calphostins (UCN-1028), novel and specific inhibitors of protein kinase C. I. Fermentation, isolation, physico-chemical properties and biological activities. *The Journal of antibiotics* **42**: 1470-1474.

Kobayashi E, Nakano H, Morimoto M, Tamaoki T(1989b). Calphostin C (UCN-1028C), a novel microbial compound, is a highly potent and specific inhibitor of protein kinase C. *Biochemical and biophysical research communications* **159**: 548-553.

Nakamura H, Iitaka Y, Imoto M, Isshiki K, Naganawa H, Takeuchi T *et al*(1986). The structure of an epidermal growth factor-receptor kinase inhibitor, erbstatin. *The Journal of antibiotics* **39**: 314-315.

Nakano H, Kobayashi E, Takahashi I, Tamaoki T, Kuzuu Y, Iba H(1987). Staurosporine inhibits tyrosine-specific protein kinase activity of Rous sarcoma virus transforming protein p60. *The Journal of antibiotics* **40**: 706-708.

Ogawara H, Akiyama T, Ishida J, Watanabe S, Suzuki K(1986). A specific inhibitor for tyrosine protein kinase from Pseudomonas. *The Journal of antibiotics* **39**: 606-608.

Onoda T, Iinuma H, Sasaki Y, Hamada M, Isshiki K, Naganawa H *et al*(1989). Isolation of a novel tyrosine kinase inhibitor, lavendustin A, from Streptomyces griseolavendus. *Journal of natural products* **52**: 1252-1257.

Tamaoki T, Nomoto H, Takahashi I, Kato Y, Morimoto M, Tomita F(1986). Staurosporine, a potent inhibitor of phospholipid/Ca++dependent protein kinase. *Biochemical and biophysical research communications* **135**: 397-402.

Umezawa H, Imoto M, Sawa T, Isshiki K, Matsuda N, Uchida T *et al*(1986). Studies on a new epidermal growth factor-receptor kinase inhibitor, erbstatin, produced by MH435-hF3. *The Journal of antibiotics* **39**: 170-173.

Umezawa K, Hori T, Tajima H, Imoto M, Isshiki K, Takeuchi T(1990). Inhibition of epidermal growth factor-induced DNA synthesis by tyrosine kinase inhibitors. *FEBS letters* **260**: 198-200.

4.2 ホスファターゼ阻害剤

理化学研究所　袖岡有機合成化学研究室　袖岡幹子
九州大学大学院　薬学研究院　平井剛

化合物名 RK-682、RE12、RE44、FK506

キーワード プロテインホスファターゼ、細胞周期、活性酸素、阻害メカニズム

1. RK-682を起点とするホスファターゼ阻害剤：分子設計

タンパク質のリン酸化は、細胞内の情報伝達の鍵反応である。リン酸基を除去するタンパク質脱リン酸化酵素（プロテインホスファターゼ）は、セリン-スレオニンに結合したリン酸基を除去するPP類（25種）と、チロシンに結合したリン酸基を除去するPTP類（107種）に分類される〔Alonso et al 2004〕。PTP類には両特性ホスファターゼ（DSP）類（同じタンパク質上のセリン-スレオニンおよびチロシンに結合したリン酸基を除去できる）も含まれ、これらの活性中心構造（P-loop）と脱リン酸化メカニズムは似通っている。DSP類には、細胞周期調節に関わるCDC25（cell division cycle 25）類や、MAPK（mitogen-activated protein kinase）類の脱リン酸化を担うMKP（MAPK phosphatase）類、MKP類には分類されないがERK（extracellular signal-regulated kinase）やJNK（c-Jun N-terminal kinase）を脱リン酸化するVHR（vaccinia H1-related）などが含まれる。CDC25類やVHRは、さまざまな疾病への関与も示唆されており、阻害剤もいくつか報告されてきた〔Bialy and Waldmann 2005, Lavecchia et al 2012a〕。しかし、特定の酵素への選択性が高く、細胞レベルでも効果を発揮する阻害剤はほとんど開発されていなかった。酵素間でのP-loopの相同性が高く、またDSP類の活性中心ポケットは非常に浅いため、親和性・選択性に優れた阻害剤創製はチャレンジングな課題である。

RK-682は、VHR阻害剤として同定された、強酸性の3-アシルテトロン酸構造を持つ天然有機化合物である〔Hamaguchi et al 1995〕。4-Me-RK-682がVHRを全く阻害しなかったことから、当初3-アシルテトロン酸構造が阻害活性に必須と考えた。本構造は、溶液中では解離し、「負電荷」が3つの酸素原子に非局在化する。これが脱リン酸化反応の遷移状態におけるリン酸モノアニオンの非局在化を模倣し、阻害活性を示すと考察した。そこで目的志向型ライブラリー（Focused Library; FL）の概念に基づいて、RK-682から酵素選択的阻害剤を開発しようと考えた。目的志向型ライブラリーとは、ある生物活性に必須の「コア構造」を基盤として構築される、比較的小規模の化合物群を指す〔Baba et al 2003, Stockwell 2004〕。3-アシルテトロン酸を「コア構造」とし、これにさまざまなビルディングブロック（BB）を連結して、第1世代FLが構築された（**図1**）。いくつか特徴的なPTP/DSP阻害剤を見出すことができたが〔Sodeoka et al 2001〕、いずれも細胞レベルではほとんど阻害効果を示さなかった。阻害活性に必須と考えていた強酸性のコア構造が、細胞膜透過性を低下させていたと推測された。これまでのVHR阻害剤のほとんどは同じ問題を抱えており、酵素レベルでは高い阻害活性を示すものの、細胞レベルでの活性が著しく低下する傾向にあった〔Wu et al 2009〕。

図1. RK-682、4-Me-RK-682、第1世代FLの構造

細胞レベルでも効果を示す阻害剤開発には、コア構造として中性の遷移状態アナログが必要と考え、RK-682エナミン（RE）誘導体を設計した。RE誘導体は、窒素原子のローンペアによって2つの酸素原子に「電子」が非局在化するため、中性分子ながら分極することになり、3-アシルテトロン酸と似た性質を有すると期待された。そこで、これをコア構造とする第2世代FLを設計・合成した（**図2**）。第1世代と比べアニオン性が低下するため、活性中心との親和性も低下する可能性はあるが、BBを導入できる場所が増えるためこれらが親和性を補ってくれると期待した。

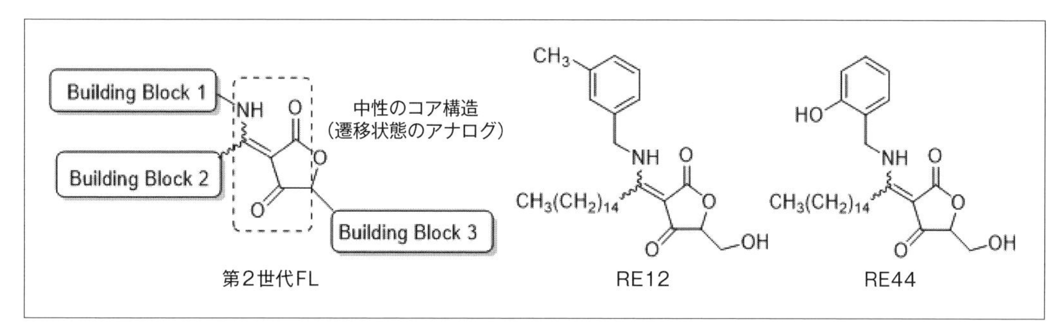

図2. 第2世代FL、RE12、RE44の構造

2. 活性評価

第2世代FLは、これまでとは酵素選択性が大きく変化した。RK-682はPTP/DSP類だけでなく、ホスホリパーゼA2やヘパラナーゼなどさまざまな酵素を阻害するのに対し、第2世代FLのほとんどは、DSP類であるVHRとCDC25A、CDC25Bを選択的に阻害し、興味深いことにCDC25Cを全く阻害しなかった。また、BB1の置換基によって阻害プロファイルが変化することもわかった。中でも、*m*-メチルベンジル基を有するRE12はVHRを選択的に阻害するのに対し〔Hirai et al 2011〕、*o*-ヒドロキシベンジル基を有するRE44はCDC25A/Bを優先して阻害する〔Tsuchiya et al 2012〕。なおこれらの化合物は、現在和光純薬工業から研究ツールとして販売されている。

阻害剤が細胞内で特定のホスファターゼを阻害しているという実験データを得るのは容易ではなかった。詳細は割愛するが、細胞内でも阻害していることを強く示唆する以下のような結果を得ることができた。

1）血清飢餓によりG0期で細胞周期を停止させたNIH3T3細胞を血清で刺激すると増殖を開始する。VHR阻害剤（RE1、RE12）はこの細胞周期進行をG1期で停止させ、このときVHRの基質であるERK、JNKの脱リン酸化が抑制されていることを確認した〔Hirai et al 2011〕。

2）tsFT210細胞は、39℃で培養すると細胞周期がG2期で停止する。これを32℃で培養するとCDC25類がCDK1を脱リン酸化し、細胞周期が進行しだす。CDC25A/Bを阻害するRE1やRE44は、この細胞周期進行を顕著に阻害し、またこのとき、濃度依存的にCDK1の脱リン酸化を阻害した〔Tsuchiya et al 2012〕。

高い阻害効果を示す既存のCDC25阻害剤のほとんどはキノン構造を持ち、サブタイプ選択性は乏しいものの、がん細胞に対する高い細胞毒性を示す〔Boutros et al 2007, Lavecchia et al 2012a〕。その作用機序として、細胞内や溶液中で活性酸素種を発生させ、活性中心のシステイン残基を酸化し、酵素を不活性化していることが提唱されている〔Brisson et al 2005〕。これに対しRE誘導体は、活性酸素種の発生を誘導せず、細胞内のCDC25A、Bを可逆的に阻害できる特徴を持っている〔Tsuchiya et al 2012〕。

RE12は、VHRが過剰発現している子宮頸がん細胞（HeLa細胞など）に対し、増殖抑制効果を示すと期待されたが、まったく効果を示さなかった。また*in vitro*において、界面活性剤NP-40をわずかに共存させるだけで、VHR阻害活性が顕著に低下した。このことからRE12が持つ長いアルキル鎖によって、阻害剤の自己集合などを誘発し、細胞レベルでの効果を低下させていると考えられた。そこで、この直鎖アルキル基を別の疎水性官能基に置き換えた誘導体を種々合成した。その結果、NP-40存在下でもVHR阻害活性を有し、かつHeLa細胞の増殖抑制効果を示すRE176を見出すことができた〔Thuaud et al 2014〕（**図3**）。

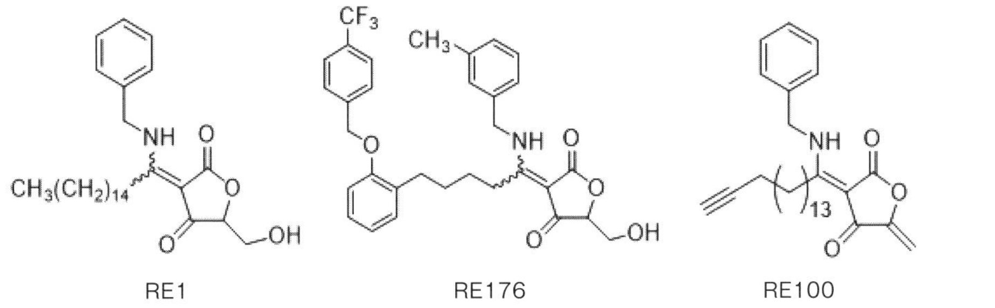

図3. RE1、RE176、RE100の構造

3. 阻害剤の結合位置の決定

RE誘導体は、PTP/DSP類の脱リン酸化遷移状態を模倣するよう設計したので、当然基質が結合する活性中心に結合すると考えていた。しかしながら、RE1とRE44のCDC25類に対する阻害様式は、低分子基質OMFP（3-OMe-fluorescein monophosphate）に対し非拮抗型であった〔Tsuchiya et al 2013〕。本結果は、RE誘導体はOMFPの活性中心への結合を阻害しない位置でCDC25類に結合し、CDC25類の酵素活性を負に制御していることを示していた。阻害メカニズムを知るために、結合位置決定を考えたが、X線やNMRの利用は困難であった。2009年にVHRとその阻害剤SA3とのX線結晶構造解析が初めて報告された〔Wu et al 2009〕が、CDC25類を含む他のDSP類に関しては依然として阻害剤を含まない結晶構造が報告されているのみであり〔Fauman et al 1998, Reynolds et al 1999〕、阻害剤最適化の障害となっている。

そこでケミカルバイオロジー的手法によって、結合位置を同定することに取り組んだ。RE誘導体がCDC25と相互作用する際に、近傍アミノ酸と共有結合を形成させることができれば、結合位置の決定が可能になる。RE1の水酸基の有無によって、CDC25阻害活性がほとんど変化しなかったことから、この位置に求電子性部位を導入し、システイン残基などの求核性アミノ酸と共有結合形成させることを狙った。さらに、共有結合形成の確認のため、アルキン部を組み込んだRE誘導体をいくつか合成した。

導入した求電子性部位、およびアルキンともに阻害活性に影響を与えないことを確認した後、CDC25Aとの共有結合形成効率を確認した。その結果、Michael受容体構造を有するRE100が合成した化合物の中では最も効率よくCDC25Aと共有結合を形成することがわかった。

しかし、RE100を用いたCDC25Aの結合サイト同定は成功しなかった。RE100の疎水性の高さと、共有結合形成効率の低さが原因と考え、水溶性向上とRE誘導体結合ペプチドの濃縮・分離が鍵になると考えた。そこで、RE誘導体にビオチン構造を組み込み、RE誘導体結合ペプチドをアビジンビーズで捕捉し、未修飾ペプチドと分離することを考えた。目的ペプチドをビーズから溶出するため、RE誘導体とビオチンとの間に化学的に切断可能なジアゾベンゼン構造〔Jaffe et al 1980, Verhelst et al 2007〕を配置し、さらに水溶性向上を狙って、これらをPEGリンカーで連結したRE142を設計・合成した。

RE142とCDC25Aを混合し、共有結合を形成させた後、タンパク質の変性、システイン残基のキャッピング、Lys-Cとトリプシンによる酵素消化によって、ペプチド断片に分解した。RE誘導体結合ペプチドをアビジンによって捕捉した後、$Na_2S_2O_4$でのジアゾベンゼン部位を切断するこ

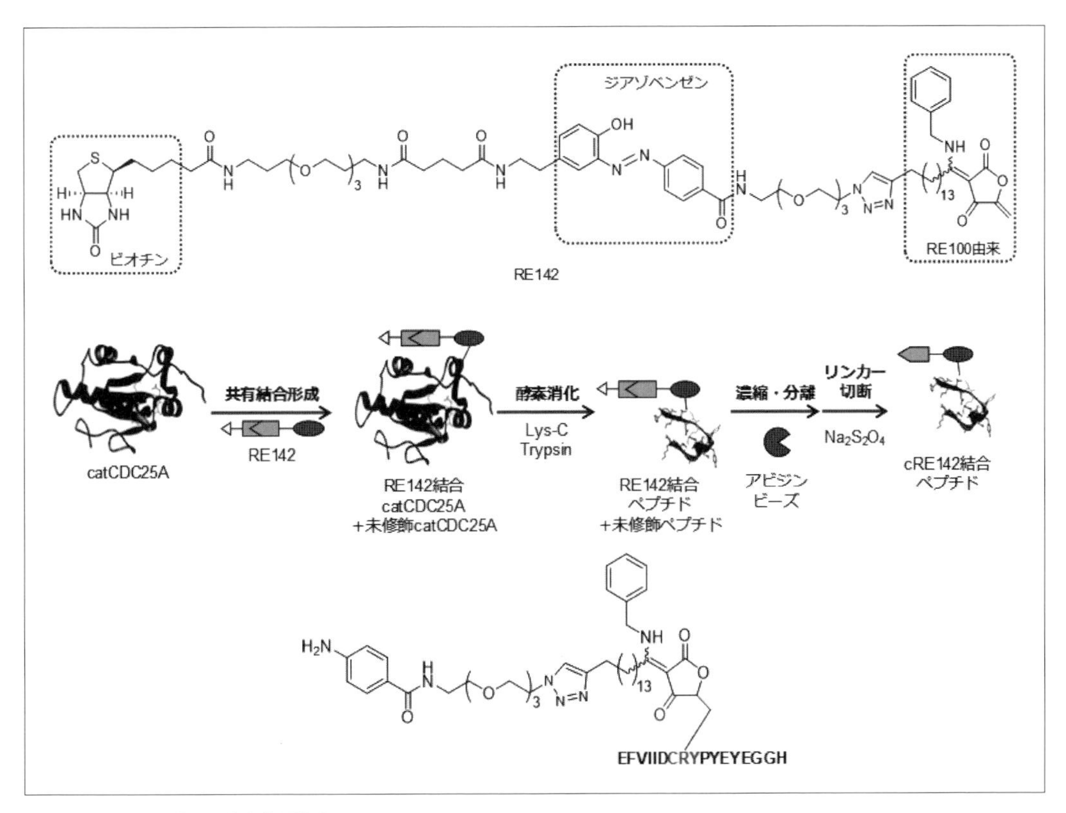

図4. RE142の構造と結合位置決定

とで、目的ペプチドをビーズから溶出した。これをLC-MS解析したところ、378番目のグルタミン酸から396番目のリジンまでの配列（EFVIIDCRYPYEYEGGHIK）にRE142の断片cRE142が結合したペプチドが含まれていることが判明した（**図4**）。さらにMS/MSの詳細な解析によって、cRE142はC384、R385、Y386のいずれかの残基と共有結合を形成していることがわかった。求核性を考慮するとC384がRE142のMichael受容体と反応していると推察される〔Tsuchiya et al 2013〕。

4. 阻害様式と選択性発現に関する考察

報告されているCDC25Bの結晶構造は、活性中心に硫酸イオンが結合しているが、その隣に活性中心よりも深いポケットが確認できる。このポケットは、結晶構造中に多くの水分子が含まれていることから"swimming pool"と呼ばれており、活性中心よりも阻害剤の格好の結合サイトになると提唱されていた〔Rudolph 2004〕。いくつかの阻害剤は、swimming poolに結合することが計算化学的手法によって提唱されていたが〔Brisson et al 2004, Lavecchia et al 2012b〕、その明確な実験的証拠はなかった。報告されているCDC25Aの結晶構造は、活性中心には何も結合していない状態のもので、swimming poolも確認できない。しかし興味深いことに、上記の硫酸イオンが結合したCDC25Bの結晶構造をもとにして硫酸イオンを活性中心に持つCDC25Aをホモロジー計算で構築すると、CDC25Aもswimming pool様の深いポケットを持つ構造が示された。C384（もしくはR385、Y386）はまさにそのポケット付近に存在することから、RE誘導体がCDC25Aのswimming poolと相互作用し、CDC25類の酵素活性を阻害していたと考えることができる（**図5**）。RE誘導体は非拮抗型の阻害様式を持つこと、すなわち活性中心への基質の結合を妨げないことは、活性中心に硫酸イオンなどが結合した際にswimming poolが形成されることからも矛盾しない。

CDC25Bが、T14とY15がリン酸化されているCDK2およびcyclin Aと複合体を形成する際に、swimming poolの構造が変化すると考えられている〔Sohn et al 2005〕。またCDC25Aの酵素活性に重要なアミノ酸残基R436は、活性中心の硫酸基の有無によって、そのコンホメーションが変化することが計算化学的に示唆された。これらのことから、RE誘導体のswimming poolへの結合が、CDC25類が基質を脱リン酸化する際に必要な酵素のコンホメーション変化、すなわちR436のコンホメーション変化（CDC25BではR479に相当）を妨げていると考えられる。

CDC25AやCDC25BのC末端は、フレキシビリティーが高く、X線やNMRによって構造が明らかになっていないが〔Arantes 2010〕、CDC25BではC末端、中でも2つのアルギニン残基R556とR562は、CDC25B-CDK2相互作用とCDC25Bの酵素活性に重要な役割を担っていることが示されている。アルギニン残基は、リン酸化CDK2のリン酸基、もしくはCDK2表面のD38やE42と相互作用していることが、報告されているモデルから想像される〔Wilborn et al 2001〕。RE誘導体は、これらの酸性化学種のミミックとしてR556やR562と相互作用しつつ、swimming poolに結合している可能性が考えられる。興味深いことに、これら塩基性アミノ酸はCDC25Aにも存在する（K513とR519）のに対し、CDC25Cでは疎水性アミノ酸（L460とL466）に置き換わっている。RE誘導体がCDC25Cを阻害せず、CDC25AとCDC25Bを選択的に阻害できるのは、本阻害メカニズムが関与していることに起因するのではないかと考えている〔Hirai and Sodeoka 2015〕。

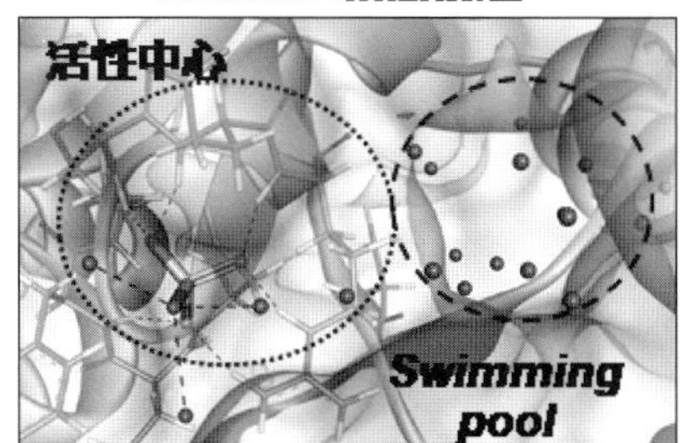

図5. CDC25Bの結晶構造とCDC25Aのホモロジーモデル

5. 選択的ホスファターゼ阻害剤の共通項

免疫抑制剤として知られるFK506は、FKBP12と複合体を形成し、カルシニューリン（PP2B）を阻害することが知られている（p.9参照）。この際、FK506-FKBP12複合体は、PP2Bの活性中心とは相互作用せず、離れた位置に結合し、PP2Bへの基質のアクセスを物理的に阻害していることが結晶構造から示唆されている（**図6**）。RE誘導体のCDC25阻害活性も、活性中心に結合しない非拮抗型阻害様式であった。似通った構造を有するホスファターゼの選択的阻害剤の鍵は、それぞれの酵素に応じた特異な阻害様式を見出すことにあるのかもしれない。

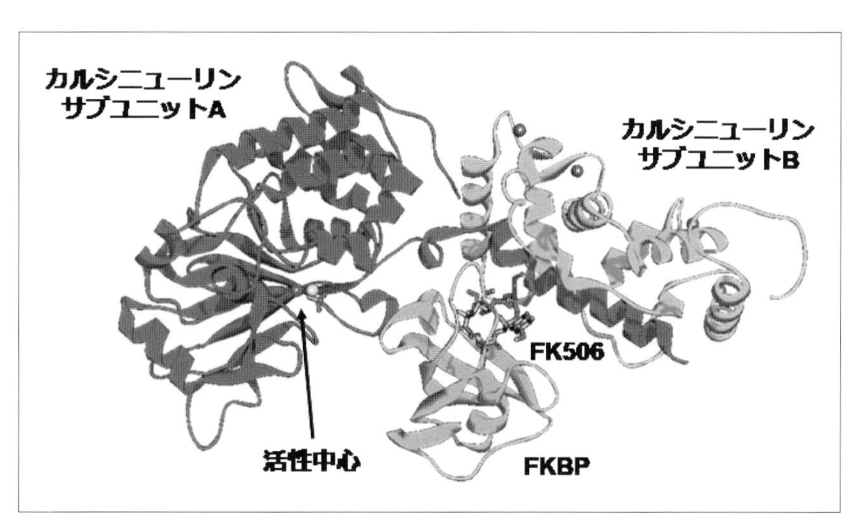

図6. FK506-FKBP-カルシニューリン複合体の結晶構造

引用文献

Alonso A, Sasin J, Bottini N, Friedberg I, Osterman A, Godzik A *et al* (2004). Protein tyrosine phosphatases in the human genome. *Cell* **117**: 699-711.

Arantes GM (2010). Flexibility and inhibitor binding in cdc25 phosphatases. *Proteins* **78**: 3017-3032.

Baba Y, Hirukawa N, Tanohira N, Sodeoka M (2003). Structure-Based Design of a Highly Selective Catalytic Site-Directed Inhibitor of Ser/Thr Protein Phosphatase 2B (Calcineurin). *J Am Chem Soc* **125**: 9740-9749.

Bialy L, Waldmann H (2005). Inhibitors of protein tyrosine phosphatases: Next-generation drugs? *Angew Chem Int Ed* **44**: 3814-3839.

Boutros R, Lobjois V, Ducommun B (2007). CDC25 phosphatases in cancer cells: key players? Good targets? *Nat Rev Cancer* **7**: 495-507.

Brisson M, Nguyen T, Vogt A, Yalowich J, Giorgianni A, Tobi D *et al* (2004). Discovery and characterization of novel small molecule inhibitors of human Cdc25B dual specificity phosphatase. *Mol Pharmacol* **66**: 824-833.

Brisson M, Nguyen T, Wipf P, Joo B, Day BW, Skoko JS *et al* (2005). Redox regulation of Cdc25B by cell-active quinolinediones. *Mol Pharmacol* **68**: 1810-1820.

Fauman EB, Cogswell JP, Lovejoy B, Rocque WJ, Holmes W, Montana VG *et al* (1998). Crystal structure of the catalytic domain of the human cell cycle control phosphatase, Cdc25A. *Cell* **93**: 617-625.

Hamaguchi T, Sudo T, Osada H (1995). RK-682, a potent inhibitor of tyrosine phosphatase, arrested the mammalian cell cycle progression at G1phase. *FEBS Lett* **372**: 54-58.

Hirai G, Tsuchiya A, Koyama Y, Otani Y, Oonuma K, Dodo K *et al* (2011). Development of a Vaccinia H1-Related (VHR) Phosphatase Inhibitor with a Nonacidic Phosphate-Mimicking Core Structure. *ChemMedChem* **6**: 617-622.

Hirai G, Sodeoka M (2015). Focused library with a core structure extracted from natural products and modified: application to phosphatase inhibitors and several biochemical findings. *Acc Chem Res* **48**: 1464-1473.

Jaffe CL, Lis H, Sharon N (1980). New cleavable photoreactive heterobifunctional cross linking reagents for studying membrane organization. *Biochemistry* **19**: 4423-4429.

Lavecchia A, Di Giovanni C, Novellino E (2012a). CDC25 phosphatase inhibitors: an update. *Mini Rev Med Chem* **12**: 62-73.

Lavecchia A, Di Giovanni C, Pesapane A, Montuori N, Ragno P, Martucci NM *et al* (2012b). Discovery of New Inhibitors of Cdc25B Dual Specificity Phosphatases by Structure-Based Virtual Screening. *J Med Chem* **55**: 4142-4158.

Reynolds RA, Yem AW, Wolfe CL, Deibel MR, Jr., Chidester CG, Watenpaugh KD (1999). Crystal structure of the catalytic subunit of Cdc25B required for G2/M phase transition of the cell cycle. *J Mol Biol* **293**: 559-568.

Rudolph J (2004). Targeting the neighbor's pool. *Mol Pharmacol* **66**: 780-782.

Sodeoka M, Sampe R, Kojima S, Baba Y, Usui T, Ueda K *et al* (2001). Synthesis of a tetronic acid library focused on inhibitors of tyrosine and dual-specificity protein phosphatases and its evaluation regarding VHR and cdc25B inhibition. *J Med Chem* **44**: 3216-3222.

Sohn J, Parks JM, Buhrman G, Brown P, Kristjansdottir K, Safi A *et al* (2005). Experimental validation of the docking orientation of Cdc25 with its Cdk2-CycA protein substrate. *Biochemistry* **44**: 16563-16573.

Stockwell BR (2004). Exploring biology with small organic molecules. *Nature* **432**: 846-854.

Thuaud F, Kojima S, Hirai G, Oonuma K, Tsuchiya A, Uchida T *et al* (2014). RE12 derivatives displaying Vaccinia H1-related phosphatase (VHR) inhibition in the presence of detergent and their anti-proliferative activity against HeLa cells. *Bioorg Med Chem* **22**: 2771-2782.

Tsuchiya A, Hirai G, Koyama Y, Oonuma K, Otani Y, Osada H *et al* (2012). Dual-Specificity Phosphatase CDC25A/B Inhibitor Identified from a Focused Library with Nonelectrophilic Core Structure. *ACS Med Chem Lett* **3**: 294-298.

Tsuchiya A, Asanuma M, Hirai G, Oonuma K, Muddassar M, Nishizawa E *et al* (2013). CDC25A-inhibitory RE derivatives bind to pocket adjacent to the catalytic site. *Molecular BioSystems* **9**: 1026-1034.

Verhelst SHL, Fonovic M, Bogyo M (2007). A mild chemically cleavable linker system for functional proteomic applications. *Angew Chem, Int Ed* **46**: 1284-1286.

Wilborn M, Free S, Ban A, Rudolph J (2001). The C-terminal tail of the dual-specificity Cdc25B phosphatase mediates modular substrate recognition. *Biochemistry* **40**: 14200-14206.

Wu S, Vossius S, Rahmouni S, Miletic AV, Vang T, Vazquez-Rodriguez J *et al* (2009). Multidentate small-molecule inhibitors of vaccinia H1-related (VHR) phosphatase decrease proliferation of cervix cancer cells. *J Med Chem* **52**: 6716-6723.

4.3 ヒストン脱アセチル化酵素を標的とする化合物

理化学研究所　環境資源科学研究センター　吉田稔

化合物名　トリコスタチンA、トラポキシン、FK228、SAHA

キーワード　エピジェネティクス、白血病、がん、アセチル化、アポトーシス、分化

1. 単離

トリコスタチンA（trichostatin A）は1976年に放線菌*Streptomyces hygroscopicus*が生産する抗真菌物質として報告があったヒドロキサム酸を含有する化合物であるが、1987年にマウスのフレンド白血病ウイルス感染による赤芽球系白血病細胞の強力な分化誘導物質として再発見された〔Yoshida et al 1987〕。また、正常線維芽細胞の増殖をG1期、G2期で可逆的に停止させるユニークな活性が示された〔Yoshida and Beppu 1988〕。

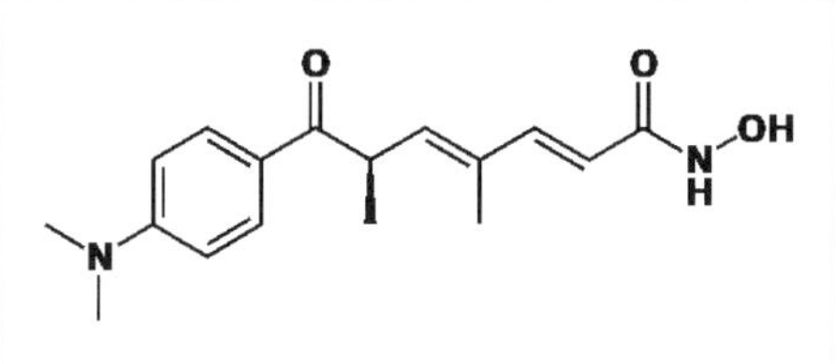

図1. トリコスタチンA

2. トリコスタチンAの作用機構

トリコスタチンAは、ヒストン脱アセチル化酵素（HDAC）を特異的に阻害し、ヒストンの高アセチル化を誘導した〔Yoshida et al 1990〕。また、トリコスタチンA耐性変異細胞のHDACがトリコスタチンA耐性となっていたことから、HDACは増殖阻害の標的であることが証明された。1996年にトリコスタチンAおよび後述のトラポキシン（trapoxin）を用いてHDAC遺伝子が同定されると〔Taunton et al 1996〕、HDACは亜鉛依存的な加水分解酵素であり〔Finnin et al 1999〕、ヒトでは11種類のアイソザイムが存在することがわかった。トリコスタチンAはほぼすべてのアイソザイムを阻害する。

3. トリコスタチンAの遺伝子発現制御活性と抗がん活性

世界初の特異的なHDAC阻害剤であるトリコスタチンAは、HDACの役割を解明する生物学的ツールとして、また創薬のための化学ツールとして世界中で利用され、その論文報告は4,000件以上にのぼる。その結果、トリコスタチンAはさまざまな細胞にアポトーシスや分化を誘導し、強い抗がん活性を示すことがわかった。またトリコスタチンAによる細胞内ヒストンの高アセチル

化は、エピジェネティクスの変化をもたらし、多くの遺伝子の発現に影響を与えることがわかった。特に、がん細胞で発現が抑制されているがん抑制遺伝子の発現がトリコスタチンAによって回復することが、その強い抗がん活性のメカニズムと考えられる〔Yoshida et al 2003〕。トリコスタチンAそのものは医薬品として開発されなかったが、類縁のHDAC阻害剤はすでに4種類が米国FDAにて医薬品として承認されている。

4. HDAC阻害剤開発の歴史と現状

がん遺伝子でトランスフォームした線維芽細胞の形態正常化誘導物質として糸状菌*Helicoma ambiens*から発見されたトラポキシンAおよびBは、その作用がトリコスタチンAと類似することから同様にHDAC阻害剤であることが明らかになった〔Kijima et al 1993〕。トラポキシンはエポキシケトンを有する環状テトラペプチドであり、構造上はトリコスタチンAとの類似性はないが、そのエポキシケトンがトリコスタチンAのヒドロキサム酸と同様、酵素の活性中心と相互作用することが示唆された〔Furumai et al 2001〕。さらに、やはりがん遺伝子導入細胞の形態を正常化する物質として*Chromobacterium violaceum*から見出されたFK228についてもHDAC阻害剤であることが示された〔Nakajima et al 1998〕。その後、FK228は細胞内に入った後に細胞内の還元力によって分子内ジスルフィドが還元されて生じるチオールが酵素活性中心と相互作用するというメカニズムが解明された〔Furumai et al 2002〕。一方、米国Memorial Sloan Kettering Cancer Centerのグループは、フレンド白血病細胞の分化誘導物質として合成されたSAHA（ボリノスタット）がHDAC阻害剤であることを報告した〔Richon et al 1998〕。FK228、SAHAともに皮膚性T細胞リンパ腫への著効が見られ、臨床開発が始まると、アステラス製薬からグロスター社に導出されたFK228は一時、臨床開発で優位に立っていたが、SAHAを開発したアトン・ファーマシュティカル社を買収したメルク社が2006年最初にHDAC阻害剤の承認を得た。続いて2009年にFK228も承認された。

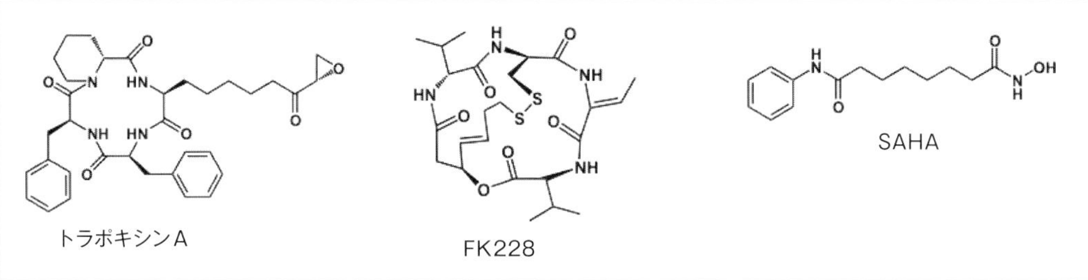

図2. トラポキシン、FK228とSAHAの構造

5. 研究の広がり

トリコスタチンAの発見を端緒としたHDAC阻害剤は、ヒストンアセチル化の生物的な意義だけでなく、広くタンパク質アセチル化の概念を変えることになった。ヒストン以外にも多くのタンパク質がアセチル化を受けており、現在ではタンパク質リン酸化に匹敵する多様な基質に起こる翻訳後修飾であることがわかっている。例えば、がん抑制遺伝子として知られるp53はアセチル化されることによって活性化し、HDACによる脱アセチル化で不活性化される〔Gu and Roeder 1997〕。また、トリコスタチンAとトラポキシンの標的酵素特異性の違いから、トリコスタチンAで阻害されてトラポキシンで阻害されないHDAC6の基質として微小管の構成タンパク質α-チューブリンが同定され、HDAC6が微小管脱アセチル化酵素であることが判明した〔Hubbert et al 2002〕。微小管のアセチル化は微小管の安定性を制御するとともに〔Matsuyama et al 2002〕、アグリソームの形成などを介してタンパク質の品質管理にも関わっていた〔Kawaguchi et al 2003〕。さらに最近では、アセチル基だけでなく、より大きなアシル基の脱アシル化酵素としても機能していることが明らかになりつつあり、HDACの生理的機能や疾患との関わりについての研究が盛んに行われている〔Yoshida et al 2017〕。

引用文献

Finnin MS, Donigian JR, Cohen A, Richon VM, Rifkind RA, Marks PA *et al*(1999). Structures of a histone deacetylase homologue bound to the TSA and SAHA inhibitors. *Nature* **401**: 188-193.

Furumai R, Komatsu Y, Nishino N, Khochbin S, Yoshida M, Horinouchi S(2001). Potent histone deacetylase inhibitors built from trichostatin A and cyclic tetrapeptide antibiotics including trapoxin. *Proc Natl Acad Sci U S A* **98**: 87-92.

Furumai R, Matsuyama A, Kobashi N, Lee KH, Nishiyama M, Nakajima H *et al*(2002). FK228 (depsipeptide) as a natural prodrug that inhibits class I histone deacetylases. *Cancer Res* **62**: 4916-4921.

Gu W, Roeder RG(1997). Activation of p53 sequence-specific DNA binding by acetylation of the p53 C-terminal domain. *Cell* **90**: 595-606.

Hubbert C, Guardiola A, Shao R, Kawaguchi Y, Ito A, Nixon A *et al*(2002). HDAC6 is a microtubule-associated deacetylase. *Nature* **417**: 455-458.

Kawaguchi Y, Kovacs JJ, McLaurin A, Vance JM, Ito A, Yao TP(2003). The deacetylase HDAC6 regulates aggresome formation and cell viability in response to misfolded protein stress. *Cell* **115**: 727-738.

Kijima M, Yoshida M, Sugita K, Horinouchi S, Beppu T(1993). Trapoxin, an antitumor cyclic tetrapeptide, is an irreversible inhibitor of mammalian histone deacetylase. *J Biol Chem* **268**: 22429-22435.

Matsuyama A, Shimazu T, Sumida Y, Saito A, Yoshimatsu Y, Seigneurin-Berny D *et al*(2002). In vivo destabilization of dynamic microtubules by HDAC6-mediated deacetylation. *EMBO J* **21**: 6820-6831.

Nakajima H, Kim YB, Terano H, Yoshida M, Horinouchi S(1998). FR901228, a potent antitumor antibiotic, is a novel histone deacetylase inhibitor. *Exp Cell Res* **241**: 126-133.

Richon VM, Emiliani S, Verdin E, Webb Y, Breslow R, Rifkind RA *et al*(1998). A class of hybrid polar inducers of transformed cell differentiation inhibits histone deacetylases. *Proc Natl Acad Sci U S A* **95**: 3003-3007.

Taunton J, Hassig CA, Schreiber SL(1996). A mammalian histone deacetylase related to the yeast transcriptional regulator Rpd3p. *Science* **272**: 408-411.

Yoshida M, Nomura S, Beppu T(1987). Effects of trichostatins on differentiation of murine erythroleukemia cells. *Cancer Res* **47**: 3688-3691.

Yoshida M, Beppu T(1988). Reversible arrest of proliferation of rat 3Y1 fibroblasts in both the G1 and G2 phases by trichostatin A. *Exp Cell Res* **177**: 122-131.

Yoshida M, Kijima M, Akita M, Beppu T(1990). Potent and specific inhibition of mammalian histone deacetylase both in vivo and in vitro by trichostatin A. *J Biol Chem* **265**: 17174-17179.

Yoshida M, Matsuyama A, Komatsu Y, Nishino N(2003). From discovery to the coming generation of histone deacetylase inhibitors. *Curr Med Chem* **10**: 2351-2358.

Yoshida M, Kudo N, Kosono S, Ito A(2017). Chemical and structural biology of protein lysine deacetylases. *Proc Jpn Acad Ser B Phys Biol Sci* **93**: 297-321.

4.4 低酸素誘導因子HIFs活性化経路を標的とする化合物

京都大学大学院薬学研究科 医薬創成情報科学専攻 システムケモセラピー（制御分子学）分野
掛谷秀昭、李雪氷、吉村彩、小川はるか

化合物名 ベルコペプチン（verucopeptin）

キーワード 低酸素誘導因子HIFs、分子標的抗がん剤、微生物代謝産物、表現型スクリーニング

1. ベルコペプチンの発見・単離

がんは、我が国において1981年に脳卒中を抜いて死因のトップとなって以降、今日まで増加し続けている。乳がんや腎がんをはじめとして、さまざまながん種において低酸素誘導因子（hypoxia-inducible factors; HIFs）の発現量と予後不良との相関が報告されており、HIFs（HIF-1、HIF-2、HIF-3）は、がん化学療法の有望な分子標的として期待されている〔Semenza 2014〕。そのような背景のもと、著者らはHIFs活性化経路阻害剤を探索するために独自のバイオアッセイ系を確立して、放線菌や糸状菌などの微生物代謝産物を活用してスクリーニング研究を行った。ベルコペプチン（verucopeptin）は、低酸素条件下でのHIFs活性化経路を阻害する物質として、放線菌*Streptomyces* sp. KUSC_A08株の培養液から再発見したものである〔Yoshimura et al 2014, Yoshimura et al 2015〕。

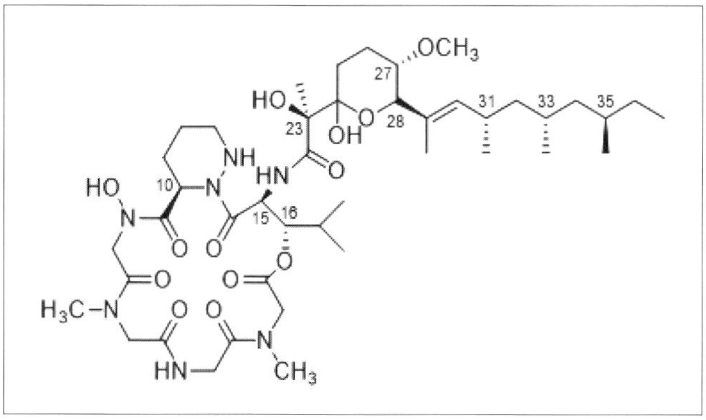

図1. ベルコペプチンの化学構造

2. ベルコペプチンの立体化学の決定

ベルコペプチンは6つのアミノ酸からなる環状デプシペプチドと分岐メチルを有する側鎖脂肪酸で構成されており、側鎖脂肪酸部分は直鎖状の異性体と24位のケトンと28位の水酸基によりアセタールを形成した異性体が平衡状態で存在するが、1993年には平面構造のみが報告されていた〔Nishiyama et al 1993, Sugawara et al 1993〕。そこで、Marfey法、改良Mosher法、PGME（phenylglycine methyl ester）法、さらには部分構造の不斉合成による標品との比較などにより、ベルコペプチンの絶対立体配置を10*R*、15*S*、16*S*、23*S*、27*S*、28*R*、31*S*、33*S*、35*R*と決定した〔Yoshimura et al 2014, Yoshimura et al 2015〕。

3. ベルコペプチンの作用機構

ベルコペプチンは、5xHRE/HT1080細胞株（HRE配列の下流にルシフェラーゼ遺伝子を組み込

んだレポータープラスミドを安定的に発現させたヒト線維芽肉腫細胞株）を用いた評価系において濃度依存的にHIF-1活性を抑制した（IC_{50} 0.22μM）。また、ベルコペプチンの構造活性相関研究の結果、HIF-1阻害活性には側鎖脂肪酸部分のテトラヒドロピラン環が重要であることが示唆された。さらにベルコペプチンはHT1080細胞株において、mTOR-HIF-1経路を阻害することでHIF-1活性を抑制することが示唆された。なお、ベルコペプチンのmTOR-HIF-1経路阻害機構は、mTOR阻害剤ラパマイシンと異なることが示唆されており、今後のベルコペプチンをリードとした分子標的抗がん剤の開発が期待される〔Yoshimura et al 2015〕。

4. HIFs活性化経路阻害薬の現状

HIFsの活性化（安定化）にはさまざまな経路が複雑に入り組んでおり、複数の活性化経路が阻害剤開発の標的となっている。例えば、熱ショックタンパク質（Heat shock protein; Hsp）はさまざまな細胞に存在する分子シャペロンであるが、Hsp90およびHsp60はHIF-1の凝集、安定化に関与している。Hsp90阻害剤17-アリルアミノ-17-デメトキシゲルダナマイシン（17-AAG）は、RACK1依存的なHIF-1αのユビキチン化を亢進しプロテアソーム依存的分解を誘導する。著者らが開発したHsp60阻害剤ETBは、Hsp60のCys442残基に結合することでシャペロン活性を阻害し〔Nagumo et al 2005〕、HIF-1αの分解を誘導する。Nakamuraらによって開発されたカルボラン（carborane）を有するGN26361もHsp60を標的としETBと同様の薬効を示す〔Ban et al 2010〕。また、mTORによるHIF-1αの翻訳効率の上昇や、細胞内で発生する活性酸素種によりFe^{2+}がFe^{3+}に酸化され、Fe^{2+}要求性のプロリン水酸化酵素PHDの活性抑制によるHIF-1αの活性化などが報告されている。これらの経路は、mTOR阻害剤ラパマイシンおよび抗酸化剤アスコルビン酸が、それぞれHIF-1αの翻訳阻害および分解促進を誘導する主要な経路である。これまでHIF阻害剤として汎用されているYC-1は、HIF-1αの翻訳阻害および分解促進などが報告されている。

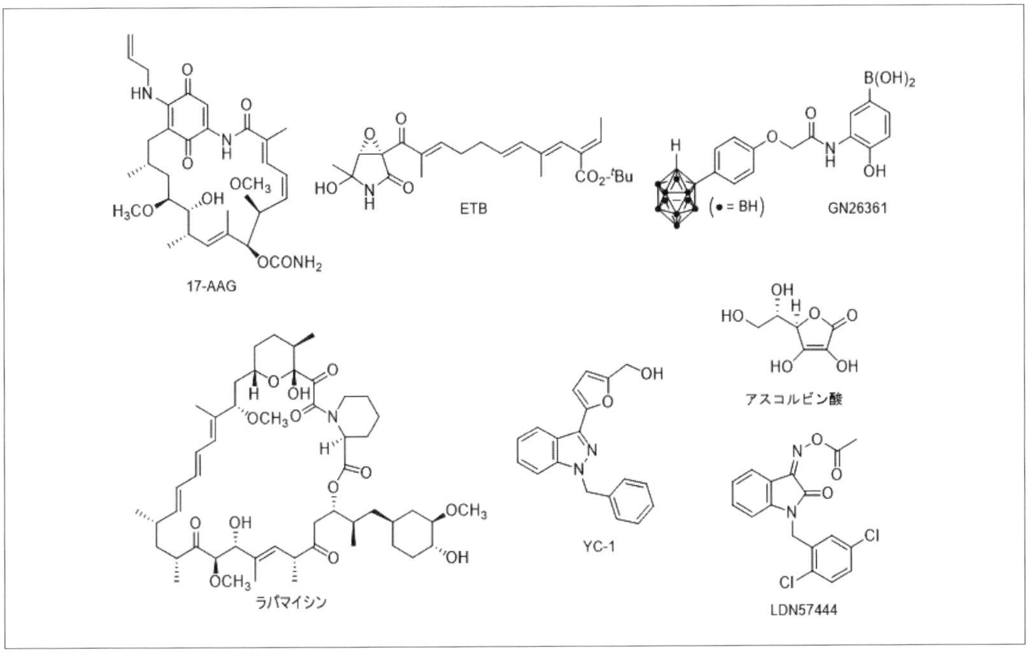

図2. HIFs活性化経路阻害薬の化学構造

5. 新しいがん分子標的としてのIDH3およびUCHL1

HIF-1はヒト肝がん細胞株Hep3Bから低酸素依存的にエリスロポエチン（erythropoetin, EPO）を誘導する因子として、Semenzaらにより発見された。HIF-1はHIF-1αおよびHIF-1βからなるヘテロダイマーであり、アイソタイプとしてHIF-2αおよびHIF-3αも同定されている。HIFのαサブユニットには酸素依存的分解ドメイン（ODDドメイン）という領域があり、通常酸素環境下では、この領域の2つのプロリン残基がプロリン水酸化酵素PHDにより水酸化されたのち、E3ユビキチンリガーゼVHLによりユビキチン化され、速やかにプロテアソーム依存的に分解される。ごく最近、共同研究者のHaradaらは、遺伝学的手法を用いて新規HIF-1活性化因子を網羅的にスクリーニングする系を確立し、イソクエン酸脱水素酵素IDH3（α、β、γサブユニットで構成されるヘテロテトラマー）と脱ユビキチン化酵素UCHL1遺伝子の同定に成功している〔Zeng et al 2015, Goto et al 2015〕。著者らは現在、IDH3-HIFs活性化経路およびUCHL1-HIFs活性化経路を標的とする阻害剤のスクリーニング研究を展開し、有望な化合物を見出しつつある。なお、既存のUCHL1阻害剤であるLDN57444は、UCHL1-HIFs活性化経路を阻害するが、細胞毒性などが懸念されている〔Goto et al 2015, Liu et al 2003〕。

6. 波及効果

本稿では、低酸素シグナルの中でも、特にHIFs活性化経路を標的とした分子標的抗がん剤開発研究について概説した。表現型スクリーニングを起点にしたケミカルバイオロジー研究を基盤としたベルコペプチン（verucopeptin）やETBの発見・開発は、新たな分子標的の発見や分子標的抗がん剤開発に直結するものであり、波及効果も非常に大きい〔Kakeya 2016〕。

引用文献

Ban HS, Shimizu K, Minegishi H *et al* (2010). Identification of HSP60 as a primary target of *o*-carboranylphenoxyacetanilide, an HIF-1alpha inhibitor. *J Am Chem Soc* **132**: 11870-11871.

Goto Y, Zeng L, Yeom CJ *et al* (2015). UCHL1 provides diagnostic and antimetastatic strategies due to its deubiquitinating effect on HIF-1α. *Nat Commun* **6**: 6153.

Kakeya H (2016). Natural products-prompted chemical biology: phenotypic screening and a new platform for target identification. *Nat Prod Rep* **33**: 648-654.

Liu Y, Lashuel HA, Choi S *et al* (2003). Discovery of inhibitors that elucidate the role of UCH-L1 activity in the H1299 lung cancer cell line. *Chem Biol* **10**: 837-846.

Nagumo Y, Kakeya H, Shoji M *et al* (2005). Epolactaene binds human Hsp60 Cys442 resulting in the inhibition of chaperone activity. *Biochem J* **387**: 835-840.

Nishiyama A, Sugawara K, Tomita K *et al* (1993). Verucopeptin, a new antitumor antibiotic activate against B16 melanoma. I. Taxonomy, production, isolation, physico-chemical properties and biological activity. *J Antibiot* **46**: 921-927.

Semenza GL (2014). Oxygen sensing, hypoxia-inducible factors, and disease pathophysiology. *Annu Rev Pathol* **9**: 47-71.

Sugawara K, Toda S, Moriyama T *et al* (1993). Verucopeptin, a new antitumor antibiotic activate against B16 melanoma. II. Structure determination. *J Antibiot* **46**: 928-935.

Yoshimura A, Kishimoto S, Nishimura S *et al* (2014). Prediction and determination of the stereochemistry of the 1,3,5-trimethyl-substituted alkyl chain in verucopeptin, a microbial metabolite. *J Org Chem* **79**: 6858-6867.

Yoshimura A, Nishimura S, Otsuka S *et al* (2015). Structure elucidation of verucopeptin, a HIF-1 inhibitory polyketide-hexapeptide hybrid metabolite from an actinomycete. *Org Lett* **17**: 5364-5367.

Zeng L, Morinibu A, Kobayashi M *et al* (2015). Aberrant IDH3α expression promotes malignant tumor growth by inducing HIF-1-mediated metabolic reprogramming and angiogenesis. *Oncogene* **34**: 4758-4766.

4.5 テロメアを標的とする化合物

産業技術総合研究所　新家一男

化合物名 テロメスタチン（telomestatin）

キーワード テロメア、G-quadruplex、がん、不死化、細胞老化

1. 単離

テロメアは、真核生物の染色体末端を構成する特殊なDNA構造であり、ヒトをはじめとする哺乳類ではTTAGGGの繰り返し配列からなる。テロメアは、DNA複製時に起こる染色体同士の融合や核外崩壊を防ぐ役目をすると考えられている。哺乳類の体細胞では、末端複製問題により細胞分裂の度にテロメア長は短縮する。このテロメア長の短縮が正常体細胞の分裂回数を決定しているが、80%以上に及ぶ多くのがん細胞（臨床分離がんも含め）ではテロメア長を維持する酵素テロメラーゼが発現していることにより、無限の増殖能を獲得している。テロメラーゼは、一本鎖DNAの3'テロメア末端に、繰り返し配列を付加することでテロメア長を維持する酵素であり、造血幹細胞など一部の組織を除き、体細胞では発現していない。そのため、テロメラーゼは抗腫瘍剤開発の選択的なターゲットとして注目され、世界中でテロメラーゼ阻害剤の開発が行われた。テロメラーゼ反応は極めて微弱な反応のため、測定が困難であったが、1985年テロメラーゼ反応とPCR反応を組み合わせたTRAP（telomeric repeat amplification-PCR）法が開発され、効率的にテロメラーゼ反応を検出できるようになった。このような背景のもと、内部標準を加え、ポリメラーゼ反応とテロメラーゼ反応を区別して測定する、内部標準-TRAPアッセイ法を用い、放線

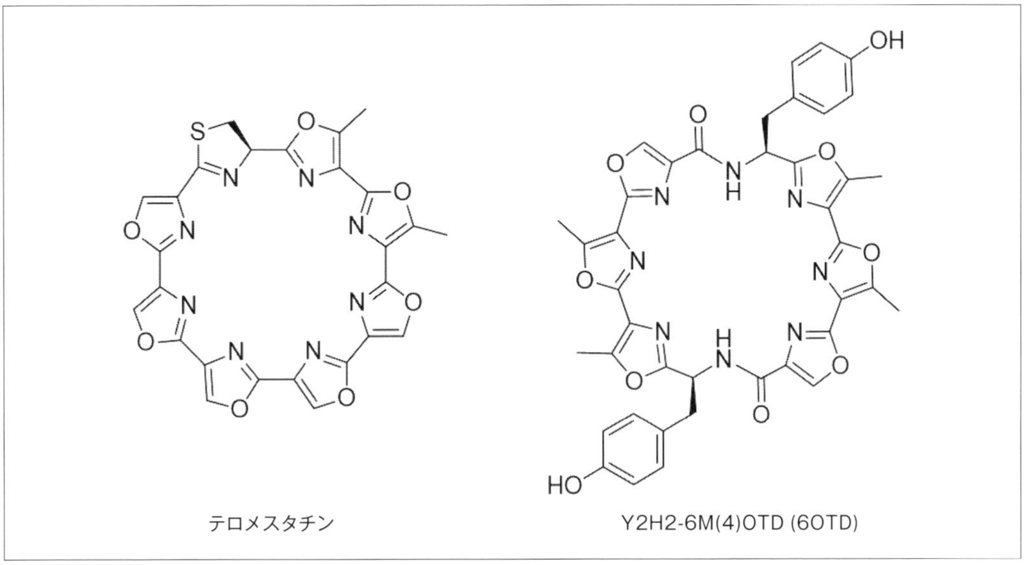

テロメスタチン　　Y2H2-6M(4)OTD (6OTD)

図1.

菌やカビの培養抽出物を中心とした天然物ライブラリーより、テロメラーゼ阻害剤のスクリーニングを行った。テロメスタチンは、放線菌*Streptomyces anulatus* 3533-SV4が生産する化合物である〔Shin-ya et al 2001〕。

2. テロメスタチンの作用機構

テロメアは、哺乳類ではTTAGGGの繰り返し配列からなる。このテロメア中に豊富に含まれるグアニン残基同士は、互いに水素結合することにより、G-カルテットと呼ばれる平面構造を形成する。このG-カルテットはさらに3次元的に重なり合うことにより、G-quadruplex構造と呼ばれる特殊な3次元構造を形成する。テロメスタチンは、G-カルテット平面に折り重なるようにG-quadruplex構造へ入り込み、G-quadruplex構造を安定化する。G-quadruplex構造が安定化されると、これより下流のDNAでは、テロメラーゼやポリメラーゼなどの酵素反応による複製が起こらない。

3. テロメスタチンのテロメラーゼ阻害活性

TRAP法におけるテロメスタチンの阻害活性は、テロメラーゼ活性に対しIC_{50}値5nMで阻害した。これに対し、Taqポリメラーゼには、40μMの濃度でも阻害活性を示さず、極めて特異的にテロメラーゼ阻害活性を示す。各種がん細胞に対する細胞毒性試験に関しては、処理時間72時間における平均IC_{50}値10 ～ 20μMと弱い細胞毒性を発現する。さらに、2 ～ 5μMでの処理では、数回の細胞分裂を経て細胞死が誘導する現象が観察された。テロメラーゼ阻害活性の原理からすると、各々の細胞のテロメア長に依存するが、数十回の分裂後、細胞の自然老化を誘導すると考えられるが、テロメスタチンを5 ～ 10μMで処理すると、細胞分裂時に一度に大きなテロメア断片が脱落し、生理的なテロメア短縮よりも速いテロメア短縮を誘導することが判明した。

4. テロメラーゼ阻害剤の現状

テロメスタチンは、U937細胞を用いた担がんマウスモデルにおいて、抗腫瘍活性を示した。テロメスタチンは、がんパネル試験において脳腫瘍がん細胞に対して、選択的に細胞毒性を示した。さらに、細胞株のみでなく、がん患者由来の神経膠芽腫（グリオブラストーマ、GBM）がん幹細胞に対しても、選択的な細胞死を誘導した。G-quadruplexリガンドに関しては、テロメスタチンと類似の骨格を持ち、かつ強力な活性を示す合成化合物の開発が展開されている。その中でも、Y2H2-6M(4)OTD (6OTD) は、テロメアへの特異性はテロメスタチンと比較すると低いが、強い細胞毒性を示す。6OTDは、テロメア以外のDNA領域でのG-quadruplex構造の安定化を促進しDNA損傷を誘導することが示されている。また、脳腫瘍細胞を用いた担がんマウスモデルにおいて、毒性を示すことなく抗腫瘍活性を示した〔Nakamura et al 2017〕。

5. 研究の広がり

テロメスタチンは現存するG-quadruplexリガンド中、最も強力かつ特異性が高いため、世界中でテロメア研究の標準物質として用いられ、テロメアに結合する因子の作用解明に大きく貢献してきている。特に、遺伝子の複製開始あるいは修復に寄与するヘリカーゼファミリーのテロメアでの役割および疾患発症メカニズムを明らかにすることができている。

G-Quadruplex構造はテロメアのみでなく、多くの遺伝子プロモーター領域で形成されることが明らかになってきているが、テロメスタチンがテロメア以外の領域にDNAダメージを誘導することが示されたことから、多くのG-quadruplex構造がゲノム中に形成されることが示唆され、新たなDNA損傷メカニズムを有する薬剤の開発が期待されている。

引用文献

Nakamura T, Okabe S, Yoshida H, Iida K, Ma Y, Sasaki S *et al* (2017). Targeting glioma stem cells in vivo by a G-quadruplex-stabilizing synthetic macrocyclic hexaoxazole. *Sci Rep* **7**: 3605.

Shin-ya K, Wierzba K, Matsuo K, Ohtani T, Yamada Y, Furihata K *et al* (2001).Telomestatin, a novel telomerase inhibitor from Streptomyces anulatus. *J Am Chem Soc* 2001 **123**: 1262-1263.

4.6 ミトコンドリア内膜のプロヒビチン1を標的とする海洋天然物

京都大学　化学研究所　佐藤慎一、上杉志成

化合物名　オーリライド

キーワード　ミトコンドリア、抗腫瘍活性、アポトーシス

1. オーリライド（aurilide）の単離・合成

伊勢で捕れるアメフラシ科のタツナミガイは「毒」を持つことが知られていた。1995年、名古屋大学の山田静之教授（現名誉教授）らは、伊勢湾沖の海底からタツナミガイを262kg採取し、その中から0.5mgの新規化合物を単離し、オーリライド（aurilide）と命名した〔Suenaga et al 1996〕。オーリライドは環状デプシペプチド構造からなる化合物で、強い細胞毒性を示し、ヒト培養がん細胞に対してIC_{50}が2.9nMと低濃度で抗腫瘍作用を示す。種々の薬理試験から、オーリライドの細胞

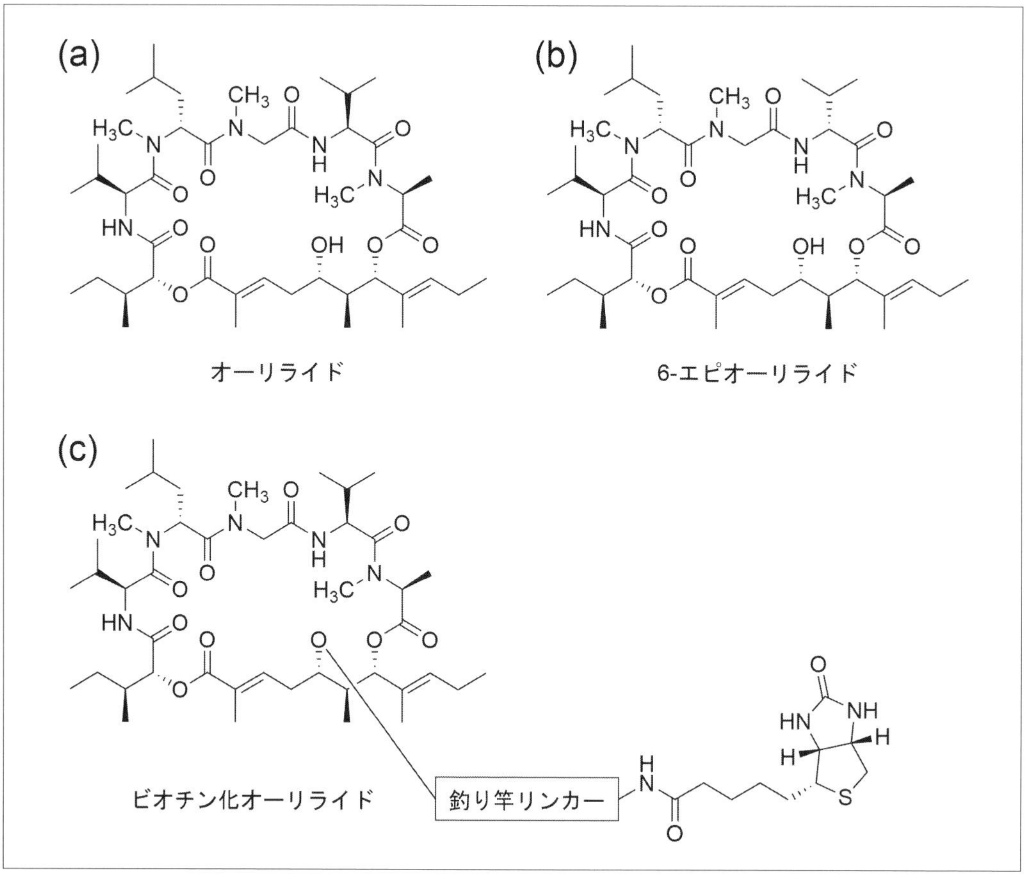

(a)

CH_3 O N H_3C N O N H O O H_3C N O HN O O OH O O O

オーリライド

(b)

CH_3 O N H_3C N O N H O O H_3C N O HN O O OH O O O

6-エピオーリライド

(c)

CH_3 O N H_3C N O N H O O H_3C N O HN O O O O O O

ビオチン化オーリライド

釣り竿リンカー

H N O

O HN NH H H S

図1. (a)オーリライドの化学構造 (b)6-エピオーリライドの化学構造 (c)釣竿リンカーを利用したビオチン化オーリライド

毒性は、アポトーシスの誘発であることが明らかとなったが、一般的な細胞毒とは全く異なるメカニズムで細胞死を引き起こしていると予想された。オーリライドの発見から十数年間、盛んに合成研究や構造活性相関研究が行われていたが、その標的タンパク質と作用メカニズムは長年の「謎」となっていた〔Mutou et al 1997, Takahashi et al 2003, Suenaga et al 2004〕。

2. オーリライドの標的タンパク質同定

当時筆者らは、生理活性物質の標的タンパク質の単離を効率化する釣竿法を開発していた〔Sato et al 2007〕。釣竿法の有効性を示したかった筆者らは、海洋天然物オーリライドの標的タンパク質の同定に挑戦することにした。標的タンパク質を精製するためには、オーリライドの生理活性（細胞毒性）に影響しない部位からのリンカーを伸長した誘導体が必要となる。筑波大学の木越英夫教授らは、オーリライドの構造活性相関研究を長年行っており、その生理活性（細胞毒性）に影響しない部位からのリンカーを伸長した誘導体を得ていた〔Suenaga et al 2008〕。また、6位の光学異性体であるエピマーのリンカー誘導体も同時に得ていた。このエピマーはオーリライドの生理活性を著しく失い、その活性は1000分の1以下となる〔Suenaga et al 2004〕。標的タンパク質同定において、活性のない適切なコントロール化合物の存在は、その成功と失敗を決める重要な因子と成る。筆者らは、オーリライドとエピマーのリンカー誘導体を木越教授に提供して頂き、それぞれを釣竿リンカーと縮合後、アビジンカラムにオーリライド・エピオーリライドを固定化したアフィニティー樹脂を作製・利用して、細胞抽出液から標的タンパク質の精製を行った。すると、エピマーには結合せず、オーリライドに特異的に結合するプロヒビチン1（PHB1）というタンパク質が精製された。

3. オーリライドの作用機序解明

プロヒビチンは、ミトコンドリアの機能に重要な役割を果たす。ミトコンドリアは細長い二重膜構造のオルガネラで、細胞内では、融合と分裂を頻繁に繰り返しながらその形態をダイナミックに変化させている。プロヒビチンをsiRNAでノックダウンすると、ミトコンドリアの形状が繊維状から斑点状に変化してアポトーシス誘導の引き金となる〔Kasashima et al 2006〕。オーリライドがプロヒビチンを標的とし、その機能を阻害するのであれば、同様の表現型が観察されるはずである。期待通り、オーリライドで処理した細胞のミトコンドリアの形状は斑点状へと変化した。ミトコンドリアが融合・分裂するには複数のGTPase（GTP加水分解酵素）群が必要であることが明らかになっていた。筆者らはこれらのGTPaseに着目し、オーリライド処理後のそれらのタンパク質をウエスタンブロット法により追跡することで、より詳細な作用メカニズムの解析を試みた。その結果、OPA1というミトコンドリア融合を制御しているタンパク質がプロセッシングを受けていることを突き止めた。OPA1は神経変性疾患Dominant Optic Atrophy type Iから同定されたタンパク質で、ミトコンドリア融合に関与している。OPA1はミトコンドリアの膜電位の消失やアポトーシス誘導時、ミトコンドリア内でプロセッシング酵素であるm-AAAプロテアーゼにより切断され、そのミトコンドリアの融合活性を失う〔Ishihara et al 2006〕。詳しいメカニズム解析により、筆者らは、オーリライドがPHBの機能を阻害し、m-AAAプロテアーゼを活性化することでOPA1のプロセッシングを促進し、ミトコンドリアの断片化による膜電位の低下を引き起こしアポトーシスが誘導されるという作用メカニズムの全貌を明らかにした〔Sato et al 2011〕。

4. まとめ

生理活性小分子化合物の作用を理解するための方法は次々に開発されている。遺伝学的な方法、ゲノミクスを用いた方法、化合物プローブを利用した化学的な方法、生化学的に標的タンパク質を精製する方法などが挙げられる。筆者らが生化学的手法で明らかにしたオーリライドとその標的タンパク質プロヒビチンは、近年新たに開発された遺伝学的な標的タンパク質同定法の有効性の検証に利用された〔Takase et al 2017〕。生理活性化合物の標的タンパク質の同定は、ケミカルジェネティクス研究を行ううえで画期的な情報となる。化合物の標的タンパク質情報を得ることにより、生理活性を説明付けるだけでなく、標的タンパク質の機能を阻害または活性化する「道具」として利用することで、これまでに知られていない標的タンパク質が関わる生命現象の全貌を解き明かすことが可能となる。大きな可能性を秘めた研究と言えるであろう。

引用文献

Ishihara N, Fujita Y, Oka T, Mihara K (2006). Regulation of mitochondrial morphology through proteolytic cleavage of OPA1. *EMBO J* **25**: 2966-2977.

Kasashima K, Ohta E, Kagawa Y, Endo H (2006). Mitochondrial functions and estrogen receptor-dependent nuclear translocation of pleiotropic human prohibitin 2. *J Biol Chem* **281**: 36401-36410.

Mutou T, Suenaga K, Fujita T, Itoh T, Takada N, Hayamizu K *et al* (1997). Enantioselective Synthesis of Aurilide, a Cytotoxic 26-Membered Cyclodepsipeptide of Marine Origin. *Synlett* **2**: 199-201.

Sato S, Kwon Y, Kamisuki S, Srivastava N, Mao Q, Kawazoe Y *et al* (2007). Polyproline-rod approach to isolating protein targets of bioactive small molecules: isolation of a new target of indomethacin. *J Am Chem Soc* **129**: 873-880.

Sato S, Murata A, Orihara T, Shirakawa T, Suenaga K, Kigoshi H *et al* (2011). Marine Natural Product Aurilide Activates the OPA1-Mediated Apoptosis by Binding to Prohibitin. *Chem Biol* **18**: 131-139.

Suenaga K, Mutou T, Shibata T, Itoh T, Kigoshi H, Yamada K (1996). Isolation and stereostructure of aurilide, a novel cyclodepsipeptide from the Japanese sea hare Dolabella auricularia. *Tetrahedron Lett* **37**: 6771-6774.

Suenaga K, Mutou T, Shibata T, Itoh T, Fujita T, Takada N *et al* (2004). Aurilide, a cytotoxic depsipeptide from the sea hare Dolabella auricularia: Isolation, structure determination, synthesis, and biological activity. *Tetrahedron* **60**: 8509-8527.

Suenaga K, Kajiwara S, Kuribayashi S, Handa T, Kigoshi H (2008). Synthesis and cytotoxicity of aurilide analogs. *Bioorg Med Chem Lett* **18**: 3902-3905.

Takahashi T, Nagamiya H, Doi T, Griffiths PG, Bray AM (2003). Solid phase library synthesis of cyclic depsipeptides: aurilide and aurilide analogues. *J Comb Chem* **5**: 414-428.

Takase S, Kurokawa R, Arai D, Kanto K K, Okino T, Nakao Y *et al* (2017). A quantitative shRNA screen identifies ATP1A1 as a gene that regulates cytotoxicity by aurilide B. *Sci Res* **7**: 2002, doi:10.1038/s41598-017-02016-4.

4.7 乳がん治療薬の開発を導いた海洋天然物

神奈川大学　天然医薬リード探索研究所　上村大輔

化合物名 ハリコンドリンB、オカダ酸、エリブリンメシル酸塩（ハラヴェン®）、ハリクロリン

キーワード 抗がん剤、乳がん治療薬、タンパク質脱リン酸化酵素I,IIa阻害剤、VCAM-1産生阻害剤

1．ハリコンドリン類の発見

房総半島以南に生息するクロイソカイメン（*Halichondria okadai* Kadota）からは数多くの有用な化合物が単離・構造決定されている。例えば、オカダ酸（okadaic acid）〔Tachibana et al 1981〕はタンパク質脱リン酸化酵素IおよびIIaの強力な阻害剤で、平滑筋の収縮、発がんプロモーターとして威力を発揮し、現在でも重要な生化学用試験試薬として市販されている。一方、このオカダ酸の強い細胞毒性にマスクされていた抗腫瘍物質が発見された。それがハリコンドリン類である。特に抗腫瘍活性が強いハリコンドリンB（halichondrin B）〔Hirata and Uemura 1986, Uemura 2010〕は600kgのクロイソカイメンから僅か12.5mgが得られるのみであった。酸性条件に弱く、分解する性質のためにその精製が大変困難であった。構造決定は困難を極めたが、幸いに同族体が存在し、その同族体の構造を決めることにより、ハリコンドリンBの構造も決定された。天然からは8種の同族体が単

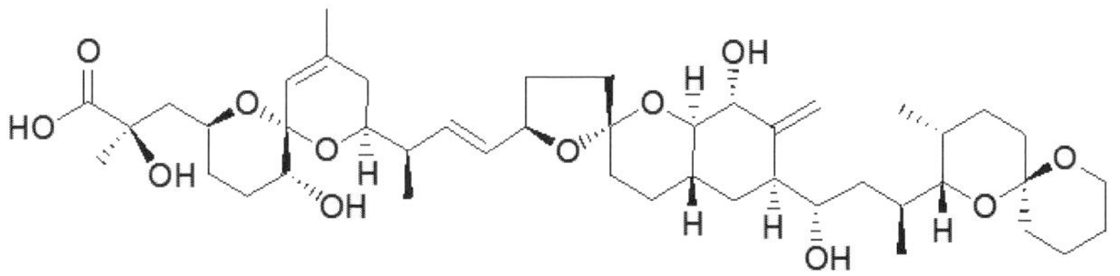

図1．オカダ酸

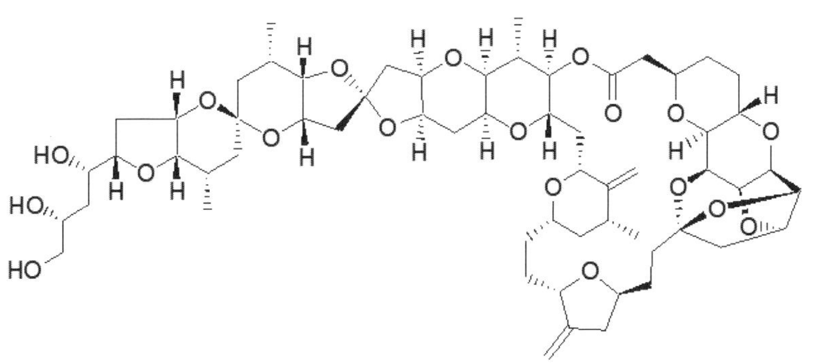

図2．ハリコンドリンB

離されたが、その中で35mgと量の多かったのがノルハリコンドリンA〔Uemura et al 1985〕であった。この構造はカルボキシル基を*p*-ブロモフェナシルエステル化して結晶化させ、従来にない特異な構造の決定に成功した。特に構造の右半分に存在するエーテル環からなるトリシクロ系は注目された。炭素鎖の長さからノルハリコンドリン系（炭素鎖53）、ハリコンドリン系（炭素鎖54）、ホモハリコンドリン系（炭素鎖55）と呼称した。一方、複雑に入り組んだポリエーテル系に存在するヒドロキシ基の数によって、ハリコンドリンBのように存在しない場合はBタイプ、1個存在するものはCタイプ、2個存在するものはAタイプと呼んでいる。そのためすべて組み合わせると9種類存在するはずであるが、天然からは8種類が確認された。比較的最近行われた全合成研究で、ハリコンドリンAはその存在が確認され9種類がすべて揃ったことになる。この目を見張る特異なポリエーテルマクロライドの構造を発表して以後、ニュージランドのカンタベリー大学のM. Munroのグループおよびアリゾナ州立大学のG.R. Pettitのグループも構造を報告している。

2. ハリコンドリンBの抗腫瘍活性

ハリコンドリンBの生物活性については*in vivo*実験での抗がん活性評価がなされ、注目すべきことは極めて低濃度で腹腔内投与によって高い生存率（マウス黒色腫細胞、5.0μg/kg；244%）を示すこと、および静脈投与（マウス黒色腫細胞、10μg/kg；157%）でも効果が現れるといった点であった。マウス白血病細胞L1210やP388およびマウス黒色腫B16いずれも効果があり、大きな期待がかかった。一方、アメリカがん研究所（NCI）での研究によって標的分子はチューブリンであると推定されていた。しかし、ビンブラスチンなどの抗がん性ビスインドールとは競合しないという結果があった。この時点で、多くの研究者が抗がん剤のリード化合物としてより一層注目した。特に前述のMunroらは特殊な海綿動物の培養によって化合物を得ようと大きなプロジェクトを立ち上げた。日本のホタテガイの養殖を思い出してもらえば良いが、縦ロープに大きな籠を縛り付け海中に沈めたわけである。しかし、計画通りにうまく化合物を大量に得ることはできなかった。

3. エリブリンメシル酸の完成

その後、ハリコンドリン類の構造に興味を示した研究者は数多くあった。例えば、コロンビア大学のW.C. Still教授はトリシクロ部分の合成をいち早く達成している。さらに日本では北海道大学の米光宰らがハリコンドリンBの全合成に挑戦していた。アメリカではハーバード大学の岸義人が合成を精力的に展開し、1995年〔Aicher et al 1992〕には完成することとなった。折も折、エーザイ株式会社ではアメリカに研究所を造ることを進めていた。ボストンの周辺にあるアンドーバーに研究所を完成させた。70～80人の研究所で、合成化学者、および生物学者からなり、事業を開始していた。ハーバード大学で学位をとった人たちを中心にして、ハリコンドリンBの全合成中間体の生物活性評価を実施した。ここでは、M. SuffnessおよびB. Littlefield博士らの貢献で、ハリコンドリンの右半分にチューブリン結合活性があると判明した。それ以後は創薬学者の力技で、最終的に乳がんの治療薬となるエリブリン（Eribulin）メシル酸塩（商品名ハラヴェン®）〔Newman 2007〕となるのである。驚くべきことは60数段階の化学合成のみによって創薬されたことである。

現代有機化学の力を示す好例となり、創薬化学会に大きなインパクトを与えた。売り上げも順調に推移し、世界60数か国で特許申請発売されている。また、全合成研究が従来とは違った研究次元に入ったマイルストーンして評価すべきであろう。

さて、今日大きな問題にジェネリック薬剤の存在がある。存在悪的な位置にあるものの、地球上の誰でも手に入る医薬品が国連を中心に訴えられていることも事実である。すでに「持続可能な開発目標（Sustainable Development Goals; SDGs）」として17か条をご存知であろう。このエリブリンでさえ、20年後にはジェネリックが出て来るに違いない。すでにアメリカの研究者らはその合成を実現したと伝えられる。複雑な構造で、困難であった創薬過程から見ても、このエリブリンにはそのようなことはないであろうと誰しもが考えたが、世界規模では優秀な人材が必ず出てくるのである。

エリブリンの標的は微小管であることが知られている。すなわち微小管の動態を変化させ、伸長が止まることが原因でがん細胞が死滅する。微小管異常物質では、タキソール系抗がん剤のチューブリンの脱重合阻害、ビンカアルカロイド系のチューブリン重合阻害が知られているが、それとは異なる。すなわち、チューブリンとの強力な結合と凝集化、さらには、伸長部分(+)endでの結合が原因である。これまでの微小管動態異常物質らとは別の作用であり、特徴があると報告〔Jordan and Wilson 2004〕されている。このような作用機序の差異が重要であり、臨床実験後の認可が遅れてしまったものの、2010年11月、アメリカ、翌年日本でも認可され、多くの患者に満足をもって提供されている。単剤で、2.7か月の生存期間延長が臨床実験で出たことは驚くべき効果であると言われている。さらに日本では悪性軟部腫瘍治療薬として認可された。悪性軟部腫瘍は、身体のさまざまな軟部組織（脂肪、筋肉、神経、線維組織、血管など）で発生する悪性腫瘍の総称で、厚生労働省の患者調査によると患者数は日本では約4,000人とされている。現在では他の抗がん剤との併用、特に抗体医薬に注目が集まり、エリブリンの抗体に対する共有結合化が進んでいる。また、若年層の乳がんに多いとされる、トリプルネガティブの患者に対しての治療薬としての期待も大きい。

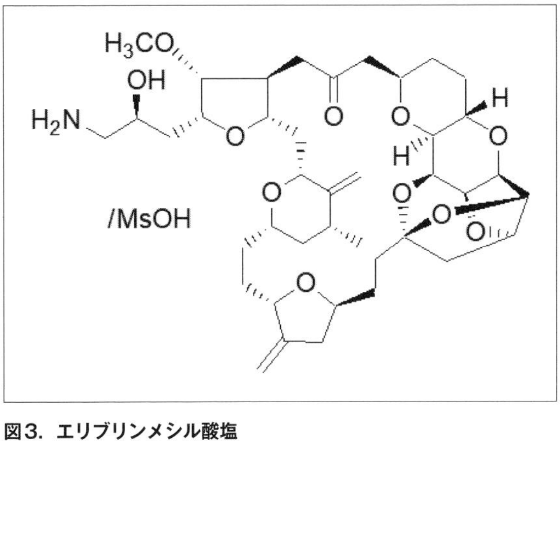

図3. エリブリンメシル酸塩

4. VCAM-1産生阻害剤ハリクロリンの発見

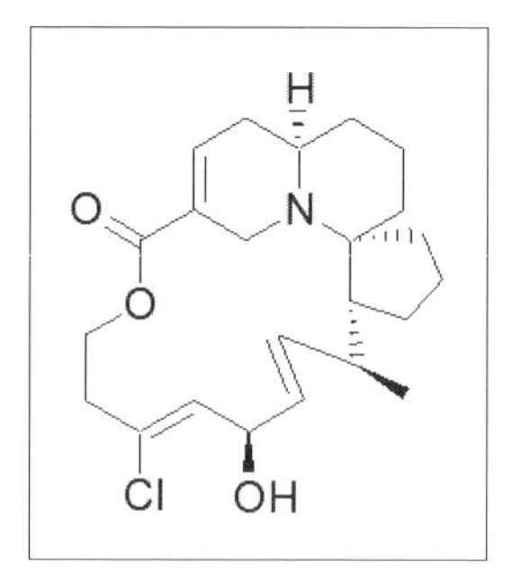

図4. ハリクロリン

クロイソカイメンには微量な二次代謝産物が存在し、まだまだ興味ある生物活性の発見が期待できる。その中で、VCAM (Vascular Cell Adhesion Molecule)-1 の産生阻害活性を示す物質が発見されている。ハリクロリン (Halichlorine) 〔Kuramoto et al 1996〕と名付けた物質で、構造にも特徴があり、多くの合成研究者によって全合成が達成された。VCAM-1のリガンド分子はVLA-1分子であり、がん細胞やリンパ球細胞の表層に提示される。そのため、がんの転移抑制、重篤な炎症作用抑制が期待できる。ハリクロリンの薬理的な研究〔Tsubosaka et al 2010a, b〕が展開され、VCAM-1, ICAM-1, E-selectinの産生低下はNF-κBの減衰によって引き起こされ、特に炎症で観察される単球と血管内膜との接着を抑えているという報告がなされた。また、血管内皮細胞の中でも、血管平滑筋細胞のL型カルシウムチャネルの電流密度を低下させる。そのため、血管の収縮を抑える効果があると報告されている。今後試薬として市販されることにより、より一層の標的分子探索が加速されると期待している。

引用文献

Aicher FJ, Buszek KH, Fang FG, Forsyth CJ, Jung SH, Kishi Y(1992). Total synthesis of halichondrin B and norhalichondrin B. *J Am Chem Soc* **114**: 3162-3164.

Hirata Y, Uemura D(1986). Halichondrins-antitumor polyether macrolides from a marine sponge. *Pure Appl Chem* **58**: 701-707.

Jordan MA, Wilson L(2004). Microtubles as a target for anticancer drugs. *Nat Rev Cancer* **4**: 253-65.

Kuramoto M, Tong C, Yamada K, Chiba T, Hayashi Y, Uemura D(1996). Halichlorine, an inhibitor of VCAM-1 induction from the marine sponge *Halichondria okadai.Tetrahedron Lett* **37**: 3867-3870.

Newman S(2007). Eriburin: another new chemotherapy for breast cancer. *Curr Opin Investig Drugs* **8**: 1057-1066.

Tachibana K, Scheuer PJ, Tsukitani Y, Kikuchi H, Engen DV, Clardy J, Gopichand Y, Schmitz FJ(1981). Okadaic acid, a cytotoxic polyether from two marine sponges of the genus Halichondria. *J Am Chem Soc* **103**: 2469-2471.

Tsubosaka Y, Murata T, Kinoshita K, Yamada K, Uemura D, Hori M, Ozaki H(2010a). Halichroline is a novel L-type Ca^{2+} channel inhibitor isolated from the marine sponge *Halichondria okadai* Kadota. *Eur J Pharmacol* **628**: 128-131.

Tsubosaka Y, Murata T, Yamada K, Uemura D, Hori M, Ozaki H(2010b). Halichroline reduces monocyte adhesion to endothelium through the suppression of nuclear factor-κB activation. *J Pharmacol Sci,* **113**: 208-213.

Uemura D, Takahashi K, Yamamoto T, Katayama C, Tanaka J, Okumura Y, Hirata Y(1985).Norhalichondrin A, an antitumor polyether macrolide from a marine sponge. *J Am Chem Soc,* **107**: 4796-4798.

Uemura D(2010). Exploratory research on bioactive natural products with a focus on biological phenomena. *Proc Jpn Acad,* Ser B **86**: 190-201.

4.8 ヘッジホッグシグナルを阻害する化合物

千葉大学大学院　薬学研究院　荒井緑

化合物名 シクロパミン、IPI-926、ビスモデギブ、ソニデジブ、フィサリンH

キーワード 発生、分化、がん

1. シクロパミン（cyclopamine）の単離と発見

シクロパミンは、1964年に北海道大学の正宗らにより、ユリ科植物*Veratrum grandiflorum*から単離されたステロイド性アルカロイドであり、11-デオキシジェルビン（天然物ジェルビンの11位水酸基が欠如した化合物）として報告された〔Masamune et al 1964〕。その後Keelerらによって、単眼症（cyclopia）の原因化合物として同定され、シクロパミン（cyclopamine）と命名された〔Keeler and Binns 1968, Keeler 1969〕。

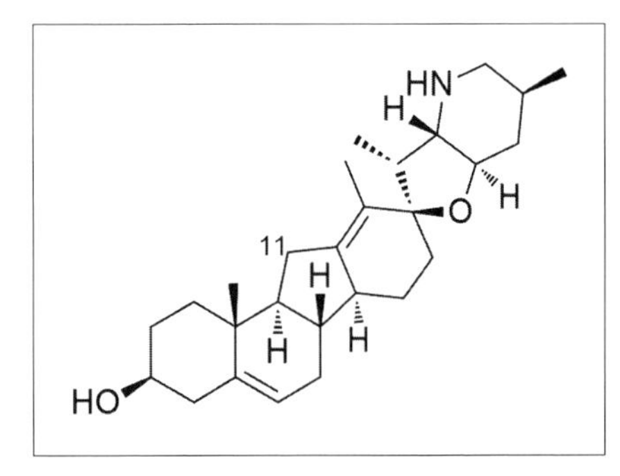

図1. シクロパミン

2. シクロパミンの作用機構

シクロパミンは、生体の形態形成と細胞増殖制御に重要なシグナル伝達の一つである、ヘッジホッグ（hedgehog）シグナルの阻害剤である。ドイツの生物学者Nüsslein-Volhardらは、ショウジョウバエの幼虫の剛毛が、ハリネズミのように体全体に散らばる変異個体を見出し、その原因遺伝子をヘッジホッグ（英語でハリネズミ）と命名した〔Nüsslein-Volhard and Wieschaus 1980〕。脊椎動物では1990年前半に3つの相同遺伝子が発見され、そのうちdesert hedgehog、indian hedgehogは実在するハリネズミの名前から、sonic hedgehogはゲームの人気キャラクターからそれぞれ命名された。ヘッジホッグシグナルがオフのとき（すなわちヘッジホッグリガンドが存在しないとき）は、Znフィンガー型転写因子Glioma-associated oncogene homolog 1-3（GLI1-3）のうち、GLI2、3は分解され、アミノ末端側だけの断片として存在し、転写抑制因子として働く。ヘッジホッグシグナルがオンのときは、ヘッジホッグリガンドが12回膜貫通型タンパク質Patched1（Ptch1）に結合し、7回膜貫通型タンパク質Smoothened（Smo）のPtch1による阻害が解除され、Smoは各種リン酸化酵素を阻害することで、GLIsが活性化される。活性化されたGLIsは、GLIs結合シークエンスを有するDNAに結合し、下流のヘッジホッグ関連遺伝子の転写を促進する。シクロパミンはSmoに直接結合し、Smoを阻害することが明らかとなっている〔Chen et al 2002〕。シクロパミンは、ヘッジホッグ阻害剤開発時のポジティブコントロールとして用いられる、重要な化合物となっている。

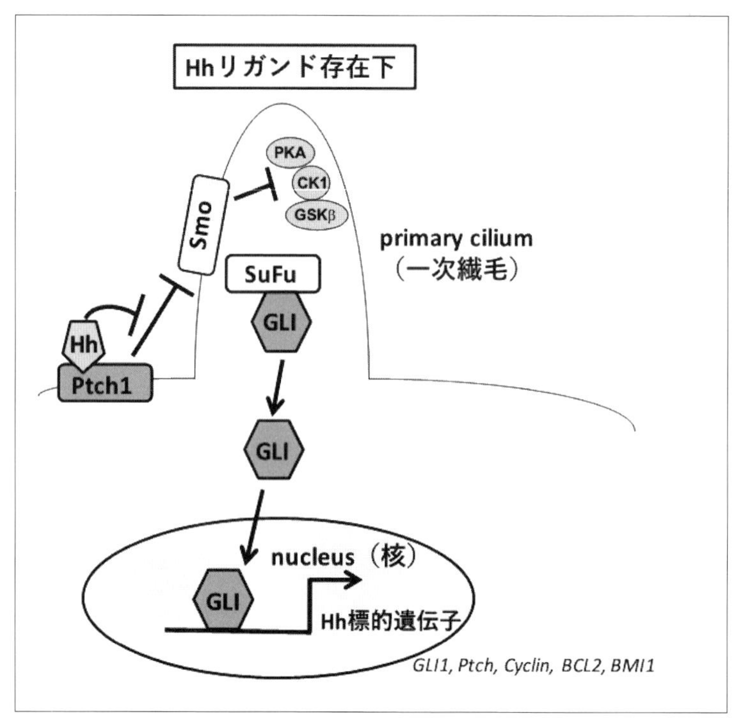

図2. ヘッジホッグ（Hh）シグナル伝達経路

3. シクロパミンの抗がん活性

多くのがんではヘッジホッグシグナルが異常亢進していることが報告されている。したがって、ヘッジホッグシグナルの阻害剤は新しい抗がん剤になることが期待され、開発が行われているが、まだまだ発展途上である。現在のところ、FDAに認可されたヘッジホッグシグナルを阻害する抗がん剤は、基底細胞がん治療薬のビスモデギブ（vismodegib）とソニデジブ（sonidegib）の2つしかない。基底細胞がん、髄芽腫、横紋筋肉腫などのがんは、膜タンパク質Ptch1が変異しており、Ptch1はSmoを阻害することができない。したがって、常にヘッジホッグシグナルがオンの状態となっており、がん形成に寄与している。また一部の大腸がんではヘッジホッグリガンドの自己分泌により、がんのヘッジホッグシグナル異常亢進がもたらされているとの報告がある。

膵臓がんは、アメリカにおいてがんで亡くなる人のうち4番目に多いがんであり、問題になっている。シクロパミンによるヘッジホッグシグナルの阻害は、膵臓がんモデルマウスの生存率を上げることが報告されている。しかしながら、シクロパミンは経口投与での吸収が悪いことや、代謝での不安定性の問題があることから、それらを改善するため数々の誘導体が合成された。その中でシクロパミ

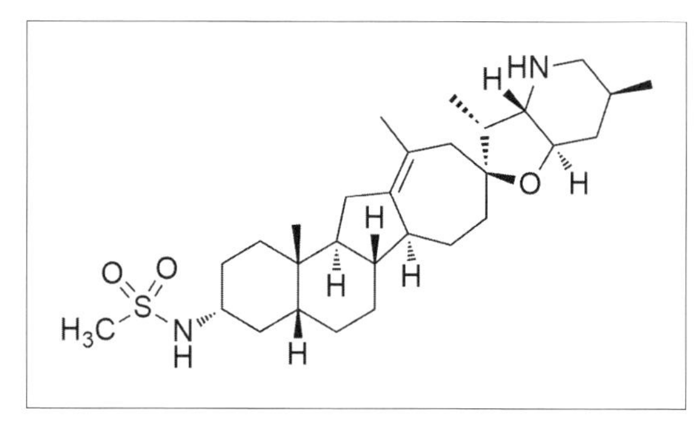

図3. IPI-926

ンから半合成されたIPI-926はシクロパミンの弱点を改善し、薬物動態でも良い結果を与えた。IPI-926は抗がん剤ゲムシタビンに抵抗性のがんを有するモデルマウスに対し、ゲムシタビンと併用することで、マウスの生存率を上げることが報告されている〔Olive et al 2009〕。このように、シクロパミンを基盤とする抗がん剤は大変期待できると考えられる。

4. ヘッジホッグシグナル阻害剤の抗がん剤

シクロパミンとは構造の異なるビスモデギブは化合物名GDC-0449として開発されたSmoの阻害剤であり、基底細胞がん治療薬として2012年にFDAに承認された。その後、同じくSmo阻害剤であるソニデジブが2015年にFDAに承認され、現在のところ、ヘッジホッグシグナル阻害剤の抗がん剤は2つである。しかしながら、がん細胞によっては、Smoが変異したものもあり、そのようながん細胞にはSmo阻害剤は効かないことから、Smoより下流のタンパク質を狙った薬剤の開発が望まれている。

図4. ビスモデギブ（左）とソニデジブ（右）

5. フィサリンH（physalin H）の単離と発見

フィサリンHは、1978年にRowらによってホオズキである*Physalis angulata*や*Physalis lancifolia*から単離された化合物であり、1995年名古屋工業大学の川井らにより構造訂正がなされた化合物である〔Makino et al 1995〕。AからHの八つの環による複雑な化合物で高度に酸化されている。フィサリンHは、2014年に石橋、荒井らによって、バングラデシュ産植物*Solanum nigrum*よりヘッジホッグ阻害剤として改めて単離された〔Arai et al 2014〕。

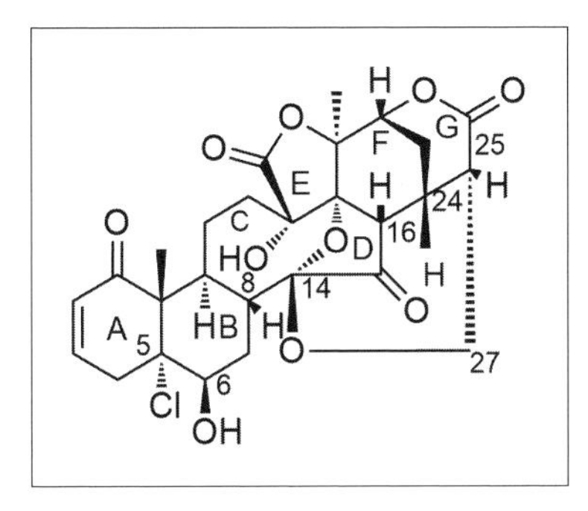

図5. フィサリンH

6. フィサリンHの作用機構

フィサリンHのヘッジホッグシグナル阻害活性は、ルシフェラーゼレポーターアッセイ〔Hosoya et al 2008〕により見出された。本アッセイ系はテトラサイクリンにより転写因子GLI1の発現が制御されている細胞を使用し、GLI1がGLI1結合シークエンスに結合すると、下流のルシフェラーゼが発現する仕組みである。したがって、ルシフェラーゼによる発光が弱いほと、強いヘッジホッグ阻害剤と言える。フィサリンHのヘッジホッグシグナル阻害活性はIC_{50} = 0.70μMで、ヘッジホッグシグナルが亢進しているヒト膵臓がん細胞（PANC1）およびヒト前立腺がん細胞（DU145）に対し、それぞれIC_{50} = 5.7μM、IC_{50} = 6.8μMの細胞毒性を示した。フィサリンHはDU145細胞において、ヘッジホッグの標的タンパク質であるPtch1とBcl2のタンパク質量を減少させた。さらに、GLI1とDNAの結合を検出するゲルシフトアッセイにおいて、フィサリンHはGLI1とDNAの結合を直接阻害することが示された。このように、Smoの下流であるGLI1に作用する化合物は、Smoが変異を起こしている種々のがん細胞に効く可能性があり、大変、有望である。

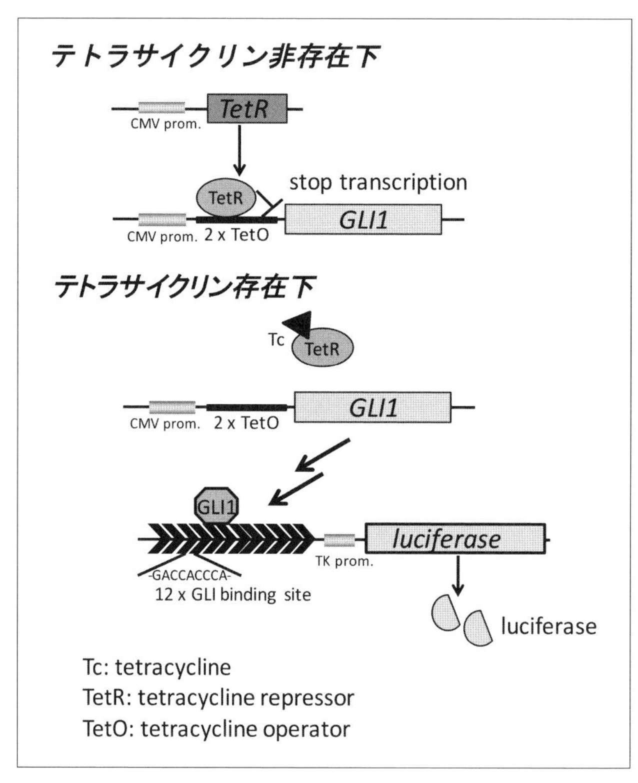

図6. ルシフェラーゼレポーターアッセイ

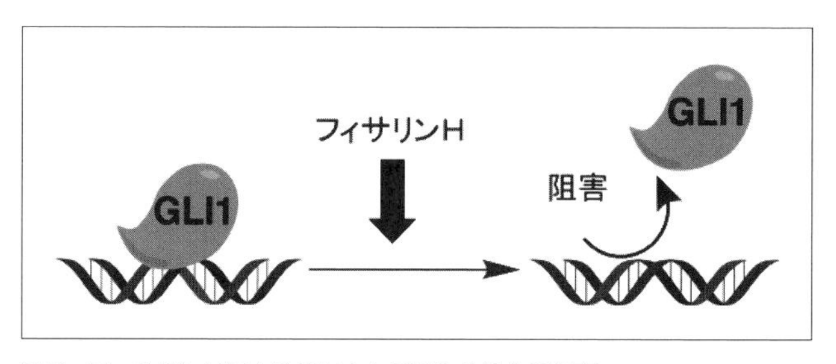

図7. フィサリンHによるGLI1とDNAの結合の阻害

7．フィサリン類のその他の生物活性や全合成研究

フィサリンは、1852年winter cherryの苦味成分として命名された〔Dessaignes and Chautard 1852〕。その後、松浦らによって*Physalis alkekengi*からphysalin Aが単離され〔Matsuura et al 1969〕、これまでに30種以上の類縁体が単離されている。フィサリン類は13,14-*seco*-16,24-cycloergostane骨格を有し、高度に酸素官能基化されており、ほとんどがC14-O-C27-C25に分子内のアセタール構造を有している。ヘッジホッグ阻害活性以外にも、がん細胞に対する細胞毒性、抗炎症作用、NF-κB転写活性化阻害やユビキチン-プロテアソーム経路の阻害など幅広い生物活性が知られている。合成に関しては、全合成は未だ達成されておらず、袖岡、平井らがフィサリン類の右半分のかご型構造を有するDEFGH環部の合成に成功している〔Ohkubo et al 2009〕。

引用文献

Arai MA, Uchida K, Sadhu SK, Ahmed F, Ishibashi M (2014). Physalin H from *Solanum nigrum* as an Hh signaling inhibitor blocks GLI1-DNA-complex formation. *Beil J Org Chem* **10**: 134-140.

Chen JK, Taipale J, Cooper MK, Beachy PA (2002). Inhibition of Hedgehog signaling by direct binding of cyclopamine to Smoothened. *Genes Dev* **16**: 2743-2748.

Dessaignes V, Chautard J (1852). Ueber das bittere Princip der Physalis Alkekengi. *J Prakt Chem* **55**: 323-325.

Hosoya T, Arai MA, Koyano T, Kowithayakorn T, Ishibashi M (2008). Naturally occurring small-molecule inhibitors of hedgehog/GLI-mediated transcription. *Chembiochem* **9**: 1082-1092.

Keeler RF, Binns W (1968). Teratogenic compounds of *Veratrum californicum* (Durand). V. Comparison of cyclopian effects of steroidal alkaloids from the plant and structurally related compounds from other sources. *Teratology* **1**: 5-10.

Keeler RF (1969). Teratogenic compounds of *Veratrum californicum* (Durand)-VI. The structure of cyclopamine. *Phytochemistry* **8**: 223-225.

Makino B, Kawai M, Ogura T, Nakanishi M, Yamamura H, Butsugan Y (1995). Structural revision of physalin H isolated from *Physalis angulata*. *J Nat Prod* **58**: 1668-1674.

Masamune T, Mori Y, Takasugi M, Murai A (1964). A new alkaloid from *Veratrum* species, 11-deoxojervine. *Tetrahedron Lett* **16**: 913-917.

Matsuura T, Kawai M, Nakashima R, Butsugan Y (1969). Bitter principles of *Physalis Alkekengi* var Francheti: structure of physalin A. *Tetrahedron Lett* **10**: 1083-1086.

Nüsslein-Volhard C, Wieschaus E (1980). Mutations affecting segment number and polarity in *Drosophila*. *Nature* **287**: 795-801.

Ohkubo M, Hirai G, Sodeoka M (2009). Synthesis of the DFGH ring system of Type B Physalins: Highly Oxygenated, Cage-Shaped Molecules. *Angew Chem Int Ed* **48**: 3862-3866.

Olive KP, Jacobetz MA, Davidson CJ, Gopinathan A, McIntyre D, Honess D *et al* (2009). Inhibition of Hedgehog signaling enhances delivery of chemotherapy in a mouse model of pancreatic cancer. *Science* **324**: 1457-1461.

4.9 複合脂質型の自然免疫受容体リガンド

慶應義塾大学　理工学部　藤本ゆかり

化合物名　リピドA、Pam3CSK4、トレハロースジミコール酸、α-GalCer

キーワード　自然免疫受容体、TLR、CLR、CD1、複合脂質、複合糖質

1. 背景

自然免疫受容体Toll（昆虫由来、1996年）とそのホモログであるToll様受容体（哺乳類由来、1997年～）の発見を契機に（2011年ノーベル生理学・医学賞）、自然免疫受容体の発見と理解が進み、微生物由来化合物を中心として多くのリガンドが見出された。すなわち、これまでに、代表的な自然免疫受容体として、Toll様受容体（Toll-like receptor; TLR）、Nod様受容体（Nod-like receptor; NLR）、C型レクチン受容体（C-type lectin receptor; CLR）RIG様受容体（RIG-like receptor; RLR）、AIM2様受容体（AIM2-like receptor; ALR）が見出され〔Franchi et al 2009, Kawai and Akira 2011, Kigerl et al 2014〕、微生物の有する普遍的な構造をリガンドとして認識することが示された。また、各々の受容体リガンドについて、内因性リガンドが見出されているものも多く、リガンド分子の構造活性相関と機能の解明が進んでいる（**図1**）。また、脂質抗原の提示を担うCD1が自然免疫と獲得免疫の連携と免疫バランスの調整を担う役割を果たすことが次第に明らかとなり、そのリガンドである複合脂質について、微生物等由来の外因性の構造と内因性の構造が明らかになっている〔Zajonc and Girardi 2015〕。

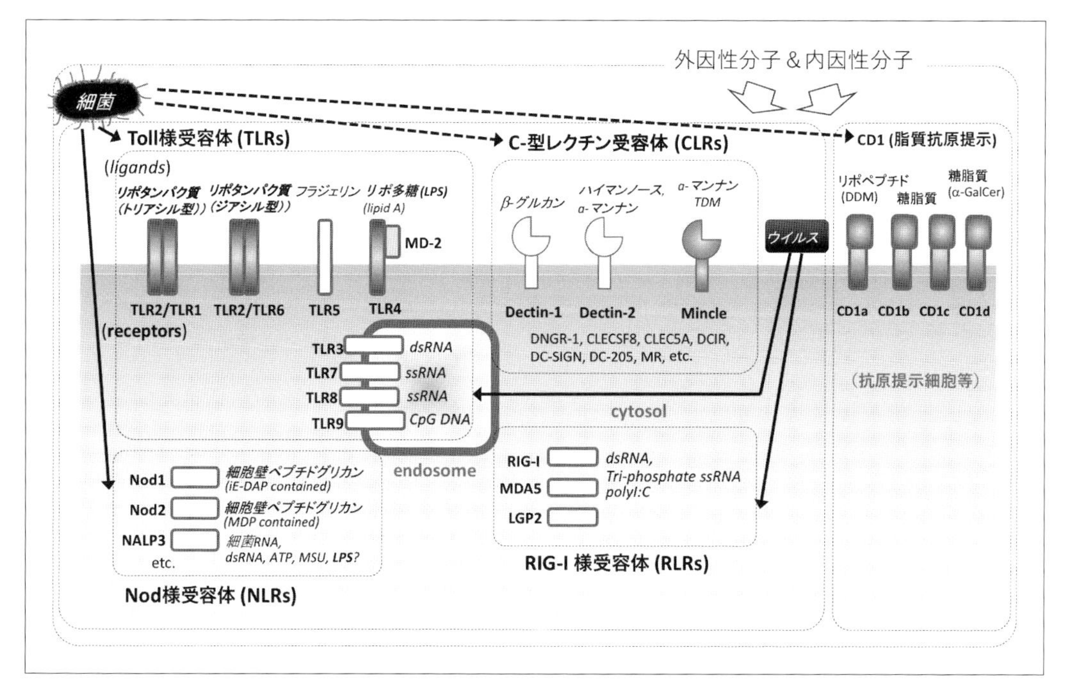

図1. ヒトにおける主な自然免疫受容体と脂質抗原提示タンパク質（複合脂質認識に関わるタンパク質を灰色で示した）

本稿では、複合脂質をリガンドとして認識する自然免疫受容体、特に、TLR2、TLR4、Mincle、およびCD1dのリガンドについて、代表的な自然免疫受容体リガンドとして用いられている化合物、特徴的なアゴニスト／アンタゴニスト、最近開発あるいは発見された強い活性を持つ化合物を紹介する。

2. 複合脂質を認識するTLR：TLR4 およびTLR2リガンド

TLRファミリーの中で、複合脂質をリガンドとして認識する受容体として、TLR2（TLR1あるいはTLR6と二量体形成）およびTLR4（補助因子：MD-2）が知られている。これらは一般に細菌由来のリガンドを認識し、強い免疫活性化を誘起する。

TLR4はグラム陰性細菌由来のリポ多糖あるいはその活性主体であるリピドA構造（**図2**）を認識する。代表的な構造として知られる大腸菌型のリピドA（図2-1）〔Kusumoto et al 2010〕の場合には、TLR4/MD-2と結合することにより、多様なサイトカインを誘導し、非常に強い免疫活性化を起こす。一方、穏和な活性を示す化合物として、モノリン酸型のMPL（図2-2）が開発され〔Johnson et al 1999, Persing et al 2002〕、感染症ワクチンの免疫アジュバントとして使用されている。また、敗血症の治療薬として、TLR4アンタゴニストであるエリトラン（E5564）がエーザイによって開発されたが〔Mullarkey et al 2003〕、臨床試験（Phase III）において顕著な薬効が示されず、開発が中止されている。一方、天然型の中でも、ピロリ菌やジンジバリス菌等の寄生菌由来のモノリン酸型の長鎖脂質を持つリピドAの場合は、炎症性サイトカインが低く選択的なIL-18誘導が見られるなど、慢性炎症に関連していると考えられる〔Fujimoto et al 2013〕。

TLR2はグラム陽性およびグラム陰性の細菌細胞膜に存在する細菌に特有のリポタンパク質構造およびその部分構造であるリポペプチド（図2、Pam3CSK4等）を認識する。脂質部位は、ジア

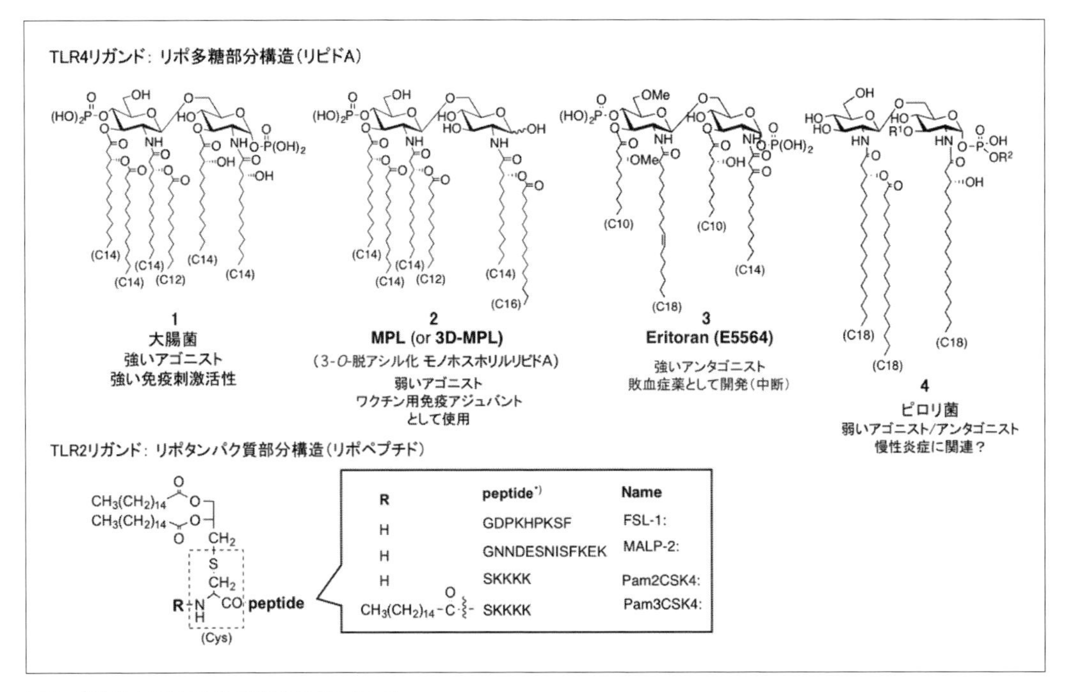

図2. 代表的なTLR2およびTLR4リガンド

シルグリセロール型の構造で、N末端のシステイン側鎖に結合して存在する。強い免疫賦活活性を示し、特にグラム陽性菌においては、細胞表層の成分であるペプチドグリカンやリポタイコ酸に微量混合したもの、あるいは場合によっては共有結合により結合した構造が存在することから、細胞膜由来の画分において、しばしばTLR2活性が観測されている〔Zähringer et al 2008〕。リポペプチドの合成が比較的容易であることから、化学合成ワクチンのアジュバントとしても研究開発の場面で多く用いられている。

3. 複合脂質を認識するCLR：MincleおよびMCLリガンド

C型レクチンはカルシウム依存的に糖鎖を認識するタンパク質であるが、自然免疫の受容体として機能するもの（CLR）が種々見出されている。CLRの一つであるミンクル（Mincle：macrophage inducible C-type lectin）は、結核菌の表面に存在する糖脂質トレハロースジミコール酸（TDM）の構造（**図3**）を認識する〔Ishikawa et al 2009〕。また最近、細菌由来分子である肺炎レンサ球菌（*Streptococcus pneumoniae*）のグルコシル-ジアシルグリセロール（Glc-DAG）〔Behler-Janbeck et al 2016〕や、内在性リガンドとしてβ-グルコシルセラミド（β-GlcCer）〔Nagata et al 2017〕が見出されている。一方、C型レクチンであるMCLも結核菌を認識する受容体であることが見出されているが、MCLは結核菌の表面に存在するTDMを感知し、高親和性のトレハロースジミコール酸受容体であるMincleの発現を誘導する〔Miyake et al 2015〕。近年、その機能の解明が進むと共に、免疫アジュバント等への応用展開も図られている。

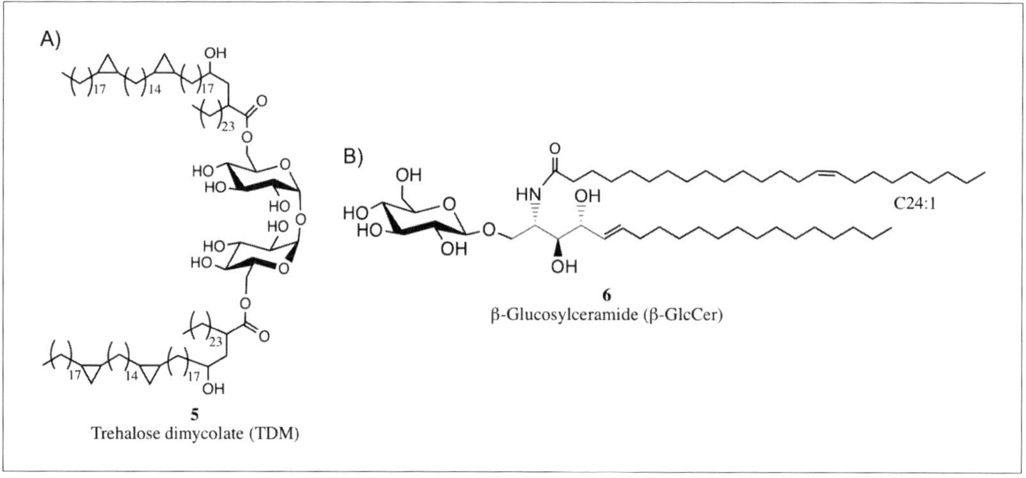

図3. 代表的なMincleリガンド構造。A) 結核菌由来トレハロースジミコール酸（trehalose dimycolate：TDM）B) 内因性リガンドであるβ-glucosylceramide（β-GlcCer）

4. 脂質抗原を提示するCD1：CD1dリガンド

脂質抗原提示を担うCD1は、CD1a～CD1dが知られており、CD1a～CD1cはT細胞の活性化を、CD1dはナチュラルキラー（NK）T細胞の活性化を行う。CD1d-脂質抗原複合体によるNKT細胞の活性化により細胞免疫（抗腫瘍、抗ウイルス応答）を誘導するTh1型、あるいは液性免疫を誘導するTh2型（抗寄生虫、アレルギー）のサイトカインが誘導され、ヘルパーT細胞の分化のバランスが調節される他、制御性T細胞（Treg）やTh17細胞についても誘導する場合がある。NKT細胞を活性化する代表的なCD1dリガンドとして糖脂質であるα-GalCer（KRN7000）（**図4**）が知られている〔Morita et al 1995〕。このα-GalCer（KRN7000）は、海綿から単離された糖脂質を基に、キリンビール（株）において開発された抗腫瘍活性物質である。α-GalCerを用いることにより、CD1dによる脂質抗原認識およびCD1d/α-GalCer複合体によるNKT細胞の活性化が発見された〔Kawano et al 1997〕。

抗腫瘍活性物質として開発された経緯により、多くの構造活性相関研究が行われており、Th1型あるいはTh2型のサイトカイン誘導を優位に示す化合物が見出されている（図4）。Wongらによって抗腫瘍活性物質として開発されたTh1型の7DW8-5の他〔Li et al 2010〕、多くのTh1型の化合物が見出されている一方、Th2型の化合物についても見出されており、OCH〔Miyamoto et al 2001〕については、多発性硬化症等に対する開発が行われている。また、アジュバント等への研究展開も図られている。我々は、脂質部位への極性官能基導入によるCD1d高親和性のリガンドの開発に成功しており〔Inuki et al 2016, 2018〕、活性の増強と同時に、これまで大きな問題であった溶解性が格段に向上し、特にTh2型サイトカインを誘導するリガンドへの展開が可能となっている。創薬を指向した分子開発の他、天然に存在する外因性および内因性のリガンドも見出されており、CD1dおよびリガンドの生体内での役割解明が進んでいる〔Laurent et al 2014, Zajonc and Girardi 2015〕。

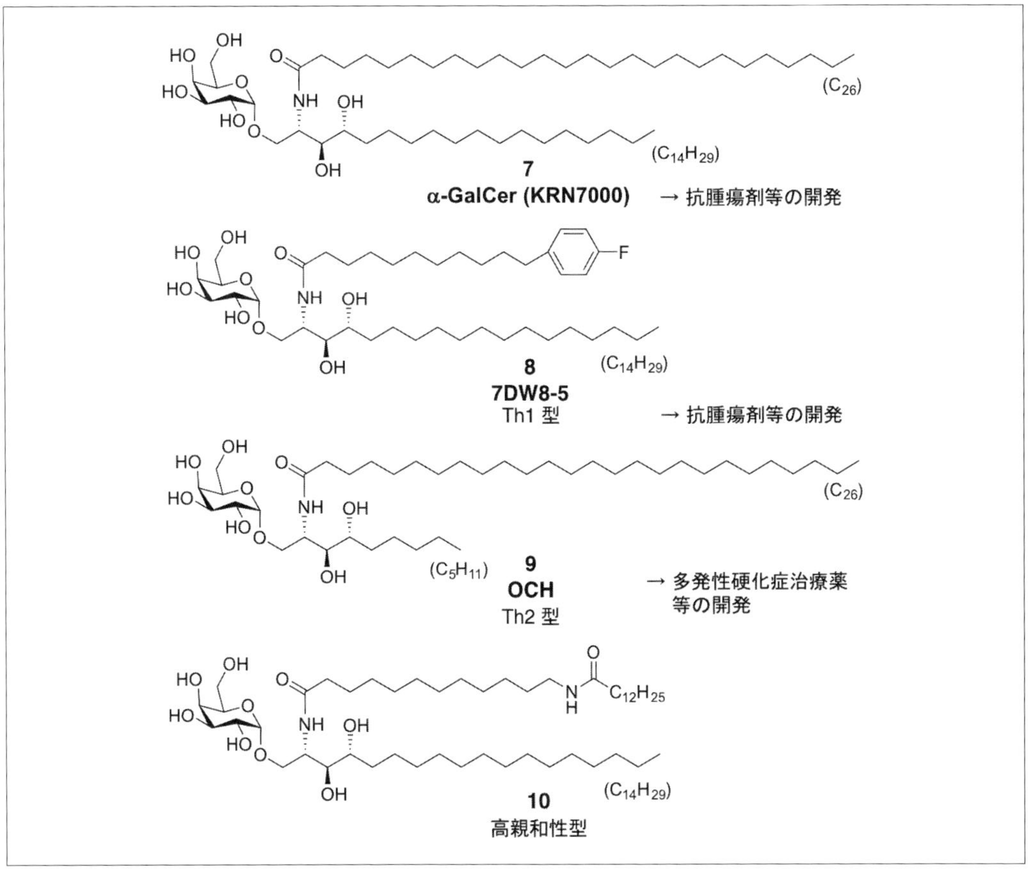

(C_{26})
($C_{14}H_{29}$)
7
α-GalCer (KRN7000) → 抗腫瘍剤等の開発

($C_{14}H_{29}$)
8
7DW8-5
Th1 型 → 抗腫瘍剤等の開発

(C_{26})
(C_5H_{11})
9
OCH
Th2 型 → 多発性硬化症治療薬等の開発

$C_{12}H_{25}$
($C_{14}H_{29}$)
10
高親和性型

図4. 代表的なCD1dリガンド

5. 波及効果

自然免疫調節に関わる複合脂質化合物について、代表的な構造と機能を紹介した。古くから強い活性が知られていた化合物も多いが、認識する受容体タンパク質が明らかになったことにより、アゴニスト・アンタゴニストの設計と活性分子開発が進むとともに、その詳細な分子の機能が解明され、内因性化合物を含む多くの化合物がサイトカイン誘導を介して免疫機能調節に影響を及ぼしていることが明らかになっている。両親媒性分子であることから、取り扱いにおける物性面での課題はあるものの、その多様な生物活性から多くの創薬展開の可能性が検討されている。一方、いかに選択的な活性発現を制御するかという指標を得ることが、さらなる応用には必要であり、今後の創薬あるいは免疫アジュバント等への展開が期待される。

引用文献

Behler-Janbeck F, Takano T, Maus R, Stolper J, Jonigk D, Tort Tarres M *et al*(2016). C-type Lectin Mincle Recognizes Glucosyl-diacylglycerol of Streptococcus pneumoniae and Plays a Protective Role in Pneumococcal Pneumonia. *PLoS Pathog* **12**: e1006038.

Franchi L, Warner N, Viani K, Nunez G(2009). Function of Nod-like receptors in microbial recognition and host defense. *Immunol Rev* **227**: 106-128.

Fujimoto Y, Shimoyama A, Saeki A, Kitayama N, Kasamatsu C, Tsutsui H *et al*(2013). Innate immunomodulation by lipophilic termini of lipopolysaccharide; synthesis of lipid As from Porphyromonas gingivalis and other bacteria and their immunomodulative responses. *Mol Biosyst* **9**: 987-996.

Inuki S, Aiba T, Hirata N, Ichihara O, Yoshidome D, Kita S *et al*(2016). Isolated Polar Amino Acid Residues Modulate Lipid Binding in the Large Hydrophobic Cavity of CD1d. *ACS Chem Biol* **11**: 3132-3139.

Inuki S, Kashiwabara E, Hirata N, Kishi J, Nabika E, Fujimoto Y(2018). Potent Th2 Cytokine-Bias of Natural Killer T Cell by CD1d Glycolipid Ligands Based on "Anchoring Effect" of Polar Groups in Their Lipid Component. *Angew Chem Int Ed* **57**: 9655-9659.

Ishikawa E, Ishikawa T, Morita YS, Toyonaga K, Yamada H, Takeuchi O *et al*(2009). Direct recognition of the mycobacterial glycolipid, trehalose dimycolate, by C-type lectin Mincle. *J Exp Med* **206**: 2879-2888.

Johnson DA, Keegan DS, Sowell CG, Livesay MT, Johnson CL, Taubner LM, Harris A, Myers KR, Thompson JD, Gustafson GL, Rhodes MJ, Ulrich JT, Ward JR, Yorgensen YM, Cantrell JL, Brookshire VG(1999). 3-O-Desacyl monophosphoryl lipid A derivatives: synthesis and immunostimulant activities. *J Med Chem* **42**: 4640-4649.

Kawai T, Akira S(2011). Toll-like receptors and their crosstalk with other innate receptors in infection and immunity. *Immunity* **34**: 637-650.

Kawano T, Cui J, Koezuka Y, Toura I, Kaneko Y, Motoki K *et al*(1997). CD1d-restricted and TCR-mediated activation of valpha14 NKT cells by glycosylceramides. *Science* **278**: 1626-1629.

Kigerl KA, de Rivero Vaccari JP, Dietrich WD, Popovich PG, Keane RW(2014). Pattern recognition receptors and central nervous system repair. *Exp Neurol* **258**: 5-16.

Kusumoto S, Fukase K, Shiba T(2010). Key structures of bacterial peptidoglycan and lipopolysaccharide triggering the innate immune system of higher animals: chemical synthesis and functional studies. *Proc Jpn Acad Ser B Phys Biol Sci* **86**: 322-337.

Laurent X, Bertin B, Renault N, Farce A, Speca S, Milhomme O *et al*(2014). Switching invariant natural killer T (iNKT) cell response from anticancerous to anti-inflammatory effect: molecular bases. *J Med Chem* **57**: 5489-5508.

Li X, Fujio M, Imamura M, Wu D, Vasan S, Wong CH *et al*(2010). Design of a potent CD1d-binding NKT cell ligand as a vaccine adjuvant. *Proc Natl Acad Sci USA* **107**: 13010-13015.

Miyake Y, Masatsugu OH, Yamasaki S(2015). C-Type Lectin Receptor MCL Facilitates Mincle Expression and Signaling through Complex Formation. *J Immunol* **194**: 5366-5374.

Miyamoto K, Miyake S, Yamamura T(2001). A synthetic glycolipid prevents autoimmune encephalomyelitis by inducing TH2 bias of natural killer T cells. *Nature* **413**: 531-534.

Morita M, Motoki K, Akimoto K, Natori T, Sakai T, Sawa E *et al*(1995). Structure-Activity Relationship of Alpha-Galactosylceramides against B16-Bearing Mice. *J Med Chem* **38**: 2176-2187.

Mullarkey M, Rose JR, Bristol J, Kawata T, Kimura A, Kobayashi S *et al*(2003). Inhibition of endotoxin response by e5564, a novel Toll-like receptor 4-directed endotoxin antagonist. *J Pharmacol Exp Ther* **304**: 1093-1102.

Nagata M, Izumi Y, Ishikawa E, Kiyotake R, Doi R, Iwai S *et al*(2017). Intracellular metabolite beta-glucosylceramide is an endogenous Mincle ligand possessing immunostimulatory activity. *Proc Natl Acad Sci USA* **114**: E3285-E3294.

Persing DH, Coler RN, Lacy MJ, Johnson DA, Baldridge JR, Hershberg RM, Reed SG (2002). Taking toll: lipid A mimetics as adjuvants and immunomodulators. *Trends Microbiol* **10**(10 Suppl): S32-37.

Zähringer U, Lindner B, Inamura S, Heine H, Alexander C (2008). TLR2 - promiscuous or specific? A critical re-evaluation of a receptor expressing apparent broad specificity. *Immunobiology* **213**: 205-224.

Zajonc DM, Girardi E (2015). Recognition of Microbial Glycolipids by Natural Killer T Cells. *Front Immunol* **6**: 400.

4.10 抗がん剤を志向したステロイドサポニン系化合物

東京農工大学　大学院工学研究院　櫻井香里

化合物名　OSW-1

キーワード　サポニン、オキシステロール結合タンパク質、がん細胞増殖阻害活性、抗ウイルス剤、脂質輸送、アポトーシス

1. 単離・構造解析

ステロイドサポニン化合物であるOSW-1（**図1**）は、cyclic AMP phosphodiesterase阻害剤（IC_{50} = 55μM）として、アフリカ産ユリ科植物*Ornithogalum saundersiae*の球根から見出された〔Kubo et al 1992〕。多くのステロイドサポニン化合物はcholestane骨格のA環3位に糖を持つが、OSW-1はD環16β位にアシル化糖が結合した構造が特徴である。その後OSW-1は、ヒト急性前骨髄性白血病細胞HL-60に対する増殖阻害活性試験において、臨床で用いられる抗がん剤のエトポシドやアドリアマイシンの30～100倍の極めて強力な活性（IC_{50} = 0.25nM）を示すことが明らかになり〔Mimaki et al 1997〕、新規抗がん剤として期待されている。これまでに*Ornithogalum*科球根からは多くの類縁化合物が単離されており、A環3位がグリコシル化されたもの、アシル化糖部位xylose残基2"位にcinnamoyl基、dimethoxybenzoyl基やtrimethoxybenzoyl基を有するものおよびxylose残基4"位にさらにグルコース残基が結合したものも同等の活性を示す。

NMRおよびX線による3次元構造解析より、OSW-1のC17-ステロール側鎖とarabinose残基2'位のacetyl基およびxylose残基2"位の*p*-methoxybenzoyl基が分子内で近接し疎水性クラスターを形成していることが明らかになった。これら3つの部位はいずれもOSW-1の抗がん活性に必須であることから、タンパク質結合部位として重要であることが推測されている〔Sakurai et al 2010〕。

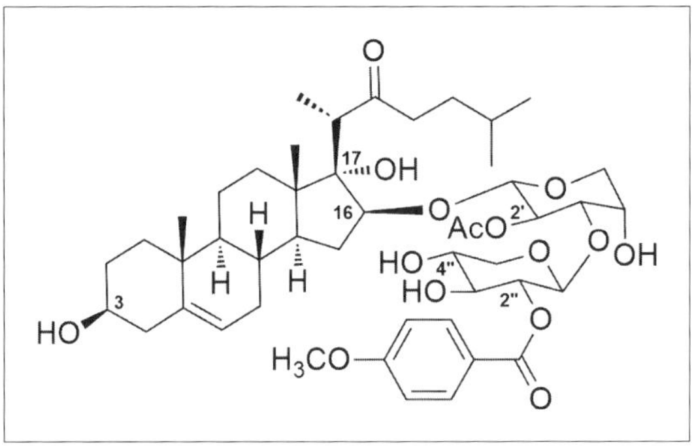

図1. OSW-1

2. OSW-1の生物活性

OSW-1はJCI38細胞パネルやNCI60細胞パネルのスクリーニングによる詳細な解析から、抗がん剤耐性株を含むさまざまながん細胞に対する高い感受性が認められた（平均IC_{50} = 0.78nM）。一方、ヒト正常細胞（CCD-19Lu）の増殖抑制には10,000倍の濃度を要することから、高い選択性を示すことも明らかになり、新規抗がん剤候補化合物として期待されている〔Mimaki et al 1997〕。NCI60パネル活性プロファイルのCOMPARE解析の結果、cephalostatin 1、ritterazin Bやschweinfurthin Aなどの作用機構が未知である抗がん活性天然物と高い相関を持つことが見出された。これらの抗がん活性天然物は、オキシステロール結合タンパク質OSBPとORP4Lに親和性を持つことが見出されたことからORPhilinsと名付けられた〔Burgett et al 2011〕。さらに、fludarabine耐性慢性リンパ球性白血病（CLL）患者からの初代細胞を用いた作用解析より、OSW-1はfludarabine耐性株に対しても極めて高い細胞毒性（平均IC_{50} = 0.15nM）を示すことが認められた〔Zhou et al 2005〕。

OSW-1は、ポリオウイルスやライノウイルスなどのピコナウイルス科に属するエンテロウイルスやC型肝炎ウイルス（HCV）などのフラビウイルス科に属するヘパシウイルスなど、(+)RNAウイルスに対して広く増殖阻害活性（IC_{50} = 2 ～ 10nM）を示す〔Albulescu et al 2015, Strating et al 2015, Wang et al 2014〕。また、多くのサポニン化合物と同様に、細胞膜の構成分子であるコレステロールに親和性を持ち、細胞膜破壊特性を示す〔Malabed et al 2017〕。

3. OSW-1の作用機構

OSW-1の標的タンパク質として主に2種類のタンパク質が報告されている。一つは細胞内のCa^{2+}濃度を調節するsodium-calcium exchanger 1（NCX1）であり〔Garcia-Prieto et al 2013〕、もう一つはOSBPおよびORP4Lである〔Burgett et al 2011〕。

OSW-1の作用機構に関する初期の研究では、DNAアレイ解析や電子顕微鏡観察および生化学的解析が行われ、OSW-1は白血病細胞や膵臓がん細胞のミトコンドリアの内膜構造の損傷を介して、膜電位の消失や細胞質におけるCa^{2+}濃度の上昇を引き起こし、最終的にはCa^{2+}濃度依存的なアポトーシスを誘導することが示された〔Zhou et al 2005〕。その後薬理学的解析により、OSW-1は細胞膜に局在するNa^{+}/Ca^{2+}交換輸送体NCX1の阻害を通して細胞外からCa^{2+}を流入させ、細胞質のCa^{2+}濃度を上昇させることが報告された〔Garcia-Prieto et al 2013〕。

一方、OSW-1のアフィニティービーズを用いたアフィニティークロマトグラフィーおよびLC-MS解析から、OSW-1の細胞内標的タンパク質として、オキシステロール結合タンパク質OSBPとORP4LがHeLa S3細胞から同定された〔Burgett et al 2011〕。オキシステロール結合タンパク質ファミリーは、酵母からヒトまで進化的に広く保存されていることから、共通の基盤的な生理的役割を果たすと考えられているが、本来の機能は未だに明らかになっていない〔Raychaudhuri and Prinz 2010, Ngo et al 2010〕。このタンパク質ファミリーは、ステロール結合ドメイン（ORD）を相同ドメインとして有し、ステロールや脂質の輸送、脂質代謝やシグナル伝達など多様な機能に関与する。このファミリーの代表的なメンバーであるOSBPは、コレステロールや25-hydroxysterolに対する高い親和性を持ち（K_d = 32nM、K_d = 173nM）〔Wang et al 2008〕、コレステロールの欠乏や25-hydroxysterolの発現に応答して細胞質から小胞体-ゴルジ体接触部位へ移行し、両オルガネラ間を連結する分子として働く〔Mesmin et al 2017〕。またOSBPは、セラミド輸送タンパク質であるCERT

の機能調節を通して、ゴルジ体におけるスフィンゴミエリンの生合成にも関与する〔Perry et al 2006〕。OSW-1は、過剰発現させたOSBPやORP4Lに結合したコレステロールや25-hydroxysterolに対して、高い競合的結合阻害活性を示すことから（K_i = 26nM、K_i = 54nM）、OSW-1はOSBP/ORP4Lに直接結合することでこれらのタンパク質の機能阻害を生じると考えられている。OSW-1によるOSBPのゴルジ体への蓄積や、ゴルジ体の断片化およびスフィンゴミエリンの減少などが示されているが、アポトーシスとの関係性は明らかにされていない。一方OSW-1の蛍光プローブを用いたイメージング解析から、OSW-1は温度依存的な細胞膜透過性を持ち、速やかに小胞体とゴルジ体に局在することが観察されており、これらのオルガネラが細胞内作用点であることが示唆されている〔Yamada et al 2014, Sakurai et al 2015, Hiraizumi et al 2017〕。

OSBPは、HCVやポリオウイルスなどのエンテロウイルスのゲノム複製に関与する宿主因子であることが明らかにされている〔Arita 2014, Wang et al 2014〕。これらのウイルスは、宿主細胞内でPI4Pキナーゼとosbpを介した脂質輸送経路をハイジャックし、オルガネラの脂質二重膜を再構成することで、複製複合体の足場となる複製オルガネラを形成する。これまでにPI4PキナーゼやOSBPの阻害剤はこの複製オルガネラの形成を抑制することが報告されており〔Arita et al 2013〕、OSBPに結合特性を示すOSW-1は、同様の作用機構により抗ウイルス活性を発現すると考えられる。

4. 用途

OSW-1はOSBPへの高い親和性を持ち、阻害剤として有効であることから、OSBPが関与する脂質ホメオスタシスの調節機構〔Mesmin et al 2017〕やウイルスの複製過程〔Arita 2014, Albulescu et al 2015〕を解明するためのケミカルプローブとして用いられている。OSW-1による細胞死誘導活性の発現は比較的遅く、OSW-1の添加後6時間程度は細胞増殖に影響を与えないことから、chemical geneticsを適用した機能解析において有効である。

現在臨床で用いられている代謝拮抗剤や細胞分裂阻害剤などの代表的な抗がん剤は、正常細胞に対しても毒性を示すことから、より選択的な抗がん剤の開発が望まれている。このためOSW-1は、これまでの抗がん剤とは異なる新規作用機構を介してがん細胞に選択的かつ強力に作用する新規抗がん剤候補化合物としての応用が期待される。特にfludarabine耐性慢性リンパ球性白血病（CLL）患者由来の白血病細胞株に対して、OSW-1は極めて高い増殖阻害活性を示すことから〔Zhou et al 2005〕、新規耐性克服薬の候補化合物として潜在的な有用性を持つ。

5. 研究の広がり

OSW-1は特異な抗がん活性を示すことから、これまでに多くの全合成研究や医薬品としての実用化に向けて構造活性相関研究が展開されている〔Tang et al 2013〕。しかしOSW-1のがん細胞選択的活性を保持し、かつ正常細胞に対する細胞毒性を改善した例は達成されていない。一方でOSW-1はOSBPの特異的な阻害剤として応用され、これによりOSBPが小胞体-ゴルジ体膜接触部位において、コレステロールとPI4Pのホメオスタシスを調節することが明らかになった。OSW-1はOSBP関連タンパク質であるORP4Lに対しても高い親和性を持ち、ORP4Lの未知の生理機能の解明においてケミカルプローブとして役立つことが期待される。

引用文献

Albulescu L, Strating J R P M, Thibaut H R, van der Linden L, Shair M D, Neyts J, van Kupperveld F J M(2015). Broad-range inhibition of enterovirus replication by OSW-1, natural compound targeting OSBP. *Antiviral Res* **117**: 110-114.

Arita M, Kojima H, Magamp T, Plabe T, Walota T, Shimizu H(2013). Oxysterol-binding protein family 1 is the target of minor enviroxime-like compounds. *J Viol* **87**: 4252-4260.

Arita M(2014). Phosphatidylinositol-4 kinase III beta and oxysterol-binding protein accumulate unesterified cholesterol on poliovirus-induced membrane structure. *Microbiol Immunol* **50**: 239-256.

Burgett A W G, Poulsen T B, Wangkanont K, Anderson D R, Kikuchi C, Shimada K, Okubo S, Fortner K C, Mimaki Y, Kuroda M, Murphy J P, Schwalb D J, Petrella E C, Cornella-Teracido I, Schirle M, Tallarico J A, Shair M D(2011). Natural products reveal cancer cell dependence on oxysterol-binding proteins. *Nature Chem Biol* **7**: 639-647.

Garcia-Prieto C, Ahmed K B R, Chen Z, Ahou Y, Hammoudi N, Kang Y, Lou C, Mei Y, Jin Z, Huan P(2013). Effective killing of leukemia cells by the natural product OSW-1 through disruption of cellular calcium homeostasis. *J Biol Chem* **288**: 3240-3250.

Hiraizumi M, Komatsu R, Shibata T, Ohta Y, Sakurai S(2017). Dissecting the structural basis for the intracellular delivery of OSW-1 by fluorescent probes. *Org Biol Chem* **15**: 3568-3570.

Kubo S, Mimaki Y, Terao M, Sashida Y, Nikaido T, Ohmoto T(1992).Acylated cholestane glycosides from the bulbs of Ornithogalum saundersiae. *Phytochem* **11**: 3969-3973.

Malabed R, Hanashima S, Murata M, Sakurai K(2017). Sterol-recognition ability and membrane-disrupting activity of Ornithogalum saponin OSW-1 and usual 3-O-glycosyl saponins. *Biochim Biophys Acta* **1859**: 2516-2525.

Mesmin B, Bigay J, Polidori J, Jamecna D, Lacas-Gervais S, Antonny B(2017). Sterol transfer, PI4P consumption, and control of membrane lipid order by endogenous OSBP. *EMBO J* **36**: 3156-3174.

Mimaki Y,Kuroda M, Kameyama A, Sashida Y, Hirano T, Oka K, Maekawa R, Wada T, Sugita K, Beutler JA(1997). Cholestane glycosides with potent cytostatic activities on various tumor cells from Ornithogalum saundersiae bulbs. *Bioorg Med Chem Lett* **7**: 633-636.

Ngo M H, Colbourne T R, Ridgeway N D(2010). Functional implications of sterol transport by the oxysterol-binding protein gene family. *Biochem J* **429**: 13-24.

Perry R J, Ridgway N D(2006). Oxysterol-binding protein and vesicle-associated membrane protein-associated protein are required for sterol-dependent activation of the ceramide transport protein. *J Biol Chem* **17**: 2604-2616.

Raychaudhuri S, Prinz W A(2010). The diverse functions of oxysterol-binding proteins. *Annu Rev Cell Dev Biol* **26**: 157-177.

Sakurai K, Fukumoto T, Noguchi K, Sato N, Asaka H, Moriyama N, Yohda M(2010). Three-dimensional structures of OSW-1 and its congener. *Org Lett* **12**: 5732–5735.

Sakurai K, Hiraizumi M, Isogai N, Komatsu R, Shibata T, Ohta T(2015). Synthesis of a fluorescent photoaffinity probe of OSW-1 by site-selective acylation of an inactive congener and biological evaluation. *Chem Commun* **53**: 517-520.

Strating J R P M *et al*(2015). Itraconazole inhibits enterovirus replication by targeting the oxyterol-binding protein. *Cell Rep* **10**: 600-615.

Tang Y, Li N, Duam J, Tao W(2013). Structure, bioactivity, and chemical synthesis of OSW-1 and other steroidal glycosides in the genus ornithogalum. *Chem Rev* **113**: 5480–5514.

Wang H, Perry J W, Lauring A S, Neddermann P, De Francesco R, Tai A W(2014). Oxysterol-binding protein is a phosphatidylinositol 4-kinase effector required for HCV replication membrane integrity and cholesterol trafficking. *Gastroenterol* **146**: 1373-1385.

Wang P J, Weng J, Lee S, Anderson R G W(2008). The N terminus controls sterol binding while the C terminus regulates the scaffolding function of OSBP. *J Biol Chem* **283**: 8034-8045.

Yamada R, Takeshita T, Hiraizumi M, Shinohe D, Ohta Y, Sakurai K(2014). Fluorescent analog of OSW-1 and its cellular localization. *Bioorg Med Chem Lett* **24**: 1839-42.

Zhou Y, Garcia-Prieto C, Carney DA, Xu RH, Pelicano H, Kang Y, Yu W, Lou C, Kondo S, Liu J, Harris DM, Estrov Z, Keating MJ, Jin Z, Huang P(2005). OSW-1: a natural compound with potent anticancer activity and a novel mechanism of action. *J Natl Cancer Inst* **97**: 1781.

4.11 タンパク質核外輸送を阻害する化合物

理化学研究所　環境資源科学研究センター　吉田　稔

化合物名 レプトマイシン、KPT-330

キーワード タンパク質核外輸送、抗真菌、白血病、リンパ腫、がん抑制因子、細胞周期

1. レプトマイシンの発見

レプトマイシンAおよびB（leptomycin A and B）は郡司ら〔Gunji et al 1983〕によって実施された真菌に形態異常を引き起こす化合物のスクリーニングから見出された放線菌由来の長鎖不飽和脂肪酸である〔Hamamoto et al 1983a, Hamamoto et al 1983b〕（**図1**）。レプトマイシンは分裂酵母やケカビ類に対しては強力な増殖阻害活性を示すとともに形態異常を引き起こすが、パン酵母には全く作用しないなど、特徴的な生物活性を示した。また、動物培養細胞に対してもnM濃度で増殖阻害活性を示し、実験動物モデルでも抗がん活性が認められた〔Komiyama et al 1985c〕。梅澤、小宮山らはレプトマイシンに類縁のカズサマイシン（kazusamycin）を強力な抗腫瘍活性物質として単離・構造決定した〔Umezawa et al 1984, Komiyama et al 1985a, Komiyama et al 1985b〕。

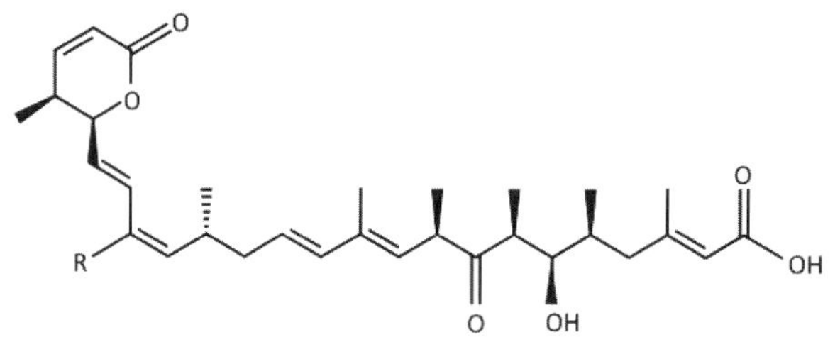

Leptomycin A　R = CH_3
Leptomycin B　R = CH_3CH_2

図1. レプトマイシン

2. レプトマイシンBの作用機構

レプトマイシンの作用機構は、レプトマイシンB（LMB）を用いて詳細に研究された。まず、分裂酵母のLMB耐性変異株から耐性遺伝子として*crm1*が同定された。野生株にLMB処理したときの表現型と*crm1*変異株の表現型が一致したことからLMBの標的はCRM1であると結論されたが、その当時はCRM1の機能は不明であった〔Nishi et al 1994〕。その後、工藤らによるCRM1のヒトホモログのクローン化およびその機能解析とLMB処理による核外移行タンパク質の核内蓄積の観察により、CRM1の機能がタンパク質核外輸送に関与することが示唆された〔Kudo et al 1997〕。続いてLMBをCRM1阻害剤として用いることにより、CRM1がタンパク質の核外輸送シグナル

（NES）の運搬体であることが複数のグループにより証明された〔Fornerod et al 1997, Fukuda et al 1997, Kudo et al 1998〕。その結果、CRM1はexportin 1（XPO1）とも呼ばれるようになった。さらに新たな分裂酵母のLMB超耐性変異株の取得とビオチン化LMBを用いた結合実験により、LMBがCRM1の保存されたシステイン残基と特異的に共有結合することが明らかになった。興味深いことに、細胞内でLMBと共有結合するタンパク質はCRM1のみであり、他のタンパク質との非特異的な結合が見られなかった〔Kudo et al 1999〕。また、CRM1の一次配列上LMBが結合するシステイン残基を持たないパン酵母やコウジカビはそもそもLMBに耐性であるが、相同な部位にシステインを導入すると、LMB感受性菌へと変化する。このことからLMBは極めて特異的なCRM1阻害剤であり、タンパク質の核-細胞質間輸送研究の決定的な試薬として広く使われるようになったのである〔Yashiroda and Yoshida 2003〕。

細胞をLMBで処理すると、核-細胞質間をシャトルするタンパク質の局在バランスが崩れるため、CRM1/XPO1依存的な核外輸送を受けるタンパク質の局在は、LMBによって大きく変化する。こうした観察により多くのがん抑制因子をはじめ、核内の遺伝子発現調節に関わる因子がCRM1/XPO1の積荷となっていることが判明した。すなわち、CRM1/XPO1によって核外輸送されるタンパク質としてp53、pRB、BRCA1、APCなどのがん抑制因子、p21、p27、サイクリン、CDC25などの細胞周期制御因子などが同定された。これらの因子は細胞質と核内をシャトルするものであり、LMB処理によって核内蓄積することが細胞周期停止や抗がん活性の原因となっていると考えられる。例えば、LMBは非常に低い濃度で正常線維芽細胞の増殖を細胞周期のG1期で停止させるが、その原因としてタンパク質脱リン酸化酵素であるPP2Aの核内蓄積が関わることが明らかになった。PP2AはNESを持ち、LMB処理によってPP2Aが核内蓄積する結果、転写因子AP-1の主要構成因子であるc-Junの脱リン酸化が起き、G1期進行に必要なサイクリンD1のプロモーター活性が抑制される。すなわち、PP2Aの核移行によるサイクリンD1の遺伝子発現阻害がLMBによるG1期停止のメカニズムであることが明らかになった〔Tsuchiya et al 2007〕。

3. 核外輸送阻害による新規抗がん剤の開発

CRM1/XPO1は多くのがんで過剰発現や突然変異が見られる。CRM1の異常な活性化は、本来核内で働くべきがん抑制因子の機能低下につながると考えられる。そこでレプトマイシンやカズサマイシンなどの天然由来核外輸送阻害剤を抗がん剤として開発しようという研究が行われたが、物性や副作用などの問題で医薬品としての実用化には至らなかった。ところが最近、Karyopharm Therapeutics社によりSINE（Selective Inhibitors of Nuclear Export）と名付けられた一連の非天然の合成CRM1/XPO1阻害剤が開発され、種々のリンパ腫への適用が検討されている。中でも経口投与可能なKPT-330は米国において難治性骨髄腫と多発性骨髄腫への臨床試験が行われており、治療薬として大きな期待が寄せられている。アジアでは小野薬品工業株式会社が開発権を得て臨床試験を開始する予定となっている。レプトマイシンBと同様、SINEもCRM1/XPO1の保存されたシステイン残基に共有結合することで核外輸送機能を阻害する。その結合様式は、X線共結晶構造解析により解明された〔Sun et al 2013, Lapalombella et al 2012〕。最近では、多くのがんで見られる変異型*KRAS*とCRM1/XPO1の阻害が合成致死の関係にあることが示され、核外輸送阻害剤がより多くのがんで有効である可能性が示唆されている〔Kim et al 2016〕。

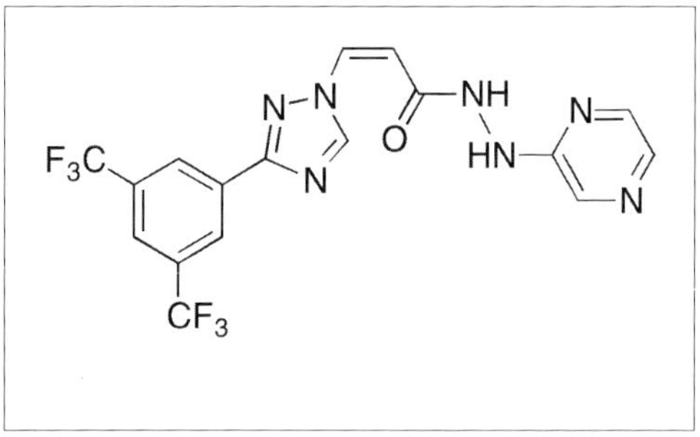

図2. 化学合成CRM1/XPO1阻害剤（SINE）

引用文献

Fornerod M, Ohno M, Yoshida M, Mattaj IW (1997). CRM1 is an export receptor for leucine-rich nuclear export signals. *Cell* **90**: 1051-1060.

Fukuda M, Asano S, Nakamura T, Adachi M, Yoshida M, Yanagida M *et al* (1997). CRM1 is responsible for intracellular transport mediated by the nuclear export signal. *Nature* **390**: 308-311.

Gunji S, Arima K, Beppu T (1983). Screening of antifungal antibiotics according to activities inducing morphological abnormalities. *Agric Biol Chem* **47**: 2061-2069.

Hamamoto T, Gunji S, Tsuji H, Beppu T (1983a). Leptomycins A and B, new antifungal antibiotics. I. Taxonomy of the producing strain and their fermentation, purification and characterization. *J Antibiot* **36**: 639-645.

Hamamoto T, Seto H, Beppu T (1983b). Leptomycins A and B, new antifungal antibiotics. II. Structure elucidation. *J Antibiot* **36**: 646-650.

Kim J, McMillan E, Kim HS, Venkateswaran N, Makkar G, Rodriguez-Canales J *et al* (2016). XPO1-dependent nuclear export is a druggable vulnerability in KRAS-mutant lung cancer. *Nature* **538**: 114-117.

Komiyama K, Okada K, Hirokawa Y, Masuda K, Tomisaka S, Umezawa I (1985b). Antitumor activity of a new antibiotic, kazusamycin. *J Antibiot* **38**: 224-229.

Komiyama K, Okada K, Oka H, Tomisaka S, Miyano T, Funayama S *et al* (1985a). Structural study of a new antitumor antibiotic, kazusamycin. *J Antibiot* **38**: 220-223.

Komiyama K, Okada K, Tomisaka S, Umizawa I, Hamamoto T, Beppu T (1985c). Antitumor activity of leptomycin B. *J Antibiot* **38**: 427-429.

Kudo N, Khochbin S, Nishi K, Kitano K, Yanagida M, Yoshida M, Horinouchi S (1997). Molecular cloning and cell cycle-dependent expression of mammalian CRM1, a protein involved in nuclear export of proteins. *J Biol Chem* **272**: 29742-29751.

Kudo N, Matsumori N, Taoka H, Fujiwara D, Schreiner EP, Wolff B *et al* (1999). Leptomycin B inactivates CRM1/exportin 1 by covalent modification at a cysteine residue in the central conserved region. *Proc Natl Acad Sci USA* **96**: 9112-9117.

Kudo N, Wolff B, Sekimoto T, Schreiner EP, Yoneda Y, Yanagida M *et al* (1998). Leptomycin B inhibition of signal-mediated nuclear export by direct binding to CRM1. *Exp Cell Res* **242**: 540-547.

Lapalombella R, Sun Q, Williams K, Tangeman L, Jha S, Zhong Y *et al* (2012). Selective inhibitors of nuclear export show that CRM1/XPO1 is a target in chronic lymphocytic leukemia. *Blood* **120**: 4621-4634.

Nishi K, Yoshida M, Fujiwara D, Nishikawa M, Horinouchi S, Beppu T (1994). Leptomycin B targets a regulatory cascade of Crm1, a fission yeast nuclear protein, involved in control of higher order chromosome structure and gene expression. *J Biol Chem* **269**: 6320-6324.

Sun Q, Carrasco YP, Hu Y, Guo X, Mirzaei H, Macmillan J *et al* (2013). Nuclear export inhibition through covalent conjugation and hydrolysis of Leptomycin B by CRM1. *Proc Natl Acad Sci USA* **110**: 1303-1308.

Tsuchiya A, Tashiro E, Yoshida M, Imoto M (2007). Involvement of protein phosphatase 2A nuclear accumulation and subsequent inactivation of activator protein-1 in leptomycin B-inhibited cyclin D1 expression. *Oncogene* **26**: 1522-1532.

Umezawa I, Komiyama K, Oka H, Okada K, Tomisaka S, Miyano T *et al* (1984). A new antitumor antibiotic, kazusamycin. *J Antibiot* **37**: 706-711.

Yashiroda Y, Yoshida M (2003). Nucleo-cytoplasmic transport of proteins as a target for therapeutic drugs. *Curr Med Chem* **10**: 741-748.

4.12 破骨細胞を標的とする化合物

理化学研究所　環境資源科学研究センター　長田裕之

化合物名　リベロマイシンA、ゲルフェリン、SUK-33

キーワード　破骨細胞、骨粗鬆症、ビスフォスフォネート

1. リベロマイシンA（reveromycin A）の発見

1980年代に、がん遺伝子が次々に発見されて、がん細胞の多くは、がん遺伝子の変異によって増殖因子のシグナル伝達系が昂進していることが報告された。そのような背景のもと、シグナル伝達系や細胞周期の低分子阻害剤を探索するために、理研抗生物質研究室では独自のバイオアッセイ系を確立して、放線菌やカビなどの微生物から阻害剤を探索した。リベロマイシンA（reveromycin A）は、上皮増殖因子（EGF）のシグナル伝達阻害剤を探索した結果、放線菌*Streptomyces reveromyceticus* SN-593の培養液から見出されたものである〔Osada et al 1991〕。

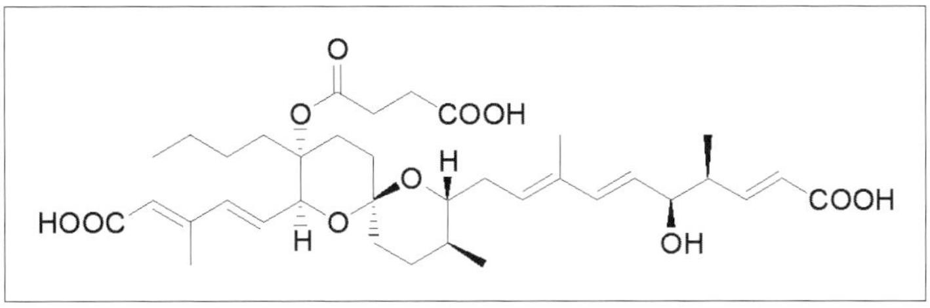

図1．リベロマイシンA

2. リベロマイシンAの作用機構

リベロマイシンAは、真核細胞のタンパク質合成を阻害することを明らかにしたが〔Takahashi et al 1997〕、その後、酵母の分子遺伝学的手法を駆使して、リベロマイシンAの細胞内標的分子がタンパク質合成に必須なイソロイシルtRNA合成酵素であることを明らかにした〔Miyamoto et al 2002〕。すなわち、リベロマイシンAに耐性を示す出芽酵母の変異株を取得し、イソロイシルtRNA合成酵素の660番目のアスパラギンがアスパラギン酸に変異するとリベロマイシンAに耐性になることを明らかにした。

3. リベロマイシンAの骨吸収阻害活性

当初、リベロマイシンAは抗がん剤として期待されていたが、感受性を示すがんの種類が限られており、抗腫瘍効果が認められないがんも多かった。しかし、リベロマイシンAは、骨代謝に重要な役割を担っている破骨細胞に対して、がん細胞の増殖を抑制する数十分の一から数百分の一という低濃度で、アポトーシスを誘導することを明らかにした。さらに、この作用は破骨細胞

の前駆細胞や骨吸収能を持たない不活性な破骨細胞では観察されず、骨吸収活性を持つ活性型（成熟）破骨細胞に対する特異的な作用であった。

リベロマイシンAは、カルボキシル基を有する酸性物質であるために、通常の細胞には取り込まれにくいが、自ら酸性環境を作る成熟破骨細胞では、酸性環境のため細胞膜透過性が増大すると考えられた〔Woo et al 2006〕。さらに、骨粗鬆症、がん骨転移のモデル動物を用いてリベロマイシンAの治療効果を明らかにした〔Muguruma et al 2005〕。

4. 骨吸収阻害薬の現状

現在臨床で用いられている代表的な骨吸収阻害薬ビスフォスフォネート製剤は、強力な破骨細胞機能抑制作用を示すので、骨粗鬆症治療薬および骨転移抑制剤として広く使用されている。ビスフォスフォネート製剤は、骨組織の主成分であるヒドロキシアパタイト（hydroxyapatite）と構造が類似していることから骨に蓄積し、破骨細胞が骨を溶かすときに破骨細胞に取り込まれるために破骨細胞に対する高い選択性を示す。現在では副作用も軽減されてきたが、臨床に用いられるようになって数年が経過した頃、薬剤の長期投与を受けた患者で、薬剤が骨に蓄積するため健全な骨代謝が阻害されて顎の骨がもろくなるという副作用が認められた〔Ficarra et al 2005〕。

別の骨吸収阻害薬であるカルシトニンは、破骨細胞に発現するカルシトニン受容体に作用することで骨吸収阻害活性を示すが、長期投与によって受容体がダウンレギュレーションし、薬効が低下するエスケープ現象が問題となっている〔Gennari et al 1993〕。このような現状から、リベロマイシンAは既存の薬剤とは異なる作用、標的を持つため、治療薬としての臨床応用が期待される〔Osada 2016〕。

5. リベロマイシンAの製造

リベロマイシンAの全合成に成功〔Shimizu et al 1996〕しているが、三級水酸基にコハク酸を導入する過程で超高圧反応装置を使用するため、大量供給には適さない。そこで、リベロマイシン生産放線菌より生合成遺伝子クラスターを単離し、生合成遺伝子の制御系を最適化して、大量生産を可能にした〔Takahashi et al 2011〕。

6. 研究の広がり：新たな破骨細胞分化阻害剤

破骨細胞を標的とする薬剤のスクリーニングを行った結果、ゲルフェリン（gerfelin）、メチルゲルフェリン（methylgerfelin）、SUK-33など破骨細胞を標的とする化合物を見出した〔Katsuyama et al 2016, Kawatani et al 2008〕。

ゲルフェリンは、カビの一種である*Beauvelia felina*から単離された天然物で、メチルゲルフェリンはその合成誘導体である。両化合物は、解毒酵素の一種であるグリオキサラーゼ1（Glo1）を阻害することで、骨髄由来の前駆細胞から破骨細胞への分化を阻害した〔Kawatani et al 2008〕。

SUK-33は、合成化合物である。SUK-33は、ヌクレオシド輸送体（CNT、ENT）を阻害することで、骨髄由来の前駆細胞から破骨細胞への分化を阻害した〔Katsuyama et al 2016〕。

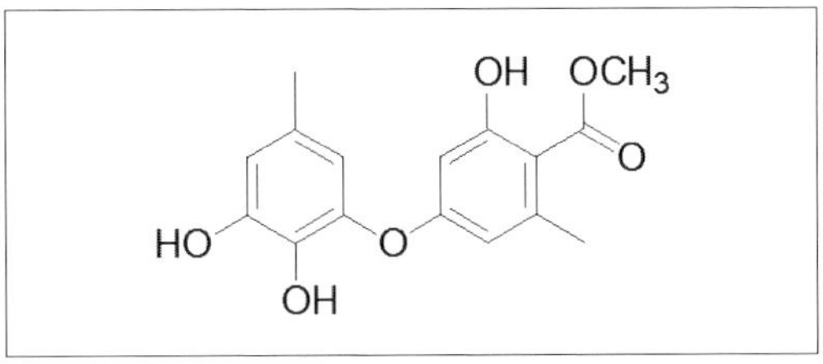

図2. メチルゲルフェリン

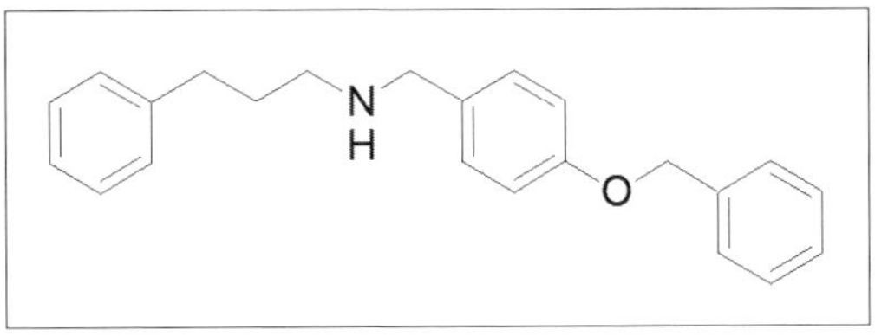

図3. SUK-33

引用文献

Ficarra G, Beninati F, Rubino I, Vannucchi A, Longo G, Tonelli P *et al*(2005). Osteonecrosis of the jaws in periodontal patients with a history of bisphosphonates treatment. *J clinical periodontology* **32**: 1123-1128.

Gennari C, Agnusdei D, Camporeale A(1993). Long-term treatment with calcitonin in osteoporosis. *Hormone and metabolic research = Hormon- und Stoffwechselforschung = Hormones et metabolisme* **25**: 484-485.

Katsuyama S, Sugino K, Sasazawa Y, Nakano Y, Aono H, Morishita K *et al*(2016). Identification of a novel compound that inhibits osteoclastogenesis by suppressing nucleoside transporters. *FEBS Lett* **590**: 1152-1162.

Kawatani M, Okumura H, Honda K, Kanoh N, Muroi M, Dohmae N *et al*(2008). The identification of an osteoclastogenesis inhibitor through the inhibition of glyoxalase I. *Proc Natl Acad Sci USA* **105**: 11691-11696.

Miyamoto Y, Machida K, Mizunuma M, Emoto Y, Sato N, Miyahara K *et al*(2002). Identification of Saccharomyces cerevisiae isoleucyl-tRNA synthetase as target of G1 -specific inhibitor reveromycin A. *J Biol Chem* **277**: 28810-28814.

Muguruma H, Yano S, Kakiuchi S, Uehara H, Kawatani M, Osada H *et al*(2005). Reveromycin A inhibits osteolytic bone metastasis of small-cell lung cancer cells, SBC-5, through an antiosteoclastic activity. *Clin Cancer Res* **11**: 8822-8828.

Osada H, Koshino H, Isono K, Takahashi H, Kawanishi G(1991). Reveromycin A, a new antibiotic which inhibits the mitogenic activity of epidermal growth factor. *J Antibiot* **44**: 259-261.

Osada H(2016). Chemical and biological studies of reveromycin A. *J Antibiot* **69**: 723-730.

Shimizu T, Kobayashi R, Osako K, Osada H, Nakata T(1996). Synthetic studies on reveromycin A: stereoselective synthsis of the spiroketal system. *Tetrahedron Lett* **37**: 6755-6758.

Shimizu T, Masuda T, Hiramoto K, Nakata T(2000). Total synthesis of reveromycin A. *Org Lett* **2**: 2153-2156.

Takahashi H, Yamashita Y, Takaoka H, Nakamura J, Yoshihama M, Osada H(1997). Inhibitory action of reveromycin A on TGF-alpha-dependent growth of ovarian carcinoma BG-1 in vitro and in vivo. *Oncol Res* **9**: 7-11.

Takahashi S, Toyoda A, Sekiyama Y, Takagi H, Nogawa T, Uramoto M *et al*(2011). Reveromycin A biosynthesis uses RevG and RevJ for stereospecific spiroacetal formation. *Nature Chem Biol* **7**: 461-468.

Woo J-T, Kawatani M, Kato M, Shinki T, Yonezawa T, Kanoh N *et al*(2006). Reveromycin A, an agent for osteoporosis, inhibits bone resorption by inducing apoptosis specifically in osteoclasts. *Proc Natl Acad Sci USA* **103**: 4729-4734.

4.13 植物成長を調節する化合物

静岡大学　グリーン科学技術研究所　河岸洋和

化合物名　2-アザヒポキサンチン、イミダゾール-4-カルボキサミド、2-アザ-8-オキソヒポキサンチン

キーワード　フェアリーリング、植物成長調整剤、作物増産

1. 発見（フェアリーリングとの出会い）

この研究は10年以上前の筆者の個人的な体験から始まった。当時、筆者は静岡大学のキャンパス内にある職員用宿舎に住んでいた。ある日、その宿舎に隣接している芝生の一部が弧を描いて周囲より色濃くなっていることに気づいた。その色の濃さがあまりにも鮮明だったので、誰かが悪戯でペンキでも塗ったのだと思った。しかし、その色鮮やかな弧も冬を迎えて目立たなくなり忘れてしまった。ところがその翌年の春、色の鮮やかさは前年に比べて失われていたが、今度は周囲より繁茂し、前年より径が大きくなった弧が再び現れたのである（**図1**）。そして、その弧の上にキノコが発生した。調べてみるとこのキノコはコムラサキシメジ（*Lepista sordida*）という美味な食用キノコであり、この現象は「フェアリーリング（fairy rings）」と呼ばれていた。西洋の伝説では、妖精が輪を作りその中で踊ると伝えられている。1884年のNature誌に、1675年に発表されたフェアリーリングに関する最初の論述やそれに続く論文が紹介されて以来、その妖精の正体（芝を繁茂させる原因）は、一応の定説はあるものの謎のままであった〔Evershed 1884〕。その定説とは、「芝に感染した胞子が菌糸（キノコになる前のカビの状態）となり、それが同心円状に成長し、最も代謝が活発な先端の菌糸が枯れ草や土壌中のタンパク質を分解し、植物が利用しやすい形態（硝酸等）に窒素成分を変え、植物の成長を促す」、つまり窒素肥料を作るということである。しかし、筆者はこの定説に疑問を持ち、「菌が特異的な植物成長調節物質を産生している」と考えた。そして、その妖精（シバ成長促進物質）を見つける研究を開始した。

図1. 静岡大学キャンパス内教職員宿舎芝生に現れたコムラサキシメジによるフェアリーリング

2. 妖精の正体は？

妖精を見つけるために、コムラサキシメジの液体培養を行った。そして、培養液にシバの根と地上部の成長を促進させる活性を見出した。その培養液には数え切れない物質が含まれている。さまざまな方法を駆使して、ついに、妖精、2-アザヒポキサンチン（2-azahypoxanthine; AHX）、を精製することに成功した（**図2**）。そして、成長促進メカニズムを検討し、「AHXは、植物にさまざまなストレス（高温、低温、塩、乾燥など）に対する耐性を与え、結果的に成長を促す」と結論した〔Choi et al 2010a〕。

フェアリーリングは時として成長が抑制された輪になる。そこで、同様の方法で成長抑制物質、イミダゾール-4-カルボキサミド（imidazole-4-carboxamide; ICA）、を得た（図2）〔Choi et al 2010b〕。さらに、AHXは植物に取り込まれると、すぐに別の化合物、2-アザ-8-オキソヒポキサンチン（2-aza-8-oxohypoxanthine; AOH）、に変換され、AOHはAHXと同様に成長促進活性を示した（以降、私たちの研究を紹介したNature誌での題名に因んで、これら3つをフェアリー化合物（fairy chemicals; FCs）と呼ぶ）（図2）〔Choi et al 2014, Mitchinson 2014〕。

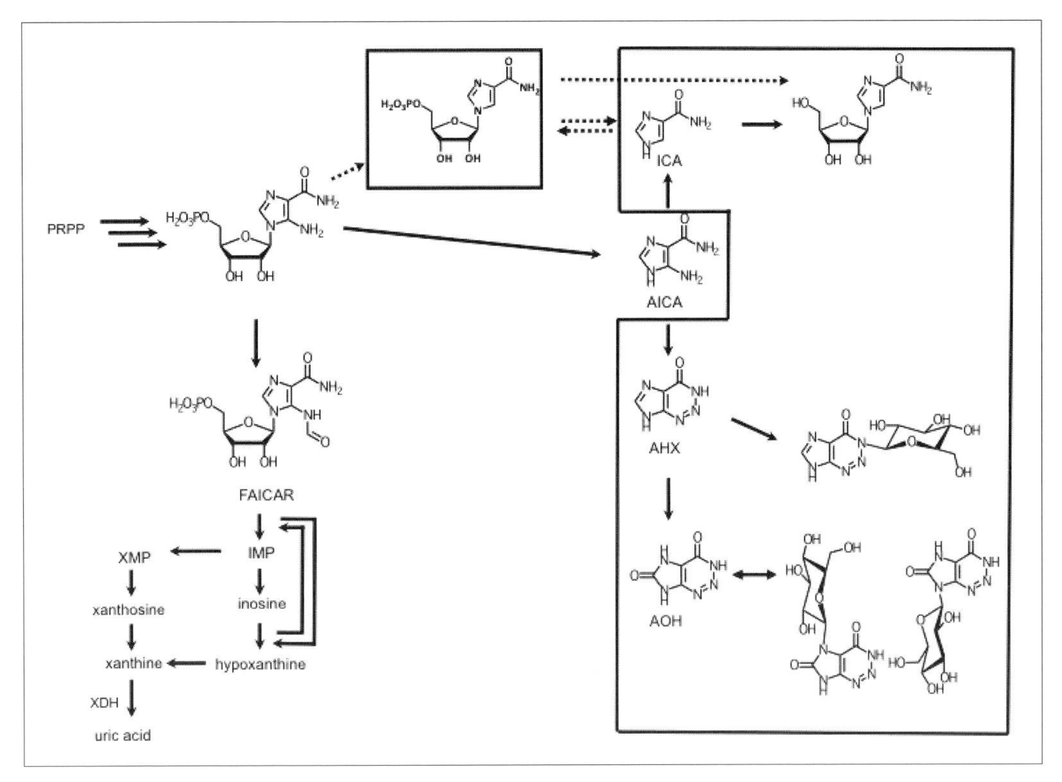

図2. 植物のプリン代謝経路

＊枠内は証明された新経路と新代謝産物、点線は予想経路

3. FCsの活性発現機構

FCsの活性発現機構に関しては最初に発見されたAHXに関して最も進んでいる。AHXはイネの幼苗にも成長促進活性を示した。シバもイネ科であることから、その成長促進活性発現の分子機構についてイネを用いて詳細に検討した。

イネオリゴcDNAマイクロアレイにおいて、AHXでイネを処理することによって、主に3つの遺伝子、*BBI*（Bowman-Birk type proteinase inhibitor）、*GST*（glutathione S-transferase）、アクアポリンの1種*TIP2;1*の発現量が大きく増大していた。これらの増大は逆転写ポリメラーゼ連鎖反応によっても確認された。BBIは病原菌への抵抗性を付与および塩ストレスからの保護に関わっている。GSTは植物中で解毒に関与し、また、ストレス（低温、塩など）から保護する働きをする。GST遺伝子を導入したイネが作成され、そのイネは低温や塩ストレスに耐性ができたという報告もある〔Zhao and Zhang 2006, Takesawa et al 2002〕。この遺伝子導入イネに関する文献同様の方法でイネの成長に対するAHXの効果を試してみたところ、AHX処理によってイネは、GST遺伝子導入イネと同様に低温や塩ストレス下での成長が回復し、文献にはない高温ストレスに対しても抵抗性を示した〔Choi et al 2010a〕。また、TIP2;1はアンモニア/アンモニウムイオンの輸送に関与している〔Loqué et al 2005, Jahn et al 2004〕。そこで$^{15}NH_4NO_3$あるいは$NH_4{}^{15}NO_3$を唯一の窒素源の培地中でイネをAHX処理したところ、$^{15}NH_4NO_3$を用いたときにのみ、イネ中の^{15}N含量が大幅に増加していた。以上のことから、我々は、「AHXによって、植物（少なくともイネ）は多様で継続的な環境からのストレスに対する抵抗性を獲得し、さらにアンモニア態窒素の吸収を増加させ、成長が促される」と結論した〔Choi et al 2010a〕。

イネやシロイヌナズナにおける遺伝子発現の階層クラスター解析では、AOHのプロファイルはAHXのそれと類似しているが、ICAはAHXとAOHとは逆の場合が多く、あたかもスイッチのオンオフのように働いていた（論文準備中）。このような違いがあるにもかかわらず、興味深いことに、さまざまな植物に対するさまざまな実験を通して判断できることは、これら3種のFCsはいずれも植物にさまざまなストレス（乾燥、塩、高低温等）に対する耐性を付与するということである。

4. FCsの植物での内生の証明

FCsは、イネの他にも、分類学上の科に無関係に試したすべての植物（コムギ、トウモロコシ、ジャガイモ、レタス、アスパラガス、トマト、コマツナ、シロイヌナズナ、タバコ、ユーカリ等）の成長を制御した。このことから、筆者は「FCsは植物自身も作り出しているのでは？」と考えた。そこで、イネとシロイヌナズナの抽出物をLC-MS/MSで分析したところ、どちらにもAHXとAOHが存在することが判明した。しかし、もともとAHXは菌から得られた化合物であるので、周囲の微生物がAHXを生成し、植物に取り込まれた可能性がある。そこで、無菌的にイネとシロイヌナズナを栽培して調べたところ、やはり、AHXとAOHが検出された。その後、多くの試料を分析したが、AHXはすべての植物に、AOHも多くの植物に内生が確認された〔Choi et al 2014〕。最近、ICAの分析法も確立し、イネ、シロイヌナズナ、トマト、ユーカリなどに内生が確認された（**表1**）。筆者はICAとAOHも植物に普遍的に存在すると予想している。検出法を改善し、植物の生育時期や部位を選べば、すべての植物での内生がいずれ確認されるであろう。

FCsは生物共通のプリン経路上にある5-アミノイミダゾール-4-カルボキサミド（5-aminoimidazole-4-carboxamide; AICA）から生合成されることが明らかになっている〔Choi et al 2014〕。現在までに判明している植物におけるFCs生合成経路と予想経路を図2に示す（一部は未発表データ）。すなわち、我々は植物における新しいプリン代謝経路を発見したのである。

表1. FCsの内生

サンプル				AHX	AOH	ICA
種子植物	単子葉	イネ科	米（日本晴れ、コシヒカリ；可食部）	d	d	d
			小麦（農林61号；可食部）	d	d	-
			トウモロコシ（ミルフィーユ、甘々娘；可食部）	d	nd	-
			日本晴れ（地上部）	d	nd	d
			日本晴れ（根）	d	d	d
			ベントグラス（地上部、根）	d	d	-
			コウライシバ（地上部）	d	nd	-
			コウライシバ（根）	d	d	-
		サトイモ科	サトイモ（可食部）	d	d	-
	双子葉	クサスギカズラ科	アスパラガス（可食部）	d	nd	-
		フトモモ科	ユーカリ（*Eucalyptus pellita*；地上部、根）	d	nd	d
			ユーカリ（*Eucalyptus camaldulensis*；地上部、根）	d	nd	d
		ナス科	トマト（ハウス桃太郎、麗夏、Endeavour；地上部）	d	nd	d
			トマト（ハウス桃太郎、麗夏、Endeavour；根）	d	d	d
			ジャガイモ　（ダンシャク、メークイン;可食部）	d	d	d
		ウリ科	キュウリ（地上部、根）	d	nd	d
		ツバキ科	チャノキ（地上部）	d	d	-
			チャノキ（根）	d	nd	-
		アブラナ科	コマツナ（地上部）	d	nd	d
			コマツナ（根）	d	d	d
			ダイコン（可食部）	d	nd	-
			シロイヌナズナ（地上部）	d	nd	d
			シロイヌナズナ（根）	d	d	d
藻類			クロレラ（*Chlorella vulgaris; Parachlorella beyerinckii*）	d	d	-
			藍藻（*Synechocystis* sp. PCC6803）	d	nd	-
			ミドリムシ	d	nd	-

* d: detected, nd: not detected, -: not tested

5. 農業への応用の可能性

FCsは、イネの他にも、分類学上の科に無関係に試した調べた全ての植物（コムギ、ジャガイモ、レタス、アスパラガス、トマト、シロイヌナズナ等）の成長を調節した（一部未発表データ）〔Choi et al 2010a, 2010b〕。そのため、我々は2008年からFCsのさまざまな農作物の収量に対する効果を検討している。

イネのポット栽培において、2009年から2010年には55μMのAHXあるいは22μMのICAを与え続けることでそれぞれ25.5%と26.0%の玄米の増収を記録し、また、分げつ期での短期間（2週間）の施与でも増収がもたらされた〔Asai et al 2015〕。米粒の大きさは変わらず、この増収は粒数の増加によった。2010年には静岡大学農学部附属地域フィールド科学教育研究センターの水田で栽培試験を行い、これら化合物は、ポット栽培同様、ある特定の時期に短期間与えるだけで増収効果を示し、苗箱の中で苗をAHXまたはICAで2週間処理しただけでも、玄米収量がそれぞれ9.6%、6.3%増加した〔Asai et al 2015〕。

コムギに関しても圃場での栽培実験を行っている。2011年から2012年にかけての結果では、発芽前の種子をAHXあるいはICAの溶液に36時間浸漬するだけの処理を行った。その結果、AHX処理では20.4%、ICAでは9.8%収量が増加した（**表2**）〔Tobina et al 2014〕。

表2. 圃場試験におけるAHXとICAのコムギ収量に対する効果

	種子浸漬処理濃度		
	無処理	**1.0mM AHX**	**0.1mM ICA**
粒重〔g/m²〕	500.6 ± 100.2	602.5 ± 120.8* (20.4)	549.4 ± 95.9 (9.8)
穂数〔/m²〕	375.8 ± 73.0	454.2 ± 116.5* (20.8)	422.5 ± 90.8 (12.4)
粒重〔g/1000粒〕	36.4 ± 2.5	36.5 ± 3.0 (0.4)	35.1 ± 2.8 (-3.4)
粒重〔g/穂〕	1.33	1.33 (-0.4)	1.30 (-2.4)

* () 内は増加率〔%〕, *有意差有り $P < 0.05$（Dunnett's test）

その他にも、AHXによって、ジャガイモ（男爵、ポット土耕栽培）では19%、レタス（ポット土耕栽培）で21%、アスパラガス（水耕栽培）で100%の重量増加を示した〔Choi et al 2010a〕。

6. 終わりに

筆者は「フェアリー化合物は新しい植物ホルモン」と信じ、研究を続けている。イネ馬鹿苗病菌（*Gibberella fujikuroi*）から得られたジベレリン（gibberellin）が後に植物に普遍的に存在することがわかり、植物ホルモンとして認知された歴史をたどることを夢見ている。

引用文献

Asai T, Choi J-H, Ikka T, Fushimi K, Abe N, Tanaka H *et al* (2015). Effect of 2-azahypoxanthine(AHX) produced by the fairy-ring-forming fungus on the growth and the grain yield of rice. *Jpn Agric Res Quart* **49**: 45-49.

Choi J-H, Abe N, Tanaka H, Fushimi K, Nishina Y, Morita A *et al* (2010a). Plant-Growth Regulator, Imidazole-4-Carboxamide Produced by Fairy-Ring Forming Fungus Lepista sordida. *J Agric Food Chem* **58**: 9956-9959.

Choi J-H, Fushimi K, Abe N, Tanaka H, Maeda S, Morita A *et al* (2010b). Disclosure of the "fairy" of fairy-ring forming fungus Lepista sordida. *ChemBioChem* **11**: 1373-1377.

Choi J-H, Ohnishi T, Yamakawa Y, Takeda S, Sekiguchi S, Maruyama W *et al* (2014). The source of "fairy rings": 2-azahypoxanthine and its metabolite found in a novel purine metabolic pathway in plants. *Angew Chem Int Ed* **53**: 1552-1555.

Evershed H (1884). Fairy rings. *Nature* **29**: 384–385.

Ikeuchi K, Fujii R, Sugiyama S, Asakawa T, Inai M, Hamashima Y *et al* (2014). Practical synthesis of natural plant-growth regulator 2-azahypoxanthine, its derivatives, and biotin-labeled probes. *Org Biomol Chem* **12**: 3813-3815.

Jahn TP, Møller AL, Zeuthen T, LM H, DA K, Mohsin B *et al* (2004). Aquaporin homologues in plants and mammals transport ammonia. *FEBS Lett* **574**: 31-36.

Loqué D, Ludewig U, Yuan L, von Wirén N (2005). Tonoplast aquaporins AtTIP2;1 and AtTIP2;3 facilitate NH3 transport into the vacuole. *Plant Physiol* **137**: 671-680.

Mitchinson A (2014). Fairy chemicals. *Nature* **505**: 298.

Takesawa T, Ito M, Kanzaki H, Kameya N, Nakamura I (2002). Over-expression of z glutathione S-transferase in transgenic rice enhances germination and growth at low temperature. *Mol Breed* **9**: 93-101.

Tobina H, Choi J-H, Asai T, Kiriiwa Y, Asakawa T, Kan T *et al* (2014). 2-Azahypoxanthine and Imidazole-4-carboxamide produced by the fairy-ring-forming fungus increase yields of wheat. *Field Crop Res* **162**: 6-11.

Zhao F, Zhang H (2006). Salt and paraquat stress tolerance results from co-expression of the Suaeda salsa glutathione S-transferase and catalase in transgenic rice. *Plant Cell Tiss Organ Cult* **86**: 349–358.

4.14 蛍光プローブ

大阪大学　大学院工学研究科　菊地和也

化合物名 Fura-2　GFP

キーワード Fura-2、Ca^{2+}、EGTA、GFP

1. バイオイメージングの黎明期からFura-2の登場（1980年代）

可視化解析の有用性を示す研究は、19世紀末においてS. Ramon Y Cajalによる脳神経系の染色によるネットワーク解剖解析によって端緒が開かれた。この後、さまざまな色素を用いた染色法によって解剖学が進展した。また、放射性同位体を用いた可視化手法も汎用され、主に細胞生物学研究に貢献し、特に、G. Paladeらによる細胞内小器官の機能特定の研究が有名である。

染色法の発展型として、生きた状態での機能解析手法であるバイオイメージングが始まったのは1970年代以降である。この時代、A. Grinvaldらによる電位感受性蛍光色素を用いて細胞膜電位

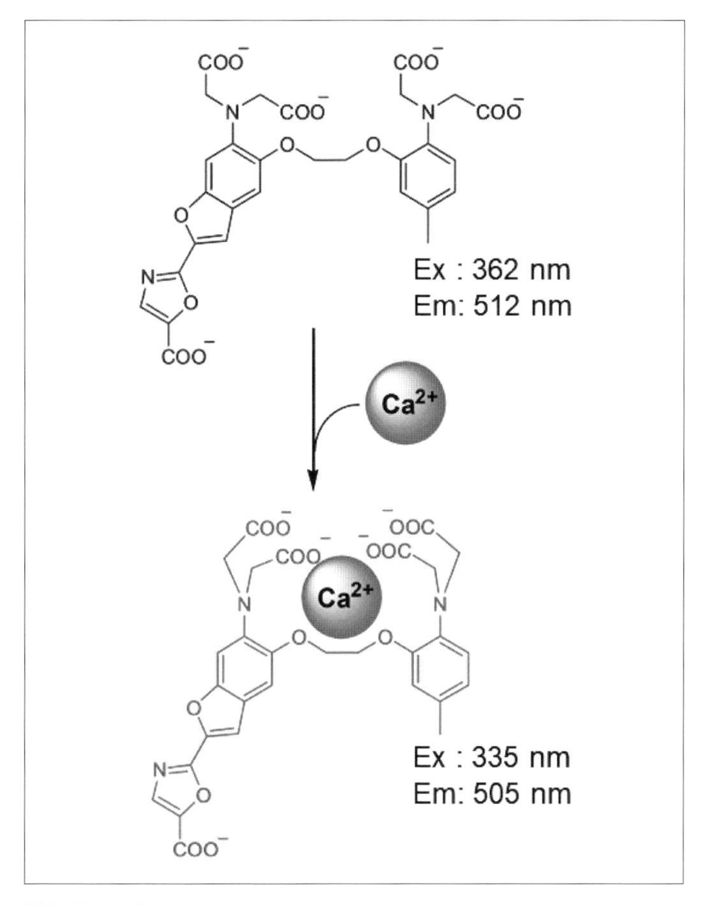

図1. Fura-2

のイメージングを行った例〔Waggoner and Grinvald 1977〕が有名ではあるが、色素ロードが難しく汎用される技術にはならなかった。この状況下、R.Y. Tsienは1972年よりCa^{2+}キレーターであるEGTA（O,O'-Bis(2-aminoethyl) ethyleneglycol-*N,N,N',N'*-tetraacetic acid）の類縁体を有機合成して、Ca^{2+}蛍光プローブの作製に着手していた。最初のCa^{2+}バイオイメージング用蛍光プローブquin2〔Tsien 1980〕は、蛍光量子収率が低いためその感度に問題があったが、その後類縁体が合成され、1985年に発表されたFura-2（**図1**）は感度に優れ、発表論文〔Grynkiewicz et al 1985〕は現在までに20,000回以上引用され、Ca^{2+}動態を測定する手法として現在でも使用されている。この成功は、Ca^{2+}動態の生物学の発展と化学プローブの開発が時期的に合致したことと、生物学における普遍現象であるCa^{2+}濃度変化による細胞内シグナル伝達に対して強力な武器を提供したことによる。特に、Fura-2の励起光はCa^{2+}配位前後で波長シフトするため、シフト前後の波長における蛍光強度の比を測定するレシオイメージング法が開発され、細胞イメージングにおいて1波長測定に比べ信頼性の高い測定法を確立させた。これらの結果により、生物学において蛍光プローブが有効であり、かつバイオイメージングによって分子動態を調べることによってはじめて明らかになる生物現象があることが示された。すなわち、細胞をすりつぶさないでそのまま分子の機能を調べることの有用性が生物学者によって確認されるようになったのである。

2. 蛍光タンパク質の生物応用（1950年代の発見と1990年代の応用）

この一方で生物発光の研究は、特に1950年代以降盛んになり、ルシフェリンを代表とする発光タンパク質の単離同定が行われた。生物発光の研究は名古屋大学理学部平田義正研究室に起因する天然物化学者によって、発光体である天然物有機分子を基軸に盛んに行われ、下村脩によって緑色蛍光タンパク質（GFP）が単離同定された〔Shimomura et al 1962〕。また、GFPへの励起エネルギー供給源である発光タンパク質エクオリンは補酵素としてCa^{2+}を必要とするため、生物発光を指標にCa^{2+}をイメージングする手法が開発された〔Allen et al 1977〕。

1990年代初頭は前述の1980年代のバイオイメージングの発展に伴い、次の課題が明確に議論されるようになっていた。その課題とは、有機化合物を用いた蛍光プローブではデリバリーに問題があって応用できない神経細胞や動物個体のイメージングをどのように可能とするかである。この課題はバイオイメージングのニーズとなり、D. Prasherによる1992年のGFPのクローニングの報告〔Prasher et al 1992〕以降、DNA導入によって細胞が自身で発現するGFPの応用研究がM. ChalfieとR.Y. Tsienによって開始された。特にTsienは、有機性色素でタンパク質を標識したcAMPプローブFlCRhRを報告していた〔Adams et al 1991〕が、細胞内導入に問題があった。この問題点であるタンパク質標識実験が、デザインされたDNA配列の導入によって省略される可能性が想定されたのである。さらに、Chalfieは線虫や酵母でのGFP発現に成功し〔Chalfie et al 1994〕、Tsienはアミノ酸変異によるGFPのカラーバリアント（改色体）の作製に成功した〔Heim et al 1994〕。さらに、このカラーバリアントの組み合わせを応用して、細胞内Ca^{2+}〔Miyawaki et al 1997〕やリン酸化酵素活性をバイオイメージングする手法が報告された。この応用には蛍光共鳴エネルギー移動（FRET）が応用されたが、GFPをプローブ化することで数多くの細胞内酵素活性や細胞周期などの現象が可視化できるようになった。

3. 研究の広がり

蛍光タンパク質が汎用的に使われるようになり、顕微鏡等の周辺機器は購入可能な金額となり、機器をサポートするソフトウェアもプログラムの理解なしに使用しやすいものが市販されるようになった。この結果、自分で測定機器を組み立てることができる光学を専門とする一部の研究者にのみ使用可能であった共焦点顕微鏡も、大型プロジェクト等の獲得により手に入る機器となり、今では生物系の研究室にはどこでも当たり前のように設置されている。過去、20年間において生物学研究において一番進んだ技術はバイオイメージングといって過言ではない。この結果、バイオイメージングは特殊な手法ではなく、生物学研究の流れで誰もが駆使する手法となった。

引用文献

Adams SR, Harootunian AT, Buechler YJ, Taylor SS, Tsien RY(1991). Fluorescence ratio imaging of cyclic AMP in single cells. *Nature* **349**: 694-697.

Allen DG, Blinks JR, Prendergast FG(1977). Aequorin luminescence: relation of light emission to calcium concentration--a calcium-independent component. *Science* **195**: 996-998.

Chalfie M, Tu Y, Euskirchen G, Ward WW, Prasher DC(1994). Green fluorescent protein as a marker for gene expression. *Science* **263**: 802-805.

Grynkiewicz G, Poenie M, Tsien RY(1985). A new generation of Ca^{2+} indicators with greatly improved fluorescence properties. *J Biol Chem* **260**: 3440-3450.

Heim R, Prasher DC, Tsien RY(1994). Wavelength mutations and posttranslational autoxidation of green fluorescent protein. *Proc Natl Acad Sci USA* **91**: 12501-12504.

Miyawaki A, Llopis J, Heim R, McCaffery JM, Adams SR, Ikura M, Tsien RY(1997). Fluorescent indicators for Ca^{2+} based on green fluorescent proteins and calmodulin. *Nature* **388**: 882-887.

Prasher DC, Eckenrode VK, Ward WW, Prendergast FG, Cormier MJ(1992). Primary structure of the Aequorea victoria green-fluorescent protein. *Gene* **111**: 229-233.

Shimonura O, Johnson FH, Saiga Y(1962). Extraction, purification and properties of aequorin, a bioluminescent protein from the luminous hydromedusan, Aequorea. *J Cell Comp Physiol* **59**: 223-239.

Tsien RY(1980). New calcium indicators and buffers with high selectivity against magnesium and protons: design, synthesis, and properties of prototype structures. Biochemistry **19**: 2396-2404.

Waggoner A, Grinvald A(1977). Mechanisms of rapid optical changes of potential sensitive dyes. *Ann N Y Acad Sci* **303**: 217-242.

5章
バイオプローブ

5章　バイオプローブ一覧

天然化合物を優先して収録した。
化合物名に「*」のつくものは合成化合物。
＊本文中の参考文献は引用ではないため、
直接的に引用していない文献も含まれる。

● 本文中、溶解性の表記について
+++ ：容易に溶ける
++ ：溶けやすい
+ ：やや溶け難い

16F16*

キーワード：[Protein disulfide isomerase（PDI）][Misfolded proteins]

構造：

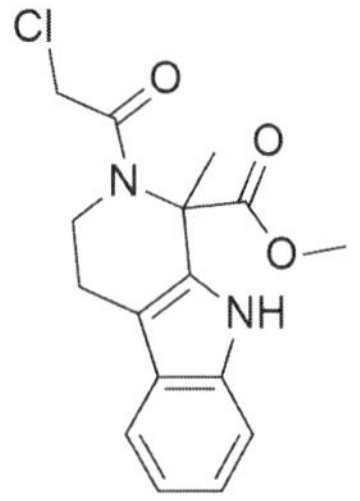

16F16

分子式：$C_{16}H_{17}ClN_2O_3$
分子量：320.77
溶解性：DMSO, ++; H_2O, ±; MeOH,+

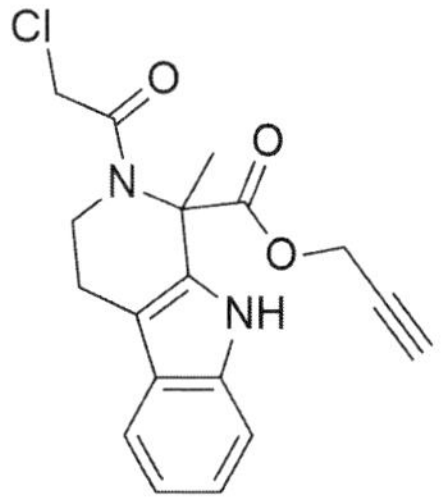

16F16A

分子式：$C_{18}H_{17}ClN_2O_3$
分子量：344.80
溶解性：DMSO, ++; H_2O, ±; MeOH,+

由来：

* 合成化合物。

標的分子と作用：

PDIを阻害し、ミトコンドリアの外膜透過性上昇・シトクロムC放出を抑制する。ハンチントン病原因遺伝子の変異体や、βアミロイドによる神経毒性を抑制する〔1〕。

16F16の生物活性：

IC_{50} of 16F16 and 16F16A in insulin aggregation assay：74μM and 108μM, respectively〔2〕
GI_{50} of 16F16 and 16F16A against several cancer cell lines：～ 4μM〔2〕

参考文献：

〔1〕 Hoffstrom BG, Kaplan A, Letso R, Schmid RS, Turmel GJ, Lo DC, Stockwell BR (2010) Inhibitors of protein disulfide isomerase suppress apoptosis induced by misfolded proteins. *Nat Chem Biol* **6** :900-906.
〔2〕 Ge J, Zhang CJ, Li L, Chong LM, Wu X, Hao P, Sze SK, Yao SQ (2013) Small molecule probe suitable for in situ profiling and inhibition of protein disulfide isomerase. *ACS Chem Biol* **8**:2577-2585.

Aplyronine A and C

キーワード：[Antitumor] [Actin polymerization inhibitor] [Actin-tubulin complex inducer]

構造：

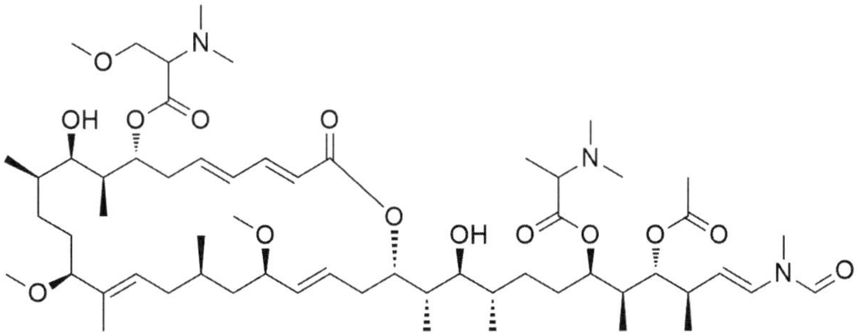

Aplyronine A

分子式：$C_{59}H_{101}N_3O_{14}$
分子量：1076.46
溶解性：DMSO, +++; H_2O, -; MeOH, +++

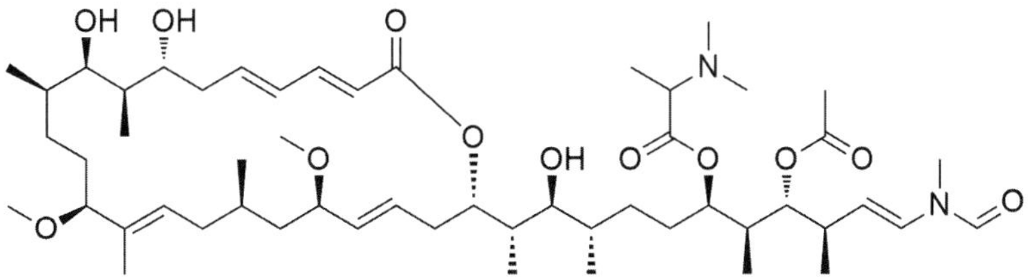

Aplyronine C

分子式：$C_{53}H_{90}N_2O_{12}$
分子量：947.31
溶解性：DMSO, +++; H_2O, -; MeOH, +++

由来：

アメフラシ *Aplysia kurodai* 由来の天然物〔1〕。

標的分子と作用：

G-アクチンと1：1で結合し、アクチン重合を阻害する〔2,3〕。さらにaplyronine AはG-アクチンとの複合体を形成したのち、*α*, *β*-チューブリンヘテロダイマーを結合し、微小管重合阻害を起こすことで、細胞周期進行を分裂期で阻害する〔4〕。

Aplyronine A、およびCの生物活性：

IC_{50} of aplyronine A and C on cell growth of HeLa-S3 cells：0.039 and 159ng/ml, respectively〔1〕

Antitumor activity *in vivo* of aplyronine A against P388 murine leukemia：0.08mg/kg, T/C = 545%〔1〕

K_d value of aplyronine A to G-actin：0.10μM〔2〕

Inhibition of actin network in HeLa cells by aplyronines A and C：100nM〔4〕

Induction of abnormal spindle formation by aplyronine A：0.1nM〔4〕

参考文献：

〔1〕 Yamada K, Ojika M, Ishigaki T, Yoshida Y, Ekimoto H, Arakawa M (1993) Aplyronine-A, a Potent Antitumor Substance, and the Congeners Aplyronine-B and Aplyronine-C Isolated from the Sea Hare Aplysia-Kurodai. *J Am Chem Soc* **115**:11020-11021.

〔2〕 Saito S, Watabe S, Ozaki H, Kigoshi H, Yamada K, Fusetani N, Karaki H (1996) Novel actin depolymerizing macrolide aplyronine A. *J Biochem* **120**:552-555.

〔3〕 Hirata K, Muraoka S, Suenaga K, Kuroda T, Kato K, Tanaka H, Yamamoto M, Takata M, Yamada K, Kigoshi H (2006) Structure basis for antitumor effect of aplyronine a. *J Mol Biol* **356**:945-954.

〔4〕 Kita M, Hirayama Y, Yoneda K, Yamagishi K, Chinen T, Usui T, Sumiya E, Uesugi M, Kigoshi H (2013) Inhibition of microtubule assembly by a complex of actin and antitumor macrolide aplyronine A. *J Am Chem Soc* **135**:18089-18095.

Apoptolidin

キーワード：[Apoptosis inducer]［F_0/F_1 ATPase inhibitor]

構造：

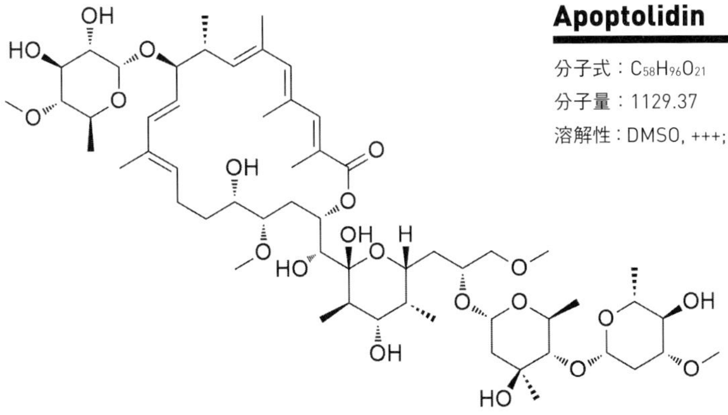

Apoptolidin

分子式：$C_{58}H_{96}O_{21}$
分子量：1129.37
溶解性：DMSO, +++; H_2O, ±; MeOH,+++

由来：

放線菌 *Nocardiopsis* sp. 由来の天然物〔1〕。

標的分子と作用：

Apoptolidin はミトコンドリアの F_0F_1-ATP 合成酵素を阻害し、ミトコンドリアのアポトーシス経路を活性化する〔6〕。

Apoptolidinの生物活性：

IC_{50} for glia cells：> 100μg/ml〔1〕

IC_{50} for RG-E1A-7, RG-E1A19K-2, RG-E1A54K-9, or RG-E1-4 cells：10 ～ 13ng/ml〔1〕

K_i value against yeast mitochondria F_0F_1-ATPase：4 ～ 5μM〔6〕

参考文献：

〔1〕 Kim JW, Adachi H, Shin-ya K, Hayakawa Y, Seto H (1997) Apoptolidin, a new apoptosis inducer in transformed cells from *Nocardiopsis* sp. *J Antibiot* **50**:628-630.

〔2〕 Hayakawa Y, Kim JW, Adachi H, Shin-ya K, Fujita K, Seto H (1998) Structure of apoptolidin, a specific apoptosis inducer in transformed cells. *J Am Chem Soc* **120**:3524-3525.

〔3〕 Nicolaou KC, Li Y, Fylaktakidou KC, Mitchell HJ, Wei HX, Weyershausen B (2001) Total Synthesis of Apoptolidin: Part 1. Retrosynthetic Analysis and Construction of Building Blocks. *Angew Chem Int Ed Engl.* **40**:3849-3854.

〔4〕 Nicolaou KC, Li Y, Fylaktakidou KC, Mitchell HJ, Sugita K (2001) Total Synthesis of Apoptolidin: Part 2. Coupling of Key Building Blocks and Completion of the Synthesis. *Angew Chem Int Ed Engl.* **40**:3854-3857.

〔5〕 Nicolaou KC, Li Y, Sugita K, Monenschein H, Guntupalli P, Mitchell HJ, Fylaktakidou KC, Vourloumis D, Giannakakou P, O'Brate A (2003) Total synthesis of apoptolidin: completion of the synthesis and analogue synthesis and evaluation. *J Am Chem Soc* **125**:15443-15454.

〔6〕 Salomon AR, Voehringer DW, Herzenberg LA, Khosla C. (2001) Apoptolidin, a selective cytotoxic agent, is an inhibitor of F_0F_1-ATPase. *Chem Biol* **8**:71-80.

〔7〕 Salomon AR, Voehringer DW, Herzenberg LA, Khosla C (2000) Understanding and exploiting the mechanistic basis for selectivity of polyketide inhibitors of F_0F_1-ATPase. *Proc Natl Acad Sci USA.* **97**:14766-14771.

Apratoxin A, Oz-apratoxin A*

キーワード：[Hsc70/Hsp70] [JAK/STAT signaling] [*N*-glycosylation] [Secretory pathway]

構造：

Apratoxin A

分子式：$C_{45}H_{69}N_5O_8S$

分子量：840.13

溶解性：DMSO, ?; H_2O, ?; MeOH, ++

Oz-apratoxin A

分子式：$C_{45}H_{69}N_5O_9$

分子量：824.07

溶解性：DMSO, ?; H_2O, ?; MeOH, ++

由来：

Apratoxin Aは海洋性のシアノバクテリア *Lyngbya majuscule* 由来の天然物〔1〕。

* Oz-apratoxin Aはapratoxin Aのオキサゾリン合成類縁体〔2〕。

標的分子と作用：

Apratoxin AはG1期での細胞周期進行の阻害、アポトーシス誘導などにより、細胞の増殖を阻害する〔3〕。Oxazoline analogue of apratoxin A（Oz-apraA）の標的分子はHsc70、Hsp70、RARSとSRP68と考えられる〔2〕。

Apratoxin Aの生物活性：

IC_{50} for cytotoxicity *in vitro* against human tumor cell lines：0.36 ～ 0.52nM〔1〕

G1 cell cycle arrest for 24 and 48 hr treatment in U2OS cells：5nM〔3〕

Caspase-3 activation and inhibition of STAT3 phosphorylation in U2OS cells：50nM〔3〕

Inhibition of *in vitro* angiogenesis of HUVECs：10nM〔3〕

Inhibition of *N*-linked glycosylation of several proteins in U2OS cells：50nM〔4〕

Inhibition of cotranslational translocation *in vitro*：10nM〔4〕

Accumulation of ubiquitinated proteins and the formation of aggresome in HEK293 cells by oz-apra A：100nM〔2〕

参考文献：

〔1〕 Luesch H, Yoshida WY, Moore RE, Paul VJ, Corbett TH (2001) Total structure determination of apratoxin A, a potent novel cytotoxin from the marine cyanobacterium Lyngbya majuscula. *J Am Chem Soc* **123**:5418-5423.

〔2〕 Shen S, Zhang P, Lovchik MA, Li Y, Tang L, Chen Z, Zeng R, Ma D, Yuan J, Yu Q (2009) Cyclodepsipeptide toxin promotes the degradation of Hsp90 client proteins through chaperone-mediated autophagy. *J Cell Biol* **185**:629-639.

〔3〕 Luesch H, Chanda SK, Raya RM, DeJesus PD, Orth AP, Walker JR, Izpisua Belmonte JC, Schultz PG (2006) A functional genomics approach to the mode of action of apratoxin A. *Nat Chem Biol* **2**:158-167.

〔4〕 Liu Y, Law BK, Luesch H (2009) Apratoxin a reversibly inhibits the secretory pathway by preventing cotranslational translocation. *Mol Pharmacol* **76**:91-104.

Artemisinin

キーワード：[Antimalarial]［PfATP6 inhibitor］

構造：

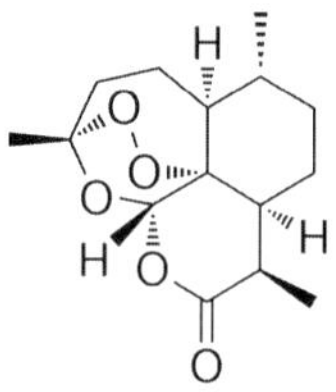

Artemisinin

分子式：$C_{15}H_{22}O_5$
分子量：282.34
溶解性：DMSO, +++; H_2O, -; MeOH, ++

由来：

クソニンジン *Artemisia annua* 由来の天然物〔1〕。

標的分子と作用：

Artemisininはすべての無性生殖期にある熱帯熱マラリア原虫を速やかに死滅させる。活性化されたartemisininは、haem〔2〕、TCTP〔3〕、および他の高分子量タンパク質を含むさまざまな生体高分子と付加物を形成する。TCTP-artemisinin複合体の結晶構造により、TCTP機能上重要なアミノ酸残基の近傍二か所に結合することが明らかになり、TCTPが熱帯熱マラリア原虫の標的タンパク質の一つであると考えられている〔4〕。またartemisininは、熱帯熱マラリア原虫のSERCAオーソログ（PfATP6）をthapsigarginと同等の強さで阻害することも報告されているが〔5〕作用機序はよくわかっていない。

Arteminisinの生物活性：

K_i value against endogenous Ca^{2+}-ATPase activity in PfATP6-expressing oocytes：162 ± 31nM〔5〕
K_d value against PfTCTP measured by SPR：77 ± 58μM〔4〕

参考文献：

〔1〕 Miller LH, Su X (2011) Artemisinin: discovery from the Chinese herbal garden. *Cell* **146**:855-858.
〔2〕 Hong YL, Yang YZ, Meshnick SR (1994) The interaction of artemisinin with malarial hemozoin. *Mol Biochem Parasitol* **63**:121-128.
〔3〕 Bhisutthibhan J, Pan XQ, Hossler PA, Walker DJ, Yowell CA, Carlton J, Dame JB, Meshnick SR (1998) The Plasmodium falciparum translationally controlled tumor protein homolog and its reaction with the antimalarial drug artemisinin. *J Biol Chem* **273**:16192-16198.
〔4〕 Eichhorn T, Winter D, Buchele B, Dirdjaja N, Frank M, Lehmann WD, Mertens R, Krauth-Siegel RL, Simmet T, Granzin J, Efferth T (2013) Molecular interaction of artemisinin with translationally controlled tumor protein (TCTP) of Plasmodium falciparum. *Biochem Pharmacol* **85**:38-45.
〔5〕 Eckstein-Ludwig U, Webb RJ, Van Goethem ID, East JM, Lee AG, Kimura M, O'Neill PM, Bray PG, Ward SA, Krishna S (2003) Artemisinins target the SERCA of Plasmodium falciparum. *Nature* **424**:957-961.

AGK2*

キーワード：[SIRT2 inhibitor]

構造：

Cl, Cl, O, O, NC, HN, N

AGK2

分子式：$C_{23}H_{13}Cl_2N_3O_2$
分子量：434.28
溶解性：DMSO, +; H_2O, ?; MeOH, ?

由来：

* 合成化合物〔1〕。

標的分子と作用：

SIRT2を選択的に阻害することで、SIRT2の基質であるα-チューブリンの高アセチル化を誘導し、*in vitro*およびパーキンソン病モデルショウジョウバエにおいてα-シヌクレインの毒性を抑制する〔1〕。また、ポリADPリボースポリメラーゼ（PARP）の活性化を介して、細胞死および小膠細胞内のATP減少を誘導する〔3〕。

AGK2の生物活性：

In vitro IC_{50} against SIRT2：3.5μM〔1〕

In vitro IC_{50} against SIRT1 and SIRT3：>50μM〔1〕

Increase of α-tubulin acetylation：10 ～ 50μM〔1〕

参考文献：

〔1〕 Outeiro TF, Kontopoulos E, Altmann SM, Kufareva I, Strathearn KE, Amore AM, Volk CB, Maxwell MM, Rochet JC, McLean PJ, Young AB, Abagyan R, Feany MB, Hyman BT, Kazantsev AG (2007) Sirtuin 2 inhibitors rescue alpha-synuclein-mediated toxicity in models of Parkinson's disease. *Science* **317**:516-519.

〔2〕 Petrilli A, Bott M, Fernández-Valle C (2013) Inhibition of SIRT2 in merlin/NF2-mutant Schwann cells triggers necrosis. *Oncotarget* **4**:2354-2365.

〔3〕 Li Y, Nie H, Wu D, Zhang J, Wei X, Ying W (2013) Poly(ADP-ribose) polymerase mediates both cell death and ATP decreases in SIRT2 inhibitor AGK2-treated microglial BV2 cells. *Neurosci Lett.* **544**:36-40.

〔4〕 Wang B, Zhang Y, Cao W, Wei X, Chen J, Ying W (2016) SIRT2 Plays Significant Roles in Lipopolysaccharides-Induced Neuroinflammation and Brain Injury in Mice. *Neurochem Res* **41**:2490-2500.

Aurilide

キーワード：[Cytotoxic] [OPA1-mediated apoptosis] [Prohibitin]

構造：

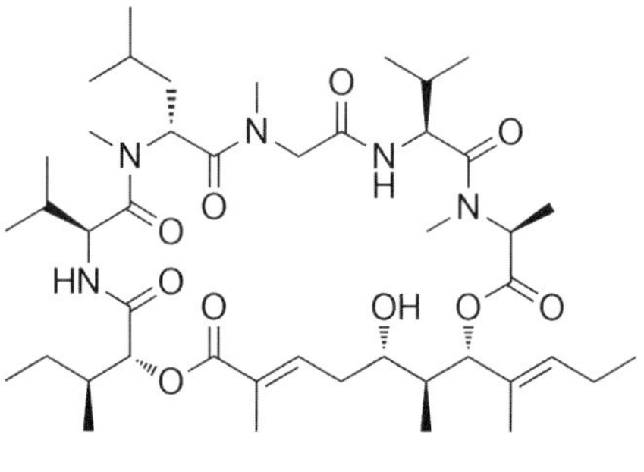

Aurilide

分子式：$C_{44}H_{75}N_5O_{10}$
分子量：834.11
溶解性：DMSO, +++; H_2O, -; MeOH, +++

由来：

タツナミガイ *Dolabella auricularia* 由来の天然物〔1,2〕。

標的分子と作用：

Aurilideはミトコンドリアタンパク質prohibitin1（PHB1）と結合・蓄積し、アポトーシスを誘導する〔4〕。

Aurilideの生物活性：

IC_{50} for cytotoxicity against HeLa S_3：0.011μg/ml〔2〕
Mitochondria fragmentation and apoptosis induction in HeLa cells：100nM〔4〕

参考文献：

〔1〕 Suenaga K, Mutou T, Shibata T, Itoh T, Kigoshi H, Yamada K (1996) Isolation and stereostructure of aurilide, a novel cyclodepsipeptide from the Japanese sea hare *Dolabella auricularia*. *Tetrahedron Lett* **37**:6771-6774.
〔2〕 Suenaga K, Mutou T, Shibata T, Itoh T, Fujita T, Takada N, Hayamizu K, Takagi M, Irifune T, Kigoshi H, Yamada K (2004) Aurilide, a cytotoxic depsipeptide from the sea hare *Dolabella auricularia*: isolation, structure determination, synthesis, and biological activity. *Tetrahedron* **60**:8509-8527.
〔3〕 Suenaga K, Kajiwara S, Kuribayashi S, Handa T, Kigoshi H (2008) Synthesis and cytotoxicity of aurilide analogs. *Bioorg Med Chem Lett* **18**:3902-3905.
〔4〕 Sato S, Murata A, Orihara T, Shirakawa T, Suenaga K, Kigoshi H, Uesugi M (2011) Marine natural product aurilide activates the opa1-mediated apoptosis by binding to prohibitin. *Chem Biol* **18**:131-139.

Avermectin, Ivermectin

キーワード：[Biocidal] [Glutamate-gated chloride ion channel opener]

構造：

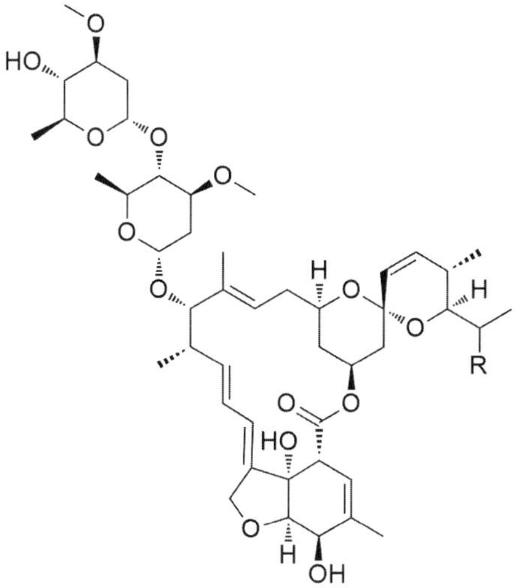

Avermectin B_{1a}（$R = C_2H_5$）

分子式：$C_{48}H_{72}O_{14}$

分子量：873.09

溶解性：DMSO ,+++; H_2O, -; MeOH,+++

Avermectin B_{1b}（$R = CH_3$）

分子式：$C_{47}H_{70}O_{14}$

分子量：859.06

溶解性：DMSO ,+++; H_2O, -; MeOH,+++

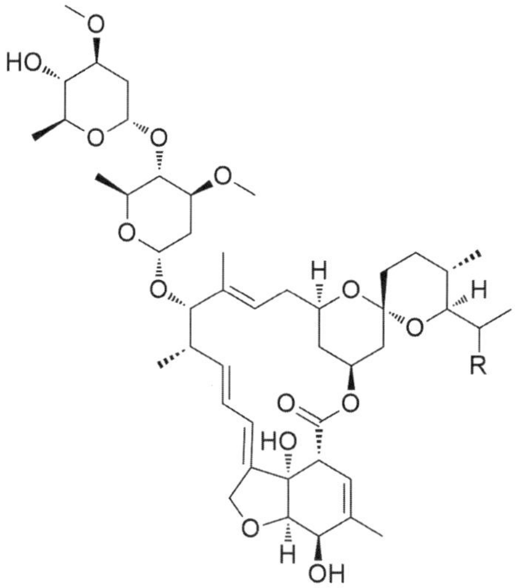

Ivermectin（8:2 mixture of 22,23-dihydro avermectin B_{1a} and B_{1b}）

22,23-dihydro avermectin B_{1a}（$R = C_2H_5$）

分子式：$C_{48}H_{74}O_{14}$

分子量：875.11

溶解性：DMSO ,+++; H_2O, -; MeOH,+++

22,23-dihydro avermectin B_{1b}（$R = CH_3$）

分子式：$C_{47}H_{72}O_{14}$

分子量：861.08

溶解性：DMSO ,+++; H_2O, -; MeOH,+++

由来：

Avermectinは放線菌*Streptomyces avermitilis*由来の天然物〔1〕。

Ivermectinはavermectin B_{1a}およびB_{1b}からの誘導体〔3〕。

標的分子と作用：

Avermectinおよびivermectinはグルタミン酸開閉型Cl⁻チャネルに作用する。ゲートの閉鎖の抑制および細胞内へのCl⁻の流入の促進、それに伴うニューロン膜の過分極の誘導が示唆されている〔4-6〕。

Avermectin B_{1a}の生物活性：

>95% effective in reducing the numbers of *Haemonchus placei, Ostertagia ostertagi, Trichostrongylus axei, T. colubriformis, Cooperia oncophora, C. punctata, Oesophagostomum radiatum,* and *Dictyocaulus viviparous* in infected cattle by single oral dose：0.1mg/kg〔2〕

参考文献：

〔1〕 Burg RW, Miller BM, Baker EE, Birnbaum J, Currie SA, Hartman R, Kong YL, Monaghan RL, Olson G, Putter I, Tunac JB, Wallick H, Stapley EO, Oiwa R, Omura S. (1979) Avermectins, new family of potent anthelmintic agents: producing organism and fermentation. *Antimicrob Agents Chemother.* **15**:361-367.

〔2〕 Egerton JR, Ostlind DA, Blair LS, Eary CH, Suhayda D, Cifelli S, Riek RF, Campbell WC. (1979) Avermectins, new family of potent anthelmintic agents: efficacy of the B_{1a} component. *Antimicrob Agents Chemother.* **15**:372-378.

〔3〕 Chabala JC, Mrozik H, Tolman RL, Eskola P, Lusi A, Peterson LH, Woods MF, Fisher MH, Campbell WC, Egerton JR, Ostlind DA. (1980) Ivermectin, a new broad-spectrum antiparasitic agent. *J Med Chem.* **23**:1134-1136.

〔4〕 Fritz LC, Wang CC, Gorio A. (1979) Avermectin B_{1a} irreversibly blocks postsynaptic potentials at the lobster neuromuscular junction by reducing muscle membrane resistance. *Proc Natl Acad Sci USA.* **76**:2062-2066.

〔5〕 Scott RH, Duce IR. (1985) Effects of 22,23-dihydroavermectin B_{1a} on locust (Schistocerca gregaria) muscles may involve several sites of action. *Pestic Sci.* **16**:599 − 604.

〔6〕 Cully DF, Vassilatis DK, Liu KK, Paress PS, Van der Ploeg LH, Schaeffer JM, Arena JP. (1994) Cloning of an avermectin-sensitive glutamate-gated chloride channel from *Caenorhabditis elegans. Nature* **371**:707-711.

Bafilomycin（Setamycin）

キーワード：[Antifungal]［V-ATPase inhibitor］

構造：

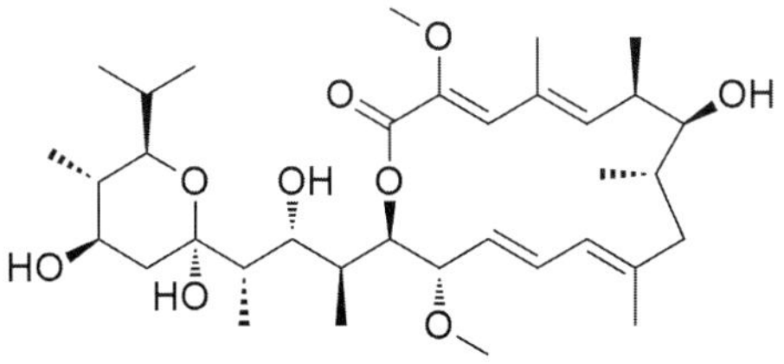

Bafilomycin A_1

分子式：$C_{35}H_{58}O_9$
分子量：622.84
溶解性：DMSO ,+++; H_2O, +; MeOH,+++

Methanol inactivate bafilomyins by methylation.

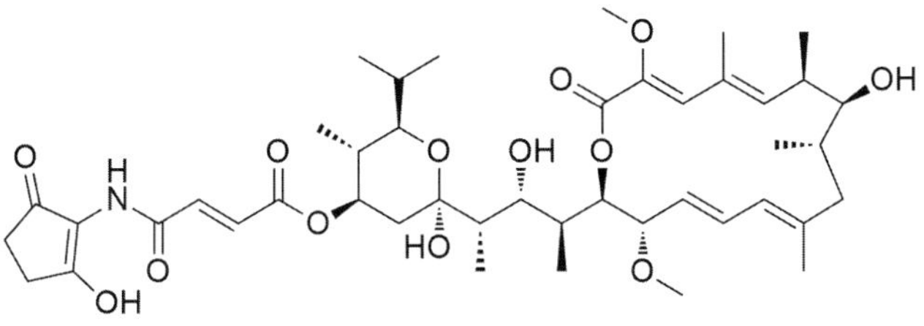

Bafilomycin B_1（Setamycin）

分子式：$C_{44}H_{65}NO_{13}$
分子量：816.00
溶解性：DMSO ,+++; H_2O, +; MeOH,+++

Methanol inactivate bafilomyins by methylation.

由来：

放線菌*Streptomyces griseus*由来の天然物〔1, 2〕。最初のbafilomycin類はsetamycinであり、その後さまざまな類縁体が単離されている〔3-5〕。

標的分子と作用：

液胞ATPase（V-ATPase）の強力な特異的阻害剤である〔6〕。液胞の酸性化の阻害、タンパク質分泌の阻害を引き起こす〔7〕。V-ATPasesの阻害は、破骨細胞からの骨の吸収の阻害〔8〕、リソソームでのタンパク質分解の阻害〔9〕、マクロファージにおける脂質の蓄積の阻害をもたらす〔10〕。V-ATPase中のVoドメインに結合する〔11, 12〕。

Bafilomycins の生物活性：

MIC value against *Sacchromyces sake*：0.78μg/ml〔1〕

I_{50} value against the membrane-bound ATPases from Neurospora vacuoles, chromaffin granules and corn vacuoles：0.4, 0.05, and 0.004nmol/mg, respectively〔6〕

IC_{50} value for osteoclast bone resorption：1nM〔8〕

Inhibition of oxidized low density lipoprotein (LDL)-induced accumulation of lipid droplets in macrophage J774：3nM〔10〕

参考文献：

〔1〕 Omura S, Otoguro K, Nishikiori T, Oiwa R, Iwai Y (1981) Setamycin, a new antibiotic. *J Antibiot* **34**: 1253-1256.

〔2〕 Otoguro K, Nakagawa A, Omura S (1988) Setamycin, a 16-membered macrolide antibiotic. Identification and nematocidal activity. *J Antibiot* **41**: 250-252.

〔3〕 Hensens OD, Monaghan RL, Huang LY, Albersschonberg G (1983) Structure of the sodium and potassium-ion activated adenosine-triphosphatase inhibitor-L-681,110. *J Am Chem Soc* **105** : 3672-3679.

〔4〕 Huang L, Albers-Schonberg G, Monaghan RL, Jakubas K, Pong SS, Hensens OD, Burg RW, Ostlind DA, Conroy J, Stapley EO (1984) Discovery, production and purification of the Na^+, K^+ activated ATPase inhibitor, L-681,110 from the fermentation broth of *Streptomyces* sp. MA-5038. *J Antibiot* **37**: 970-975.

〔5〕 Werner G, Hagenmaier H, Drautz H, Baumgartner A, Zahner H (1984) Metabolic products of microorganisms. 224. Bafilomycins, a new group of macrolide antibiotics. Production, isolation, chemical structure and biological activity. *J Antibiot* **37**: 110-117.

〔6〕 Bowman EJ, Siebers A, Altendorf K (1988) Bafilomycins: a class of inhibitors of membrane ATPases from microorganisms, animal cells, and plant cells. *Proc Natl Acad Sci USA* **85**: 7972-7976.

〔7〕 Banta LM, Robinson JS, Klionsky DJ, Emr SD (1988) Organelle assembly in yeast: characterization of yeast mutants defective in vacuolar biogenesis and protein sorting. *J Cell Biol* **107**: 1369-1383.

〔8〕 Sundquist K, Lakkakorpi P, Wallmark B, Vaananen K (1990) Inhibition of osteoclast proton transport by bafilomycin A1 abolishes bone resorption. *Biochem Biophys Res Commun* **168**: 309-313.

〔9〕 Yoshimori T, Yamamoto A, Moriyama Y, Futai M, Tashiro Y (1991) Bafilomycin A1, a specific inhibitor of vacuolar-type H^+-ATPase, inhibits acidification and protein degradation in lysosomes of cultured cells. *J Biol Chem* **266**: 17707-17712.

〔10〕 Naganuma S, Kuzuya N, Sakai K, Hasumi K, Endo A (1992) Inhibition of the accumulation of lipid droplets in macrophage J774 by bafilomycin B1 and destruxin E. *Biochim Biophys Acta* **1126**: 41-48.

〔11〕 Zhang J, Feng Y, Forgac M (1994) Proton conduction and bafilomycin binding by the V0 domain of the coated vesicle V-ATPase. *J Biol Chem* **269**: 23518-23523.

〔12〕 Bowman EJ, Graham LA, Stevens TH, Bowman BJ (2004) The bafilomycin/concanamycin binding site in subunit *c* of the V-ATPases from *Neurospora crassa* and *Saccharomyces cerevisiae*. *J Biol Chem* **279**: 33131-33138.

BI 2536*

キーワード：[Plk1 inhibitor]

構造：

BI 2536

分子式：$C_{28}H_{39}N_7O_3$
分子量：521.65
溶解性：DMSO,+++; MeOH,+++; H_2O, ?

由来：

*合成化合物。

標的分子と作用：

BI 2536は1nM以下でPlk1を阻害する。BI 2536はHeLa細胞に対して、有糸分裂中心体のApc6のリン酸化阻害、γ-チューブリンのリクルート阻害、染色体からのcohesin放出を阻害し、単極性スピンドルを誘導する。また、G2/M期で細胞周期を停止させ、アポトーシスの誘導を示すsub-G1 DNA peakを増加させる。そのほか、32のヒトがん細胞株の増殖をIC_{50}値が2～25nMで阻害する〔1, 3〕。

BI2536の生物活性：

IC_{50} for Plk1, Plk2 and Plk3：0.83nM, 3.5nM and 9.0nM, respectively〔1〕

参考文献：

〔1〕 Steegmaier M, Hoffmann M, Baum A, Lenart P, Petronczki M, Krssak M, Gurtler U, Garin-Chesa P, Lieb S, Quant J, Grauert M, Adolf GR, Kraut N, Peters JM, Rettig WJ (2007) BI 2536, a potent and selective inhibitor of polo-like kinase 1, inhibits tumor growth in vivo. *Curr Biol* **17**:316-322.
〔2〕 Lenart P, Petronczki M, Steegmaier M, Di Fiore B, Lipp JJ, Hoffmann M, Rettig WJ, Kraut N, Peters JM (2007) The small-molecule inhibitor BI 2536 reveals novel insights into mitotic roles of polo-like kinase 1. *Curr Biol* **17**:304-315.
〔3〕 Nappi TC, Salerno P, Zitzelsberger H, Carlomagno F, Salvatore G, Santoro M (2009) Identification of Polo-like kinase 1 as a potential therapeutic target in anaplastic thyroid carcinoma. *Cancer Res* **69**:1916-1923.

Bisebromoamide

キーワード：[Actin stabilizer]

構造：

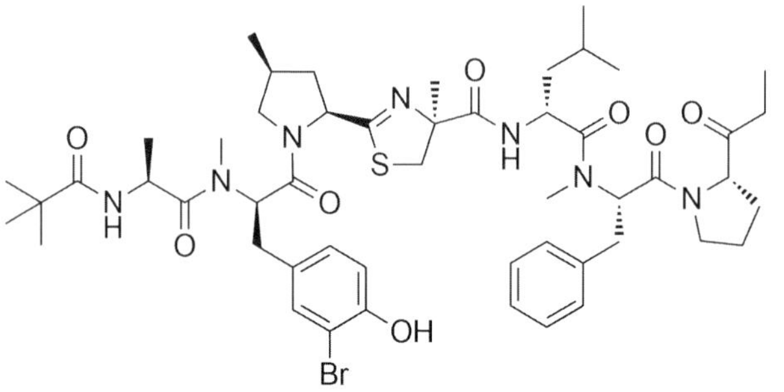

Bisebromoamide

分子式：$C_{51}H_{72}BrN_7O_8S$
分子量：1023.13
溶解性：DMSO, ++; H_2O, ++; MeOH,++

由来：

海産シアノバクテリア *Lyngbya* sp 由来の天然物〔1〕。

標的分子と作用：

アクチンの重合、およびF-アクチンの安定化を促進する〔2〕。進行性腎細胞がん（RCC）に対し、アポトーシスの誘導およびRaf/MEK/ERK・PI3K/Akt/mTOR経路の阻害を引き起こす〔3〕。

Bisebromoamideの生物活性：

IC_{50} for cytotoxicity against HeLa：0.04μg/ml〔1〕

Inhibition of the phosphorylation of ERK in NRK cells by PDGF-stimulation：0.1 ～ 10μM〔1〕

F-actin stabilization in vitro：10nM〔2〕

IC_{50} against two cell lines of advanced renal cell carcinoma：1.5μM and 2.1μM〔3〕

参考文献：

〔1〕 Teruya T, Sasaki H, Fukazawa H, Suenaga K (2009) Bisebromoamide, a potent cytotoxic peptide from the marine cyanobacterium Lyngbya sp.: isolation, stereostructure, and biological activity. *Org Lett* **11**:5062-5065.
〔2〕 Sumiya E, Shimogawa H, Sasaki H, Tsutsumi M, Yoshita K, Ojika M, Suenaga K, Uesugi M (2011) Cell-morphology profiling of a natural product library identifies bisebromoamide and miuraenamide A as actin filament stabilizers. *ACS Chem Biol* **6**:425-431.
〔3〕 Suzuki K, Mizuno R, Suenaga K, Teruya T, Tanaka N, Kosaka T, Oya M (2013) Bisebromoamide, an extract from Lyngbya species, induces apoptosis through ERK and mTOR inhibitions in renal cancer cells. *Cancer Med* **2**:32-39.

BMS-488516*, BMS-509744*

キーワード：[Itk kinase inhibitor] [immunosuppressive and inflammatory diseases]

構造：

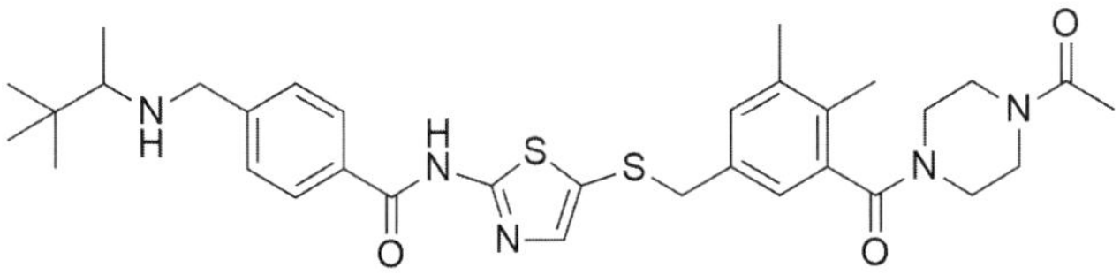

BMS-488516

分子式：$C_{33}H_{43}N_5O_3S_2$
分子量：621.86
溶解性：DMSO, ++; H_2O, ?; MeOH, ?

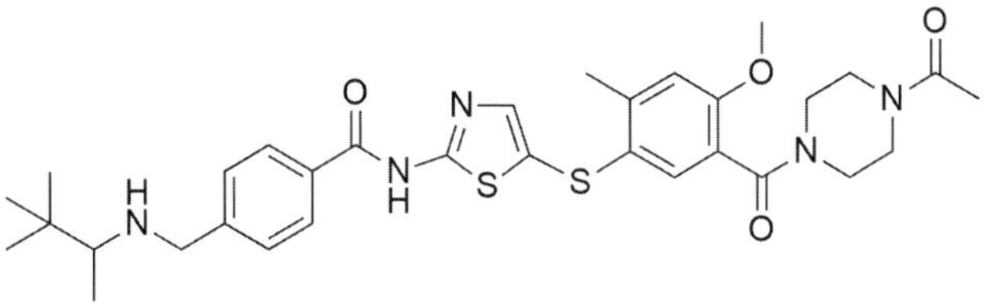

BMS-509744

分子式：$C_{32}H_{41}N_5O_4S_2$
分子量：623.83
溶解性：DMSO, ++; H_2O, ?; MeOH, ?

由来：

＊合成化合物〔1〕。

標的分子と作用：

選択的で強力なATP拮抗型Itkキナーゼ阻害剤で、TCR誘導機能を低下させる〔1〕。

BMS-488516、およびBMS-509744の生物活性：

IC_{50} of BMS-488516 and BMS-509744 *in vitro* Itk kinase：96nM and 19nM, respectively〔1〕

Inhibition of PLCγ phosphorylation by anti-CD3 antibody in Jurkat cells by BMS-509744：10μM〔1〕

IC_{50} of BMS-488516 and BMS-509744 on LPS-induced TNFR production from PBMCs：11μM and > 25μM, respectively〔1〕

IC_{50} of BMS-488516 and BMS-509744 on anti-CD3 antibody-induced IL-2 secretion in murine EL4 cells：250 and 72nM, respectively〔1〕

K_d value of BMS-509744 on C477S/E614A/E617A Itk kinase variant measured by SPR：0.8nM〔2〕

IC_{50} of BMS-509744 on HIV infectivity：～ 3μM〔3〕

参考文献：

〔1〕 Lin TA, McIntyre KW, Das J, Liu C, O'Day KD, Penhallow B, Hung CY, Whitney GS, Shuster DJ, Yang X, Townsend R, Postelnek J, Spergel SH, Lin J, Moquin RV, Furch JA, Kamath AV, Zhang H, Marathe PH, Perez-Villar JJ, Doweyko A, Killar L, Dodd JH, Barrish JC, Wityak J, Kanner SB (2004) Selective Itk inhibitors block T-cell activation and murine lung inflammation. *Biochemistry* **43**:11056-11062.

〔2〕 Kutach AK, Villasenor AG, Lam D, Belunis C, Janson C, Lok S, Hong LN, Liu CM, Deval J, Novak TJ, Barnett JW, Chu W, Shaw D, Kuglstatter A (2010) Crystal structures of IL-2-inducible T cell kinase complexed with inhibitors: insights into rational drug design and activity regulation. *Chem Biol Drug Des* **76**:154-163.

〔3〕 Tarafdar S, Poe JA, Smithgall TE (2014) The accessory factor Nef links HIV-1 to Tec/Btk kinases in an Src homology 3 domain-dependent manner. *J Biol Chem* **289**:15718-15728.

BNS-22*

キーワード：[Antitumor] [Topoisomerase II]

構造：

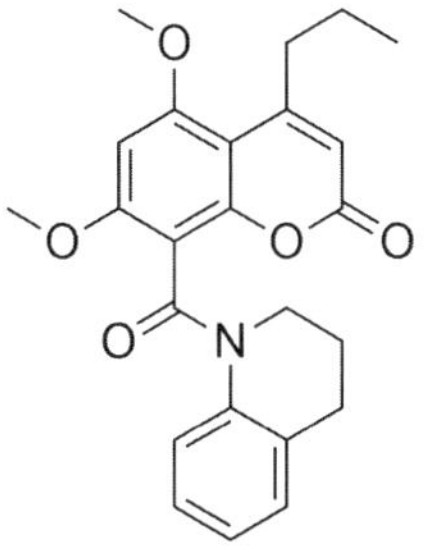

BNS-22

分子式：$C_{24}H_{25}NO_5$
分子量：407.47
溶解性：DMSO, ++; H_2O, -; MeOH, ++

由来：

* オトギリソウ *Calophyllum brasiliense* 由来の天然物GUT-70からの誘導体〔1〕。

標的分子と作用：

ヒトTOP2αおよびTOP2βによるキネトプラストの脱連環反応の触媒阻害型の阻害剤である。そのため、DNAダメージは誘発しないが、有糸分裂における染色体凝集や分離の異常、およびHeLa細胞で倍数化を引き起こす〔2〕。

BNS-22の生物活性：

IC_{50} for human TOP2α and TOP2β *in vitro*：2.8 and 0.42μM, respectively〔2〕
Perturbation of mitotic spindle formation and polyploidy induction in HeLa cells：3μM〔2〕

参考文献：

〔1〕 Kimura S, Ito C, Jyoko N, Segawa H, Kuroda J, Okada M, Adachi S, Nakahata T, Yuasa T, Filho VC, Furukawa H, Maekawa T (2005) Inhibition of leukemic cell growth by a novel anti-cancer drug (GUT-70) from calophyllum brasiliense that acts by induction of apoptosis. *Int J Cancer* **113**:158-165.
〔2〕 Kawatani M, Takayama H, Muroi M, Kimura S, Maekawa T, Osada H (2011) Identification of a small-molecule inhibitor of DNA topoisomerase II by proteomic profiling. *Chem Biol* **18**:743-751.

Brefeldin A

キーワード：[Antifungal] [Antiviral] [ARF GEF inhibitor] [Transport inhibitor]

構造：

Brefeldin A

分子式：$C_{16}H_{24}O_4$
分子量：280.36
溶解性：DMSO, +++; H_2O, +; MeOH, ++

由来：

アオカビ *Penicillium decumbens* 由来の天然物〔1〕。

標的分子と作用：

コートタンパク質や β-COP、低分子量GTPaseおよびADP-リボシル化因子（ARF）の急速かつ可逆的な解離を誘導し〔4,5〕、小胞体からゴルジ体へのタンパク質輸送を阻害する〔3〕。Brefeldin Aはゴルジ膜上のARFに作用するグアニンヌクレオチド交換因子（GEF）活性を阻害する〔6,7〕。また、brefeldin Aは小胞体ストレス応答（unfolded protein response：UPR）および、タンパク質の合成阻害、アポトーシスを誘導する〔15-17〕。

Brefeldin Aの生物活性：

Blockage of secretion in primary culture of rat hepatocyte：1μg/ml〔3〕
70% inhibition of protein synthesis in rat glioma C6 cells：0.1 ～ 1mg/ml〔16〕
50 ～ 60% inhibition of the membrane-dependent nucleotide-exchange reaction：10μM〔6,7〕
Redistribution of S2P into the ER in HepG2 cells：10μg/ml〔15〕

参考文献：

〔1〕 Singleton VL, Bohonos N, Ullstrup AJ (1958) Decumbin, a new compound from a species of Penicillium. *Nature* **181**:1072-1073.
〔2〕 Hayashi T, Takatsuki A, Tamura G (1974) The action mechanism of brefeldin A. I. Growth recovery of Candida albicans by lipids from the action of brefeldin A. *J Antibiot* **27**:65-72.
〔3〕 Misumi Y, Miki K, Takatsuki A, Tamura G, Ikehara Y (1986) Novel blockade by brefeldin A of intracellular transport of secretory proteins in cultured rat hepatocytes. *J Biol Chem* **261**:11398-11403.
〔4〕 Donaldson JG, Lippincott-Schwartz J, Bloom GS, Kreis TE, Klausner RD (1990) Dissociation of a 110-kD peripheral membrane protein from the Golgi apparatus is an early event in brefeldin A action. *J Cell Biol* **111**:2295-2306.
〔5〕 Serafini T, Stenbeck G, Brecht A, Lottspeich F, Orci L, Rothman JE, Wieland FT (1991) A coat subunit of Golgi-derived non-clathrin-coated vesicles with homology to the clathrin-coated vesicle coat protein beta-adaptin. *Nature* **349**:215-220.
〔6〕 Donaldson JG, Finazzi D, Klausner RD (1992) Brefeldin A inhibits Golgi membrane-catalysed exchange of guanine nucleotide onto ARF protein. *Nature* **360**:350-352.
〔7〕 Helms JB, Rothman JE (1992) Inhibition by brefeldin A of a Golgi membrane enzyme that catalyses exchange of guanine nucleotide bound to ARF. *Nature* **360**:352-354.
〔8〕 Peyroche A, Paris S, Jackson CL (1996) Nucleotide exchange on ARF mediated by yeast Gea1 protein. *Nature* **384**:479-481.
〔9〕 Peyroche A, Antonny B, Robineau S, Acker J, Cherfils J, Jackson CL (1999) Brefeldin A acts to stabilize an abortive ARF-GDP-Sec7 domain protein complex: involvement of specific residues of the Sec7 domain. *Mol Cell* **3**:275-285.
〔10〕 Jackson CL, Casanova JE (2000) Turning on ARF: the Sec7 family of guanine-nucleotide-exchange factors. *Trends Cell Biol* **10**:60-67.
〔11〕 Mossessova E, Corpina RA, Goldberg J (2003) Crystal structure of ARF1*Sec7 complexed with Brefeldin A and its implications for the guanine nucleotide exchange mechanism. *Mol Cell* **12**:1403-1411.
〔12〕 Renault L, Guibert B, Cherfils J (2003) Structural snapshots of the mechanism and inhibition of a guanine nucleotide exchange factor. *Nature* **426**:525-530.
〔13〕 Nuchtern JG, Biddison WE, Klausner RD (1990) Class II MHC molecules can use the endogenous pathway of antigen presentation. *Nature* **343**:74-76.
〔14〕 Rubartelli A, Cozzolino F, Talio M, Sitia R (1990) A novel secretory pathway for interleukin-1 beta, a protein lacking a signal sequence. *EMBO J* **9**:1503-1510.
〔15〕 Citterio C, Vichi A, Pacheco-Rodriguez G, Aponte AM, Moss J, Vaughan M (2008) Unfolded protein response and cell death after depletion of brefeldin A-inhibited guanine nucleotide-exchange protein GBF1. *Proc Natl Acad Sci USA* **105**:2877-2882.
〔16〕 Fishman PH, Curran PK (1992) Brefeldin A inhibits protein synthesis in cultured cells. *FEBS Lett* **314**:371-374.
〔17〕 Shinjo S, Mizotani Y, Tashiro E, Imoto M (2013) Comparative analysis of the expression patterns of UPR-target genes caused by UPR-inducing compounds. *Biosci Biotechnol Biochem* **77**:729-735.

C646*

キーワード：[p300 inhibitor]

構造：

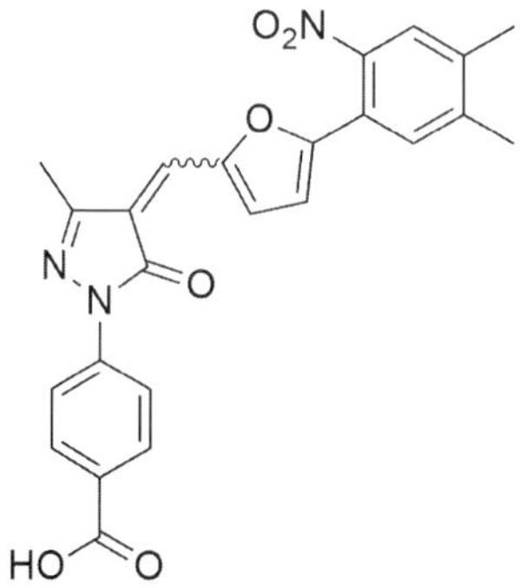

O₂N

O

N

N

O

HO

O

C646

分子式：$C_{24}H_{19}N_3O_6$

分子量：445.43

溶解性：DMSO, +++; H_2O, ?; MeOH, ?

由来：

* 合成化合物〔1〕。

標的分子と作用：

細胞のヒストンアセチル化レベルを低下させ、メラノーマ細胞の増殖の阻害〔1〕および急性骨髄性白血病細胞に対する抗増殖作用を示す〔2,3〕。また、有糸分裂阻害によって肺がん細胞の放射線感受性を増加させる〔4〕。抗腫瘍活性に加えて、インフルエンザウイルスに対する阻害性、抗タウオパシー活性が報告されている〔5,6〕。

C646の生物活性：

Ki for p300：400nM〔1〕

Inhibition of p300 enzymatic activity at 10μM：86% inhibition〔1〕

Inhibition of histone acetylation in mouse fibroblasts：25μM〔1〕

IC_{50} on proliferation of melanoma cells：10 ～ 20μM〔1〕

参考文献：

〔1〕 Bowers EM, Yan G, Mukherjee C, Orry A, Wang L, Holbert MA, Crump NT, Hazzalin CA, Liszczak G, Yuan H, Larocca C, Saldanha SA, Abagyan R, Sun Y, Meyers DJ, Marmorstein R, Mahadevan LC, Alani RM, Cole PA (2010) Virtual ligand screening of the p300/CBP histone acetyltransferase: identification of a selective small molecule inhibitor. *Chem Biol* **17**:471-482.

〔2〕 Gao XN, Lin J, Ning QY, Gao L, Yao YS, Zhou JH, Li YH, Wang LL, Yu L (2013) A histone acetyltransferase p300 inhibitor C646 induces cell cycle arrest and apoptosis selectively in AML1-ETO-positive AML cells. *PloS one* **8**:e55481.

〔3〕 Giotopoulos G, Chan WI, Horton SJ, Ruau D, Gallipoli P, Fowler A, Crawley C, Papaemmanuil E, Campbell PJ, Göttgens B, Van Deursen JM, Cole PA, Huntly BJ (2016) *Oncogene* **35**:279-289.

〔4〕 Oike T, Komachi M, Ogiwara H, Amornwichet N, Saitoh Y, Torikai K, Kubo N, Nakano T, Kohno T (2014) C646, a selective small molecule inhibitor of histone acetyltransferase p300, radiosensitizes lung cancer cells by enhancing mitotic catastrophe. *Radiother Oncol* **111**:222-227.

〔5〕 Zhao D, Fukuyama S, Sakai-Tagawa Y, Takashita E, Shoemaker JE, Kawaoka Y (2015) C646, a Novel p300/CREB-Binding Protein-Specific Inhibitor of Histone Acetyltransferase, Attenuates Influenza A Virus Infection. *Antimicrob Agents Chemother* **60**:1902-1906.

〔6〕 Min SW, Cho SH, Zhou Y, Schroeder S, Haroutunian V, Seeley WW, Huang EJ, Shen Y, Masliah E, Mukherjee C, Meyers D, Cole PA, Ott M, Gan L. (2010) Acetylation of tau inhibits its degradation and contributes to tauopathy. *Neuron* **67**:953-966.

Celastrol

キーワード：[Anti-inflammatory] [Cysteine reactivity]

構造：

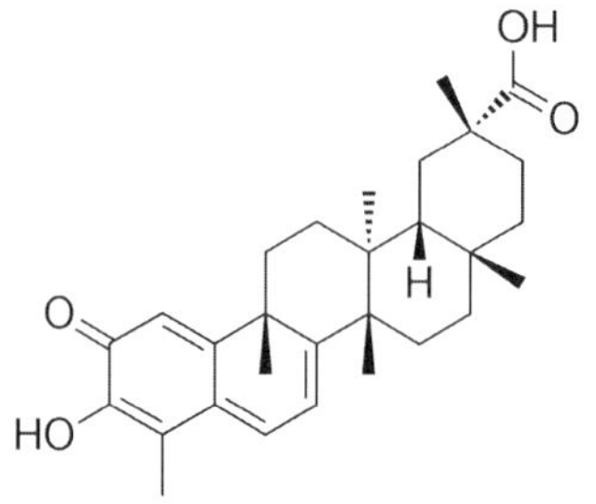

Celastrol

分子式：$C_{29}H_{38}O_4$
分子量：450.62
溶解性：DMSO, +++; H_2O, -; MeOH, +

由来：

ライコウトウ *Celastrus scandens* 由来の天然物〔1,2〕。

標的分子と作用：

In vivo においてcelastrolは腫瘍細胞の増殖阻害や、腫瘍のイニシエーション、プロモーションおよび転移の抑制をする。近年、celastrolがアンドロゲン受容体仲介シグナル伝達の阻害剤として同定され、celastrolがHSP90阻害剤であること〔5〕、また、がん抑制因子であるPP2A（CIP2A）も標的タンパク質としていることが明らかになった〔6〕。CelastrolはNF-κB、proteasomeおよびtopoisomerase IIの生理活性や、熱ショック応答などを調節することが報告されており〔7〕、いくつもの分子標的を有すると考えられる。

Celastrolの生物活性：

Inhibition of androgen receptor signaling in LNCaP cells stimulated with the synthetic androgen R1881：1.25μM〔5〕

CIP2A degradation in various cancer cell lines：5μM〔6〕

A-E

参考文献：

〔1〕 Chou T, Mei P (1936) Study on Chinese herb Lei Gong Teng, Tripterygium wilfordii Hook f. I The coloring substance and the sugars. *Chinese J Physiol* **10**:529-534.
〔2〕 Gisvold O (1939) The pigments contained in the bark of the root of *Celastrus scandens*. *J Am Pharm Soc* **28**:440-443.
〔3〕 Nakanishi K, Kakisawa H, Hirata Y (1956) Structure of pristimerin and celastrol. *Bull Chem Soc Jpn* **29**:7-15.
〔4〕 Klaic L, Trippier PC, Mishra RK, Morimoto RI, Silverman RB (2011) Remarkable stereospecific conjugate additions to the Hsp90 inhibitor celastrol. *J Am Chem Soc* **133**:19634-19637.
〔5〕 Hieronymus H, Lamb J, Ross KN, Peng XP, Clement C, Rodina A, Nieto M, Du J, Stegmaier K, Raj SM, Maloney KN, Clardy J, Hahn WC, Chiosis G, Golub TR (2006) Gene expression signature-based chemical genomic prediction identifies a novel class of HSP90 pathway modulators. *Cancer Cell* **10**:321-330.
〔6〕 Liu Z, Ma L, Wen ZS, Hu Z, Wu FQ, Li W, Liu J, Zhou GB (2014) Cancerous inhibitor of PP2A is targeted by natural compound celastrol for degradation in non-small-cell lung cancer. *Carcinogenesis* **35**:905-914.
〔7〕 Kannaiyan R, Shanmugam MK, Sethi G (2011) Molecular targets of celastrol derived from Thunder of God Vine: potential role in the treatment of inflammatory disorders and cancer. *Cancer Lett* **303**:9-20.

Cerulenin

キーワード：[Antifungal] [Lipid biosynthesis inhibitor]

構造：

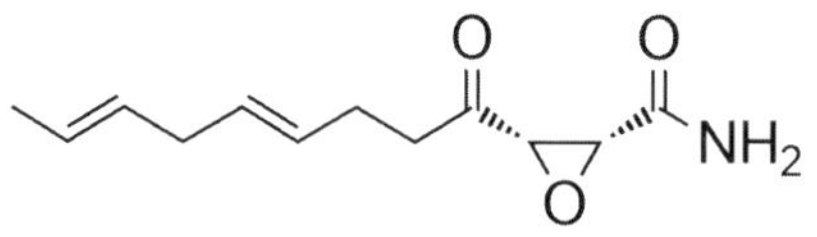

Cerulenin

分子式：$C_{12}H_{17}NO_3$
分子量：223.27
溶解性：DMSO, ++; H_2O, +; MeOH, ++

由来：

不完全菌類の *Cephalosporium caerulens* 由来の天然物〔1〕。

標的分子と作用：

Ceruleninはβ-ケトアシルACP合成酵素のCys204と共有結合し、脂肪酸生合成を阻害する〔2-6〕。

Ceruleninの生物活性：

IC_{50} value against fatty acid synthetase of *E. coli*：30μM〔2〕

IC_{50} value against β-ketoacyl-acyl carrier protein synthetase of *E. coli*：< 5μM〔2〕

IC_{50} value against HIV-1 protease in vitro：2.5mM〔8〕

参考文献：

〔1〕 Sato Y, Nomura S, Kamio Y, Omura S, Hata T (1967) Studies on cerulenin, 3. Isolation and physico-chemical properties of cerulenin. *J Antibiot* **20**:344-348.

〔2〕 D'Agnolo G, Rosenfeld IS, Awaya J, Omura S, Vagelos PR (1973) Inhibition of fatty acid synthesis by the antibiotic cerulenin. Specific inactivation of β-ketoacyl-acyl carrier protein synthetase. *Biochim Biophys Acta* **326**:155-156.

〔3〕 Vance D, Goldberg I, Mitsuhashi O, Bloch K (1972) Inhibition of fatty acid synthetases by the antibiotic cerulenin. *Biochem Biophys Res Commun* **48**:649-656.

〔4〕 Child CJ, Shoolingin-Jordan PM (1998) Inactivation of the polyketide synthase, 6-methylsalicylic acid synthase, by the specific modification of Cys-204 of the β-ketoacyl synthase by the fungal mycotoxin cerulenin. *Biochem J* **330**:933-937.

〔5〕 Funabashi H, Kawaguchi A, Tomoda H, Omura S, Okuda S, Iwasaki S (1989) Binding site of cerulenin in fatty acid synthetase. *J Biochem* 105:751-755.

〔6〕 Moche M, Schneider G, Edwards P, Dehesh K, Lindqvist Y (1999) Structure of the complex between the antibiotic cerulenin and its target, β-ketoacyl-acyl carrier protein synthase. *J Biol Chem* **274**:6031-6034.

〔7〕 Falo LD, Jr., Benacerraf B, Rothstein L, Rock KL (1987) Cerulenin is a potent inhibitor of antigen processing by antigen-presenting cells. *J Immunol* **139**:3918-3923.

〔8〕 Moelling K, Schulze T, Knoop MT, Kay J, Jupp R, Nicolaou G, Pearl LH (1990) In vitro inhibition of HIV-1 proteinase by cerulenin. *FEBS Lett* **261**:373-377.

〔9〕 Jochen AL, Hays J, Mick G (1995) Inhibitory effects of cerulenin on protein palmitoylation and insulin internalization in rat adipocytes. *Biochim Biophys Acta* **1259**:65-72.

Chromeceptin*

キーワード：[Insulin-induced adipogenesis] [IGF2] [STAT6] [MFP-2] [ACC1]

構造：

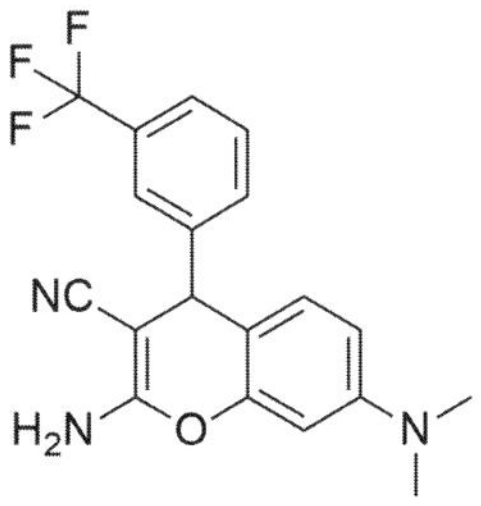

Chromeceptin

分子式：$C_{19}H_{16}F_3N_3O$
分子量：359.35
溶解性：DMSO, +++; H_2O, ±; MeOH, ++

由来：

*合成化合物〔1〕。

標的分子と作用：

ChromeceptinはSTAT-6活性化を介してSOCS-3およびIGFBP-1の発現を活性化することで、IGF2分泌型肝細胞がんの自己分泌ループを阻止し細胞傷害性を示す〔1, 2〕。また、標的分子であるMFP-2と結合し複合体を形成したのち、ACC1と結合してその活性を阻害することで脂肪酸合成を阻害する〔3〕。

Chromeceptinの生物活性：

IC_{50} of the IGF2-producing hepatocellular carcinoma cells (Hep-G2)：29nM〔1〕
IC_{50} of the hepatocellular carcinoma cells with low level of IGF2 (SK-Hep-1)：～1000nM〔1〕
Inhibition of the promoter of IGF2 in the hepatocellular carcinoma cells：1μM〔1〕
Induction of IGFBP-1 and SOCS-3：1μM〔2〕
Pex5p-dependent peroxisomal translocation of MPF1 and ACC1：1μM〔3〕

参考文献：

〔1〕 Choi Y, Kawazoe Y, Murakami K, Misawa H, Uesugi M (2003) Identification of bioactive molecules by adipogenesis profiling of organic compounds. *J Biol Chem* **278**:7320-7324.
〔2〕 Choi Y, Shimogawa H, Murakami K, Ramdas L, Zhang W, Qin J, Uesugi M (2006) Chemical genetic identification of the IGF-linked pathway that is mediated by STAT6 and MFP2. *Chem Biol* **13**:241-249.
〔3〕 Jung D, Abu-Elheiga L, Ayuzawa R, Gu Z, Shirakawa T, Fujiki Y, Nakatsuji N, Wakil SJ, Uesugi M (2012) Mislocalization and inhibition of acetyl-CoA carboxylase 1 by a synthetic small molecule. *Biochem J* **448**:409-416.

Colchicine

キーワード：[Antitumor] [Cell cycle inhibitor] [Microtubule inhibitor]

構造：

Colchicine

分子式：$C_{22}H_{25}NO_6$
分子量：399.44
溶解性：DMSO, +; H_2O, +; MeOH, +++

由来：

イヌサフラン *Colchicum autumnale* L. 由来の天然物〔1, 2〕。

標的分子と作用：

古来より痛風治療薬として用いられてきたイヌサフランの活性成分。*α, β*-チューブリンヘテロダイマーに結合し、微小管重合を阻害する〔3-6〕。

Colchicineの生物活性：

Endoduplication induction in Chinese hamster cell line：100μM〔7〕
Partial disorganization of the spindle in grasshopper neuroblast：250nM〔8〕

参考文献：

〔1〕 Chemnitius F (1928) Zur Darstellung des Colchicins. *J Prakt Chem* **118**:29-32.
〔2〕 Dewar MJS (1945) Structure of colchicine. *Nature* **155**:141-142.
〔3〕 Wilson L, Friedkin M (1967) The biochemical events of mitosis. II. The in vivo and in vitro binding of colchicine in grasshopper embryos and its possible relation to inhibition of mitosis. *Biochemistry* **6**:3126-3135.
〔4〕 Borisy GG, Taylor EW (1967) The mechanism of action of colchicine. Binding of colchicine-3H to cellular protein. *J Cell Biol* **34**:525-548.
〔5〕 Bergen LG, Borisy GG (1983) Tubulin-colchicine complex inhibits microtubule elongation at both plus and minus ends. *J Biol Chem* **258**:4190-4194.
〔6〕 Ravelli RB, Gigant B, Curmi PA, Jourdain I, Lachkar S, Sobel A, Knossow M (2004) Insight into tubulin regulation from a complex with colchicine and a stathmin-like domain. *Nature* **428**:198-202.
〔7〕 Mueller GA, Gaulden ME, Drane W (1971) The effects of varying concentrations of colchicine on the progression of grasshopper neuroblasts into metaphase. *J Cell Biol* **48**:253-265.
〔8〕 Rizzoni M, Palitti F (1973) Regulatory mechanism of cell division. I. Cholchicine-induced endoreduplication. *Exp Cell Res* **77**:450-458.

Compactin/ML-236B, Lovastatin

キーワード：[Hypolipidemic agent] [HMG-CoA reductase]

構造：

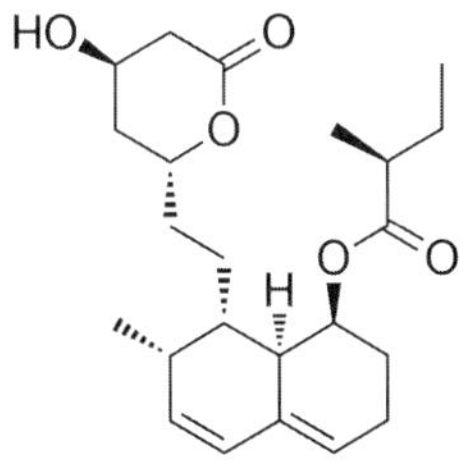

Compactin

分子式：$C_{23}H_{34}O_5$

分子量：390.51

溶解性：DMSO, +++; H_2O, ±; MeOH,++

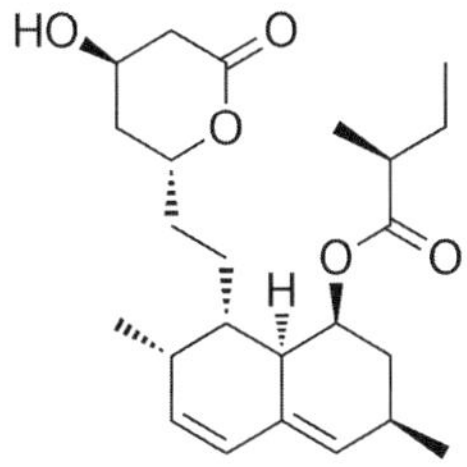

Lovastatin

分子式：$C_{24}H_{36}O_5$

分子量：404.54

溶解性：DMSO, +++; H_2O, ±; MeOH,++

由来：

ML-236B/compactinは、*Penicillum citrinum*および*Penicillium brevicompactum*由来の天然物〔1,2〕。

Lovastatin（monacolin K, mevinolin）は、*Monascus* sp.および*Aspergillus terreus*由来の天然物〔3,4〕。

標的分子と作用：

Compactin、lovastatin、および他のスタチンは、コレステロール合成経路における律速酵素である3-hydroxy-3-methylglutaryl (HMG)-CoAレダクターゼのHMG-CoA結合部位に結合することで、HMG-CoA競合的に阻害する〔6,7〕。スタチンはHMG-CoAレダクターゼ阻害を介して抗腫瘍作用、抗ウイルス活性を示し〔9〕、エキソソーム関連インスリン分解酵素分泌の刺激によるミクログリアによって細胞外アミロイドβペプチド分解を示す〔10〕。一方、プロテアソーム阻害を介したG1期細胞周期停止〔11-13〕、LFA-1を介したICAM-1と白血球の接着の阻害による免疫応答調節〔14,15〕やMHC-II媒介性T細胞活性化の抑制を介した免疫応答調節〔16〕や、脆弱X症候群〔17〕、リステリアモノサイトゲネス感染〔18〕、進行性多発性硬化症〔19〕、骨格形成異常〔20〕、およびデュシェンヌ型筋ジストロフィー〔21〕に対するその他の治療効果など、HMG-CoAレダクターゼ阻害とは無関係の作用も報告されている。

Compactin、およびLovastatinの生物活性：

Compactin

IC_{50} of cholesterol synthesis in ^{14}C-acetate incorporation into digitonin-precipitable sterols in a rat liver enzyme system：26nM〔1〕

IC_{50} of HMG-CoA reductase：100nM〔6〕

Lovastatin

Decrease HCV RNA levels to 10～20% in Huh7-K2040 cells：50μM, 24 hr treatment〔9〕

IC_{50} value for LFA-1-ICAM-1 interaction：2.1 ± 0.8μM〔15〕

Inhibition of IFN-γ induced MHC-II expression on human endothelial cells and macrophages：10μM, 48 hr treatment〔16〕

参考文献：

〔1〕 Endo A, Kuroda M, Tsujita Y (1976) ML-236A, ML-236B, and ML-236C, new inhibitors of cholesterogenesis produced by Penicillium citrinium. *J Antibiot* **29**:1346-1348.

〔2〕 Brown AG, Smale TC, King TJ, Hasenkamp R, Thompson RH (1976) Crystal and molecular structure of compactin, a new antifungal metabolite from Penicillium brevicompactum. *J Chem Soc Perkin* **1**:1165-1170.

〔3〕 Endo A. (1979) Monacolin K, a new hypocholesterolemic agent produced by a Monascus species. *J Antibiot.* **32**:852-854.

〔4〕 Endo A. (1980) Monacolin K, a new hypocholesterolemic agent that specifically inhibits 3-hydroxy-3-methylglutaryl coenzyme A reductase. *J Antibiot.* **33**:334-336.

〔5〕 Alberts AW, Chen J, Kuron G, Hunt V, Huff J, Hoffman C, Rothrock J, Lopez M, Joshua H, Harris E, Patchett A, Monaghan R, Currie S, Stapley E, Albers-Schonberg G, Hensens O, Hirshfield J, Hoogsteen K, Liesch J, Springer J. (1980) Mevinolin: a highly potent competitive inhibitor of hydroxymethylglutaryl-coenzyme A reductase and a cholesterol-lowering agent. *Proc Natl Acad Sci USA.* **77**:3957-3961.

〔6〕 Endo A, Kuroda M, Tanzawa K (1976) Competitive inhibition of 3-hydroxy-3-methylglutaryl coenzyme A reductase by ML-236A and ML-

236B fungal metabolites, having hypocholesterolemic activity. *FEBS Lett* **72**:323-326.

〔7〕 Istvan ES, Deisenhofer J. (2001) Structural mechanism for statin inhibition of HMG-CoA reductase. *Science.* **292**:1160-1164.

〔8〕 Hartwell KA, Miller PG, Mukherjee S, Kahn AR, Stewart AL, Logan DJ, Negri JM, Duvet M, Järås M, Puram R, Dancik V, Al-Shahrour F, Kindler T, Tothova Z, Chattopadhyay S, Hasaka T, Narayan R, Dai M, Huang C, Shterental S, Chu LP, Haydu JE, Shieh JH, Steensma DP, Munoz B, Bittker JA, Shamji AF, Clemons PA, Tolliday NJ, Carpenter AE, Gilliland DG, Stern AM, Moore MA, Scadden DT, Schreiber SL, Ebert BL, Golub TR. (2013) Niche-based screening identifies small-molecule inhibitors of leukemia stem Cells. *Nat Chem Biol.* **9**:840-848.

〔9〕 Ye J, Wang C, Sumpter R Jr, Brown MS, Goldstein JL, Gale M Jr. (2003) Disruption of hepatitis C virus RNA replication through inhibition of host protein geranylgeranylation. *Proc Natl Acad Sci USA.* **100**:15865-15870.

〔10〕 Tamboli IY, Barth E, Christian L, Siepmann M, Kumar S, Singh S, Tolksdorf K, Heneka MT, Lütjohann D, Wunderlich P, Walter J. (2010) Statins promote the degradation of extracellular amyloid β-peptide by microglia via stimulation of exosome-associated insulin-degrading enzyme secretion. *J Biol Chem.* **285**:37405-37414.

〔11〕 Cornell RB, Horwitz AF. (1980) Apparent coordination of the biosynthesis of lipids in cultured cells: its relationship to the regulation of the membrane sterol:phospholipid ratio and cell cycling. *J Cell Biol.* **86**:810-819.

〔12〕 Habenicht AJ, Glomset JA, Ross R. (1980) Relation of cholesterol and mevalonic acid to the cell cycle in smooth muscle and swiss 3T3 cells stimulated to divide by platelet-derived growth factor. *J Biol Chem.* **255**:5134-5140.

〔13〕 Rao S, Porter DC, Chen X, Herliczek T, Lowe M, Keyomarsi K. (1999) Lovastatin-mediated G1 arrest is through inhibition of the proteasome, independent of hydroxymethyl glutaryl-CoA reductase. *Proc Natl Acad Sci USA.* **96**:7797-7802.

〔14〕 Kallen J, Welzenbach K, Ramage P, Geyl D, Kriwacki R, Legge G, Cottens S, Weitz-Schmidt G, Hommel U. (1999) Structural basis for LFA-1 inhibition upon lovastatin binding to the CD11a I-domain.*J Mol Biol.* **292**:1-9.

〔15〕 Weitz-Schmidt G, Welzenbach K, Brinkmann V, Kamata T, Kallen J, Bruns C, Cottens S, Takada Y, Hommel U. (2001) Statins selectively inhibit leukocyte function antigen-1 by binding to a novel regulatory integrin site. *Nat Med.* **7**:687-692.

〔16〕 Kwak B, Mulhaupt F, Myit S, Mach F. (2000) Statins as a newly recognized type of immunomodulator. *Nat Med.* **6**:1399-402.

〔17〕 Osterweil EK, Chuang SC, Chubykin AA, Sidorov M, Bianchi R, Wong RK, Bear MF. (2013) Lovastatin corrects excess protein synthesis and prevents epileptogenesis in a mouse model of fragile X syndrome. *Neuron.* **77**:243-250.

〔18〕 Parihar SP, Guler R, Lang DM, Suzuki H, Marais AD, Brombacher F. (2013) Simvastatin enhances protection against Listeria monocytogenes infection in mice by counteracting Listeria-induced phagosomal escape. *PLos One.* **8**:e75490.

〔19〕 Palace J, Robertson N. (2014) Modifying disability in progressive multiple sclerosis. Lancet. **383**:2189-2191.

〔20〕 Yamashita A, Morioka M, Kishi H, Kimura T, Yahara Y, Okada M, Fujita K, Sawai H, Ikegawa S, Tsumaki N. (2014) Statin treatment rescues FGFR3 skeletal dysplasia phenotypes. *Nature.* **513**:507-511.

〔21〕 Whitehead NP, Kim MJ, Bible KL, Adams ME, Froehner SC. (2015) A new therapeutic effect of simvastatin revealed by functional improvement in muscular dystrophy. *Proc Natl Acad Sci USA.* **112**:12864-12869.

Concanamycin A

キーワード：[Antifungal] [V-ATPase inhibitor]

構造：

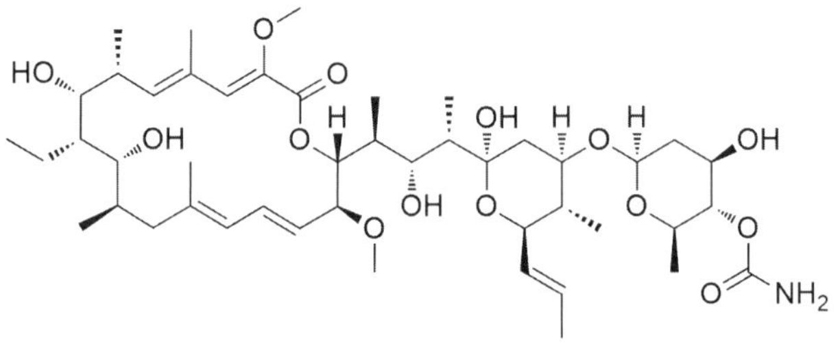

Concanamycin A

分子式：$C_{46}H_{75}NO_{14}$
分子量：866.10
溶解性：DMSO ,+++; H_2O, ±; MeOH,+++

由来：

Concanamycin A,B,Cは放線菌*Streptomyces diastatochromogenes* S-45由来の天然物〔2, 3〕。Concanamycin D,E,Fも放線菌*Streptomyces* sp.由来の天然物〔4〕。Concanamycin Aは別名folimycin〔3〕。

標的分子と作用：

Concanamycin類はV-ATPaseを阻害することで、ER-ゴルジ体間の細胞内タンパク質輸送、CTLのPerforinやFas依存的細胞溶解活性、破骨細胞による骨吸収を阻止する〔9-11〕。

Concanamycinの生物活性：

MIC value against *Sacchromyces cerevisiae*：< 0.39μg/ml〔3〕
IC_{50} value on lysosome acidification of concanamycin A：0.061nM〔4〕
95% inhibition of the production of infectous VSV production：> 10ng/ml〔8〕
ID_{50} value for cytolysis activity of CTL clone OE4：1.2ng/ml〔10〕

参考文献：

〔1〕 Yamamoto H, Nakazawa K, Horii S, Miyake A (1960) Studies on agricultural antibiotic. Folimycin, a new antibiotic produced by *Streptomyces neyagawaensis* nov. sp. *Nippon Nogeikagaku Kaishi* **34**: 268-272
〔2〕 Kinashi H, Sakaguchi K, Higashijima T, Miyazawa T (1982) Structures of concanamycins B and C. *J Antibiot* **35**: 1618-1620
〔3〕 Kinashi H, Someno K, Sakaguchi K (1984) Isolation and characterization of concanamycins A, B and C. *J Antibiot* **37**: 1333-1343
〔4〕 Woo JT, Shinohara C, Sakai K, Hasumi K, Endo A (1992) Isolation, characterization and biological activities of concanamycins as inhibitors of lysosomal acidification. *J Antibiot* **45**: 1108-1116
〔5〕 Westley JW, Liu CM, Sello LH, Evans RH, Troupe N, Blount JF, Chiu AM, Todaro LJ, Miller PA (1984) The structure and absolute configuration of the 18-membered macrolide lactone antibiotic X-4357B (concanamycin A). *J Antibiot* **37**: 1738-1740
〔6〕 Woo JT, Shinohara C, Sakai K, Hasumi K, Endo A (1992) Inhibition of the acidification of endosomes and lysosomes by the antibiotic concanamycin B in macrophage J774. *Eur J Biochem* **207**: 383-389
〔7〕 Muroi M, Shiragami N, Nagao K, Yamasaki M, Takatsuki A (1993) Folimycin (concanamycin A), a specific inhibitor of V-ATPase, blocks intracellular translocation of the glycoprotein of vesicular stomatitis virus before arrival to the Golgi apparatus. *Cell Struct Funct* **18**: 139-149
〔8〕 Muroi M, Takasu A, Yamasaki M, Takatsuki A (1993) Folimycin (concanamycin A), an inhibitor of V-type H(+)-ATPase, blocks cell-surface expression of virus-envelope glycoproteins. *Biochem Biophys Res Commun* **193**: 999-1005
〔9〕 Kataoka T, Shinohara N, Takayama H, Takaku K, Kondo S, Yonehara S, Nagai K (1996) Concanamycin A, a powerful tool for characterization and estimation of contribution of perforin- and Fas-based lytic pathways in cell-mediated cytotoxicity. *J Immunol* **156**: 3678-3686
〔10〕 Kataoka T, Takaku K, Magae J, Shinohara N, Takayama H, Kondo S, Nagai K (1994) Acidification is essential for maintaining the structure and function of lytic granules of CTL. Effect of concanamycin A, an inhibitor of vacuolar type H(+)-ATPase, on CTL-mediated cytotoxicity. *J Immunol* **153**: 3938-3947
〔11〕 Woo JT, Ohba Y, Tagami K, Sumitani K, Yamaguchi K, Tsuji T (1996) Concanamycin B, a vacuolar H(+)-ATPase specific inhibitor suppresses bone resorption in vitro. *Biol Pharm Bull* **19**: 297-299

Cyclosporin A

キーワード：[Immunosuppressant]［cyclophilin］［calcineurin］

構造：

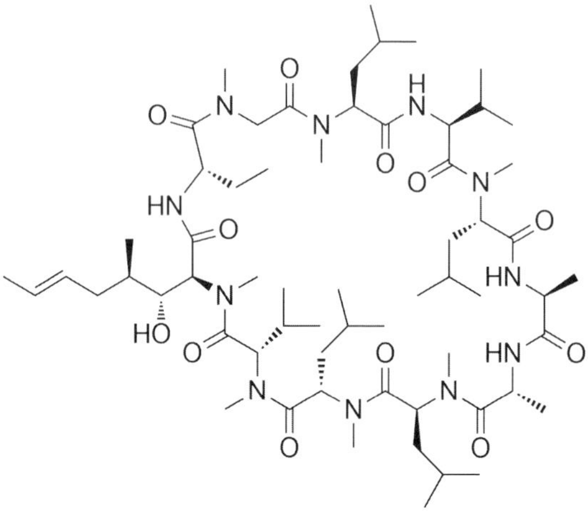

Cyclosporin A

分子式：$C_{62}H_{111}N_{11}O_{12}$
分子量：1202.64
溶解性：DMSO, ++; H_2O, ±; MeOH,+++

由来：

Cylindrocarpum lucidum 由来の天然物〔1〕。
Trichoderma inflatum も cyclosporin A を生産する〔2〕。

標的分子と作用：

Cyclosporin A は抗真菌薬として使われたが、免疫抑制活性が明らかにされた〔2, 3〕。Cyclosporin A は cyclophilin という PPIase と複合体を形成したのち、calcineurin と三者複合体を形成し、calcineurin の脱リン酸化活性を阻害することで、T 細胞活性化を阻害する〔7-11〕。

Cyclosporin A の生物活性：

IC_{90} of NF-AT binding in Jurkat nuclear extract：10ng/ml〔5〕
IC_{50} for swelling of mitochondria：25 ～ 50pmole/mg protein〔12〕
Inhibition between cyclophilin D and Bcl-2：1μM〔14〕

参考文献：

〔1〕 Svarstad H, Bugge HC, Dhillion SS (2000) From Norway to Novartis: cyclosporin from *Tolypocladium inflatum* in an open access bioprospecting regime. *Biodivers Conserv* **9**:1521-1541.
〔2〕 Stahelin HF (1996) The history of cyclosporin A (Sandimmune) revisited: another point of view. *Experientia* **52**:5-13.
〔3〕 Ruegger A, Kuhn M, Lichti H, Loosli HR, Huguenin R, Quiquerez C, Wartburg AV (1976) Cyclosporin-A, a Peptide Metabolite from *Trichoderma-Polysporum* (Link Ex Pers) Rifai, with a Remarkable Immunosuppressive Activity. *Helv Chim Acta* **59**:1075-1092.
〔4〕 Elliott JF, Lin Y, Mizel SB, Bleackley RC, Harnish DG, Paetkau V (1984) Induction of interleukin 2 messenger RNA inhibited by cyclosporin A. *Science* **226**:1439-1441.
〔5〕 Emmel EA, Verweij CL, Durand DB, Higgins KM, Lacy E, Crabtree GR (1989) Cyclosporin A specifically inhibits function of nuclear proteins involved in T cell activation. *Science* **246**:1617-1620.
〔6〕 Handschumacher RE, Harding MW, Rice J, Drugge RJ, Speicher DW (1984) Cyclophilin: a specific cytosolic binding protein for cyclosporin A. *Science* **226**:544-547.
〔7〕 Fischer G, Wittmann-Liebold B, Lang K, Kiefhaber T, Schmid FX (1989) Cyclophilin and peptidyl-prolyl *cis-trans* isomerase are probably identical proteins. *Nature* **337**:476-478.
〔8〕 Takahashi N, Hayano T, Suzuki M (1989) Peptidyl-prolyl *cis-trans* isomerase is the cyclosporin A-binding protein cyclophilin. *Nature* **337**:473-475.
〔9〕 Clipstone NA, Crabtree GR (1992) Identification of calcineurin as a key signalling enzyme in T-lymphocyte activation. *Nature* **357**:695-697.
〔10〕 Liu J, Farmer JD, Jr., Lane WS, Friedman J, Weissman I, Schreiber SL (1991) Calcineurin is a common target of cyclophilin-cyclosporin A and FKBP-FK506 complexes. *Cell* **66**:807-815.
〔11〕 McCaffrey PG, Perrino BA, Soderling TR, Rao A (1993) NF-ATp, a T lymphocyte DNA-binding protein that is a target for calcineurin and immunosuppressive drugs. *J Biol Chem* **268**:3747-3752.
〔12〕 Broekemeier KM, Dempsey ME, Pfeiffer DR (1989) Cyclosporin A is a potent inhibitor of the inner membrane permeability transition in liver mitochondria. *J Biol Chem* **264**:7826-7830.
〔13〕 Marzo I, Brenner C, Zamzami N, Jurgensmeier JM, Susin SA, Vieira HL, Prevost MC, Xie Z, Matsuyama S, Reed JC, Kroemer G (1998) Bax and adenine nucleotide translocator cooperate in the mitochondrial control of apoptosis. *Science* **281**:2027-2031.
〔14〕 Eliseev RA, Malecki J, Lester T, Zhang Y, Humphrey J, Gunter TE (2009) Cyclophilin D interacts with Bcl2 and exerts an anti-apoptotic effect. *J Biol Chem* **284**:9692-9699.

Cytotrienin A

キーワード：[Apoptosis inducer] [Protein translation inhibitor]

構造：

Cytotrienin A

分子式：$C_{37}H_{48}N_2O_8$
分子量：648.80
溶解性：DMSO, +++; H_2O, ±; MeOH,+++

由来：

放線菌 *Streptomyces* sp. 由来の天然物〔1,2〕。

標的分子と作用：

翻訳伸長を標的とし、eEF1Aの機能を阻害することで真核生物のCapおよびIRES依存性のタンパク質合成を *in vitro* で阻害する〔4〕。Cytotrienin Aはリボトキシックストレスを誘発し、ERKおよびp38 MAPキナーゼの活性化を介してTNF受容体1の細胞外ドメイン切断を誘導することによって、選択的にTNF-α誘導性のICAM-1の発現を阻害する〔5〕。

Cytotrienin Aの生物活性：

IC_{50} value against HL-60 and WI-38 cells：5 and > 1,000nM, respectively〔2〕
IC_{50} value of protein synthesis in A549 cells：～ 0.1μM〔5〕

参考文献：

〔1〕 Zhang HP, Kakeya H, Osada H (1997) Novel triene-ansamycins, cytotrienins A and B, inducing apoptosis on human leukemia HL-60 cells. *Tetrahedron Lett* **38**:1789-1792.
〔2〕 Kakeya H, Zhang HP, Kobinata K, Onose R, Onozawa C, Kudo T, Osada H (1997) Cytotrienin A, a novel apoptosis inducer in human leukemia HL-60 cells. *J Antibiot* **50**:370-372.
〔3〕 Kakeya H, Onose R, Osada H (1998) Caspase-mediated activation of a 36-kDa myelin basic protein kinase during anticancer drug-induced apoptosis. *Cancer Res* **58**:4888-4894.
〔4〕 Lindqvist L, Robert F, Merrick W, Kakeya H, Fraser C, Osada H, Pelletier J (2010) Inhibition of translation by cytotrienin A--a member of the ansamycin family. *RNA* **16**:2404-2413.
〔5〕 Yamada Y, Taketani S, Osada H, Kataoka T (2011) Cytotrienin A, a translation inhibitor that induces ectodomain shedding of TNF receptor 1 via activation of ERK and p38 MAP kinase. *Eur J Pharmacol* **667**:113-119.

15-Deoxyspergualin*

キーワード：[Immunosuppressant] [Antiangiogenesis]

構造：

15-Deoxyspergualin

分子式：$C_{17}H_{37}N_7O_3$

分子量：387.52

溶解性：DMSO, ++; H_2O, +++; MeOH,++

由来：

* *Bacillus laterosporus* 由来の天然物spergualinの誘導体〔1-3〕。

標的分子と作用：

異種移植モデルにおける腫瘍細胞成長阻害〔5〕および、強い免疫抑制効果を示す〔6,7〕。また、フォスファチジルコリン（PC）生合成の間接的阻害〔8,9〕やeIF5Aの不活性化〔10〕などの生物活性が報告されている。Hsp70タンパク質ファミリーの1つであるHsc70のC末端のEEVD調節ドメインに結合することが報告されている〔11,12〕。

15-deoxysperugualinの生物活性：

In vivo antitumor activity in L-1210：6.25mg/kg/day, i.p.〔1〕

K_d values for DSK-binding to Hsc70 and Hsp90：4 and 5μM〔13〕

参考文献：

〔1〕 Takeuchi T, Iinuma H, Kunimoto S, Masuda T, Ishizuka M, Takeuchi M, Hamada M, Naganawa H, Kondo S, Umezawa H (1981) A new antitumor antibiotic, spergualin: isolation and antitumor activity. *J Antibiot* **34**:1619-1621.
〔2〕 Umezawa H, Kondo S, Iinuma H, Kunimoto S, Ikeda Y, Iwasawa H, Ikeda D, Takeuchi T (1981) Structure of an antitumor antibiotic, spergualin. *J Antibiot* **34**:1622-1624.
〔3〕 Iwasawa H, Kondo S, Ikeda D, Takeuchi T, Umezawa H (1982) Synthesis of (-)-15-deoxyspergualin and (-)-spergualin-15-phosphate. *J Antibiot* **35**:1665-1669.
〔4〕 Umeda Y, Moriguchi M, Kuroda H, Nakamura T, Fujii A, Iinuma H, Takeuchi T, Umezawa H (1987) Synthesis and antitumor activity of spergualin analogues. II. Chemical modification of the spermidine moiety. *J Antibiot* **40**:1303-1315.
〔5〕 Plowman J, Harrison SD, Jr., Trader MW, Griswold DP, Jr., Chadwick M, McComish MF, Silveira DM, Zaharko D (1987) Preclinical antitumor activity and pharmacological properties of deoxyspergualin. *Cancer Res* **47**:685-689.
〔6〕 Masuda T, Mizutani S, Iijima M, Odai H, Suda H, Ishizuka M, Takeuchi T, Umezawa H (1987) Immunosuppressive activity of 15-deoxyspergualin and its effect on skin allografts in rats. *J Antibiot* **40**:1612-1618.
〔7〕 Nemoto K, Hayashi M, Abe F, Nakamura T, Ishizuka M, Umezawa H (1987) Immunosuppressive activities of 15-deoxyspergualin in animals. *J Antibiot* **40**:561-562.
〔8〕 Kawada M, Masuda T, Ishizuka M, Takeuchi T (2002) 15-Deoxyspergualin inhibits Akt kinase activation and phosphatidylcholine synthesis. *J Biol Chem* **277**:27765-27771.
〔9〕 Kawada M, Ishizuka M (2003) Inhibition of CTP: phosphocholine cytidylyltransferase activity by 15-deoxyspergualin. *J Antibiot* **56**:725-726.
〔10〕 Nishimura K, Ohki Y, Fukuchi-Shimogori T, Sakata K, Saiga K, Beppu T, Shirahata A, Kashiwagi K, Igarashi K (2002) Inhibition of cell growth through inactivation of eukaryotic translation initiation factor 5A (eIF5A) by deoxyspergualin. *Biochem J* **363**:761-768.
〔11〕 Nadler SG, Tepper MA, Schacter B, Mazzucco CE (1992) Interaction of the immunosuppressant deoxyspergualin with a member of the Hsp70 family of heat shock proteins. *Science* **258**:484-486.
〔12〕 Nadler SG, Dischino DD, Malacko AR, Cleaveland JS, Fujihara SM, Marquardt H (1998) Identification of a binding site on Hsc70 for the immunosuppressant 15-deoxyspergualin. *Biochem Biophys Res Commun* **253**:176-180.
〔13〕 Nadeau K, Nadler SG, Saulnier M, Tepper MA, Walsh CT (1994) Quantitation of the interaction of the immunosuppressant deoxyspergualin and analogs with Hsc70 and Hsp90. *Biochemistry* **33**:2561-2567.

7-Desacetoxy-6,7-dehydrogedunin

キーワード：[Antimalarial] [PKR inhibitor] [HSF1-dependent stress response]

構造：

7-Desacetoxy-6,7-dehydrogedunin

分子式：$C_{26}H_{30}O_5$
分子量：422.52
溶解性：DMSO, ++; H_2O, ±; MeOH,?

由来：

センダン *Melia azedarach*、およびインドセンダン *Azadirachta indica* 由来抗マラリア化合物geduninの誘導体〔1,2〕。

標的分子と作用：

炭そ菌の致死性毒によるマクロファージの細胞死を防ぐ〔3〕。PKRと結合することで、inflammasomeによるcaspase-1活性化を阻害すると考えられる。

7-desacetoxy-6,7-dehydrogeduninの生物活性：

IC_{50} value of J774 macrophage protection from anthrax lethal toxin：5μM〔3〕

参考文献：

〔1〕 Khalid SA, Farouk A, Geary TG, Jensen JB (1986) Potential antimalarial candidates from African plants: and in vitro approach using *Plasmodium falciparum*. *J Ethnopharmacol* **15**:201-209.

〔2〕 Khalid SA, Duddeck H, Gonzalez-Sierra M (1989) Isolation and characterization of an antimalarial agent of the neem tree *Azadirachta indica*. *J Nat Prod* **52**:922-926

〔3〕 Hett EC, Slater LH, Mark KG, Kawate T, Monks BG, Stutz A, Latz E, Hung DT (2013) Chemical genetics reveals a kinase-independent role for protein kinase R in pyroptosis. *Nat Chem Biol* **9**:398-405.

〔4〕 Santagata S, Xu YM, Wijeratne EM, Kontnik R, Rooney C, Perley CC, Kwon H, Clardy J, Kesari S, Whitesell L, Lindquist S, Gunatilaka AA (2012) Using the heat-shock response to discover anticancer compounds that target protein homeostasis. *ACS Chem Biol* **7**:340-349.

Destruxin E

キーワード：[V-ATPase inhibitor]

構造：

Destruxin E

分子式：$C_{29}H_{47}N_5O_8$
分子量：593.72
溶解性：DMSO, +++; H_2O, +; MeOH,+++

由来：

糸状菌 *Metarhizium anisopliae* 由来の天然物〔1,2〕。

標的分子と作用：

マウスリンパ球およびL1210白血病細胞における細胞毒性を示す〔3〕。V-ATPaseを阻害することで、エンドソームおよびリソソームの酸性化〔4〕、CD8+ CTLを介するパーフォリン依存性の細胞毒性〔5〕、破骨細胞の骨の再吸収〔6〕を阻害する。抗腫瘍活性および抗血管新生活性も報告されている〔7〕。

Destruxin Eの生物活性：

Inhibition of ATP-depedent acidification of endosomes and lysosomes in macrophage：1μM〔4〕
IC_{50} on perforin-dependent cytotoxicity mediated by $CD8^+$ CTL：4.0μM〔5〕
Induction of morphological changes of osteoclast-like multinucleated cells：10 〜 50nM〔6〕

参考文献：

〔1〕 Pais M, Das BC, Ferron P (1981) Depsipeptides from *Metarhizium anisopliae*. *Phytochemistry* **20**:715-723.
〔2〕 Yoshida M, Takeuchi H, Ishida Y, Yashiroda Y, Takagi M, Shin-ya K, Doi T (2010) Synthesis, structure determination, and biological evaluation of destruxin E. *Org Lett* **12**:3792-3795.
〔3〕 Morel E, Pais M, Turpin M, Guyot M (1983) Cytotoxicity of cyclodepsipeptides on murine lymphocytes and on L 1210 leukemia cells. *Biomed Pharmacother* **37**:184-185.
〔4〕 Naganuma S, Kuzuya N, Sakai K, Hasumi K, Endo A (1992) Inhibition of the accumulation of lipid droplets in macrophage J774 by bafilomycin B1 and destruxin E. *Biochim Biophys Acta* **1126**:41-48.
〔5〕 Togashi K, Kataoka T, Nagai K (1997) Characterization of a series of vacuolar type H^+-ATPase inhibitors on CTL-mediated cytotoxicity. *Immunol Lett* **55**:139-144.
〔6〕 Nakagawa H, Takami M, Udagawa N, Sawae Y, Suda K, Sasaki T, Takahashi N, Wachi M, Nagai K, Woo JT (2003) Destruxins, cyclodepsipeptides, block the formation of actin rings and prominent clear zones and ruffled borders in osteoclasts. *Bone* **33**:443-455.
〔7〕 Dornetshuber-Fleiss R, Heffeter P, Mohr T, Hazemi P, Kryeziu K, Seger C, Berger W, Lemmens-Gruber R (2013) Destruxins: fungal-derived cyclohexadepsipeptides with multifaceted anticancer and antiangiogenic activities. *Biochem Pharmacol* **86**:361-377.

Diazonamide A

キーワード：[Mitotic inhibitor] [Ornithine δ-aminotransferase]

構造：

Diazonamide A

分子式：$C_{40}H_{34}Cl_2N_6O_6$
分子量：765.65
溶解性：DMSO, ?; H_2O, ?; MeOH, ++

由来：

マメボヤ目 *Diazona chinensis* 由来の天然物〔1〕。

標的分子と作用：

チューブリンのGTP加水分解を阻害することで微小管重合を阻害し、有糸分裂を阻害する〔4〕。結合タンパク質としてミトコンドリアのornithine δ-aminotransferaseが報告されている〔5〕。

BioloDiazonamide Aの生物活性：

IC_{50} against HCT116 human colon carcinoma and B16 murine melanoma cancer cell lines：15ng/ml〔1〕
Inhibition of cell cycle progression of human ovarian carcinoma 2008 cells in M phase：40～100nM〔4〕
IC_{50} of in vitro microtubule polymerization stimulated by MAP or glutamate：0.3 and 0.75μM〔4〕

参考文献：

〔1〕 Lindquist N, Fenical W, Vanduyne GD, Clardy J (1991) Isolation and structure determination of diazonamide-A and diazonamide-B, unusual cytotoxic metabolites from the marine Ascidian *Diazona chinensis*. *J Am Chem Soc* **113**:2303-2304.
〔2〕 Nicolaou KC, Hao JL, Reddy MV, Rao PB, Rassias G, Snyder SA, Huang XH, Chen DYK, Brenzovich WE, Giuseppone N, Giannakakou P, O'Brate A (2004) Chemistry and biology of diazonamide A: Second total synthesis and biological investigations. *J Am Chem Soc* **126**:12897-12906.
〔3〕 Nicolaou KC, Chen DYK, Huang XH, Ling TT, Bella M, Snyder SA (2004) Chemistry and biology of diazonamide A: First total synthesis and confirmation of the true structure. *J Am Chem Soc* **126**:12888-12896.
〔4〕 Cruz-Monserrate Z, Vervoort HC, Bai R, Newman DJ, Howell SB, Los G, Mullaney JT, Williams MD, Pettit GR, Fenical W, Hamel E (2003) Diazonamide A and a synthetic structural analog: disruptive effects on mitosis and cellular microtubules and analysis of their interactions with tubulin. *Mol Pharmacol* **63**:1273-1280.
〔5〕 Wang G, Shang L, Burgett AW, Harran PG, Wang X (2007) Diazonamide toxins reveal an unexpected function for ornithine δ-amino transferase in mitotic cell division. *Proc Natl Acad Sci USA* **104**:2068-2073.

Didemnin B

キーワード：[Antitumor] [Antiviral] [EF-1α]

構造：

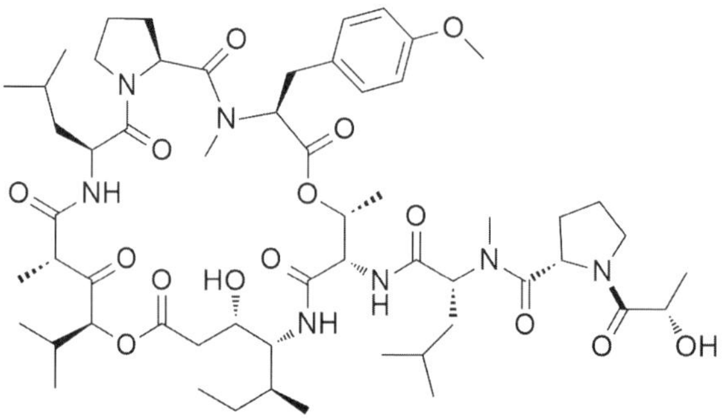

Didemnin B

分子式：$C_{57}H_{89}N_7O_{15}$
分子量：1112.37
溶解性：DMSO, ++; H_2O, ?; MeOH, ?

由来：

カリブ海産のホヤ *Trididemnum solidum* 由来の天然物〔1〕。

標的分子と作用：

Didemnin Bは、抗ウイルス活性、抗腫瘍活性、タンパク質合成阻害やG1期細胞周期阻害を示す〔2〕。ビオチン化didemnin Aを用いた解析によりEF-1αが標的分子であること、didemnin BはEF-1α依存性アミノアシルtRNAのリボソーム結合を促進し、結合を安定化することで転座を阻害することが示されている〔4〕。

Didemnin Bの生物活性：

Antiviral activity against herpes simplex virus type I and II：0.05μM〔1〕
IC_{50} against L1210 cell line：0.001μg/ml〔1〕
IC_{50} of *in vitro* protein synthesis in rabbit reticulocyte lysates：3μM〔4〕

参考文献：

〔1〕 Rinehart KL, Jr., Gloer JB, Hughes RG, Jr., Renis HE, McGovren JP, Swynenberg EB, Stringfellow DA, Kuentzel SL, Li LH (1981) Didemnins: antiviral and antitumor depsipeptides from a caribbean tunicate. *Science* **212**:933-935.
〔2〕 Crampton SL, Adams EG, Kuentzel SL, Li LH, Badiner G, Bhuyan BK (1984) Biochemical and cellular effects of didemnins A and B. *Cancer Res* **44**:1796-1801.
〔3〕 Crews CM, Collins JL, Lane WS, Snapper ML, Schreiber SL (1994) GTP-dependent binding of the antiproliferative agent didemnin to elongation factor 1 alpha. *J Biol Chem* **269**:15411-15414.
〔4〕 SirDeshpande BV, Toogood PL (1995) Mechanism of protein synthesis inhibition by didemnin B in vitro. *Biochemistry* **34**:9177-9184.

DX-52-1* (Quinocarcin/ quinocarmycin derivative)

キーワード：[Antitumor] [Hypoxia-inducible factor 1α (HIF1α)] [Radixin] [Galectin-3]

構造：

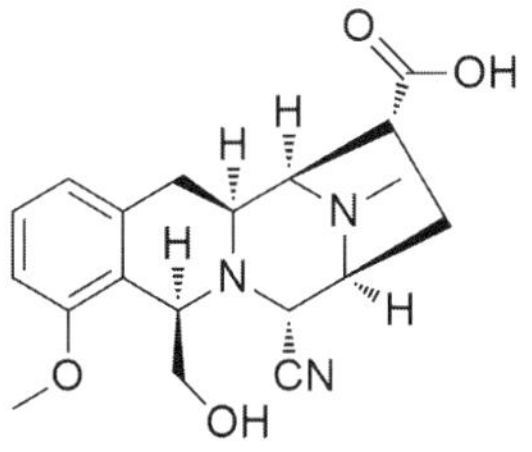

DX-52-1

分子式：$C_{19}H_{23}N_3O_4$

分子量：357.41

溶解性：DMSO, ?; H_2O, +; MeOH, ?

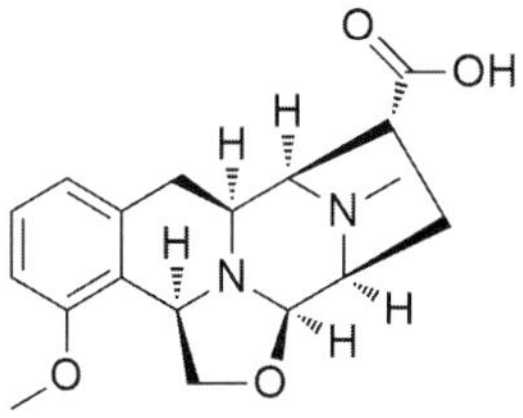

Quinocarcin

分子式：$C_{18}H_{22}N_2O_4$

分子量：330.38

溶解性：DMSO, ?; H_2O, +; MeOH, ?

由来：

* 放線菌 *Streptomyces melanovinaceus* nov. sp. 由来の天然物 quinocarcin/quinocarmycinの類縁体〔1-3〕。

標的分子と作用：

DX-52-1はメシル酸デフェロキサミン処理下および低酸素環境下におけるHIF1α転写活性化阻害剤として同定され〔4, 5〕、上皮細胞の細胞遊走を阻害する〔6〕。膜 - アクチン細胞骨格リンカータンパク質のezrin/radixin/moesin（ERM）ファミリーに属するradixin〔6〕を主要な標的分子とし、radixinと細胞接着分子CD44、およびアクチンとの相互作用を阻害する。また、moesinとCD44との相互作用を阻害し、膠芽腫の増殖を抑制する〔8〕。

DX-52-1の生物活性：

IC_{50} of HeLa S3 cell proliferation：50ng/ml〔9〕

Reduction of HIF1α protein level under hypoxia condition：20μM〔4〕

IC_{50} for inhibition of wound closure at 24 hr in MDCK cell monolayer：140nM〔6〕

Inhibition of moesin-CD44 interaction in LN299 cells：200nM〔8〕

参考文献：

〔1〕 Saito H, Hirata T (1987) Synthetic Approach to Quinocarcin. Tetrahedron Lett 28:4065-4068.

〔2〕 Takahashi K, Tomita F (1983) DC-52, a novel antitumor antibiotic. 2. Isolation, physico-chemical characteristics and structure determination. *J Antibiot* **36**:468-470.

〔3〕 Tomita F, Takahashi K, Shimizu K (1983) DC-52, a novel antitumor antibiotic. 1. Taxonomy, fermentation and biological activity. *J Antibiot* **36**:463-467.

〔4〕 Chau NM, Rogers P, Aherne W, Carroll V, Collins I, McDonald E, Workman P, Ashcroft M (2005) Identification of novel small molecule inhibitors of hypoxia-inducible factor-1 that differentially block hypoxia-inducible factor-1 activity and hypoxia-inducible factor-1alpha induction in response to hypoxic stress and growth factors. *Cancer Res* **65**:4918-4928.

〔5〕 Rapisarda A, Uranchimeg B, Scudiero DA, Selby M, Sausville EA, Shoemaker RH, Melillo G (2002) Identification of small molecule inhibitors of hypoxia-inducible factor 1 transcriptional activation pathway. *Cancer Res* **62**:4316-4324.

〔6〕 Kahsai AW, Zhu S, Wardrop DJ, Lane WS, Fenteany G (2006) Quinocarmycin analog DX-52-1 inhibits cell migration and targets radixin, disrupting interactions of radixin with actin and CD44. *Chem Biol* **13**:973-983.

〔7〕 Kahsai AW, Cui J, Kaniskan HU, Garner PP, Fenteany G (2008) Analogs of tetrahydroisoquinoline natural products that inhibit cell migration and target galectin-3 outside of its carbohydrate-binding site. *J Biol Chem* **283**:24534-24545.

〔8〕 Zhu X, Morales FC, Agarwal NK, Dogruluk T, Gagea M, Georgescu MM (2013) Moesin is a glioma progression marker that induces proliferation and Wnt/beta-catenin pathway activation via interaction with CD44. *Cancer Res* **73**:1142-1155.

〔9〕 Saito H, Kobayashi S, Uosaki Y, Sato A, Fujimoto K, Miyoshi K, Ashizawa T, Morimoto M, Hirata T (1990) Synthesis and Biological Evaluation of Quinocarcin Derivatives. *Chem Pham Bull* **38**:1278-1285.

Eeyarestatin I* and II*

キーワード：[ER-associated protein degradation (ERAD) inhibitor]［Sec61 complex inhibitor］

構造：

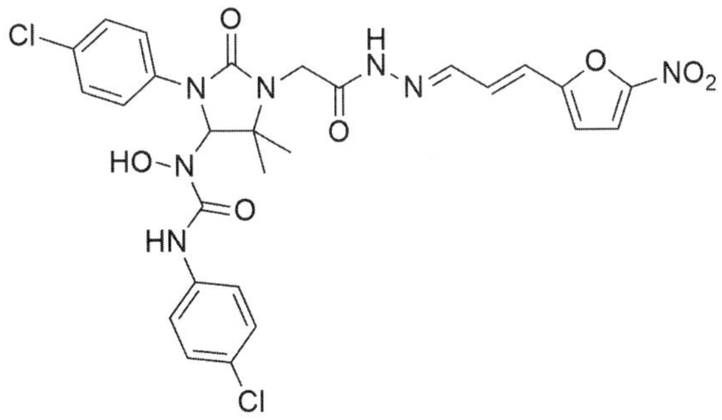

Eeyarestatin I

分子式：$C_{27}H_{25}Cl_2N_7O_7$

分子量：630.44

溶解性：DMSO, ++; H_2O, -; MeOH,+++

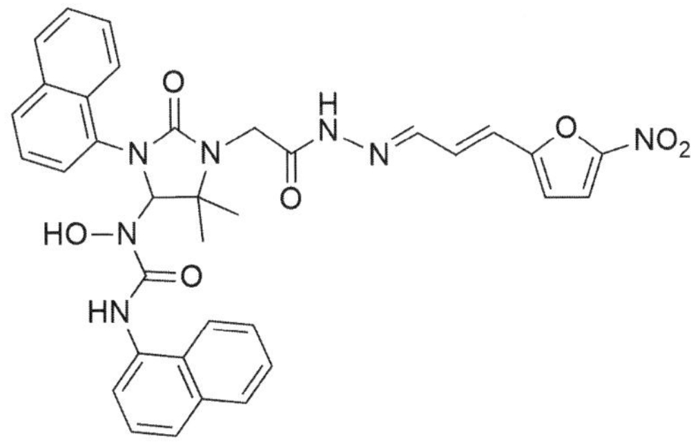

Eeyarestatin II

分子式：$C_{35}H_{31}N_7O_7$

分子量：661.68

溶解性：DMSO, ++; H_2O, -; MeOH,+++

由来：

* 合成化合物〔1〕。

標的分子と作用：

ER内で誤って折りたたまれたタンパク質をERから細胞質に運搬し、分解するER-associated protein degradation（ERAD）を阻害する〔1〕。脱ユビキチン化酵素であるp97 ATPase複合体と結合し〔3〕、脱ユビキチン化を阻害することで、ポリユビキチン化タンパク質を蓄積する〔2〕。また、transloconを形成するSec61複合体を阻害し、翻訳と協調した新生ポリペプチドのERへ輸送〔5〕や、細胞間小胞輸送体〔6〕を阻害することが報告されている。

Eeyarestatin Iの生物活性：

Inhibition of class I HC degradation in U373：8μM〔1〕

Accumulation of polyubiquitinated proteins in A9 cells：10μM〔2〕

IC_{50} on cell growth of Jurkat, MINO, JEKO, KMS-12, BJAB cells：6.43, 6.29, 4.1, 3.07 and 5.21μM, respectively〔4〕

NOXA induction in cancer cells：10μM〔4〕

IC_{50} on co-translational translocation of the P2X2 purinergic receptor *in vitro*：70μM〔5〕

参考文献：

〔1〕 Fiebiger E, Hirsch C, Vyas JM, Gordon E, Ploegh HL, Tortorella D (2004) Dissection of the dislocation pathway for type I membrane proteins with a new small molecule inhibitor, eeyarestatin. *Mol Biol Cell* **15**:1635-1646.

〔2〕 Wang Q, Li L, Ye Y (2008) Inhibition of p97-dependent protein degradation by Eeyarestatin I. *J Biol Chem* **283**:7445-7454.

〔3〕 Wang Q, Shinkre BA, Lee JG, Weniger MA, Liu Y, Chen W, Wiestner A, Trenkle WC, Ye Y (2010) The ERAD inhibitor Eeyarestatin I is a bifunctional compound with a membrane-binding domain and a p97/VCP inhibitory group. *PLoS One* **5**:e15479.

〔4〕 Wang Q, Mora-Jensen H, Weniger MA, Perez-Galan P, Wolford C, Hai T, Ron D, Chen W, Trenkle W, Wiestner A, Ye Y (2009) ERAD inhibitors integrate ER stress with an epigenetic mechanism to activate BH3-only protein NOXA in cancer cells. *Proc Natl Acad Sci USA* **106**:2200-2205.

〔5〕 Cross BC, McKibbin C, Callan AC, Roboti P, Piacenti M, Rabu C, Wilson CM, Whitehead R, Flitsch SL, Pool MR, High S, Swanton E (2009) Eeyarestatin I inhibits Sec61-mediated protein translocation at the endoplasmic reticulum. *J Cell Sci* **122**:4393-4400.

〔6〕 Aletrari MO, McKibbin C, Williams H, Pawar V, Pietroni P, Lord JM, Flitsch SL, Whitehead R, Swanton E, High S, Spooner RA (2011) Eeyarestatin 1 interferes with both retrograde and anterograde intracellular trafficking pathways. *PLoS One* **6**:e22713.

Epigallocatechin 3-gallate (EGCG)

キーワード：[Tumor prevention] [Antiangiogenesis] [67-kDa laminin receptor]

構造：

(-)-Epigallocatechin 3-gallate

分子式：$C_{22}H_{18}O_{11}$
分子量：458.38
溶解性：DMSO, ++; H_2O, +; MeOH, ++

由来：

緑茶に含まれる天然物。カテキンの1種〔1〕。

標的分子と作用：

がん予防、抗マトリックスメタロプロテアーゼ、および抗血管新生活性を示す〔2-4〕。EGCGは67-kDa laminin receptor（67LR）と結合し、eEF1A、myosin phosphatase-targeting subunit 1（MYPT1）を介し、腫瘍の増殖を阻害する〔5-7〕。

Epigallocatechin 3-gallateの生物活性：

IC_{50} on MMP-2 and MMP-9：20 and 50μM〔4〕
K_d value for binding to 67-kDa laminin receptor：39.9nM〔5〕

参考文献：

〔1〕Bradfield AE, Penney M (1948) 456. The catechins of green tea. Part II. *J Chem Soc*:2249-2254
〔2〕Yamane T, Takahashi T, Kuwata K, Oya K, Inagake M, Kitao Y, Suganuma M, Fujiki H (1995) Inhibition of *N*-methyl-*N'*-nitro-*N*-nitrosoguanidine-induced carcinogenesis by (-)-epigallocatechin gallate in the rat glandular stomach. *Cancer Res* **55**:2081-2084.
〔3〕Cao Y, Cao R (1999) Angiogenesis inhibited by drinking tea. *Nature* **398**:381.
〔4〕Garbisa S, Biggin S, Cavallarin N, Sartor L, Benelli R, Albini A (1999) Tumor invasion: molecular shears blunted by green tea. *Nat Med* **5**:1216.
〔5〕Tachibana H, Koga K, Fujimura Y, Yamada K (2004) A receptor for green tea polyphenol EGCG. *Nat Struct Mol Biol* **11**:380-381.
〔6〕Umeda D, Yano S, Yamada K, Tachibana H (2008) Involvement of 67-kDa laminin receptor-mediated myosin phosphatase activation in antiproliferative effect of epigallocatechin-3-*O*-gallate at a physiological concentration on Caco-2 colon cancer cells. *Biochem Biophys Res Commun* **371**:172-176.
〔7〕Umeda D, Yano S, Yamada K, Tachibana H (2008) Green tea polyphenol epigallocatechin-3-gallate signaling pathway through 67-kDa laminin receptor. *J Biol Chem* **283**:3050-3058.

Epolactaene, ETB*

キーワード：[HSP60] [DNA polymerase] [Topoisomerase]

構造：

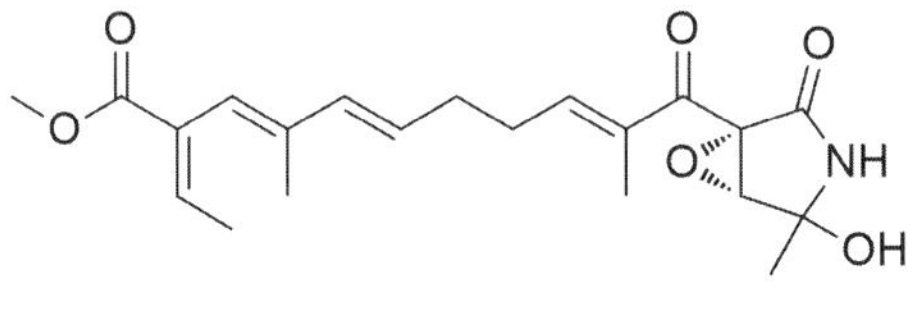

Epolactaene

分子式：$C_{21}H_{27}NO_6$
分子量：389.45
溶解性：DMSO, ++; H_2O, +; MeOH,++

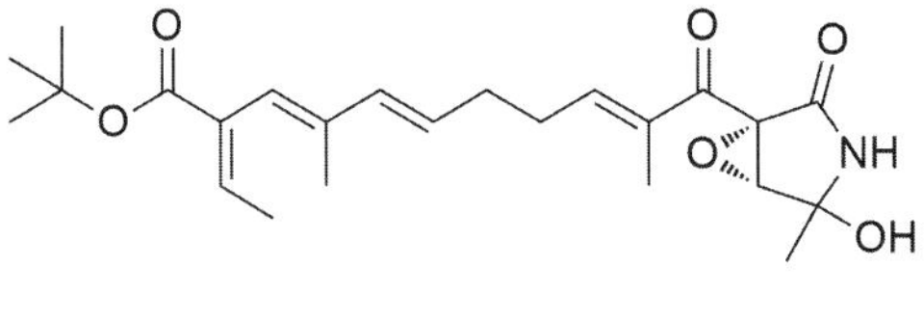

ETB

分子式：$C_{24}H_{33}NO_6$
分子量：431.52
溶解性：DMSO, ++; H_2O, +; MeOH,++

由来：

Epolactaeneは*Penicillium* sp.由来の天然物〔1〕。

* ETBはepolactaeneの合成類縁体〔4〕。

標的分子と作用：

HSP60のCys442と共有結合し、シャペロン活性を阻害する〔5〕。結合は可逆的であり、α,β-不飽和ケトンを欠いたepolactaene誘導体も細胞傷害性を示すことから〔2, 4, 7〕、epolactaeneがレトロクライゼン反応を介してタンパク質システイン間の分子内または分子間ジスルフィド形成を誘導するというモデルが提案されている〔8, 9〕。神経芽細胞腫細胞株の神経突起伸長促進、ヒト白血病B細胞株BALL-1のアポトーシス誘導〔2〕、DNAポリメラーゼαおよび、β、DNAトポイソメラーゼIIの阻害活性〔3〕が報告されている。

Epolactaeneおよび、ETBの生物活性：

Epolactaene

Promotion of neurite outgrowth in SH-SY5Y：2.5 ～ 10μg/ml〔1〕

IC_{50} to BALL-1 cells：3.82μM〔2〕

ETB

Inhibition of the Mtf1-dependent mitochondrial transcription：1μM〔6〕

参考文献：

〔1〕 Kakeya H, Takahashi I, Okada G, Isono K, Osada H (1995) Epolactaene, a novel neuritogenic compound in human neuroblastoma cells, produced by a marine fungus. J Antibiot **48**:733-735.

〔2〕 Nakai J, Kawada K, Nagata S, Kuramochi K, Uchiro H, Kobayashi S, Ikekita M (2002) A novel lipid compound, epolactaene, induces apoptosis: its action is modulated by its side chain structure. *Biochim Biophys Acta* **1581**:1-10.

〔3〕 Mizushina Y, Kobayashi S, Kuramochi K, Nagata S, Sugawara F, Sakaguchi K (2000) Epolactaene, a novel neuritogenic compound in human neuroblastoma cells, selectively inhibits the activities of mammalian DNA polymerases and human DNA topoisomerase II. *Biochem Biophys Res Commun* **273**:784-788.

〔4〕 Nagumo Y, Kakeya H, Yamaguchi J, Uno T, Shoji M, Hayashi Y, Osada H (2004) Structure-activity relationships of epolactaene derivatives: structural requirements for inhibition of Hsp60 chaperone activity. *Bioorg Med Chem Lett* **14**:4425-4429.

〔5〕 Nagumo Y, Kakeya H, Shoji M, Hayashi Y, Dohmae N, Osada H (2005) Epolactaene binds human Hsp60 Cys442 resulting in the inhibition of chaperone activity. *Biochem J* **387**:835-840.

〔6〕 Sun W, Wang L, Jiang H, Chen D, Murchie AI (2012) Targeting mitochondrial transcription in fission yeast with ETB, an inhibitor of HSP60, the chaperone that binds to the mitochondrial transcription factor Mtf1. *Genes Cells* **17**:122-131.

〔7〕 Kuramochi K, Matsui R, Matsubara Y, Nakai J, Sunoki T, Arai S, Nagata S, Nagahara Y, Mizushina Y, Ikekita M, Kobayashi S (2006) Apoptosis-inducing effect of epolactaene derivatives on BALL-1 cells. *Bioorg Med Chem* **14**:2151-2161.

〔8〕 Kuramochi K, Yukizawa S, Ikeda S, Sunoki T, Arai S, Matsui R, Morita A, Mizushina Y, Sakaguchi K, Sugawara F, Ikekita M, Kobayashi S (2008) Syntheses and applications of fluorescent and biotinylated epolactaene derivatives: Epolactaene and its derivative induce disulfide formation. *Bioorg Med Chem* **16**:5039-5049.

〔9〕 Kuramochi K, Sunoki T, Tsubaki K, Mizushina Y, Sakaguchi K, Sugawara F, Ikekita M, Kobayashi S (2011) Transformation of thiols to disulfides by epolactaene and its derivatives. *Bioorg Med Chem* **19**:4162-4172.

Epoxomicin

キーワード：[Proteasome inhibitor] [Chymotrypsin]

構造：

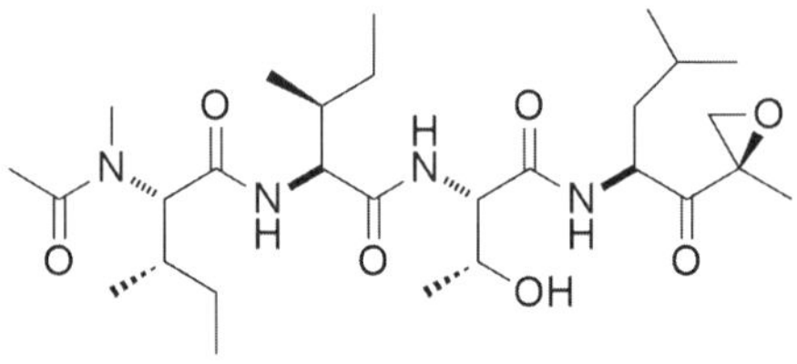

Epoxomicin

分子式：$C_{28}H_{50}N_4O_7$
分子量：554.73
溶解性：DMSO, ++; H_2O, -; MeOH, ++

由来：

未同定放線菌株No.Q996-17から分離された天然物〔1〕。

標的分子と作用：

EpoxomicinはB16メラノーマとP388マウス白血病をはじめとするさまざまな腫瘍細胞系に対して細胞毒性を示す〔1〕。プロテアソームの3つのサブユニットと共有結合し、タンパク質分解活性を阻害する〔2〕。

Epoxomicinの生物活性：

IC_{50} to several tumor cells：2 ～ 44ng/ml〔1〕
Accumulation of p53 in HUVECs：100nM〔2〕
Accumulation of ubiquitinated proteins in HeLa cells：10μM〔2〕
Inhibition of NFκB activation in HeLa cells：10μM〔2〕

参考文献：

〔1〕 Hanada M, Sugawara K, Kaneta K, Toda S, Nishiyama Y, Tomita K, Yamamoto H, Konishi M, Oki T (1992) Epoxomicin, a new antitumor agent of microbial origin. *J Antibiot* **45**:1746-1752.
〔2〕 Meng L, Mohan R, Kwok BH, Elofsson M, Sin N, Crews CM (1999) Epoxomicin, a potent and selective proteasome inhibitor, exhibits in vivo antiinflammatory activity. *Proc Natl Acad Sci USA* **96**:10403-10408.

EPZ004777*

キーワード：[Methyltransferase] [DOT1L]

構造：

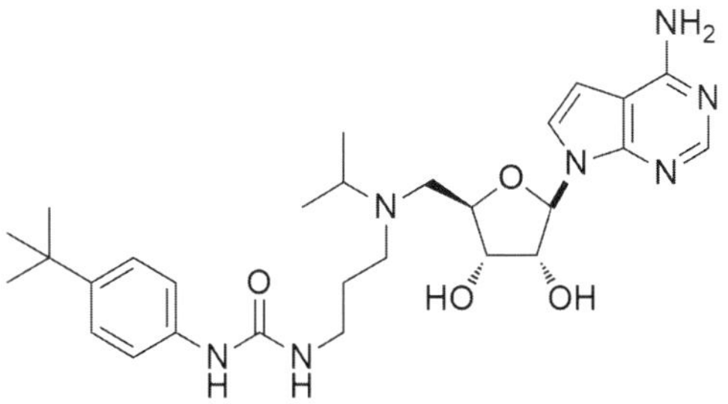

EPZ004777

分子式：$C_{28}H_{41}N_7O_4$
分子量：539.68
溶解性：DMSO, +++; H_2O, -; MeOH, +++

由来：

* 合成化合物〔1〕。

標的分子と作用：

ヒストンH3のLys79をメチル化して遺伝子の転写を活性化するDOT1Lに対する高い選択性を示す強力な阻害剤として設計された〔1〕。細胞のH3K79メチル化レベルを低下させる〔1〕。また、MLL融合標的遺伝子発現を阻害し、MLL再編成細胞の増殖を選択的に阻害する〔2,3〕。

EPZ004777の生物活性：

IC_{50} of DOT1L *in vitro*：400 ± 100pM〔1〕
Inhibition of cellular H3K79 methylation in MLL- and non-MLL cell lines：3μM〔1〕
Apoptosis induction in MLL-rearranged cells：3μM〔1〕

参考文献：

〔1〕 Daigle SR, Olhava EJ, Therkelsen CA, Majer CR, Sneeringer CJ, Song J, Johnston LD, Scott MP, Smith JJ, Xiao Y, Jin L, Kuntz KW, Chesworth R, Moyer MP, Bernt KM, Tseng JC, Kung AL, Armstrong SA, Copeland RA, Richon VM, Pollock RM (2011) Selective killing of mixed lineage leukemia cells by a potent small-molecule DOT1L inhibitor. Cancer *Cell* **20**:53-65.
〔2〕 Chen L, Deshpande AJ, Banka D, Bernt KM, Dias S, Buske C, Olhava EJ, Daigle SR, Richon VM, Pollock RM, Armstrong SA (2013) Abrogation of MLL-AF10 and CALM-AF10-mediated transformation through genetic inactivation or pharmacological inhibition of the H3K79 methyltransferase Dot1l. *Leukemia* **27**:813-822.
〔3〕 Deshpande AJ, Chen L, Fazio M, Sinha AU, Bernt KM, Banka D, Dias S, Chang J, Olhava EJ, Daigle SR, Richon VM, Pollock RM, Armstrong SA (2013) Leukemic transformation by the MLL-AF6 fusion oncogene requires the H3K79 methyltransferase Dot1l. *Blood* **121**:2533-2541.

EX-527*

キーワード：[SIRT1 inhibitor]

構造：

Cl / N H / H₂N / O

EX-527

分子式：$C_{13}H_{13}ClN_2O$
分子量：248.71
溶解性：DMSO, +++; H_2O, ?; MeOH, ?

由来：

* 合成化合物〔1〕。

標的分子と作用：

強力、かつ選択的なインドール骨格を有するSIRT1阻害剤〔1〕。p53〔2〕およびtau〔3〕など、SIRT1の基質のアセチル化を促進する。動物モデルでのハンチントン病抑制〔4〕、およびマウス脳への投与でメラノコルチン系を介した食物摂取の減少〔5〕が報告されており、*in vivo*でも有効なSIRT1阻害剤であることが示されている。

EX-527の生物活性：

In vitro IC_{50} against SIRT1：98nM〔1〕

In vitro IC_{50} against SIRT2 and SIRT3：19.6μM and 48.7μM〔1〕

Increase of p53 acetylation in response to DNA damage in cells：1μM〔2〕

Increase of tau acetylation in cells：10 ～ 50μM〔3〕

参考文献：

〔1〕 Napper AD, Hixon J, McDonagh T, Keavey K, Pons JF, Barker J, Yau WT, Amouzegh P, Flegg A, Hamelin E, Thomas RJ, Kates M, Jones S, Navia MA, Saunders JO, DiStefano PS, Curtis R (2005) Discovery of indoles as potent and selective inhibitors of the deacetylase SIRT1. *J Med Chem* **48**:8045-8054.

〔2〕 Solomon JM, Pasupuleti R, Xu L, McDonagh T, Curtis R, DiStefano PS, Huber LJ (2006) Inhibition of SIRT1 catalytic activity increases p53 acetylation but does not alter cell survival following DNA damage. *Mol Cell Biol* **26**:28-38.

〔3〕 Min SW, Cho SH, Zhou Y, Schroeder S, Haroutunian V, Seeley WW, Huang EJ, Shen Y, Masliah E, Mukherjee C, Meyers D, Cole PA, Ott M, Gan L. (2010) Acetylation of tau inhibits its degradation and contributes to tauopathy. *Neuron* **6**:953-966

〔4〕 Smith MR, Syed A, Lukacsovich T, Purcell J, Barbaro BA, Worthge SA, Wei SR, Pollio G, Magnoni L, Scali C, Massai L, Franceschini D, Camarri M, Gianfriddo M, Diodato E, Thomas R, Gokce O, Tabrizi SJ, Caricasole A, Landwehrmeyer B, Menalled L, Murphy C, Ramboz S, Luthi-Carter R, Westerberg G, Marsh JL (2014) A potent and selective Sirtuin 1 inhibitor alleviates pathology in multiple animal and cell models of Huntington's disease. *Hum Mol Genet* **23**:2995-3007.

〔5〕 Dietrich MO, Antunes C, Geliang G, Liu ZW, Borok E, Nie Y, Xu AW, Souza DO, Gao Q, Diano S, Gao XB, Horvath TL (2010) Agrp neurons mediate Sirt1's action on the melanocortin system and energy balance: roles for Sirt1 in neuronal firing and synaptic plasticity. *J Neurosci* **30**:11815-25.

FK228 (Romidepsin, FR901228)

キーワード：[Antitumor] [Histone deacetylase (HDAC) inhibitor]

構造：

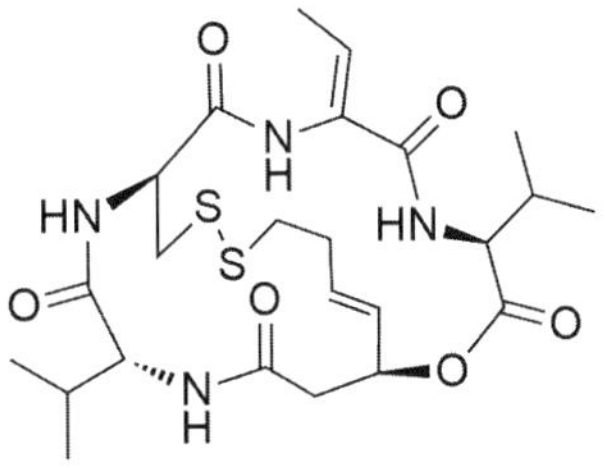

FK228

分子式：$C_{24}H_{36}N_4O_6S_2$

分子量：540.69

溶解性：DMSO, ++; H_2O, -; MeOH, -

由来：

グラム陰性菌 *Chromobacterium violaceum* 由来の天然物〔1〕。

標的分子と作用：

Ras-1細胞の形態正常化、細胞周期のG0/G1期停止を誘導する〔2〕。ヒストン脱アセチル化酵素の活性を阻害する〔4〕。

FK228の生物活性：

Antitumor activity against human tumor A549 implanted under the kidney capsule of immunosuppressed BDF1 mice：0.56 ～ 3.2mg/kg〔1〕

Morphological reversion of Ras1, Ha-*ras* transformed NIH/3T3：2.5ng/ml〔1〕

Cell cycle arrest at G1 and G2/M phases in M-8 cells：10ng/ml〔4〕

IC_{50} value against histone deacetylase activity in vitro：1.1nM〔4〕

参考文献：

〔1〕 Ueda H, Nakajima H, Hori Y, Fujita T, Nishimura M, Goto T, Okuhara M (1994) FR901228, a novel antitumor bicyclic depsipeptide produced by *Chromobacterium violaceum* No. 968. I. Taxonomy, fermentation, isolation, physico-chemical and biological properties, and antitumor activity. *J Antibiot* **47**:301-310.

〔2〕 Shigematsu N, Ueda H, Takase S, Tanaka H, Yamamoto K, Tada T (1994) FR901228, a novel antitumor bicyclic depsipeptide produced by Chromobacterium violaceum No. 968. II. Structure determination. *J Antibiot* **47**:311-314.

〔3〕 Wang R, Brunner T, Zhang L, Shi Y (1998) Fungal metabolite FR901228 inhibits c-Myc and Fas ligand expression. *Oncogene* **17**:1503-1508.

〔4〕 Nakajima H, Kim YB, Terano H, Yoshida M, Horinouchi S (1998) FR901228, a potent antitumor antibiotic, is a novel histone deacetylase inhibitor. *Exp Cell Res* **241**:126-133.

FK506 (tacrolimus)

キーワード：[Immunosuppressant]

構造：

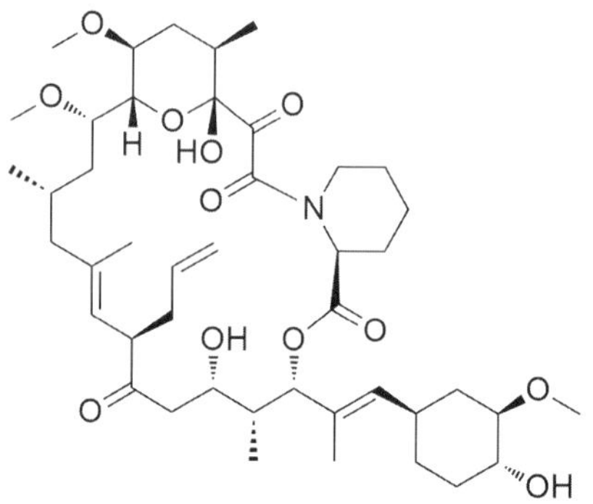

FK506

分子式：$C_{44}H_{69}NO_{12}$
分子量：804.02
溶解性：DMSO, +++; H_2O, -; MeOH, +++

由来：

放線菌*Streptomyces tsukubaensis*由来の天然物〔1-3〕。

標的分子と作用：

FK506は混合リンパ球反応や細胞傷害性T細胞への分化とT細胞の初期活性遺伝子の発現を阻害する免疫抑制剤〔4〕。PPIaseのFKBP12と複合体を形成し、さらにcalcineurinと結合することで、calcineurinの脱リン酸化酵素活性を阻害し、T-細胞活性化を阻害する〔6,7,9〕。

FK506の生物活性：

IC_{50} on mouse mixed lymphocyte reaction *in vitro*：0.32nM〔1〕

ED_{50} on humoral and cellular immunity in mice：4.4mg/kg and 14mg/kg〔1〕

IC_{50} on the production of IL-2, IL-3, IFN-γ, and the expression of IL-2 receptor in MLR *in vitro*：0.1, 0.3, 1, and 10nM, respectively〔2〕

K_d for FKBP12 by Scatchard analysis：0.4nM〔7〕

参考文献：

〔1〕 Kino T, Hatanaka H, Hashimoto M, Nishiyama M, Goto T, Okuhara M, Kohsaka M, Aoki H, Imanaka H (1987) FK-506, a novel immunosuppressant isolated from a *Streptomyces*. I. Fermentation, isolation, and physico-chemical and biological characteristics. *J Antibiot* **40**:1249-1255.

〔2〕 Kino T, Hatanaka H, Miyata S, Inamura N, Nishiyama M, Yajima T, Goto T, Okuhara M, Kohsaka M, Aoki H, et al. (1987) FK-506, a novel immunosuppressant isolated from a *Streptomyces*. II. Immunosuppressive effect of FK-506 in vitro. *J Antibiot* **40**:1256-1265.

〔3〕 Tanaka H, Kuroda A, Marusawa H, Hashimoto M, Hatanaka H, Kino T, Goto T, Okuhara M (1987) Physicochemical properties of FK-506, a novel immunosuppressant isolated from Streptomyces tsukubaensis. *Transplant Proc* **19**:11-16.

〔4〕 Kino T, Inamura N, Sakai F, Nakahara K, Goto T, Okuhara M, Kohsaka M, Aoki H, Ochiai T (1987) Effect of FK-506 on human mixed lymphocyte reaction in vitro. *Transplant Proc* **19**:36-39.

〔5〕 Harding MW, Galat A, Uehling DE, Schreiber SL (1989) A receptor for the immunosuppressant FK506 is a *cis-trans* peptidyl-prolyl isomerase. *Nature* **34**:758-760.

〔6〕 Rosen MK, Standaert RF, Galat A, Nakatsuka M, Schreiber SL (1990) Inhibition of FKBP rotamase activity by immunosuppressant FK506: twisted amide surrogate. *Science* **248**:863-866.

〔7〕 Siekierka JJ, Hung SH, Poe M, Lin CS, Sigal NH (1989) A cytosolic binding protein for the immunosuppressant FK506 has peptidyl-prolyl isomerase activity but is distinct from cyclophilin. *Nature* **341**:755-757.

〔8〕 Bierer BE, Somers PK, Wandless TJ, Burakoff SJ, Schreiber SL (1990) Probing immunosuppressant action with a nonnatural immunophilin ligand. *Science* **250**:556-559.

〔9〕 Liu J, Farmer JD, Jr., Lane WS, Friedman J, Weissman I, Schreiber SL (1991) Calcineurin is a common target of cyclophilin-cyclosporin A and FKBP-FK506 complexes. *Cell* **66**:807-815.

〔10〕 Liu J, Albers MW, Wandless TJ, Luan S, Alberg DG, Belshaw PJ, Cohen P, MacKintosh C, Klee CB, Schreiber SL (1992) Inhibition of T cell signaling by immunophilin-ligand complexes correlates with loss of calcineurin phosphatase activity. *Biochemistry* **31**:3896-3901.

FR177391

キーワード：[Anti-hyperlipidemic] [Protein phosphatase 2A (PP2A)]

構造：

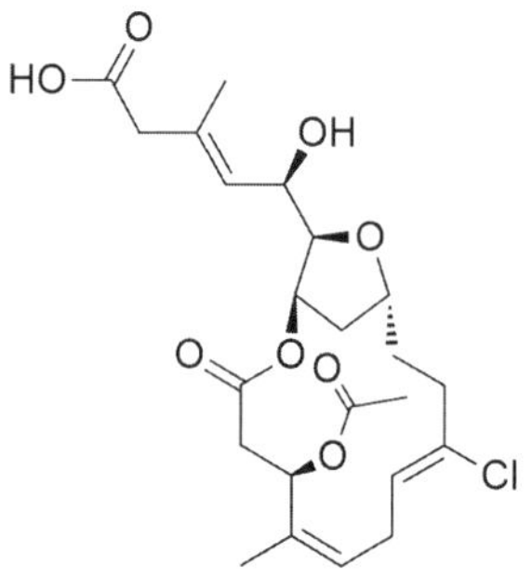

HO O OH O O O O O Cl

FR177391

分子式：$C_{23}H_{31}ClO_8$
分子量：470.94
溶解性：DMSO, ++; H_2O, +; MeOH,+++

由来：

セラチア菌 *Serratia liquefaciens* 由来の天然物〔1〕。

標的分子と作用：

PP2Aを標的とするホスファターゼ阻害剤。オカダ酸結合部位に結合する〔2,3〕。FR177391を処理した3T3-L1細胞では、PP2Aによる脱リン酸化が阻害されることでERKのリン酸化および活性化状態が維持され、油滴を持った成熟脂肪細胞への分化が促進されることから、PP2Aが脂肪細胞の成熟と血中の脂質レベルの調節に重要な役割を果たすことが示唆されている〔1,3〕。

FR177391の生物活性：

Minimum effective concentration for adipogenesis-enhancing effect：0.1μM〔1〕

Enhancement of ERK1/2 phosphorylation in 3T3-L1 adipocyte：10μM〔3〕

K_i values against PP2A and PP1：2.9 and 7,853nM, respectively〔3〕

参考文献：

〔1〕 Sato B, Nakajima H, Fujita T, Takase S, Yoshimura S, Kinoshita T, Terano H (2005) FR177391, a new anti-hyperlipidemic agent from *Serratia*. I. Taxonomy, fermentation, isolation, physico-chemical properties, structure elucidation and biological activities. *J Antibiot* **58**:634-639.

〔2〕 Kobayashi M, Sato K, Yoshimura S, Yamaoka M, Takase S, Ohkubo M, Fujii T, Nakajima H (2005) FR177391, a new anti-hyperlipidemic agent from *Serratia*. III. Microbial conversion of FR177391 and synthesis of FR177391 derivatives for its target protein screening by chemical genetic approaches. *J Antibiot* **58**:648-653.

〔3〕 Yamaoka M, Sato K, Kobayashi M, Nishio N, Ohkubo M, Fujii T, Nakajima H (2005) FR177391, a new anti-hyperlipidemic agent from *Serratia*. IV. Target identification and validation by chemical genetic approaches. *J Antibiot* **58**:654-662.

Fumagillin

キーワード：[Antiangiogenesis] [Methionine aminopeptidase inhibitor]

構造：

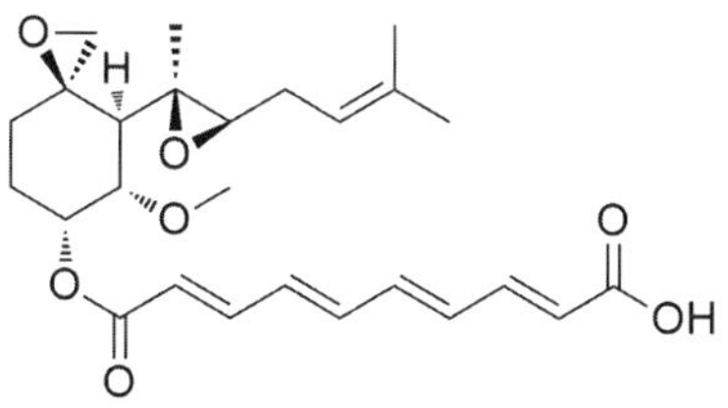

Fumagillin

分子式：$C_{26}H_{34}O_7$
分子量：458.55
溶解性：DMSO, +++; H_2O, -; MeOH, +

由来：

真菌 *Aspergillus* sp. 由来の天然物〔1〕。

標的分子と作用：

マウス背側気嚢における内皮細胞の増殖を阻害し、腫瘍誘発性血管新生を抑制する〔3〕。Fumagillin構造中の2つのエポキシドは標的タンパク質への共有結合に関与することが示唆されていた〔4,5〕。その後、type II methionine aminopeptidase（MetAP2）の活性部位でhistidine231を共有結合的に修飾し、MetAP2のアミノペプチダーゼ活性を不可逆的に阻害することが報告されている〔6-8〕。

Fumagillinの生物活性：

Inhibition of tumor-induced angiogenesis in the subcutaneous dorsal air sac：100mg/kg〔3〕
Growth inhibition of MetAP-1 deleted *Sacchromyces cerevisiae*：0.5pmol/filter disk〔4〕
IC_{50} on cell growth of C2C12 myoblast：2.6nM〔9〕

参考文献：

〔1〕 Hanson FR, Eble TE (1949) An antiphage agent Isolated from *Aspergillus* sp. *J Bacteriol* **58**:527-529.

〔2〕 Corey EJ, Snider BB (1972) Total Synthesis of (+/-)-Fumagillin. J Am Chem Soc 94:2549-2550.

〔3〕 Ingber D, Fujita T, Kishimoto S, Sudo K, Kanamaru T, Brem H, Folkman J (1990) Synthetic analogues of fumagillin that inhibit angiogenesis and suppress tumour growth. *Nature* **348**:555-557.

〔4〕 Sin N, Meng LH, Wang MQW, Wen JJ, Bornmann WG, Crews CM (1997) The anti-angiogenic agent fumagillin covalently binds and inhibits the methionine aminopeptidase, MetAP-2. *Proc Natl Acad Sci USA* **94**:6099-6103.

〔5〕 Griffith EC, Su Z, Turk BE, Chen S, Chang YH, Wu Z, Biemann K, Liu JO (1997) Methionine aminopeptidase (type 2) is the common target for angiogenesis inhibitors AGM-1470 and ovalicin. *Chem Biol* **4**:461-471.

〔6〕 Griffith EC, Su Z, Niwayama S, Ramsay CA, Chang YH, Liu JO (1998) Molecular recognition of angiogenesis inhibitors fumagillin and ovalicin by methionine aminopeptidase 2. *Proc Natl Acad Sci USA* **95**:15183-15188.

〔7〕 Liu SP, Widom J, Kemp CW, Crews CM, Clardy J (1998) Structure of human methionine aminopeptidase-2 complexed with fumagillin. *Science* **282**:1324-1327.

〔8〕 Lowther WT, McMillen DA, Orville AM, Matthews BW (1998) The anti-angiogenic agent fumagillin covalently modifies a conserved active-site histidine in the *Escherichia coli* methionine aminopeptidase. *Proc Natl Acad Sci USA* **95**:12153-12157.

〔9〕 Datta B, Majumdar A, Datta R, Balusu R (2004) Treatment of cells with the angiogenic inhibitor fumagillin results in increased stability of eukaryotic initiation factor 2-associated glycoprotein, p67, and reduced phosphorylation of extracellular signal-regulated kinases. *Biochemistry* **43**:14821-14831.

〔10〕 Kim S, LaMontagne K, Sabio M, Sharma S, Versace RW, Yusuff N, Phillips PE (2004) Depletion of methionine aminopeptidase 2 does not alter cell response to fumagillin or bengamides. *Cancer Res* **64**:2984-2987.

Fusicoccin, Cotylenin A

キーワード：[14-3-3] [Plasma membrane H⁺-ATPase] [Protein-protein interaction inhibitor]

構造：

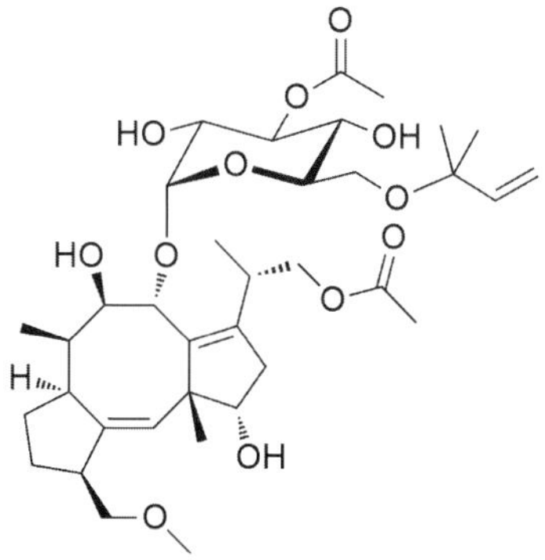

Fusicoccin

分子式：$C_{36}H_{56}O_{12}$

分子量：680.83

溶解性：DMSO, ++; H_2O, ±; MeOH, +++

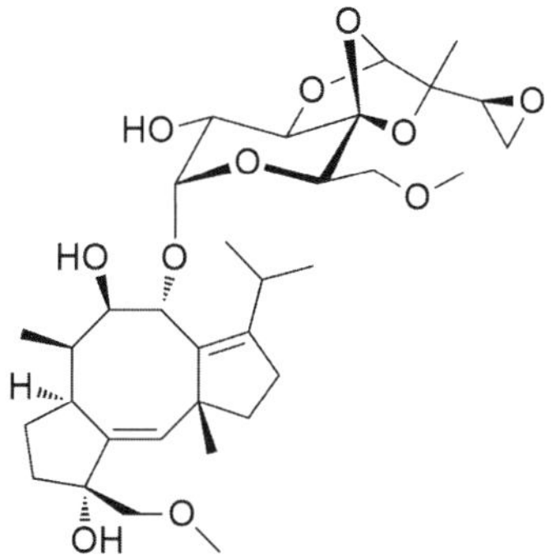

Cotylenin A

分子式：$C_{33}H_{50}O_{11}$

分子量：622.75

溶解性：DMSO, ++; H_2O, ±; MeOH, +++

由来：

Fusicoccinは真菌（*Fusicoccum amygdali*）由来の天然物〔1〕。

Cotylenin Aは*Cladosporium* sp.由来の天然物〔2〕。

標的分子と作用：

Fusicoccinは14-3-3タンパク質とH^+-ATPaseの結合を安定化し〔6, 8-11〕、三者複合体の形成によって植物細胞膜H^+-ATPaseを活性化する〔12, 13〕。また、cotylenin Aは抗腫瘍活性が報告されている〔14〕。14-3-3ファミリータンパク質は、複数のリン酸化リガンドとのタンパク質間相互作用を介してSer/Thrキナーゼ依存性シグナル伝達経路において重要な役割を果たすため、fusicoccinおよびcotylenin A誘導体は抗腫瘍剤として開発されている〔15, 16〕。

Fusicoccin、およびCotylenin Aの生物活性：

Fusicoccin

Enhancement of $NaHCO_3$ uptake in *Avena sativa*：20μM〔17〕

Cotylenin A

Morphological differentiation in M1 and HL60 cells：20μM〔14〕

EC_{50} of the 14-3-3/C-RAFpS233pS259 interaction *in vitro*：60μM〔15〕

参考文献：

〔1〕Ballio A, Chain EB, De Leo P, Erlanger BF, Mauri M, Tonolo A (1964) Fusicoccin: a new wilting toxin produced by *Fusicoccum amygdali* Del. *Nature* **203**:297.

〔2〕Sassa T (1971) Cotylenins, leaf growth substances produced by a fungus: Isolation and characterization of cotylenins A and B. *Agr Biol Chem* **35**:1415-1418.

〔3〕Squire GR, Mansfield TA (1972) Studies of the mechanism of action of fusicoccin, the fungal toxin that induces wilting, and its interaction with abscisic acid. *Planta* **105**:71-78.

〔4〕Cleland RE (1976) Fusicoccin-induced growth and hydrogen ion excretion of *Avena coleoptiles*: Relation to auxin responses. *Planta* **128**:201-206.

〔5〕Rasi-Caldogno F, De Michelis MI, Pugliarello MC, Marre E (1986) H^+-pumping driven by the plasma membrane ATPase in membrane vesicles from radish: stimulation by fusicoccin. *Plant Physiol* 82:121-125.

〔6〕de Boer AH, Watson BA, Cleland RE (1989) Purification and identification of the fusicoccin binding protein from oat root plasma membrane. *Plant Physiol* **89**:250-259.

〔7〕Oecking C, Weiler EW (1991) Characterization and purification of the fusicoccin-binding complex from plasma membranes of *Commelina communis*. *Eur J Biochem* **199**:685-689.

〔8〕Korthout HA, de Boer AH (1994) A fusicoccin binding protein belongs to the family of 14-3-3 brain protein homologs. *Plant Cell* **6**:1681-1692.

〔9〕Marra M, Fullone MR, Fogliano V, Pen J, Mattei M, Masi S, Aducci P (1994) The 30-kilodalton protein present in purified fusicoccin receptor preparations is a 14-3-3-like protein. *Plant Physiol* **106**:1497-1501.

〔10〕Oecking C, Eckerskorn C, Weiler EW (1994) The fusicoccin receptor of plants is a member of the 14-3-3 superfamily of eukaryotic regulatory proteins. *FEBS* Lett **352**:163-166.

〔11〕Fullone MR, Visconti S, Marra M, Fogliano V, Aducci P (1998) Fusicoccin effect on the in vitro interaction between plant 14-3-3 proteins and plasma membrane H+-ATPase. *J Biol Chem* **273**:7698-7702.

〔12〕Fuglsang AT, Visconti S, Drumm K, Jahn T, Stensballe A, Mattei B, Jensen ON, Aducci P, Palmgren MG (1999) Binding of 14-3-3 protein to the plasma membrane H^+-ATPase AHA2 involves the three C-terminal residues Tyr^{946}-Thr-Val and requires phosphorylation of Thr^{947}. *J Biol Chem* **274**:36774-36780.

〔13〕Svennelid F, Olsson A, Piotrowski M, Rosenquist M, Ottman C, Larsson C, Oecking C, Sommarin M (1999) Phosphorylation of Thr-948 at the C terminus of the plasma membrane H^+-ATPase creates a binding site for the regulatory 14-3-3 protein. *Plant Cell* **11**:2379-2391.

〔14〕Asahi K, Honma Y, Hazeki K, Sassa T, Kubohara Y, Sakurai A, Takahashi N (1997) Cotylenin A, a plant-growth regulator, induces the differentiation in murine and human myeloid leukemia cells. *Biochem Biophys Res Commun* **238**:758-763.

〔15〕Molzan M, Kasper S, Röglin L, Skwarczynska M, Sassa T, Inoue T, Breitenbuecher F, Ohkanda J, Kato N, Schuler M, Ottmann C (2013) Stabilization of physical RAF/14-3-3 interaction by cotylenin A as treatment strategy for RAS mutant cancers. *ACS Chem Biol* **8**:1869-1875.

〔16〕Takahashi M, Kawamura A, Kato N, Nishi T, Hamachi I, Ohkanda J (2012) Phosphopeptide-dependent labeling of 14-3-3 zeta proteins by fusicoccin-based fluorescent probes. *Angew Chem Int Ed Engl* **51**:509-512.

〔17〕Johnson KD, Rayle DL (1976) Enhancement of CO_2 uptake in *Avena coleoptiles* by fusicoccin. *Plant Physiol* **57**:806-811.

Geldanamycin

キーワード：[HSP90 inhibitor]

構造：

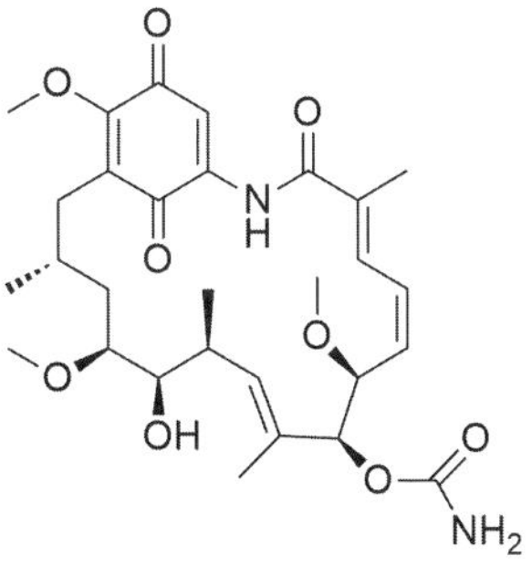

Geldanamycin

分子式：$C_{29}H_{40}N_2O_9$

分子量：560.64

溶解性：DMSO, +++; H_2O, -; MeOH, -

由来：

放線菌 *Streptomyces hygroscopicus* 由来の天然物〔1〕。

標的分子と作用：

p60^{src}の自己リン酸化を阻害し、*src*形質転換細胞の形態を正常表現型に回復する〔2〕。
HSP90 N末端のATP/ADP結合ドメインに結合し〔3, 4〕、Hsp90のタンパク質折りたたみを阻害することで、HSP90の基質を分解する〔5〕。

Geldanamycinの生物活性：

Morphological changes from the transformed to the normal phenotype：0.1μg/ml〔2〕
Disruption of multimolecular complexes containing Raf-1：2μM〔7〕

参考文献：

〔1〕 DeBoer C, Meulman PA, Wnuk RJ, Peterson DH (1970) Geldanamycin, a new antibiotic. *J Antibiot* **23**:442-447.
〔2〕 Uehara Y, Hori M, Takeuchi T, Umezawa H (1986) Phenotypic change from transformed to normal induced by benzoquinonoid ansamycins accompanies inactivation of p60src in rat kidney cells infected with Rous sarcoma virus. *Mol Cell Biol* **6**:2198-2206.
〔3〕 Whitesell L, Mimnaugh EG, De Costa B, Myers CE, Neckers LM (1994) Inhibition of heat shock protein HSP90-pp60v-src heteroprotein complex formation by benzoquinone ansamycins: essential role for stress proteins in oncogenic transformation. *Proc Natl Acad Sci USA* **91**:8324-8328.
〔4〕 Stebbins CE, Russo AA, Schneider C, Rosen N, Hartl FU, Pavletich NP (1997) Crystal structure of an Hsp90-geldanamycin complex: targeting of a protein chaperone by an antitumor agent. *Cell* **89**:239-250.
〔5〕 Schneider C, Sepp-Lorenzino L, Nimmesgern E, Ouerfelli O, Danishefsky S, Rosen N, Hartl FU (1996) Pharmacologic shifting of a balance between protein refolding and degradation mediated by Hsp90. *Proc Natl Acad Sci USA* **93**:14536-14541.
〔6〕 Neckers L (2002) Hsp90 inhibitors as novel cancer chemotherapeutic agents. *Trends Mol Med* **8**:S55-61.
〔7〕 Schulte TW, Blagosklonny MV, Ingui C, Neckers L (1995) Disruption of the Raf-1-Hsp90 molecular complex results in destabilization of Raf-1 and loss of Raf-1-Ras association. *J Biol Chem* **270**:24585-24588.

Gerfelin, Methyl gerfelin*

キーワード：[Geranylgeranyl diphosphate (GGPP) synthase inhibitor] [Osteoclastogenesis inhibitor] [Glyoxalase inhibitor]

構造：

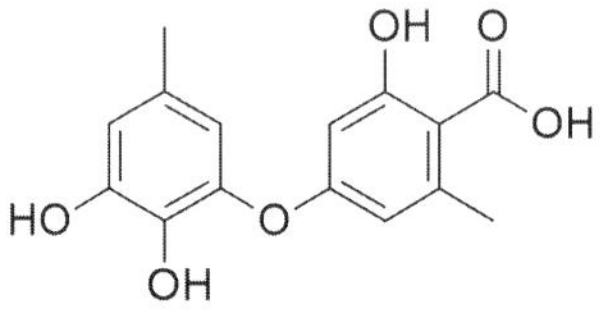

Gerfelin

分子式：$C_{15}H_{14}O_6$

分子量：290.27

溶解性：DMSO, +++; H_2O, ?; MeOH, ++

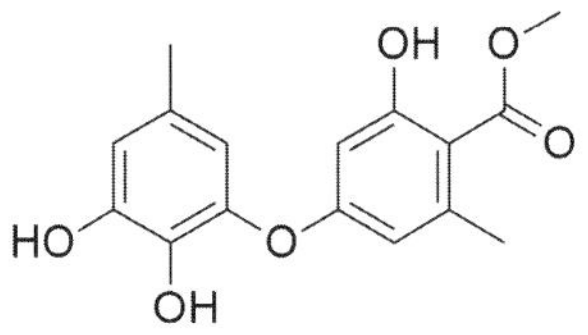

Methyl gerfelin

分子式：$C_{16}H_{16}O_6$

分子量：304.29

溶解性：DMSO, +++; H_2O, ±; MeOH, ++

由来：

Gerfelinは真菌*Beauveria felina* QN22047由来の天然物〔1, 2〕。

* Methyl gerfelinはgerfelinからの合成誘導体〔4〕。

F-J

標的分子と作用：

Gerfelinはisopentenyl diphosphateおよびfarnesyl diphosphateを拮抗的に阻害しGGPP synthaseを阻害する〔1〕。一方、methyl gerfelinはglyoxalase I（GLO1）と結合し破骨細胞形成を阻害することから、GLO1活性が破骨細胞形成に必要であることが明らかとなった〔4〕。

Gerfelinの生物活性：

IC_{50} value for GGPP synthase *in vitro*：3.5μg/ml〔1〕

K_i value for GGPP synthase：5.5μg/ml〔1〕and 19.0μM〔4〕

IC_{50} value for osteoclastogenesis：61μM〔4〕

Methyl gerfelinの生物活性：

IC_{50} value for osteoclastogenesis：2.8μM〔4〕

IC_{50} value for GGPP synthase *in vitro*：2.5μM〔4〕

K_i value for GLO1 activity *in vitro*：0.23μM, competitively〔4〕

参考文献：

〔1〕Zenitani S, Tashiro S, Shindo K, Nagai K, Suzuki K, Imoto M (2003) Gerfelin, a novel inhibitor of geranylgeranyl diphosphate synthase from *Beauveria felina* QN22047. I. Taxonomy, fermentation, isolation, and biological activities. *J Antibiot* **56**:617-621.

〔2〕Zenitani S, Shindo K, Tashiro S, Sekiguchi M, Nishimori M, Suzuki K, Imoto M (2003) Gerfelin, a novel inhibitor of geranylgeranyl diphosphate synthase from *Beauveria felina* QN22047. II. Structural elucidation. *J Antibiot* **56**:658-660.

〔3〕Islam MS, Kitagawa M, Imoto M, Kitahara T, Watanabe H. (2006) Synthesis of gerfelin and related analogous compounds. *Biosci Biotechnol Biochem* **70**:2523-2528.

〔4〕Kawatani M, Okumura H, Honda K, Kanoh N, Muroi M, Dohmae N, Takami M, Kitagawa M, Futamura Y, Imoto M, Osada H (2008) The identification of an osteoclastogenesis inhibitor through the inhibition of glyoxalase I. *Proc Natl Acad Sci USA* **105**:11691-11696.

〔5〕Kanoh N, Suzuki T, Kawatani M, Katou Y, Osada H, Iwabuchi Y. (2013) Dual structure-activity relationship of osteoclastogenesis inhibitor methyl gerfelin based on TEG scanning. *Bioconjug Chem* **24**:44-52.

〔6〕Urscher M, Przyborski JM, Imoto M, Deponte M. (2010) Distinct subcellular localization in the cytosol and apicoplast, unexpected dimerization and inhibition of *Plasmodium falciparum* glyoxalases. *Mol Microbiol* **76**:92-103.

〔7〕Akoachere M, Iozef R, Rahlfs S, Deponte M, Mannervik B, Creighton DJ, Schirmer H, Becker K. (2005) Characterization of the glyoxalases of the malarial parasite *Plasmodium falciparum* and comparison with their human counterparts. *Biol Chem.* **386**:41-52.

Glazziovianin A, Gatastatin*

キーワード：[Tubulin binder] [Microtubule dynamics inhibitor] [γ-tubulin inhibitor]

構造：

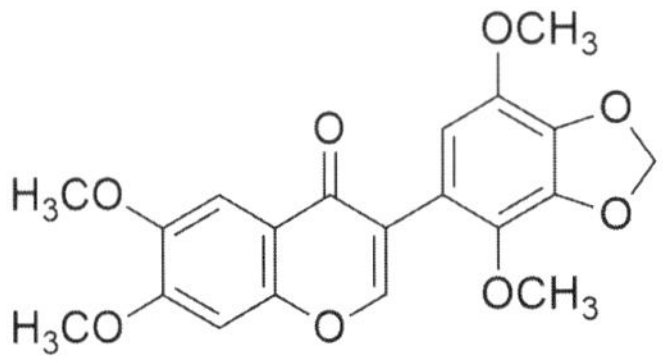

Glaziovianin A

分子式：$C_{20}H_{18}O_8$

分子量：386.36

溶解性：DMSO, +++; H_2O, -; MeOH, +

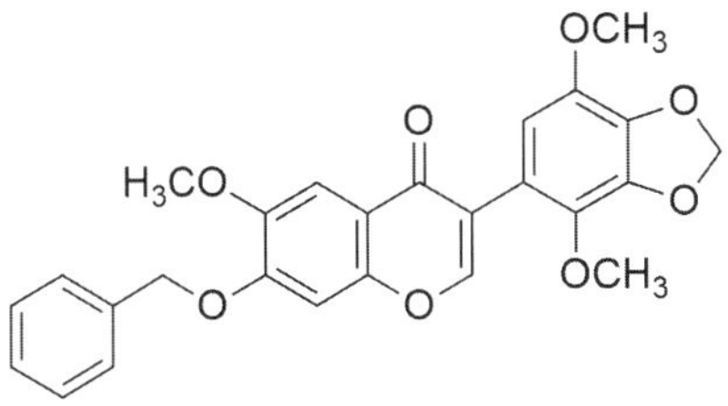

Gatastatin

分子式：$C_{26}H_{22}O_8$

分子量：462.45

溶解性：DMSO, +++; H_2O, -; MeOH, +

由来：

Glaziovianin Aはマメ科植物*Ateleia glazioviana*の葉由来の天然物〔1〕。

* Gatastatinはglaziovianin Aの合成類縁体〔4〕。

標的分子と作用：

Glaziovianin Aはチューブリンのコルヒチン結合部位に結合し、微小管のダイナミクスを阻害する〔5〕。Gatastatinはγ-tubulin特異的阻害剤として同定され〔4〕、中心体からの微小管核形成を阻害し、分裂の中期と後期進行にかかる時間を延長する。

Glaziovianin A、およびGatastatinの生物活性：

Glaziovianin A

IC_{50} of glaziovianin A on cell growth of HL-60 cells：0.29μM〔1〕

Inhibition of microtubule dynamics in PtK2 cells：1μM〔2〕

Inhibition of endosome transport and maturation in HeLa cells：2μM〔2〕

Gatastatin

K_d value to γ-tubulin determined by tryptophan fluorescence-based drug-binding assay：3.6μM〔4〕

参考文献：

〔1〕 Yokosuka A, Haraguchi M, Usui T, Kazami S, Osada H, Yamori T, Mimaki Y (2007) Glaziovianin A, a new isoflavone, from the leaves of *Ateleia glazioviana* and its cytotoxic activity against human cancer cells. *Bioorg Med Chem Lett* **17**: 3091-3094.

〔2〕 Ikedo A, Hayakawa I, Usui T, Kazami S, Osada H, Kigoshi H. (2010) Structure-activity relationship study of glaziovianin A against cell cycle progression and spindle formation of HeLa S3 cells. *Bioorg Med Chem Lett* **20**:5402–5404.

〔3〕 Hayakawa I, Ikedo A, Chinen T, Usui T, Kigoshi H. (2012) Design, synthesis, and biological evaluation of the analogues of glaziovianin A, a potent antitumor isoflavone. *Bioorg Med Chem* **20**:5745–5756.

〔4〕 Chinen T, Liu P, Shioda S, Pagel J, Cerikan B, Lin T, Gruss O, Hayashi Y, Takeno H, Shima T, Okada T, Hayakawa I, Hayashi Y, Kigoshi H, Usui T, Schiebel E. (2015) The γ-tubulin specific inhibitor gatastatin reveals temporal requirements of microtubule nucleation during the cell cycle. *Nat Commun* **6**:8722.

〔5〕 Chinen T, Kazami S, Nagumo Y, Hayakawa I, Ikedo A, Takagi M, Yokosuka A, Imamoto N, Mimaki Y, Kigoshi H, Osada H, Usui T (2013) Glaziovianin A prevents endosome maturation via inhibiting microtubule dynamics. *ACS Chem Biol* **8**: 884-889.

Gleevec*

キーワード：[Antitumor]［Bcr-Abl inhibitor］

構造：

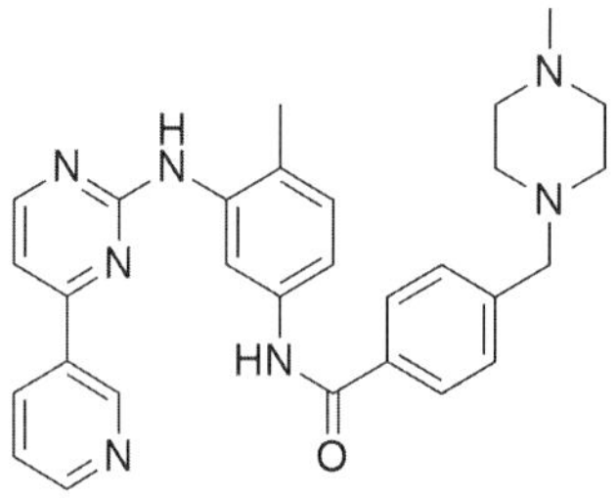

Gleevec

分子式：$C_{29}H_{31}N_7O$
分子量：493.60（589.71：mesilate）
溶解性：DMSO,+; H_2O,+++（mesilate）; MeOH,+

由来：

*合成化合物〔1〕。

標的分子と作用：

慢性骨髄性白血病（CML）患者で見られるフィラデルフィア染色体陽性CML細胞のBcr-Ablチロシンキナーゼを標的とする抗がん剤。Bcr-Ablに特徴的なキナーゼドメインに結合し、阻害することで、アポトーシスを誘導する。フィラデルフィア染色体およびBcr-Ablチロシンキナーゼは白血病細胞にのみ存在し、正常細胞には存在しないため、Gleevecはがん細胞選択的に死滅させることが可能な、がん分子標的治療薬の最初の例である〔2〕。

Gleevecの生物活性：

IC_{50} values for v-Abl, Bcr-Abl, and c-Abl protein kinases：0.038, 0.025, and 0.025μM, respectively〔1〕
The growth of cells with the expression of Bcr-Abl (MO7p210)：1 μM〔1〕

参考文献：

〔1〕 Druker BJ, Tamura S, Buchdunger E, Ohno S, Segal GM, Fanning S, Zimmermann J, Lydon NB (1996) Effects of a selective inhibitor of the Abl tyrosine kinase on the growth of Bcr-Abl positive cells. *Nat Med* **2**:561-566.
〔2〕 Goldman JM, Melo JV (2003) Chronic myeloid leukemia--advances in biology and new approaches to treatment. *N Engl J Med* **349**:1451-1464.

Glucopiericidin A

キーワード：[Filopodia protrusion inhibitor] [Glucose transporter inhibitor]

構造：

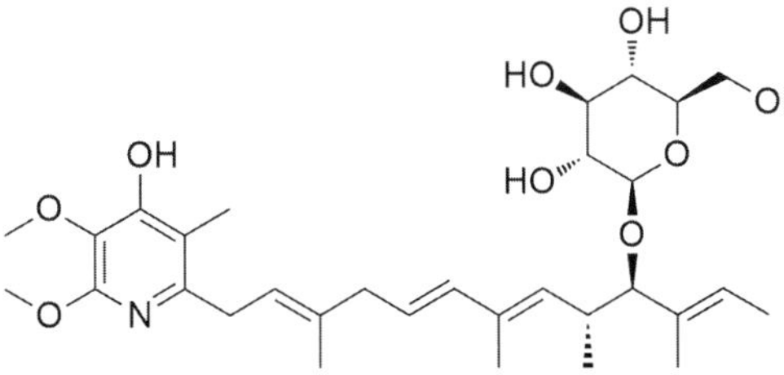

Glucopiericidin A

分子式：$C_{31}H_{47}NO_9$
分子量：577.71
溶解性：DMSO, ++; H_2O, -; MeOH, +++

由来：

放線菌 *Streptomyces pactum* S48727（FERM P-8117）由来の天然物〔1〕。

標的分子と作用：

Glucopiericidin Aは、血小板由来成長因子（PDGF）受容体のチロシンキナーゼ活性を低下させ、PDGFによって誘導されるPIターンオーバーを低下させることによって、PDGF誘導ホスホリパーゼγ1（PLC-γ1）の活性化を阻害する〔2〕。近年、glucopiericidin Aが糸状仮足突起形成抑制物質として再単離されたが、glucopiericidin A単独では糸状突起形成を阻害せず、ミトコンドリア呼吸阻害剤であるpiericidin Aと相乗的に突出抑制した〔3〕。CE-TOF-MS分析から、glucopiericidinの標的分子はグルコース輸送体であると考えられている。

Glucopiericidinの生物活性：

Inhibition of antibody formation：0.1ng/ml〔1〕

Inhibition of filopodia protrusion in combination with piericidin A (0.68 nM)：17nM〔3〕

参考文献：

〔1〕 Matsumoto M, Mogi K, Nagaoka K, Ishizeki S, Kawahara R, Nakashima T (1987) New piericidin glucosides, glucopiericidins A and B. *J Antibiot* **40**:149-156.
〔2〕 Ahn SC, Kim BY, Park CS, Lee HS, Suh PG, Ryu SH, Rho HM, Rhee JS, Mheen TI, Ahn JS (1995) Inhibition of PDGF-induced phosphoinositide-turnover by glucopiericidin A. *Biochem Mol Biol Int* **37**:125-132.
〔3〕 Kitagawa M, Ikeda S, Tashiro E, Soga T, Imoto M (2010) Metabolomic identification of the target of the filopodia protrusion inhibitor glucopiericidin A. *Chem Biol* **17**:989-998.

Gossypol

キーワード：[Apoptosis inducer] [Bcl-2 family inhibitor] [BH3 mimetics]

構造：

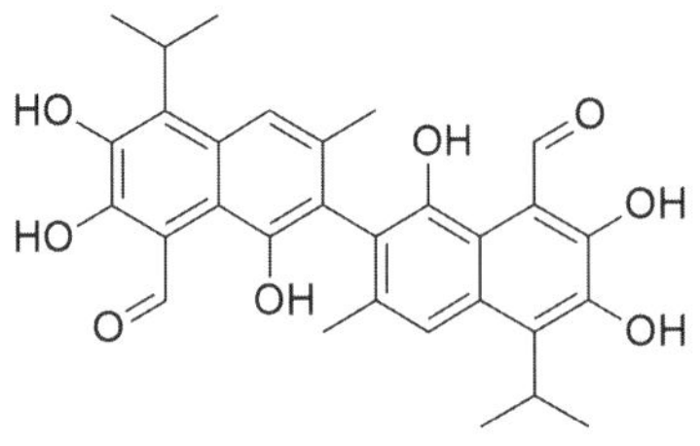

Gossypol

分子式：$C_{30}H_{30}O_8$

分子量：518.56

溶解性：DMSO, +++; H_2O, -; MeOH, ++

由来：

綿実油由来の天然物〔1〕。

標的分子と作用：

*In vivo*および*in vitro*で抗腫瘍活性を示す〔4, 5〕。HT-29ヒトの結腸がん細胞において抗アポトーシスBcl-2ファミリータンパク質の阻害、およびプロアポトーシスBcl-2メンバーの活性化に寄与し、p21を活性化することでG0/G1期の細胞周期停止およびアポトーシスを誘導する〔6〕。さらにBcl-xLのBH3結合ドメインと結合し、BakのSH3ドメインとBcl-xLの結合を阻害することから、gossypolはBH3模倣化合物であり、Bcl-2/Bcl-xLアンタゴニストとして機能することが強く示唆されている〔7〕。

Gossypolの生物活性：

IC_{50} of cell proliferation against several cancer cell lines：5 ～ 35μM〔5〕

IC_{50} value of BH3 peptide binding to Bcl-X_L and Bcl-2：0.4 and 10μM〔6〕

参考文献：

〔1〕 Marchlewski L (1899) Gossypol, ein Bestandtheil der Baumwollsamen. *Journal für Praktische Chemie* **60**:84-90.

〔2〕 Withers WA, Carruth FE (1915) Gossypol--a toxic substance in cottonseed. A preliminary note. *Science* **41**:324.

〔3〕 Conkerton EJ, Frampton VL (1959) Reaction of gossypol with free epsilon-amino groups of lysine in proteins. *Arch Biochem Biophys* **81**:130-134.

〔4〕 Vermel EM, Krugliak SA (1963) Antineoplastic activity of gossypol in experimental transplanted tumors. *Vopr Onkol* **21**:39-43

〔5〕 Tuszynski GP, Cossu G (1984) Differential cytotoxic effect of gossypol on human melanoma, colon carcinoma, and other tissue culture cell lines. *Cancer Res* **44**:768-771

〔6〕 Zhang M, Liu H, Guo R, Ling Y, Wu X, Li B, Roller PP, Wang S, Yang D (2003) Molecular mechanism of gossypol-induced cell growth inhibition and cell death of HT-29 human colon carcinoma cells. *Biochem Pharmacol* **66**:93-103.

〔7〕 Kitada S, Leone M, Sareth S, Zhai D, Reed JC, Pellecchia M (2003) Discovery, characterization, and structure-activity relationships studies of proapoptotic polyphenols targeting B-cell lymphocyte/leukemia-2 proteins. *J Med Chem* **46**:4259-4264.

GSK126*, EPZ005687*

キーワード：[Enhancer of zeste 2 (EZH2) inhibitor] [Methylation of histone H3 on lysine 27]

構造：

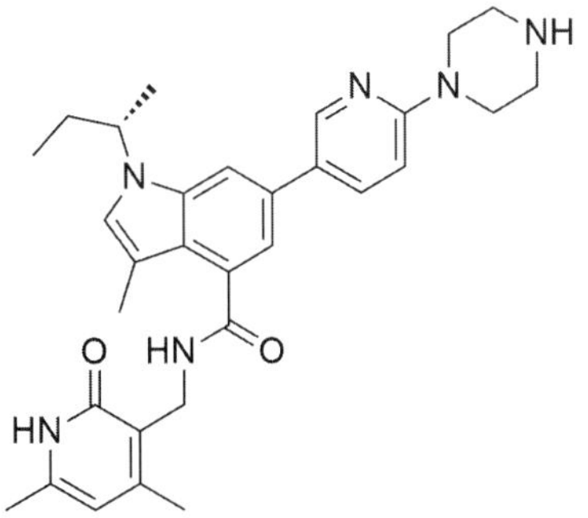

GSK126

分子式：$C_{31}H_{38}N_6O_2$
分子量：526.67
溶解性：DMSO,++; H_2O, ±; MeOH, ±

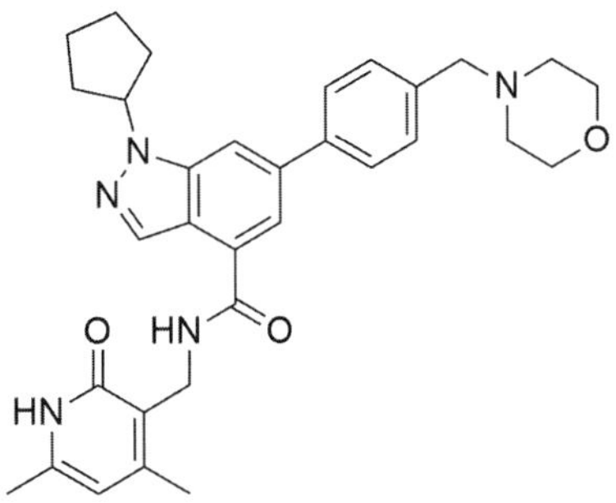

EPZ005687

分子式：$C_{32}H_{37}N_5O_3$
分子量：539.68
溶解性：DMSO, ++; H_2O, ±; MeOH, ±

由来：

＊合成化合物〔1-3〕。

標的分子と作用：

GSK126およびEPZ005687は、PRC2基質のS-アデノシルメチオニンと競合することでPRC2活性を強力かつ選択的に阻害する〔1, 3〕。GSK126はEZH2に対して20倍、他のヒトメチルトランスフェラーゼに対して1,000倍以上選択的であり、活性化酵素からの解離が遅いことから、*in vivo*で有効だと考えられている〔4〕。EPZ005687は、EZH1含有PRC2に比べEZH2に対して約50倍の選択性を示し、野生型EZH2を持つリンパ腫細胞OCI-LY19や、Tyr641およびAla677突然変異型EZH2を持つリンパ腫細胞、他のがん細胞のH3K27メチル化レベルを用量依存的に減少させる〔3〕。

GSK126、およびEPZ004777の生物活性：

GSK126

Apparent K_i values against EZH2 and EZH1 *in vitro*：0.5 ～ 3 and 89nM, respectively〔1〕

IC_{50} of EZH2 mutants DLBCL cell lines：28 ～ 861nM〔1〕

IC_{50} of wild-type EZH2 cell line (HT cells)：516 nM〔1〕

EPZ004777

IC_{50} of PRC2 *in vitro*：54 ± 5nM〔3〕

IC_{50} of the level of methylated H3K27 in OCI-LY19 cells：80 ± 30nM〔3〕

参考文献：

〔1〕 McCabe MT, Ott HM, Ganji G, Korenchuk S, Thompson C, Van Aller GS, Liu Y, Graves AP, Della Pietra A, 3rd, Diaz E, LaFrance LV, Mellinger M, Duquenne C, Tian X, Kruger RG, McHugh CF, Brandt M, Miller WH, Dhanak D, Verma SK, Tummino PJ, Creasy CL (2012) EZH2 inhibition as a therapeutic strategy for lymphoma with EZH2-activating mutations. *Nature* **492**:108-112.

〔2〕 Diaz E, Machutta CA, Chen S, Jiang Y, Nixon C, Hofmann G, Key D, Sweitzer S, Patel M, Wu Z, Creasy CL, Kruger RG, LaFrance L, Verma SK, Pappalardi MB, Le B, Van Aller GS, McCabe MT, Tummino PJ, Pope AJ, Thrall SH, Schwartz B, Brandt M (2012) Development and validation of reagents and assays for EZH2 peptide and nucleosome high-throughput screens. *J Biomol Screen* **17**:1279-1292.

〔3〕 Knutson SK, Wigle TJ, Warholic NM, Sneeringer CJ, Allain CJ, Klaus CR, Sacks JD, Raimondi A, Majer CR, Song J, Scott MP, Jin L, Smith JJ, Olhava EJ, Chesworth R, Moyer MP, Richon VM, Copeland RA, Keilhack H, Pollock RM, Kuntz KW (2012) A selective inhibitor of EZH2 blocks H3K27 methylation and kills mutant lymphoma cells. *Nat Chem Biol* **8**:890-896.

〔4〕 Van Aller GS, Pappalardi MB, Ott HM, Diaz E, Brandt M, Schwartz BJ, Miller WH, Dhanak D, McCabe MT, Verma SK, Creasy CL, Tummino PJ, Kruger RG (2014) Long residence time inhibition of EZH2 in activated polycomb repressive complex 2. *ACS Chem Biol* **9**:622-629.

GSK-J4*

キーワード：[JMJD3/UTX inhibitor]

構造：

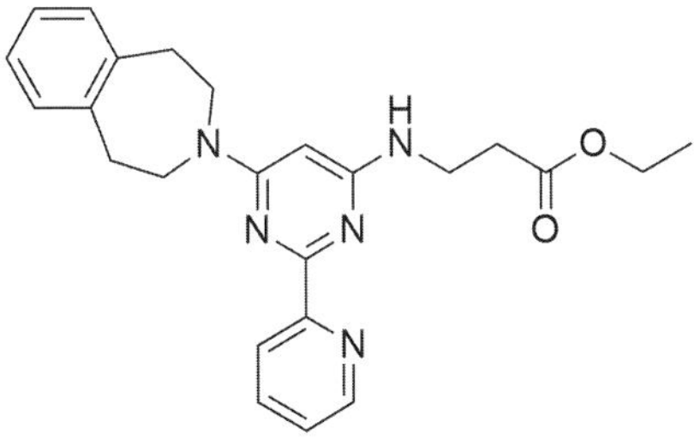

GSK-J4

分子式：$C_{24}H_{27}N_5O_2$

分子量：417.50

溶解性：DMSO, +++; H_2O, ?; MeOH, ?

由来：

* 合成化合物〔1〕。

標的分子と作用：

GSK-J4は細胞内のエステラーゼに加水分解され、Jumonji domain-containing histone H3K27 demethylaseであるJMJD3/UTX阻害剤になる〔1〕。ヒトプライマリーマクロファージでヒストンH3K27のトリメチル化増加に伴うTNF-α生成を阻害し〔1〕、急性リンパ芽球性白血病やK27M変異を持ったグリオーマ細胞の増殖を抑える〔2,3〕。

GSK-J4の生物活性：

In vitro IC_{50} of GSK-J1 against JMJD3：60nM〔1〕

Increase in histone H3K27 tri-metylation：10 ～ 50μM〔1〕

IC_{50} on proliferation of T cells in acute lymphoblastic leukemia：2μM〔2〕

IC_{50} on proliferation of K27M-expressing glioma cells：1.3 ～ 3.0μM〔3〕

参考文献：

〔1〕 Kruidenier L, Chung CW, Cheng Z, Liddle J, Che K, Joberty G, Bantscheff M, Bountra C, Bridges A, Diallo H, Eberhard D, Hutchinson S, Jones E, Katso R, Leveridge M, Mander PK, Mosley J, Ramirez-Molina C, Rowland P, Schofield CJ, Sheppard RJ, Smith JE, Swales C, Tanner R, Thomas P, Tumber A, Drewes G, Oppermann U, Patel DJ, Lee K, Wilson DM (2012) A selective jumonji H3K27 demethylase inhibitor modulates the proinflammatory macrophage response. *Nature* **488**:404-408.

〔2〕 Ntziachristos P, Tsirigos A, Welstead GG, Trimarchi T, Bakogianni S, Xu L, Loizou E, Holmfeldt L, Strikoudis A, King B, Mullenders J, Becksfort J, Nedjic J, Paietta E, Tallman MS, Rowe JM, Tonon G, Satoh T, Kruidenier L, Prinjha R, Akira S, Van Vlierberghe P, Ferrando AA, Jaenisch R, Mullighan CG, Aifantis I (2014) Contrasting roles of histone 3 lysine 27 demethylases in acute lymphoblastic leukaemia. *Nature* **514**:513-517.

〔3〕 Hashizume R, Andor N, Ihara Y, Lerner R, Gan H, Chen X, Fang D, Huang X, Tom MW, Ngo V, Solomon D, Mueller S, Paris PL, Zhang Z, Petritsch C, Gupta N, Waldman TA, James CD (2014) Pharmacologic inhibition of histone demethylation as a therapy for pediatric brainstem glioma. *Nat Med* **20**:1394-1396.

〔4〕 Messer HG, Jacobs D, Dhummakupt A, Bloom DC (2015) Inhibition of H3K27me3-specific histone demethylases JMJD3 and UTX blocks reactivation of herpes simplex virus 1 in trigeminal ganglion neurons. *J Virol* **89**:3417-3420.

Halichondrin B, Eribulin*

キーワード：[Antitumor]［Tubulin polymerization inhibitor］

構造：

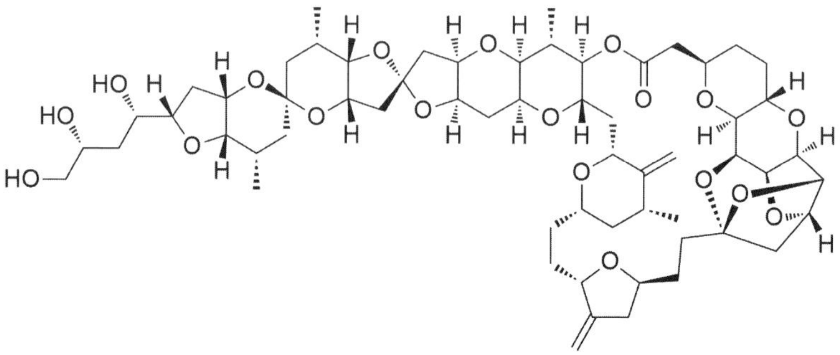

Halichondrin B

分子式：$C_{60}H_{86}O_{19}$
分子量：1111.33
溶解性：DMSO, ++; H_2O, ±; MeOH, +++

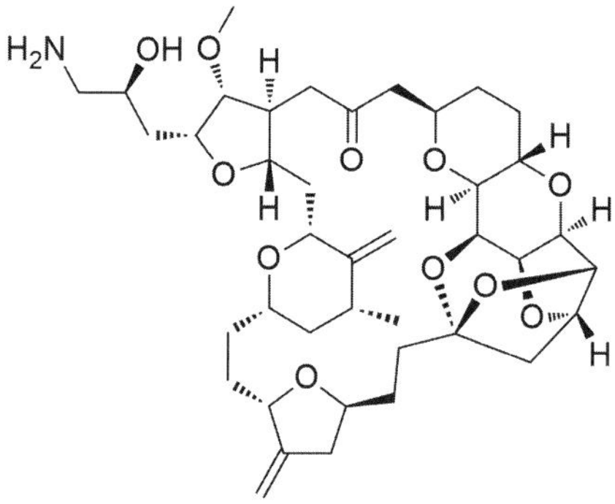

Eribulin

分子式：$C_{40}H_{59}NO_{11}$
分子量：729.91
溶解性：DMSO, ++; H_2O, ++; MeOH, +++

由来：

Halichondrin Bは海綿 *Halichondria okadai* Kadota由来の天然物〔1〕。

* Eribulinはhalicondrin Bの構造活性相関検討にて開発された合成化合物。

標的分子と作用：

Halichondrin Bはチューブリンの重合と細胞分裂の進行を阻害する抗腫瘍活性物質〔2, 3〕。Eribulinはhalichondrin Bの構造に基づいて合成・開発された合成化合物であり、抗がん剤として使われている〔4〕。

Halichondrin Bの生物活性：

IC_{50} of cytotoxicity for B16 melanoma *in vitro*：0.093ng/ml〔1〕

Antitumor activity against B16 melanoma *in vivo*：2.5μg/kg, i.p. daily administration〔1〕

Apparent K_i value of the binding of vinblastine to tubulin：5μM, noncompetitive manner〔2〕

参考文献：

〔1〕 Hirata Y, Uemura D (1986) Halichondrins - Antitumor polyether macrolides from a marine sponge. *Pure Appl Chem* **58**:701-710.

〔2〕 Bai RL, Paull KD, Herald CL, Malspeis L, Pettit GR, Hamel E (1991) Halichondrin B and homohalichondrin B, marine natural products binding in the vinca domain of tubulin. Discovery of tubulin-based mechanism of action by analysis of differential cytotoxicity data. *J Biol Chem* **266**:15882-15889.

〔3〕 Cruz-Monserrate Z, Mullaney JT, Harran PG, Pettit GR, Hamel E (2003) Dolastatin 15 binds in the vinca domain of tubulin as demonstrated by Hummel-Dreyer chromatography. *Eur J Biochem* **270**:3822-3828.

〔4〕 Towle MJ, Salvato KA, Budrow J, Wels BF, Kuznetsov G, Aalfs KK, Welsh S, Zheng W, Seletsky BM, Palme MH, Habgood GJ, Singer LA, Dipietro LV, Wang Y, Chen JJ, Quincy DA, Davis A, Yoshimatsu K, Kishi Y, Yu MJ, Littlefield BA (2001) In vitro and in vivo anticancer activities of synthetic macrocyclic ketone analogues of halichondrin B. *Cancer Res* **61**:1013-1021.

Hydrazinobenzoylcurcumin*（HBC, CTK7A）

キーワード：[Antitumor] [Ca^{2+}/calmodulin] [Histone acetyltransferase]

構造：

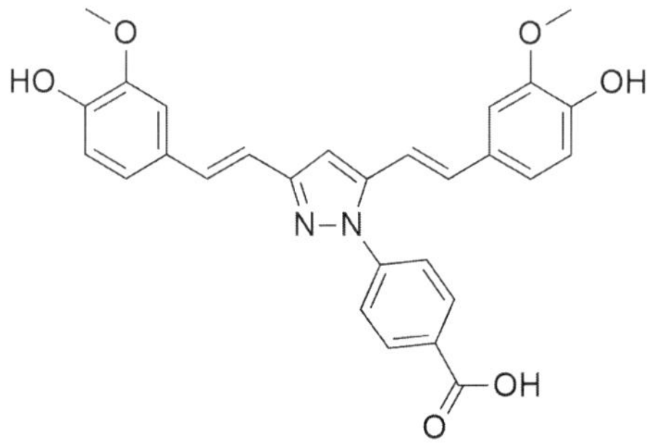

HBC

分子式：$C_{28}H_{24}N_2O_6$

分子量：484.51

溶解性：DMSO, +++; H_2O, ±; MeOH, +

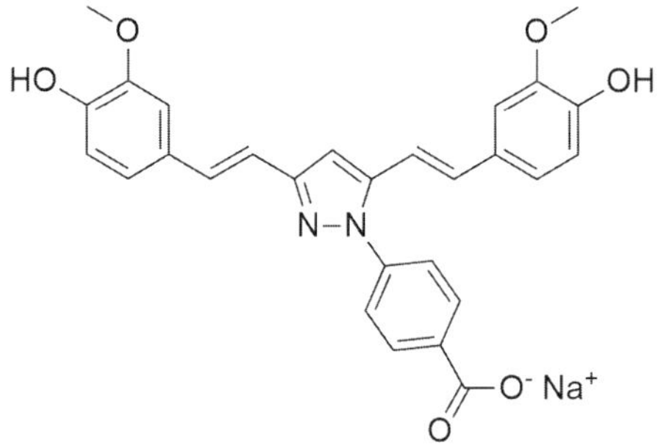

CTK7A

分子式：$C_{28}H_{23}N_2NaO_6$

分子量：506.49

溶解性：DMSO, +++; H_2O, +; MeOH, +

由来：

＊ウコン（*Curcuma longa*）由来のcurcuminからの誘導体〔1,2〕。

標的分子と作用：

HBCはERK1/2の長期リン酸化やp21WAF1発現誘導を介した細胞周期停止〔3〕、およびHIF1α発現阻害を介した血管新生阻害を誘導する〔4〕。Ca^{2+}/calmodulinと結合すること〔3〕、また水溶性誘導体CTK7Aがヒストンアセチルトランスフェラーゼ阻害剤であることが報告されている〔2〕。

HBC、およびCTK7Aの生物活性：

HBC

IC_{50} for the proliferation of HCT15：20μM〔3〕

IC_{50} for the proliferation of HUVECs：20μM〔4〕

Inhibition of HIF1α expression：10μM〔4〕

CTK7A

K_i for acetyl-CoA and core histone in histone acetyltransfease assay：13.8 and 18.6μM, respectively〔2〕

Inhibition of wound-healing, induction of polyploidal cells and senescence-like growth arrest：100μM〔2〕

参考文献：

〔1〕 Shim JS, Kim DH, Jung HJ, Kim JH, Lim D, Lee SK, Kim KW, Ahn JW, Yoo JS, Rho JR, Shin J, Kwon HJ (2002) Hydrazinocurcumin, a novel synthetic curcumin derivative, is a potent inhibitor of endothelial cell proliferation. *Bioorg Med Chem* **10**:2987-2992.

〔2〕 Arif M, Vedamurthy BM, Choudhari R, Ostwal YB, Mantelingu K, Kodaganur GS, Kundu TK (2010) Nitric oxide-mediated histone hyperacetylation in oral cancer: target for a water-soluble HAT inhibitor, CTK7A. *Chem Biol* **17**:903-913.

〔3〕 Shim JS, Lee J, Park HJ, Park SJ, Kwon HJ (2004) A new curcumin derivative, HBC, interferes with the cell cycle progression of colon cancer cells via antagonization of the Ca^{2+}/calmodulin function. *Chem Biol* **11**:1455-1463.

〔4〕 Jung HJ, Kim JH, Shim JS, Kwon HJ (2010) A novel Ca^{2+}/calmodulin antagonist HBC inhibits angiogenesis and down-regulates hypoxia-inducible factor. *J Biol Chem* **285**:25867-25874.

Iejimalide A-D

キーワード：[Antitumor] [V-ATPase inhibitor]

構造：

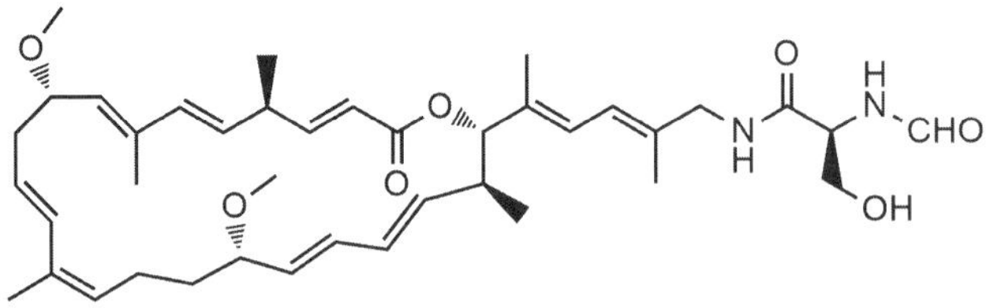

Iejimalide A

分子式：$C_{40}H_{58}N_2O_7$
分子量：678.90
溶解性：DMSO, ++; H_2O, ±; MeOH,+

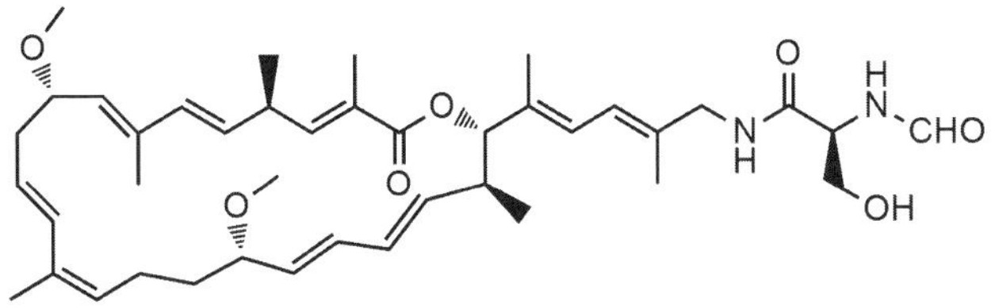

Iejimalide B

分子式：$C_{41}H_{60}N_2O_7$
分子量：692.94
溶解性：DMSO, ++; H_2O, ±; MeOH,+

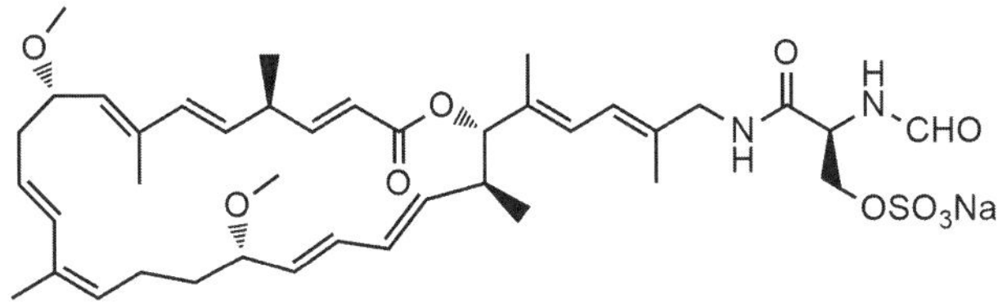

Iejimalide C

分子式：$C_{40}H_{57}N_2NaO_{10}S$
分子量：780.94
溶解性：DMSO, ++; H_2O, +; MeOH,+

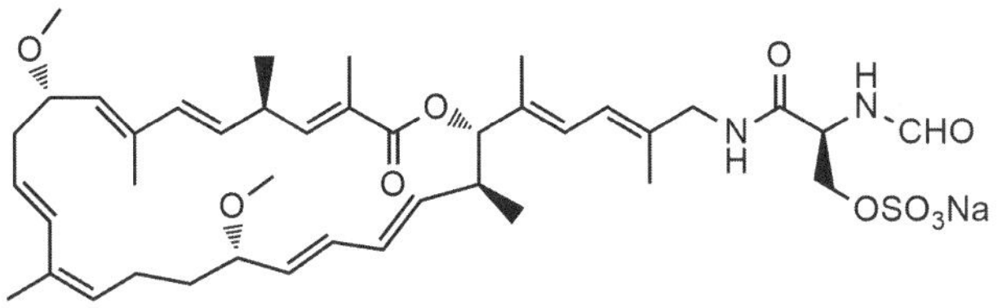

Iejimalide D

分子式：$C_{41}H_{59}N_2NaO_{10}S$
分子量：794.97
溶解性：DMSO, ++; H_2O, +; MeOH,+

由来：

ホヤ *Eudistoma* cf. *rigida* 由来の天然物〔1,2〕。

標的分子と作用：

Iejimalide A-D は V-ATPase の Vo ドメイン c サブユニットと結合することで V-ATPase を阻害し、抗腫瘍および抗骨粗鬆症活性を示す〔6,7〕。また、iejimalide A-D が上皮腫瘍細胞の V-ATPase 活性を阻害することによって、リソソームから開始される細胞死プロセスを導くことが報告されている〔9〕。

Iejimalide A-D の生物活性：

IC_{50} values for cytotoxicity of iejimalides A and B against L1210：62 and 32ng/ml, respectively〔1〕

IC_{50} values for cytotoxicity of iejimalides C and D against L1210：10 and 0.58μg/ml, respectively〔2〕

IC_{50} values for cytotoxicity of iejimalides A and B against TRAP-positive multinucleated cells：5 and 6nM, respectively〔6〕

K_i values of iejimalides A and B against yeast V-ATPase *in vitro*：6.7 and 8.7nM, respectively〔6〕

参考文献：

〔1〕 Kobayashi J, Cheng J-f, Ohta T, Nakamura H, Nozoe S, Hirata Y, Ohizumi Y, Sasaki T (1988) Iejimalides A and B, novel 24-membered macrolides with potent antileukemic activity from the Okinawan tunicate *Eudistoma* cf. *rigida*. *J Org Chem* **53**:6147-6150.

〔2〕 Kikuchi Y, Ishibashi M, Sasaki T, Kobayashi J (1991) Iejimalides C and D, new antineoplastic 24-membered macrolide sulfates from the Okinawan marine tunicate *Eudistoma* cf. *rigida*. *Tetrahedron Lett* **32**:797-798.

〔3〕 Nozawa K, Tsuda M, Ishiyama H, Sasaki T, Tsuruo T, Kobayashi J (2006) Absolute stereochemistry and antitumor activity of iejimalides. *Bioorg Med Chem* **14**:1063-1067.

〔4〕 Fürstner A, Nevado C, Tremblay M, Chevrier C, Teplý F, Aïssa C, Waser M (2006) Total synthesis of iejimalide B. *Angew Chem Int Ed Engl* **45**:5837-5842.

〔5〕 Fürstner A, Nevado C, Waser M, Tremblay M, Chevrier C, Teplý F, Aïssa C, Moulin E, Müller O (2007) Total synthesis of iejimalide A-D and assessment of the remarkable actin-depolymerizing capacity of these polyene macrolides. *J Am Chem Soc* **129**:9150-9161.

〔6〕 Kazami S, Muroi M, Kawatani M, Kubota T, Usui T, Kobayashi J, Osada H (2006) Iejimalides show anti-osteoclast activity *via* V-ATPase inhibition. *Biosci Biotechnol Biochem* **70**:1364-1370.

〔7〕 Kazami S, Takaine M, Itoh H, Kubota T, Kobayashi J, and Usui T. (2014) Iejimalide C is a potent V-ATPase inhibitor, and induces actin disorganization. *Biol Pharm Bull*, **37**: 1944-1947.

〔8〕 Wang WW, McHenry P, Jeffrey R, Schweitzer D, Helquist P, Tenniswood M (2008) Effects of Iejimalide B, a marine macrolide, on growth and apoptosis in prostate cancer cell lines. *J Cell Biochem* **105**:998-1007.

〔9〕 McHenry P, Wang WW, Devitt E, Kluesner N, Davisson VJ, McKee E, Schweitzer D, Helquist P, Tenniswood M (2010) Iejimalides A and B inhibit lysosomal vacuolar H+-ATPase (V-ATPase) activity and induce S-phase arrest and apoptosis in MCF-7 cells. *J Cell Biochem* **109**:634-642.

(+)-JQ1*

キーワード：[Bromodomain] [Signal transduction]

構造：

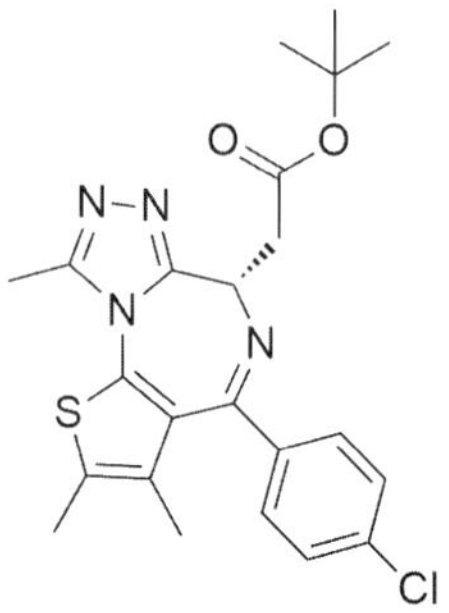

(+)-JQ1

分子式：$C_{23}H_{25}ClN_4O_2S$
分子量：456.99
溶解性：DMSO, ++; H_2O, -; MeOH,++

由来：

* 合成化合物〔1〕。

標的分子と作用：

BETファミリータンパク質ブロモドメインの阻害物質として開発された〔1〕。BRD4のacetyl-lysine結合部位に直接結合し、BRD4-NUT融合タンパク質を発現するNMC細胞の増殖阻害と分化を誘導する〔1〕。

(+)-JQ1の生物活性：

IC_{50} of the binding of a tetraacetylated histone H4 peptide to BRD4 for the first and second bromodomain：77nM and 33nM, respectively〔1〕
Induction of a differentiation phenotype in 797 NMC cell line：500nM (48hr)〔1〕
G1 arrest of 797 NMC cells：250nM (48hr)〔1〕
Antitumor activity in NMC 797 xenograft：50mg/kg daily intraperitoneal injection〔1〕
Downregulation of MYC and cancer-related genes expression in MM cells：500nM〔2〕
IC_{50} of TGF-β1-mediated secretion of IL-6：3.2nM for JQ1 and 220.8nM for iBET〔4〕

参考文献：

〔1〕 Filippakopoulos P, Qi J, Picaud S, Shen Y, Smith WB, Fedorov O, Morse EM, Keates T, Hickman TT, Felletar I, Philpott M, Munro S, McKeown MR, Wang Y, Christie AL, West N, Cameron MJ, Schwartz B, Heightman TD, La Thangue N, French CA, Wiest O, Kung AL, Knapp S, Bradner JE (2010) Selective inhibition of BET bromodomains. *Nature* **468**:1067-1073.

〔2〕 Delmore JE, Issa GC, Lemieux ME, Rahl PB, Shi J, Jacobs HM, Kastritis E, Gilpatrick T, Paranal RM, Qi J, Chesi M, Schinzel AC, McKeown MR, Heffernan TP, Vakoc CR, Bergsagel PL, Ghobrial IM, Richardson PG, Young RA, Hahn WC, Anderson KC, Kung AL, Bradner JE, Mitsiades CS (2011) BET bromodomain inhibition as a therapeutic strategy to target c-Myc. *Cell* **146** :904-917.

〔3〕 Sharma A, Larue RC, Plumb MR, Malani N, Male F, Slaughter A, Kessl JJ, Shkriabai N, Coward E, Aiyer SS, Green PL, Wu L, Roth MJ, Bushman FD, Kvaratskhelia M (2013) BET proteins promote efficient murine leukemia virus integration at transcription start sites. *Proc Natl Acad Sci USA* **110**:12036-12041.

〔4〕 Tang X, Peng R, Ren Y, Apparsundaram S, Deguzman J, Bauer CM, Hoffman AF, Hamilton S, Liang Z, Zeng H, Fuentes ME, Demartino JA, Kitson C, Stevenson CS, Budd DC (2013) BET bromodomain proteins mediate downstream signaling events following growth factor stimulation in human lung fibroblasts and are involved in bleomycin-induced pulmonary fibrosis. *Mol Pharmacol* **83** :283-293.

KU0058684*, KU0058948*

キーワード：[Poly (ADP-ribose) polymerase (PARP) inhibitor]

構造：

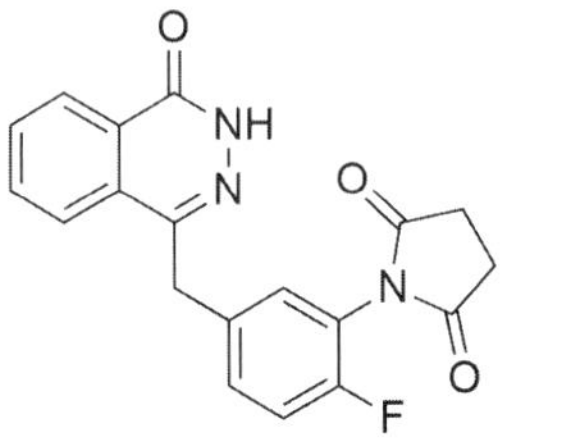

O
NH
N
O
N
O
F

KU0058684

分子式：$C_{19}H_{14}FN_3O_3$
分子量：351.34
溶解性：DMSO, +++; H_2O, -; MeOH, ++

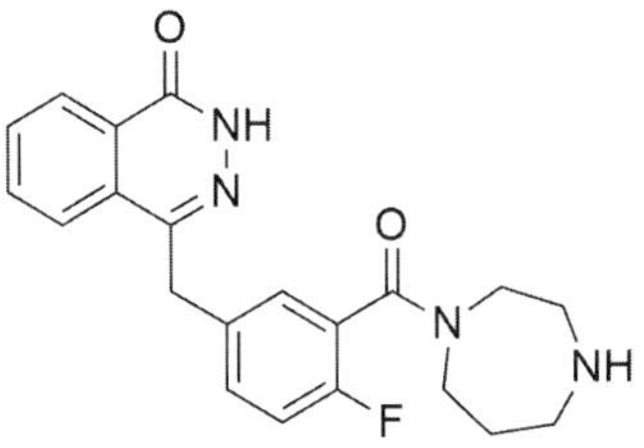

O
NH
N
O
N
NH
F

KU0058948

分子式：$C_{21}H_{21}FN_4O_2$
分子量：380.42
溶解性：DMSO, +++; H_2O, -; MeOH, ++

由来：

＊合成化合物〔1,2〕。

標的分子と作用：

特異的で強力なPARP-1阻害剤として合成された。BRCA1-やBRCA2欠損細胞に対し染色体不安定化、細胞周期停止を引き起こしたのち、アポトーシスにより細胞増殖を不可逆的に阻害する〔3〕。

KU0058684、およびKU0058948の生物活性：

IC_{50} of KU0058684 agaist PAR activity of PARP-1, -2, -3, and tankylase：3.2, 1.5, 30, and 1,600nM, respectively〔3〕

IC_{50} of KU0058948 agaist PAR activity of PARP-1, -2, -3, and tankylase：3.4, 1.5, 40, and > 10,000nM, respectively〔3〕

IC_{50} of KU0058684 on cell proliferation of BRCA1-, BRCA2-deficient and wild-type cells：35, 15, and ～2,000nM, respectively〔3〕

IC_{50} of KU0058684 and KU0058948 on cell proliferation of CAPAN-1. a BRCA2 mutant cell line：3.2, and 3.4nM, respectively〔4〕

参考文献：

〔1〕 Loh VM, Jr., Cockcroft XL, Dillon KJ, Dixon L, Drzewiecki J, Eversley PJ, Gomez S, Hoare J, Kerrigan F, Matthews IT, Menear KA, Martin NM, Newton RF, Paul J, Smith GC, Vile J, Whittle AJ (2005) Phthalazinones. Part 1: The design and synthesis of a novel series of potent inhibitors of poly(ADP-ribose)polymerase. *Bioorg Med Chem Lett* **15**:2235-2238.

〔2〕 Cockcroft XL, Dillon KJ, Dixon L, Drzewiecki J, Kerrigan F, Loh VM, Jr., Martin NM, Menear KA, Smith GC (2006) Phthalazinones 2: Optimisation and synthesis of novel potent inhibitors of poly(ADP-ribose)polymerase. *Bioorg Med Chem Lett* **16**:1040-1044.

〔3〕 Farmer H, McCabe N, Lord CJ, Tutt AN, Johnson DA, Richardson TB, Santarosa M, Dillon KJ, Hickson I, Knights C, Martin NM, Jackson SP, Smith GC, Ashworth A (2005) Targeting the DNA repair defect in BRCA mutant cells as a therapeutic strategy. *Nature* **434**:917-921.

〔4〕 McCabe N, Lord CJ, Tutt AN, Martin NM, Smith GC, Ashworth A (2005) BRCA2-deficient CAPAN-1 cells are extremely sensitive to the inhibition of Poly (ADP-Ribose) polymerase: an issue of potency. *Cancer Biol Ther* **4**:934-936.

Lactacystin

キーワード：[Neurite outgrowth inducer]［Proteasome inhibitor]

構造：

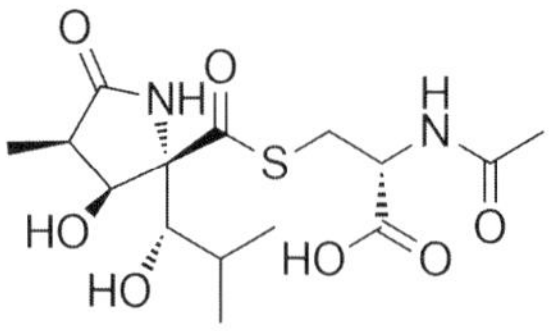

Lactacystin

分子式：$C_{15}H_{24}N_2O_7S$
分子量：376.43
溶解性：DMSO, ++; H_2O, -, MeOH,++

由来：

放線菌 *Streptomyces* sp. OM-6519由来の天然物〔1,2〕。

標的分子と作用：

Neuro 2A細胞に対し神経突起様構造形成、一過的な細胞内cAMP濃度上昇〔2〕、細胞周期のG0/G1期およびG2期での停止を引き起こす〔3,4〕。標的分子は20Sプロテアソームであり〔5〕、ユビキチン-プロテアソーム系の細胞機能の研究によく用いられている〔6〕。

Lactacystinの生物活性：

Neurite outgrowth in Neuro 2A：1.3μM〔2〕
Inhibition of cell cycle progression at both G0/G1 and G2 phases：1.3μM〔4〕
Accumulation of ubiquitinated proteins and apoptosis induction：5μM〔6〕

参考文献：

〔1〕 Omura S, Matsuzaki K, Fujimoto T, Kosuge K, Furuya T, Fujita S, Nakagawa A (1991) Structure of lactacystin, a new microbial metabolite which induces differentiation of neuroblastoma cells. *J Antibiot* **44**:117-118.
〔2〕 Omura S, Fujimoto T, Otoguro K, Matsuzaki K, Moriguchi R, Tanaka H, Sasaki Y (1991) Lactacystin, a novel microbial metabolite, induces neuritogenesis of neuroblastoma cells. *J Antibiot* **44**:113-116.
〔3〕 Fenteany G, Standaert RF, Reichard GA, Corey EJ, Schreiber SL (1994) A β-lactone related to lactacystin induces neurite outgrowth in a neuroblastoma cell line and inhibits cell cycle progression in an osteosarcoma cell line. *Proc Natl Acad Sci USA* **91**:3358-3362.
〔4〕 Katagiri M, Hayashi M, Matsuzaki K, Tanaka H, Omura S (1995) The neuritogenesis inducer lactacystin arrests cell cycle at both G0/G1 and G2 phases in neuro2A cells. *J Antibiot* **48**:344-346.
〔5〕 Fenteany G, Standaert RF, Lane WS, Choi S, Corey EJ, Schreiber SL (1995) Inhibition of proteasome activities and subunit-specific amino-terminal threonine modification by lactacystin. *Science* **268**:726-731.
〔6〕 Soldatenkov VA, Dritschilo A (1997) Apoptosis of Ewing's sarcoma cells is accompanied by accumulation of ubiquitinated proteins. *Cancer Res* **57**:3881-3885.

Leptomycin B

キーワード：[Antitumor]［Nuclear export inhibitor］

構造：

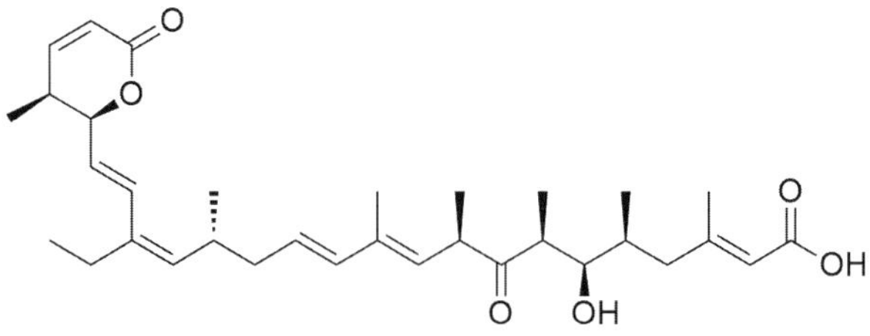

Leptomycin B

分子式：$C_{33}H_{48}O_6$

分子量：540.74

溶解性：DMSO, +; H_2O, -; MeOH,+++

由来：

放線菌*Streptomyces* sp. ATS1287由来の天然物〔1,2〕。

標的分子と作用：

哺乳類細胞および*S. pombe*のG1/G2期進行を可逆的に阻害する〔11〕。遺伝学的解析より標的分子は高次染色体構造維持に必要な*crm1*$^+$遺伝子産物であることが示唆された〔12〕。*crm1*$^+$の機能は不明であったが、HIV-1タンパク質Revの核外輸送を阻害する化合物のスクリーニングの過程でleptomycin Bが発見されたことを端緒として、leptomycin BがCRM1のCys529と共有結合し、核外輸送シグナル（NES）を含むタンパク質とCRM1との結合を阻害することで、NESを含むタンパク質の核外輸送を阻害することが明らかとなった〔13-17〕。

Leptomycin Bの生物活性：

Minimum inhibitory concentrations against *S. pombe* and *Mucor* sp.：12 ～ 250ng/ml〔2〕

Reversible cell cycle arrest at G1 and G2 phases：1 ～ 200ng/ml〔11〕

Inhibition of nuclear export *in vitro*：40nM〔13〕

参考文献：

〔1〕 Hamamoto T, Gunji S, Tsuji H, Beppu T (1983) Leptomycins A and B, new antifungal antibiotics. I. Taxonomy of the producing strain and their fermentation, purification and characterization. *J Antibiot* **36**:639-645.

〔2〕 Hamamoto T, Seto H, Beppu T (1983) Leptomycins A and B, new antifungal antibiotics. II. Structure elucidation. *J Antibiot* **36**:646-650

〔3〕 Hayakawa Y, Adachi K, Komeshima N (1987) New antitumor antibiotics, anguinomycins A and B. *J Antibiot* **40**:1349-1352.

〔4〕 Hayakawa Y, Sohda KY, Shin-Ya K, Hidaka T, Seto H (1995) Anguinomycins C and D, new antitumor antibiotics with selective cytotoxicity against transformed cells. *J Antibiot* **48**:954-961.

〔5〕 Umezawa I, Komiyama K, Oka H, Okada K, Tomisaka S, Miyano T, Takano S (1984) A new antitumor antibiotic, kazusamycin. *J Antibiot* **37**:706-711.

〔6〕 Funaishi K, Kawamura K, Sugiura Y, Nakahori N, Yoshida E, Okanishi M, Umezawa I, Funayama S, Komiyama K (1987) Kazusamycin B, a novel antitumor antibiotic. *J Antibiot* **40**:778-785

〔7〕 Abe K, Yoshida M, Horinouchi S, Beppu T (1993) Leptolstatin from *Streptomyces* sp. SAM1595, a new gap phase-specific inhibitor of the mammalian cell cycle. I. Screening, taxonomy, purification and biological activities. *J Antibiot* **46**:728-734.

〔8〕 Abe K, Yoshida M, Naoki H, Horinouchi S, Beppu T (1993) Leptolstatin from *Streptomyces* sp. SAM1595, a new gap phase-specific inhibitor of the mammalian cell cycle. II. Physico-chemical properties and structure. *J Antibiot* **46**:735-740.

〔9〕 Hayakawa Y, Sohda K, Seto H (1996) Studies on new antitumor antibiotics, leptofuranins A, B, C and D II. Physiocochemical properties and structure elucidation. *J Antibiot* **49**:980-984.

〔10〕 Hayakawa Y, Sohda K, Furihata K, Kuzuyama T, Shin-ya K, Seto H (1996) Studies on new antitumor antibiotics, leptofuranins A, B, C and D.I. Taxonomy, fermentation, isolation and biological activities. *J Antibiot* **49**:974-979.

〔11〕 Yoshida M, Nishikawa M, Nishi K, Abe K, Horinouchi S, Beppu T (1990) Effects of leptomycin B on the cell cycle of fibroblasts and fission yeast cells. *Exp Cell Res* **187**:150-156.

〔12〕 Nishi K, Yoshida M, Fujiwara D, Nishikawa M, Horinouchi S, Beppu T (1994) Leptomycin B targets a regulatory cascade of crm1, a fission yeast nuclear protein, involved in control of higher order chromosome structure and gene expression. *J Biol Chem* **269**:6320-6324.

〔13〕 Fornerod M, Ohno M, Yoshida M, Mattaj IW (1997) CRM1 is an export receptor for leucine-rich nuclear export signals. *Cell* **90**:1051-1060.

〔14〕 Fukuda M, Asano S, Nakamura T, Adachi M, Yoshida M, Yanagida M, Nishida E (1997) CRM1 is responsible for intracellular transport mediated by the nuclear export signal. *Nature* **390**:308-311.

〔15〕 Kudo N, Khochbin S, Nishi K, Kitano K, Yanagida M, Yoshida M, Horinouchi S (1997) Molecular cloning and cell cycle-dependent expression of mammalian CRM1, a protein involved in nuclear export of proteins. *J Biol Chem* **272**:29742-29751.

〔16〕 Ossareh-Nazari B, Bachelerie F, Dargemont C (1997) Evidence for a role of CRM1 in signal-mediated nuclear protein export. *Science* **278**:141-144.

〔17〕 Watanabe M, Fukuda M, Yoshida M, Yanagida M, Nishida E (1999) Involvement of CRM1, a nuclear export receptor, in mRNA export in mammalian cells and fission yeast. *Genes Cells* **4**:291-297.

Locostatin* (UIC-1005)

キーワード：[Antitumor] [Protein-protein interaction inhibitor] [RKIP inhibitor]

構造：

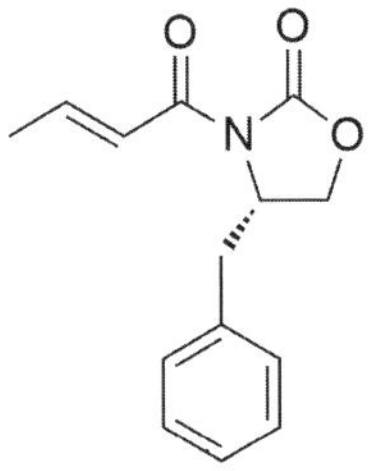

Locostatin

分子式：$C_{14}H_{15}NO_3$
分子量：245.27
溶解性：DMSO, +; H_2O,-; MeOH, +++

由来：

* 合成化合物〔1〕。

標的分子と作用：

Rafキナーゼ阻害剤タンパク質（RKIP）のリガンド結合ポケットに存在するHis86と共有結合し〔3〕、Raf-1キナーゼとの結合および活性を阻害することで、上皮細胞の細胞運動と細胞増殖を阻害する〔1,2〕。RKIP過剰発現は上皮細胞を遊走性線維芽細胞様表現型に変え、locostatin感受性を劇的に低下させことから、RKIPが有効ながん分子標的であり、細胞運動性の重要な調節因子であることが示唆されている〔2〕。

Locostatinの生物活性：

IC_{50} value for wound closure in MDCK cells：17.9μM〔2〕

参考文献：

〔1〕 Mc Henry KT, Ankala SV, Ghosh AK, Fenteany G (2002) A non-antibacterial oxazolidinone derivative that inhibits epithelial cell sheet migration. *Chembiochem* **3**:1105-1111
〔2〕 Zhu S, Mc Henry KT, Lane WS, Fenteany G (2005) A chemical inhibitor reveals the role of Raf kinase inhibitor protein in cell migration. *Chem Biol* **12**:981-991.
〔3〕 Beshir AB, Argueta CE, Menikarachchi LC, Gascon JA, Fenteany G (2011) Locostatin disrupts association of raf kinase inhibitor protein with binding proteins by modifying a conserved histidine residue in the ligand-binding pocket. *For Immunopathol Dis Therap* **2**:47-58.
〔4〕 Rudnitskaya AN, Eddy NA, Fenteany G, Gascon JA (2012) Recognition and reactivity in the binding between Raf kinase inhibitor protein and its small-molecule inhibitor locostatin. *J Phys Chem B* **116**:10176-10181.

Miuraenamide A

キーワード：[Actin stabilizer] [NADH oxidase inhibitor]

構造：

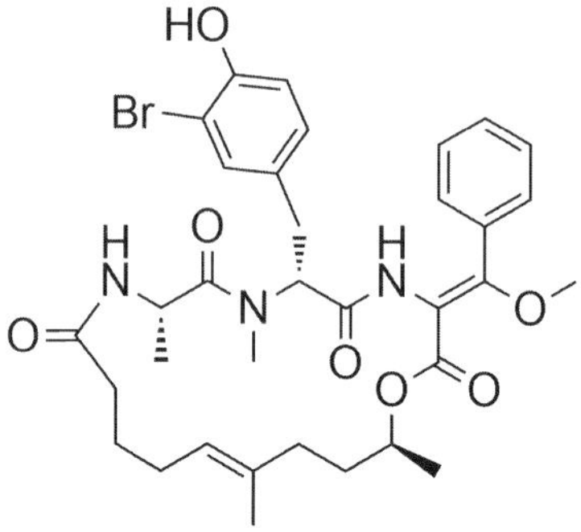

Miuraenamide A

分子式：$C_{34}H_{42}BrN_3O_7$
分子量：684.63
溶解性：DMSO, ?; H_2O, ?; MeOH, ++

由来：

ミクソバクテリアSMH-27-4株由来の天然物〔1〕。

標的分子と作用：

Miuraenamide Aは真菌および酵母に対する阻害作用を示し、中でも病原性微生物*Phytophthora* sp.には強い作用を示す〔1〕。NADHオキシダーゼを阻害することから、ミトコンドリアの電子伝達系が標的だと考えられている。また、アクチンフィラメント安定化作用も有している〔2〕。

Miuraenamide Aの生物活性：

IC_{50} value against NADH oxidase：50μM〔1〕
Stabilization of actin in HeLa cell：100nM〔2〕
Stabilization of actin filament *in vitro*：10nM〔2〕

参考文献：

〔1〕 Iizuka T, Fudou R, Jojima Y, Ogawa S, Yamanaka S, Inukai Y, Ojika M (2006) Miuraenamides A and B, novel antimicrobial cyclic depsipeptides from a new slightly halophilic myxobacterium: taxonomy, production, and biological properties. *J Antibiot* **59**:385-391.
〔2〕 Sumiya E, Shimogawa H, Sasaki H, Tsutsumi M, Yoshita K, Ojika M, Suenaga K, Uesugi M (2011) Cell-morphology profiling of a natural product library identifies bisebromoamide and miuraenamide A as actin filament stabilizers. *ACS Chem Biol* **6**:425-431.

MJE3*

キーワード：[Antitumor] [Phosphoglycerate mutase 1 inhibitor]

構造：

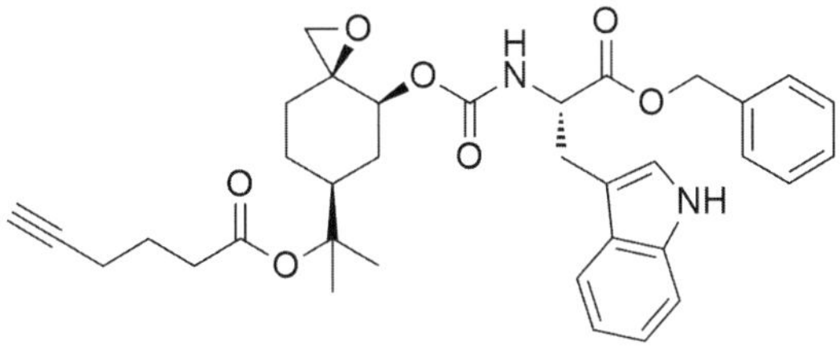

MJE3

分子式：$C_{35}H_{40}N_2O_7$
分子量：600.70
溶解性：DMSO, ++; H_2O, ?; MeOH, ?

由来：

* 合成化合物〔1〕。

標的分子と作用：

Glycolytic enzyme phosphoglycerate mutase 1（PGAM1）のLys100と共有結合し、酵素活性を阻害することで、ヒト乳がん細胞MDA-MB-231細胞の増殖を阻害する〔1,2〕。

MJE3の生物活性：

IC_{50} value for cell growth：19μM〔1〕
IC_{50} value of PGAM1 *in situ*：33μM〔1〕

参考文献：

〔1〕 Evans MJ, Saghatelian A, Sorensen EJ, Cravatt BF (2005) Target discovery in small-molecule cell-based screens by in situ proteome reactivity profiling. *Nat Biotechnol* **23**:1303-1307.
〔2〕 Evans MJ, Morris GM, Wu J, Olson AJ, Sorensen EJ, Cravatt BF (2007) Mechanistic and structural requirements for active site labeling of phosphoglycerate mutase by spiroepoxides. *Mol Biosyst* **3**:495-506.

MKT-077*

キーワード：[Antitumor] [HSP70 inhibitor] [Telomerase inhibitor] [F-actin binder]

構造：

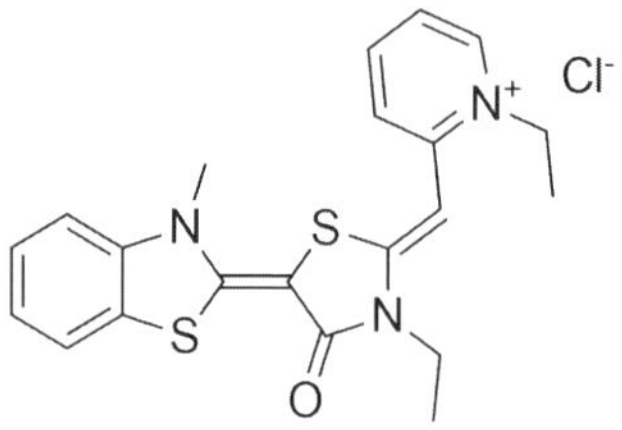

MKT-077

分子式：$C_{21}H_{22}ClN_3OS_2$
分子量：432.00
溶解性：DMSO, +++; H_2O, +++; MeOH, +++

由来：

* 合成化合物〔1〕。

標的分子と作用：

MKT-077はアクチン、hsc70（mortalin）と直接結合する〔5,6〕。アクチンの束化誘導を介して膜のラフリングを阻害し、rasによるがん化を抑制する〔6〕。Mortalinとの結合はp53との相互作用を阻害し、p53の転写活性化、がん細胞でのアポトーシス誘導、およびヒト腫瘍細胞株での細胞老化を誘導する〔7,8〕。また、*in vitro*でのテロメラーゼ阻害活性も報告されているが、*in vivo*では有意なテロメラーゼ阻害活性は認められていない〔11,12〕。

MKT-077の生物活性：

IC_{50} value against several cancer cells：0.15 ～ 0.5 μg/ml〔2〕
Abnormalities in the mitochondria structure in CRK1420 cells：2 μg/ml〔3〕

参考文献：

〔1〕 Kawakami M, Koya K, Ukai T, Tatsuta N, Ikegawa A, Ogawa K, Shishido T, Chen LB (1998) Structure-activity of novel rhodacyanine dyes as antitumor agents. *J Med Chem* **41**:130-142.

〔2〕 Koya K, Li Y, Wang H, Ukai T, Tatsuta N, Kawakami M, Shishido, Chen LB (1996) MKT-077, a novel rhodacyanine dye in clinical trials, exhibits anticarcinoma activity in preclinical studies based on selective mitochondrial accumulation. *Cancer Res* **56**:538-543.

〔3〕 Modica-Napolitano JS, Koya K, Weisberg E, Brunelli BT, Li Y, Chen LB (1996) Selective damage to carcinoma mitochondria by the rhodacyanine MKT-077. *Cancer Res* **56**:544-550.

〔4〕 Weisberg EL, Koya K, Modica-Napolitano J, Li Y, Chen LB (1996) In vivo administration of MKT-077 causes partial yet reversible impairment of mitochondrial function. *Cancer Res* **56**:551-555.

〔5〕 Maruta H, Tikoo A, Shakri R, Shishido T (1999) The anti-RAS cancer drug MKT-077 is an F-actin cross-linker. *Ann N Y Acad Sci* **886**:283-284.

〔6〕 Tikoo A, Shakri R, Connolly L, Hirokawa Y, Shishido T, Bowers B, Ye LH, Kohama K, Simpson RJ, Maruta H (2000) Treatment of ras-induced cancers by the F-actin-bundling drug MKT-077. *Cancer J* **6**:162-168.

〔7〕 Wadhwa R, Sugihara T, Yoshida A, Nomura H, Reddel RR, Simpson R, Maruta H, Kaul SC (2000) Selective toxicity of MKT-077 to cancer cells is mediated by its binding to the hsp70 family protein mot-2 and reactivation of p53 function. *Cancer Res* **60**:6818-6821.

〔8〕 Deocaris CC, Widodo N, Shrestha BG, Kaur K, Ohtaka M, Yamasaki K, Kaul SC, Wadhwa R (2007) Mortalin sensitizes human cancer cells to MKT-077-induced senescence. *Cancer Lett* **252**:259-269.

〔9〕 Rousaki A, Miyata Y, Jinwal UK, Dickey CA, Gestwicki JE, Zuiderweg ER (2011) Allosteric drugs: the interaction of antitumor compound MKT-077 with human Hsp70 chaperones. *J Mol Biol* **411**:614-632.

〔10〕 Amick J, Schlanger SE, Wachnowsky C, Moseng MA, Emerson CC, Dare M, Luo WI, Ithychanda SS, Nix JC, Cowan JA, Page RC, Misra S (2014) Crystal structure of the nucleotide-binding domain of mortalin, the mitochondrial Hsp70 chaperone. *Protein Sci* **23**:833-842.

〔11〕 Naasani I, Seimiya H, Yamori T, Tsuruo T (1999) FJ5002: a potent telomerase inhibitor identified by exploiting the disease-oriented screening program with COMPARE analysis. *Cancer Res* **59**:4004-4011.

〔12〕 Wadhwa R, Colgin L, Yaguchi T, Taira K, Reddel RR, Kaul SC (2002) Rhodacyanine dye MKT-077 inhibits in vitro telomerase assay but has no detectable effects on telomerase activity in vivo. *Cancer Res* **62**:4434-4438.

Myriocin/ISP-1, FTY720*

キーワード：[Immunosuppressant]［Serine palmitoyltransferase inhibitor］［Sphingolipid metabolism］

構造：

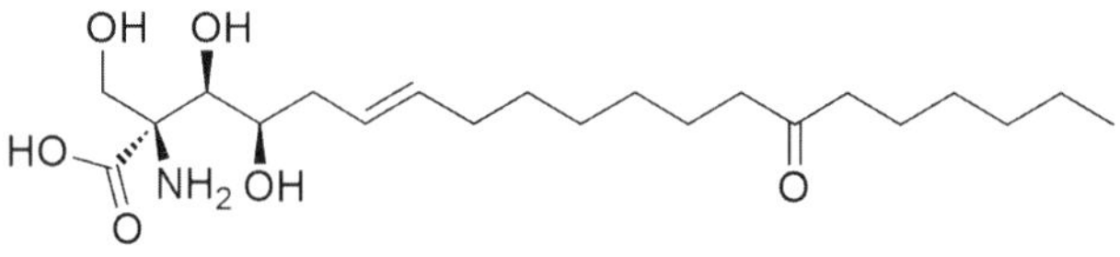

OH OH
HO NH2 OH O
O

Myriocin

分子式：$C_{21}H_{39}NO_6$
分子量：401.54
溶解性：DMSO, +++; H_2O, -; MeOH, ±

HO
HO
NH2

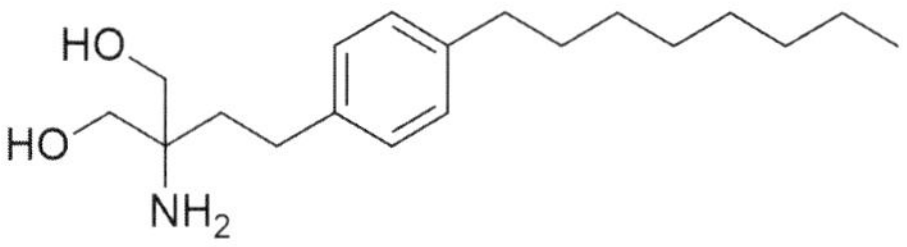

FTY720

分子式：$C_{19}H_{33}NO_2$
分子量：307.47
溶解性：DMSO, ++; H_2O, ?; MeOH, ?

由来：

Myriocinは菌類の*Myriococcum albomyces*由来の天然物〔1〕。
* FTY720はmyriocinから構造展開された合成化合物〔3〕。

標的分子と作用：

Myriocinはセリンパルミトイル転移酵素（SPT）を阻害し、スフィンゴ脂質代謝をかく乱することでT-細胞の増殖を抑制する〔4〕。一方、FTY720はSPTを阻害せず、スフィンゴシンキナーゼにリン酸化されてスフィンゴシン-1-リン酸（S1P）受容体のagonistとして機能する〔10〕。その結果、リンパ球のリンパ節滞留を引き起こし、再循環を阻害すると考えられている。

Myriocin、およびFTY720の生物活性：

Myriocin

MIC value against *Candida albicans*：0.32 ～ 25μg/ml〔1〕

IC_{50} value for mouse allogenic mixed lymphocyte reaction：10 ～ 18nM〔2〕

IC_{50} value for CTLL-2 cell growth：15nM〔4〕

IC_{50} value against SPT：0.28nM〔4〕

FTY720

IC_{50} value for mouse allogenic mixed lymphocyte reaction：6.1nM〔3〕

EC_{50} value of agonist activity against $S1P_1$, $S1P_4$, and $S1P_5$ receptors：0.3 ～ 0.6nM〔10〕

Lymphopenia in blood and thoracic duct in rats：2.5mg/kg, oral administration〔11〕

参考文献：

〔1〕 Kluepfel D, Bagli J, Baker H, Charest MP, Kudelski A, Sehgal SN, Vézina C (1972) Myriocin, a new antifungal antibiotic from *Myriococcum albomyces*. *J Antibiot* **25**:109-115.

〔2〕 Fujita T, Inoue K, Yamamoto S, Ikumoto T, Sasaki S, Toyama R, Chiba K, Hoshino Y, Okumoto T (1994) Fungal metabolites. Part 11. A potent immunosuppressive activity found in *Isaria sinclairii* metabolite. *J Antibiot* **47**:208-215.

〔3〕 Adachi K, Kohara T, Nakao N, Arita M, Chiba K, Mishina T, Sasaki S, Fujita T (1995) Design, synthesis, and structure-activity relationships of 2-substituted-2-amino-1,3-propanediols: Discovery of a novel immunosuppressant, FTY720. *Bioorg Med Chem Lett* **5**:853-856.

〔4〕 Miyake Y, Kozutsumi Y, Nakamura S, Fujita T, Kawasaki T (1995) Serine palmitoyltransferase is the primary target of a sphingosine-like immunosuppressant, ISP-1/myriocin. *Biochem Biophys Res Commun* **211**:396-403.

〔5〕 Chen JK, Lane WS, Schreiber SL (1999) The identification of myriocin-binding proteins. *Chem Biol* **6**:221-235.

〔6〕 Buede R, Rinker-Schaffer C, Pinto WJ, Lester RL, Dickson RC (1991) Cloning and characterization of LCB1, a Saccharomyces gene required for biosynthesis of the long-chain base component of sphingolipids. *J Bacteriol* **173**:4325-4332.

〔7〕 Gable K, Slife H, Bacikova D, Monaghan E, Dunn TM (2000) Tsc3p is an 80-amino acid protein associated with serine palmitoyltransferase and required for optimal enzyme activity. *J Biol Chem* **275**:7597-7603.

〔8〕 Nagiec MM, Baltisberger JA, Wells GB, Lester RL, Dickson RC (1994) The LCB2 gene of Saccharomyces and the related LCB1 gene encode subunits of serine palmitoyltransferase, the initial enzyme in sphingolipid synthesis. *Proc Natl Acad Sci USA* **91**:7899-7902.

〔9〕 Fujita T, Hirose R, Hamamichi N, Kitao Y, Sasaki S, Yoneta M, Chiba K. (1995) 2-Substituted 2-aminoethanol: Minimum essential structure for immunosuppressive activity of ISP-I (Myriocin). *Bioorg Med Chem Lett* **5**:1857-1860.

〔10〕 Brinkmann V, Davis MD, Heise CE, Albert R, Cottens S, Hof R, Bruns C, Prieschl E, Baumruker T, Hiestand P, Foster CA, Zollinger M, Lynch KR. (2002) The immune modulator FTY720 targets sphingosine 1-phosphate receptors. *J Biol Chem* **277**:21453-21457.

〔11〕 Mandala S, Hajdu R, Bergstrom J, Quackenbush E, Xie J, Milligan J, Thornton R, Shei GJ, Card D, Keohane C, Rosenbach M, Hale J, Lynch CL, Rupprecht K, Parsons W, Rosen H.(2002) Alteration of lymphocyte trafficking by sphingosine-1-phosphate receptor agonists. *Science* **296**:346-349.

〔12〕 Matloubian M, Lo CG, Cinamon G, Lesneski MJ, Xu Y, Brinkmann V, Allende ML, Proia RL, Cyster JG. (2004) Lymphocyte egress from thymus and peripheral lymphoid organs is dependent on S1P receptor 1. *Nature* **427**:355-360.

N-89*, N-251*

キーワード：[Antimalarial] [Endoplasmic reticulum-resident calcium binding protein (ERC) inhibitor]

構造：

N-89

分子式：$C_{15}H_{28}O_4$
分子量：272.38
溶解性：DMSO, +; H_2O, ?; MeOH, ?

N-251

分子式：$C_{21}H_{40}O_5$
分子量：372.54
溶解性：DMSO, +; H_2O, ?; MeOH, ?

由来：

＊合成化合物〔1,2〕。

標的分子と作用：

N-89とN-251は高い抗マラリア活性を持つ〔1,3〕。*Pf*ERCがN-89とN-251の標的タンパク質の一つと考えられている〔4〕。

N-89、およびN-251の生物活性：

EC_{50} values of N-89 against *P. falciparum* and FM3A *in vitro*：25nM and 8.0μM, respectively〔1〕

EC_{50} values of N-251 against against *P. falciparum* and FM3A *in vitro*：23nM and 8.0μM, respectively〔3〕

K_d values of N-89 and N-251 to recombinant *Pf*ERC in HEPES running buffer：3.8 and 0.16mM, respectively〔4〕

参考文献：

〔1〕 Kim HS, Nagai Y, Ono K, Begum K, Wataya Y, Hamada Y, Tsuchiya K, Masuyama A, Nojima M, McCullough KJ (2001) Synthesis and antimalarial activity of novel medium-sized 1,2,4,5-tetraoxacycloalkanes. *J Med Chem* **44**:2357-2361.

〔2〕 Sato A, Kawai S, Hiramoto A, Morita M, Tanigawa N, Nakase Y, Komichi Y, Matsumoto M, Hiraoka O, Hiramoto K, Tokuhara H, Masuyama A, Nojima M, Higaki K, Hayatsu H, Wataya Y, Kim HS (2011) Antimalarial activity of 6-(1,2,6,7-tetraoxaspiro[7.11]nonadec-4-yl)hexan-1-ol (N-251) and its carboxylic acid derivatives. *Parasitol Int* **60**:488-492.

〔3〕 Sato A, Hiramoto A, Morita M, Matsumoto M, Komich Y, Nakase Y, Tanigawa N, Hiraoka O, Hiramoto K, Hayatsu H, Higaki K, Kawai S, Masuyama A, Nojima M, Wataya Y, Kim HS (2011) Antimalarial activity of endoperoxide compound 6-(1,2,6,7-tetraoxaspiro[7.11]nonadec-4-yl)hexan-1-ol. *Parasitol Int* **60**:270-273.

〔4〕 Morita M, Sanai H, Hiramoto A, Sato A, Hiraoka O, Sakura T, Kaneko O, Masuyama A, Nojima M, Wataya Y, Kim HS (2012) Plasmodium falciparum endoplasmic reticulum-resident calcium binding protein is a possible target of synthetic antimalarial endoperoxides, N-89 and N-251. *J Proteome Res* **11**:5704-5711.

K-0

Necrostatin-1*

キーワード：[Necroptosis inducer] [RIP1 kinase inhibitor]

構造：

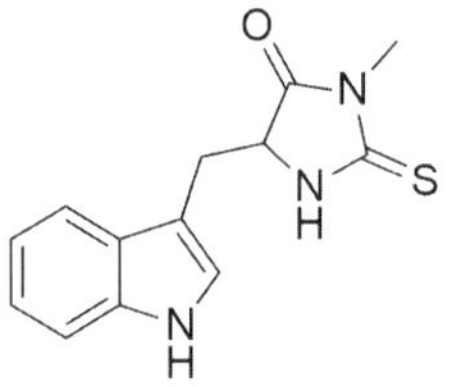

Necrostatin-1

分子式：$C_{13}H_{13}N_3OS$
分子量：259.33
溶解性：DMSO, +++; H_2O, -; MeOH, -

由来：

*合成化合物〔1〕。

標的分子と作用：

Necrostatin-1はネクロトーシスの特異的阻害剤として発見された〔1〕。Receptor interacting serine/threonine protein kinase 1（RIP1）の活性化ループに結合することでRIP1を阻害する〔2,3〕。

Necrostatin-1の生物活性：

EC_{50} value of necroptosis against FADD-deficient Jurkat cells：494 ± 125nM〔1〕
EC_{50} value against endogenous RIP1 kinase from Jurkat cells：182nM〔2〕

参考文献：

〔1〕 Degterev A, Huang Z, Boyce M, Li Y, Jagtap P, Mizushima N, Cuny GD, Mitchison TJ, Moskowitz MA, Yuan J (2005) Chemical inhibitor of nonapoptotic cell death with therapeutic potential for ischemic brain injury. *Nat Chem Biol* **1**:112-119.
〔2〕 Degterev A, Hitomi J, Germscheid M, Ch'en IL, Korkina O, Teng X, Abbott D, Cuny GD, Yuan C, Wagner G, Hedrick SM, Gerber SA, Lugovskoy A, Yuan J (2008) Identification of RIP1 kinase as a specific cellular target of necrostatins. *Nat Chem Biol* **4**:313-321.
〔3〕 Xie T, Peng W, Liu Y, Yan C, Maki J, Degterev A, Yuan J, Shi Y (2013) Structural basis of RIP1 inhibition by necrostatins. *Structure* **21**:493-499.
〔4〕 Trichonas G, Murakami Y, Thanos A, Morizane Y, Kayama M, Debouck CM, Hisatomi T, Miller JW, Vavvas DG (2010) Receptor interacting protein kinases mediate retinal detachment-induced photoreceptor necrosis and compensate for inhibition of apoptosis. *Proc Natl Acad Sci USA* **107**:21695-21700.
〔5〕 Motani K, Kushiyama H, Imamura R, Kinoshita T, Nishiuchi T, Suda T (2011) Caspase-1 protein induces apoptosis-associated speck-like protein containing a caspase recruitment domain (ASC)-mediated necrosis independently of its catalytic activity. *J Biol Chem* **286**:33963-33972.
〔6〕 Linkermann A, Brasen JH, Darding M, Jin MK, Sanz AB, Heller JO, De Zen F, Weinlich R, Ortiz A, Walczak H, Weinberg JM, Green DR, Kunzendorf U, Krautwald S (2013) Two independent pathways of regulated necrosis mediate ischemia-reperfusion injury. *Proc Natl Acad Sci USA* **110**:12024-12029.
〔7〕 Nomura M, Ueno A, Saga K, Fukuzawa M, Kaneda Y (2014) Accumulation of cytosolic calcium induces necroptotic cell death in human neuroblastoma. *Cancer Res* **74**:1056-1066.

NITD609* (Spiroindolone)

キーワード：[Antimalarial] [PfATP4 inhibitor]

構造：

F Cl NH Cl N H O N H

NITD609

分子式：$C_{19}H_{14}Cl_2FN_3O$
分子量：390.24
溶解性：DMSO, ++; H_2O, ?; MeOH, ++

由来：

* 合成化合物〔1,2〕。

標的分子と作用：

NITD609は熱帯熱マラリア原虫のP型カチオントランスポーターATPase4（PfATP4）を阻害し、Na^+ホメオスタシスを崩壊させることで抗マラリア活性を示すと考えられている〔3〕。

NITD609の生物活性：

IC_{50} value of antimalarial activity against blood-stage *P. falciparum*：0.5 ～ 1.4nM〔1〕

参考文献：

〔1〕Rottmann M, McNamara C, Yeung BK, Lee MC, Zou B, Russell B, Seitz P, Plouffe DM, Dharia NV, Tan J, Cohen SB, Spencer KR, Gonzalez-Paez GE, Lakshminarayana SB, Goh A, Suwanarusk R, Jegla T, Schmitt EK, Beck HP, Brun R, Nosten F, Renia L, Dartois V, Keller TH, Fidock DA, Winzeler EA, Diagana TT (2010) Spiroindolones, a potent compound class for the treatment of malaria. *Science* **329**:1175-1180.

〔2〕Yeung BK, Zou B, Rottmann M, Lakshminarayana SB, Ang SH, Leong SY, Tan J, Wong J, Keller-Maerki S, Fischli C, Goh A, Schmitt EK, Krastel P, Francotte E, Kuhen K, Plouffe D, Henson K, Wagner T, Winzeler EA, Petersen F, Brun R, Dartois V, Diagana TT, Keller TH (2010) Spirotetrahydro beta-carbolines (spiroindolones): a new class of potent and orally efficacious compounds for the treatment of malaria. *J Med Chem* **53**:5155-5164.

〔3〕Spillman NJ, Allen RJ, McNamara CW, Yeung BK, Winzeler EA, Diagana TT, Kirk K (2013) Na^+ regulation in the malaria parasite *Plasmodium falciparum* involves the cation ATPase PfATP4 and is a target of the spiroindolone antimalarials. *Cell Host Microbe* **13**:227-237.

Papuamide A and B

キーワード：[Phosphatidylserine binder]［HIV-1 entry inhibitor]

構造：

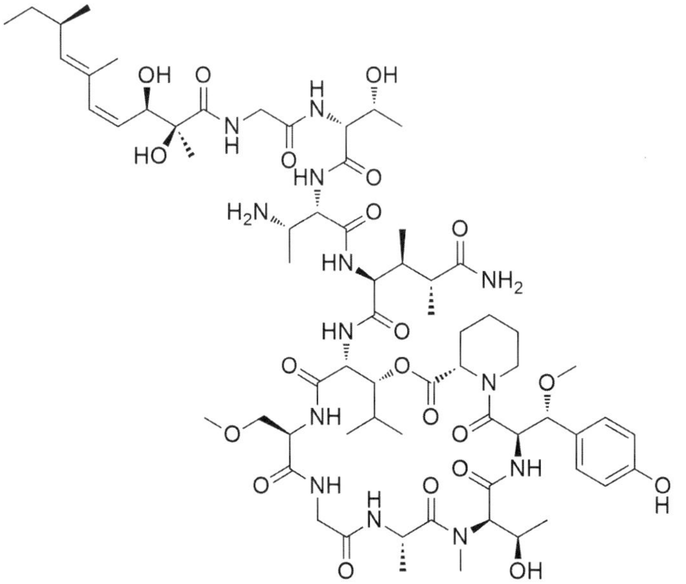

Papuamide A

分子式：$C_{66}H_{105}N_{13}O_{21}$

分子量：1416.61

溶解性：DMSO, ++; H_2O, ?; MeOH,+++

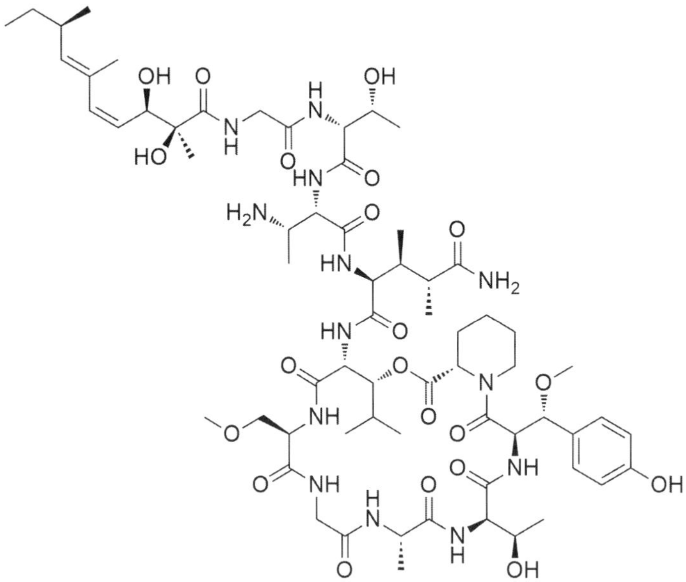

Papuamide B

分子式：$C_{65}H_{103}N_{13}O_{21}$

分子量：1402.59

溶解性：DMSO, ++; H_2O, ?; MeOH,+++

由来：

パプアニューギニア産カイメン *Theonella mirabilis*、*Theonella swinhoei* 由来の天然物〔1〕。

標的分子と作用：

Papuamide AはHIV-1の宿主細胞への侵入を阻害することで、ヒトT細胞へのHIV-1の感染を *in vitro* で阻害する〔1, 2〕。Papuamide Bの標的分子はフォスファチジルセリンであり〔3〕、細胞膜中のフォスファチジルセリンの機能を調べるためのプローブとして用いられる〔4, 5〕。

Papuamides Aの生物活性：

EC_{50} value against HIV-1 infection to human T-lymphoblastoid cells：4ng/ml〔1〕

Inhibition of HIV-1 entry (approximately 80% inhibition)：710nM〔2〕

参考文献：

〔1〕 Ford PW, Gustafson KR, McKee TC, Shigematsu N, Maurizi LK, Pannell LK, Williams DE, de Silva ED, Lassota P, Allen TM, Van Soest R, Andersen RJ, Boyd MR (1999) Papuamides A-D, HIV-inhibitory and cytotoxic depsipeptides from the sponges *Theonella mirabilis* and *Theonella swinhoei* collected in Papua New Guinea. *J Am Chem Soc* **121**:5899-5909.

〔2〕 Andjelic CD, Planelles V, Barrows LR (2008) Characterizing the Anti-HIV Activity of Papuamide A. *Mar Drugs* **6**:528-549.

〔3〕 Parsons AB, Lopez A, Givoni IE, Williams DE, Gray CA, Porter J, Chua G, Sopko R, Brost RL, Ho CH, Wang JY, Ketela T, Brenner C, Brill JA, Fernandez GE, Lorenz TC, Payne GS, Ishihara S, Ohya Y, Andrews B, Hughes TR, Frey BJ, Graham TR, Andersen RJ, Boone C (2006) Exploring the mode-of-action of bioactive compounds by chemical-genetic profiling in yeast. *Cell* **126**:611-625.

〔4〕 Chen S, Wang J, Muthusamy BP, Liu K, Zare S, Andersen RJ, Graham TR (2006) Roles for the Drs2p-Cdc50p complex in protein transport and phosphatidylserine asymmetry of the yeast plasma membrane. *Traffic* **7**:1503-1517.

〔5〕 Georgiev AG, Johansen J, Ramanathan VD, Sere YY, Beh CT, Menon AK (2013) Arv1 regulates pm and er membrane structure and homeostasis but is dispensable for intracellular sterol transport. *Traffic* **14**:912-921.

Pateamine A

キーワード：[Eukaryotic initiation factor 4A (eIF4A) activator]
[Nonsense-mediated mRNA decay (NMD) inhibitior]

構造：

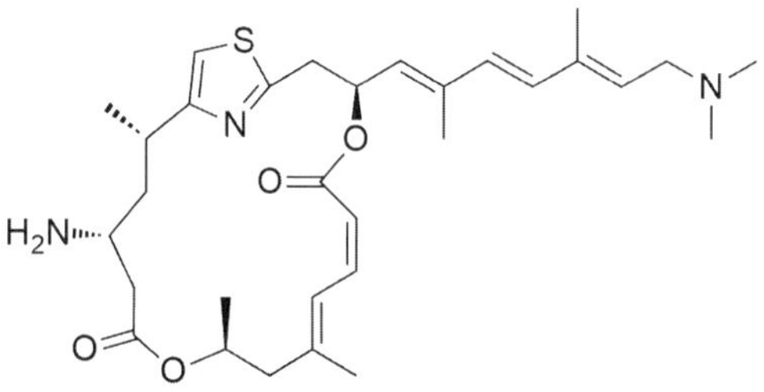

Pateamine A

分子式：$C_{31}H_{45}N_3O_4S$
分子量：555.78
溶解性：DMSO, ?; H_2O, ?; MeOH, ++

由来：

カイメン *Mycale* sp. 由来の天然物〔1〕。

標的分子と作用：

Pateamine Aは真核生物翻訳開始の阻害剤として再発見され〔2〕、その標的分子はeIF4AIであることが示された〔2, 3〕。eIF4AはRNAおよびATP依存性ヘリカーゼであり、mRNAと43Sリボソーム複合体と結合させ48Sリボソーム複合体を形成するが、pateamine AはeIF4AのATPase活性を上昇させ〔2, 3〕、eIF4A-eIF4Gとの相互作用を阻害することでeIF4A-eIF4B複合体を安定化させる〔3, 4〕。さらにpateamine Aは、ナンセンス変異依存的mRNA分解（NMD）経路に関与するeIF4AIIIにも結合し〔2〕、NMDを阻害する〔5〕。また、ストレス顆粒を誘導する〔6〕。最近マウスにおいて悪液質誘発筋萎縮を防止することが報告され〔7〕、カケクシア治療に有用な薬剤となる可能性が示唆されている。

Pateamine Aの生物活性：

IC_{50} value against P388 murine cells：0.15ng/ml〔1〕
IC_{50} value against BSC cells：～300ng/ml〔1〕
Stress granule formation in HeLa cells：50nM〔6〕
Muscle differentiation of C2C12 cells：12.5nM〔7〕
Suppression of tumor-induced muscle wasting in BALB/c mice injected with C26 adenocarcinoma cells：20μg/kg〔7〕

参考文献：

〔1〕 Northcote PT, Blunt JW, Munro MHG (1991) Pateamine - a potent cytotoxin from the new-zealand marine sponge, *Mycale* sp. *Tetrahedron Lett* **32**:6411-6414.
〔2〕 Bordeleau ME, Matthews J, Wojnar JM, Lindqvist L, Novac O, Jankowsky E, Sonenberg N, Northcote P, Teesdale-Spittle P, Pelletier J (2005) Stimulation of mammalian translation initiation factor eIF4A activity by a small molecule inhibitor of eukaryotic translation. *Proc Natl Acad Sci USA* **102**:10460-10465.
〔3〕 Low WK, Dang Y, Schneider-Poetsch T, Shi Z, Choi NS, Merrick WC, Romo D, Liu JO (2005) Inhibition of eukaryotic translation initiation by the marine natural product pateamine A. *Mol Cell* **20**:709-722.
〔4〕 Bordeleau ME, Cencic R, Lindqvist L, Oberer M, Northcote P, Wagner G, Pelletier J (2006) RNA-mediated sequestration of the RNA helicase eIF4A by Pateamine A inhibits translation initiation. *Chem Biol* **13**:1287-1295.
〔5〕 Dang Y, Low WK, Xu J, Gehring NH, Dietz HC, Romo D, Liu JO (2009) Inhibition of nonsense-mediated mRNA decay by the natural product pateamine A through eukaryotic initiation factor 4AIII. *J Biol Chem* **284**:23613-23621.
〔6〕 Dang Y, Kedersha N, Low WK, Romo D, Gorospe M, Kaufman R, Anderson P, Liu JO (2006) Eukaryotic initiation factor 2alpha-independent pathway of stress granule induction by the natural product pateamine A. *J Biol Chem* **281**:32870-32878.
〔7〕 Di Marco S, Cammas A, Lian XJ, Kovacs EN, Ma JF, Hall DT, Mazroui R, Richardson J, Pelletier J, Gallouzi IE (2012) The translation inhibitor pateamine A prevents cachexia-induced muscle wasting in mice. *Nat Commun* **3**:896.

2-Phenylethynesulfonamide* (PES, Pifithrin-μ)

キーワード：[Heat shock protein 70 (HSP70) inhibitor] [p53-dependent apoptosis inhibitor]

構造：

O, NH2, S, O

PES/PFTμ

分子式：$C_8H_7NO_2S$
分子量：181.21
溶解性：DMSO, ++; H_2O, -; MeOH, ++

由来：

＊合成化合物〔1〕。

標的分子と作用：

HSP70のC末端基質結合ドメインに結合し、HSP70と基質の相互作用を阻害することでHSP70のシャペロン機能を阻害する〔2〕。その結果、ミトコンドリア結合型p53の減少およびBcl-xLとBcl-2タンパク質へのp53の結合阻害作用を介したp53依存性アポトーシスの阻害〔1〕。オートファジーおよびプロテアソーム経路の阻害を起こすと考えられている〔1-3〕。

2-phenylethynesulfonamideの生物活性：

Inhibition of p53-dependent cell death：10μM〔1〕

IC_{50} in approximately 50 solid tumor cell lines：4 ～ 10μM〔3〕

参考文献：

〔1〕 Strom E, Sathe S, Komarov PG, Chernova OB, Pavlovska I, Shyshynova I, Bosykh DA, Burdelya LG, Macklis RM, Skaliter R, Komarova EA, Gudkov AV (2006) Small-molecule inhibitor of p53 binding to mitochondria protects mice from gamma radiation. *Nat Chem Biol* **2**:474-479.

〔2〕 Leu JI, Pimkina J, Frank A, Murphy ME, George DL (2009) A small molecule inhibitor of inducible heat shock protein 70. *Mol Cell* **36**:15-27.

〔3〕 Leu JI, Pimkina J, Pandey P, Murphy ME, George DL (2011) HSP70 inhibition by the small-molecule 2-phenylethynesulfonamide impairs protein clearance pathways in tumor cells. *Mol Cancer Res* **9**:936-947.

〔4〕 Balaburski GM, Leu JI, Beeharry N, Hayik S, Andrake MD, Zhang G, Herlyn M, Villanueva J, Dunbrack RL, Jr., Yen T, George DL, Murphy ME (2013) A modified HSP70 inhibitor shows broad activity as an anticancer agent. *Mol Cancer Res* **11**:219-229.

〔5〕 Huang C, Wang J, Chen Z, Wang Y, Zhang W (2013) 2-phenylethynesulfonamide Prevents Induction of Pro-inflammatory Factors and Attenuates LPS-induced Liver Injury by Targeting NHE1-Hsp70 Complex in Mice. *PLoS One* **8**:e67582.

Phoslactomycin A and F

キーワード：[Protein phosphatase type 2A (PP2A) inhibitor]

構造：

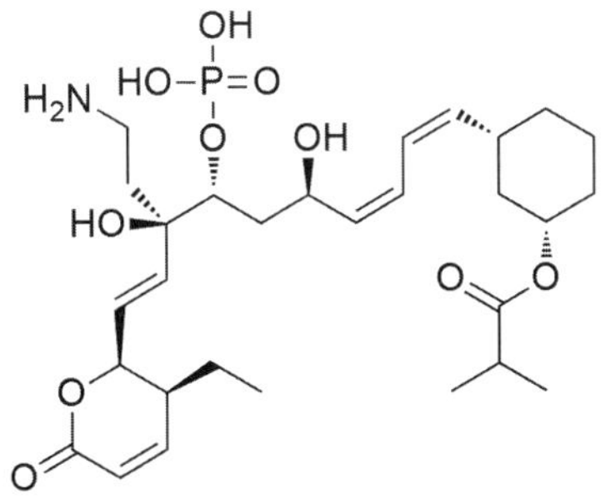

Phoslactomycin A

分子式：$C_{29}H_{46}NO_{10}P$

分子量：599.65

溶解性：DMSO, ++; H_2O, +; MeOH, ++

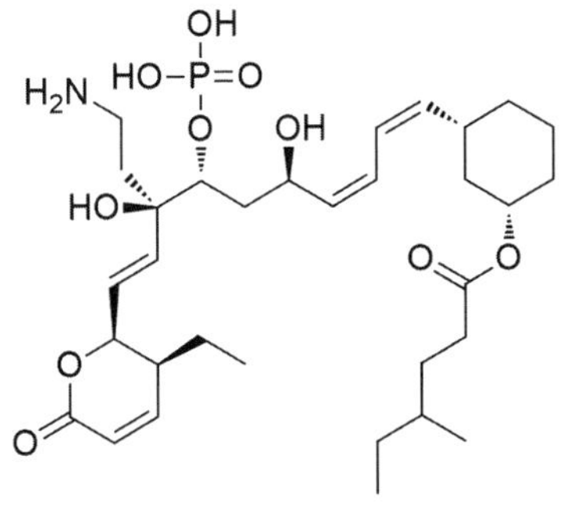

Phoslactomycin F

分子式：$C_{32}H_{52}NO_{10}P$

分子量：641.73

溶解性：DMSO, ++; H_2O, +; MeOH, ++

由来：

土壌放線菌 *Streptomyces* sp. 由来の天然物〔1,2〕。

標的分子と作用：

Phoslactomycin F はPP2A特異的阻害剤であり、マウス線維芽細胞NIH/3T3細胞のアクチンフィラメント脱重合を可逆的に誘導する〔9〕。α,β-不飽和δ-lactone部分がPP2A活性中心入口のCys269と共有結合する〔10〕。

Phoslactomycin Fの生物活性：

Disassembly of actin cytoskeleton in NIH/3T3 cells：10μM〔9〕

IC_{50} values for PP2A：4.7μM〔9〕

参考文献：

〔1〕 Fushimi S, Furihata K, Seto H (1989) Studies on new phosphate ester antifungal antibiotics phoslactomycins. II. Structure elucidation of phoslactomycins A to F. *J Antibiot* **42**:1026-1036.

〔2〕 Fushimi S, Nishikawa S, Shimazu A, Seto H (1989) Studies on new phosphate ester antifungal antibiotics phoslactomycins. I. Taxonomy, fermentation, purification and biological activities. *J Antibiot* **42**:1019-1025.

〔3〕 Tomiya T, Uramoto M, Isono K (1990) Isolation and structure of phosphazomycin C. *J Antibiot* **43**:118-121.

〔4〕 Uramoto M, Shen YC, Takizawa N, Kusakabe H, Isono K (1985) A new antifungal antibiotic, phosphazomycin A. *J Antibiot* **38**:665-668.

〔5〕 Ozasa T, Tanaka K, Sasamata M, Kaniwa H, Shimizu M, Matsumoto H, Iwanami M (1989) Novel antitumor antibiotic phospholine. 2. Structure determination. *J Antibiot* **42**:1339-1343.

〔6〕 Ozasa T, Suzuki K, Sasamata M, Tanaka K, Kobori M, Kadota S, Nagai K, Saito T, Watanabe S, Iwanami M (1989) Novel antitumor antibiotic phospholine. 1. Production, isolation and characterization. *J Antibiot* **42**:1331-1338.

〔7〕 Kohama T, Nakamura T, Kinoshita T, Kaneko I, Shiraishi A (1993) Novel microbial metabolites of the phoslactomycins family induce production of colony-stimulating factors by bone marrow stromal cells. II. Isolation, physico-chemical properties and structure determination. *J Antibiot* **46**:1512-1519.

〔8〕 Kohama T, Enokita R, Okazaki T, Miyaoka H, Torikata A, Inukai M, Kaneko I, Kagasaki T, Sakaida Y, Satoh A, Shiraishi A (1993) Novel microbial metabolites of the phoslactomycins family induce production of colony-stimulating factors by bone marrow stromal cells. I. Taxonomy, fermentation and biological properties. *J Antibiot* **46**:1503-1511.

〔9〕 Usui T, Marriott G, Inagaki M, Swarup G, Osada H (1999) Protein phosphatase 2A inhibitors, phoslactomycins. Effects on the cytoskeleton in NIH/3T3 cells. *J Biochem* **125**:960-965.

〔10〕 Teruya T, Simizu S, Kanoh N, Osada H (2005) Phoslactomycin targets cysteine-269 of the protein phosphatase 2A catalytic subunit in cells. *FEBS Lett* **579**:2463-2468.

Piperlongumine

キーワード：[Antitumor] [Glutathione-*S*-transferase P1 (GSTP1) inhibitor]

構造：

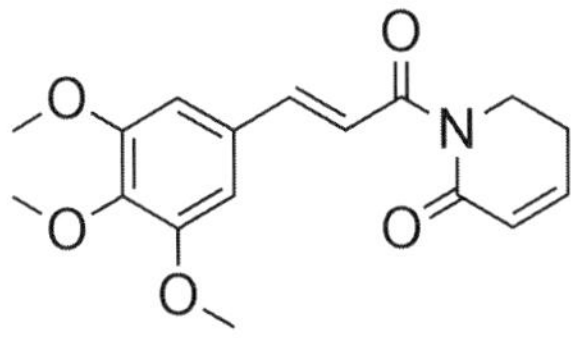

Piperlongumine

分子式：$C_{17}H_{19}NO_5$
分子量：317.34
溶解性：DMSO, +++; H_2O, -; MeOH, ++

由来：

コショウ科植物インドナガコショウ *Piper longum* Linnの根由来の天然物〔1〕。

標的分子と作用：

Piperlongumineは、殺虫活性〔4〕、血小板凝集阻害〔5〕、抗腫瘍活性〔6〕を含む生物学的活性を示し、その標的分子はGSTP1であることが示唆されている〔3〕。Piperlongumineは2つの反応点を有しており、高い求電子性部分がGSHとの結合に必要であり、低い求電子性部分は細胞毒性に関与するタンパク質の架橋反応に必要だと考えられる。

Piperlongumineの生物活性：

IC_{50} on cell proliferation of HL-60, HCT-8, SF295 and MDA-MB-435：> 25μg/ml〔6〕

Cellular ROS production in EJ, MDA-MB-231, U2OS, and MDA-MB-435：10μM〔2〕

EC_{50} on cellular ATP level in H1703 and HeLa cells：2.8 and 7.1μM, respectively〔3〕

参考文献：

〔1〕 Chatterjee A, Dutta CP (1967) Alkaloids of *Piper longum* Linn. I. Structure and synthesis of piperlongumine and piperlonguminine. *Tetrahedron* **23**:1769-1781.
〔2〕 Raj L, Ide T, Gurkar AU, Foley M, Schenone M, Li X, Tolliday NJ, Golub TR, Carr SA, Shamji AF, Stern AM, Mandinova A, Schreiber SL, Lee SW (2011) Selective killing of cancer cells by a small molecule targeting the stress response to ROS. **Nature 475**:231-234.
〔3〕 Adams DJ, Dai M, Pellegrino G, Wagner BK, Stern AM, Shamji AF, Schreiber SL (2012) Synthesis, cellular evaluation, and mechanism of action of piperlongumine analogs. *Proc Natl Acad Sci USA* **109**:15115-15120.
〔4〕 Bernard CB, Krishanmurty HG, Chauret D, Durst T, Philogene BJR, Sanchez-Vindas P, Hasbun C, Poveda L, San Roman L, Arnason JT (1995) Insecticidal defenses of Piperaceae from the neotropics. *J Chem Ecol* **21**:801-814.
〔5〕 Iwashita M, Oka N, Ohkubo S, Saito M, Nakahata N (2007) Piperlongumine, a constituent of *Piper longum* L., inhibits rabbit platelet aggregation as a thromboxane A_2 receptor antagonist. *Eur J Pharmacol* **570**:38-42.
〔6〕 Bezerra DP, Pessoa C, Moraes MO, Alencar NM, Mesquita RO, Lima MW, Alves AP, Pessoa OD, Chaves JH, Silveira ER, Costa-Lotufo LV (2008) In vivo growth inhibition of sarcoma 180 by piperlonguminine, an alkaloid amide from the *Piper* species. *J Appl Toxicol* **28**:599-607.
〔7〕 Son DJ, Kim SY, Han SS, Kim CW, Kumar S, Park BS, Lee SE, Yun YP, Jo H, Park YH (2012) Piperlongumine inhibits atherosclerotic plaque formation and vascular smooth muscle cell proliferation by suppressing PDGF receptor signaling. *Biochem Biophys Res Commun* **427**:349-354.

Pironetin

キーワード：[Tubulin polymerization inhibitor]

構造：

Pironetin

分子式：$C_{19}H_{32}O_4$
分子量：324.46
溶解性：DMSO, +++; H_2O, -; MeOH,++

由来：

放線菌 *Streptomyces* sp. 由来の天然物〔1, 2〕。

標的分子と作用：

Pironetinは、α-tubulinに直接共有結合することで微小管重合を阻害し、抗腫瘍活性を示す〔3-6〕。X線結晶解析により、結合部位はα-tubulinのCys316であることが報告された〔9〕。

Pironetinの生物活性：

23% Inhibition on the growth of rice plants without any loss of crop yield on 9 days before heading：10g/a〔1〕
Completely inhibited the cell proliferation of 3Y1 cells：10 ～ 20ng/ml〔3〕
Antiproliferative effects in several tumor cell lines：5 ～ 25ng/ml〔3〕

参考文献：

〔1〕 Kobayashi S, Tsuchiya K, Harada T, Nishide M, Kurokawa T, Nakagawa T, Shimada N, Kobayashi K (1994) Pironetin, a novel plant growth regulator produced by *Streptomyces* sp. NK10958. I. Taxonomy, production, isolation and preliminary characterization. *J Antibiot* **47**:697-702.
〔2〕 Kobayashi S, Tsuchiya K, Kurokawa T, Nakagawa T, Shimada N, Iitaka Y (1994) Pironetin, a novel plant growth regulator produced by *Streptomyces* sp. NK10958. II. Structural elucidation. *J Antibiot* **47**:703-707.
〔3〕 Kondoh M, Usui T, Kobayashi S, Tsuchiya K, Nishikawa K, Nishikiori T, Mayumi T, Osada H (1998) Cell cycle arrest and antitumor activity of pironetin and its derivatives. *Cancer Lett* **126**:29-32.
〔4〕 Kondoh M, Usui T, Nishikiori T, Mayumi T, Osada H (1999) Apoptosis induction via microtubule disassembly by an antitumour compound, pironetin. *Biochem J* **340**:411-416.
〔5〕 Watanabe H, Watanabe H, Usui T, Kondoh M, Osada H, Kitahara T (2000) Synthesis of pironetin and related analogs: studies on structure-activity relationships as tubulin assembly inhibitors. *J Antibiot* **53**:540-545.
〔6〕 Usui T, Watanabe H, Nakayama H, Tada Y, Kanoh N, Kondoh M, Asao T, Takio K, Watanabe H, Nishikawa K, Kitahara T, Osada H (2004) The anticancer natural product pironetin selectively targets Lys352 of alpha-tubulin. *Chem Biol* **11**:799-806.
〔7〕 Gigant B, Cormier A, Dorleans A, Ravelli RBG, Knossow M (2009) Microtubule-destabilizing agents: structural and mechanistic insights from the interaction of colchicine and vinblastine with tubulin. *Top Curr Chem* **286**:259-278.
〔8〕 Gigant B, Wang C, Ravelli RBG, Roussi F, Steinmetz MO, Curmi PA, Sobel A, Knossow M (2005) Structural basis for the regulation of tubulin by vinblastine. *Nature* **435**:519-522.
〔9〕 Yang J, Wang Y, Wang T, Jiang J, Botting CH, Liu H, Chen Q, Yang J, Naismith JH, Zhu X, Chen L (2016) Pironetin reacts covalently with cysteine-316 of α-tubulin to destabilize microtubule. *Nat Commun* **7**:12103

Pladienolide B

キーワード：[Antitumor] [Splicing inhibitor] [SF3b]

構造：

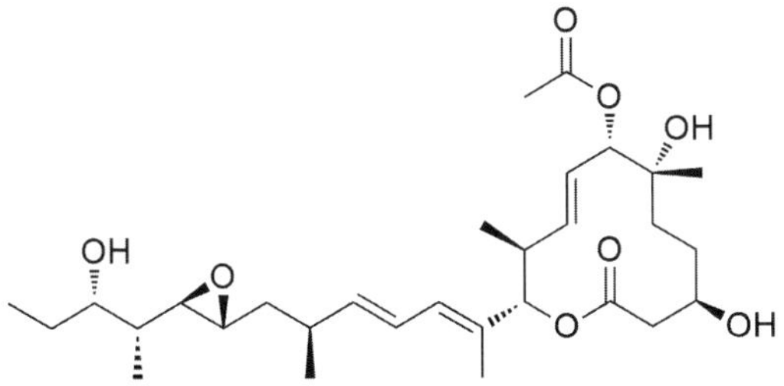

Pladienolide B

分子式：$C_{30}H_{48}O_8$
分子量：536.70
溶解性：DMSO, +++; H_2O, ±; MeOH, +++

由来：

放線菌 *Streptomyces platensis* 由来の天然物〔1〕。

標的分子と作用：

スプライシング因子SF3bを結合することでスプライシングを阻害する〔5〕、血管内皮細胞増殖因子（VEGF）の発現やがん細胞の増殖を阻害する〔4〕。

Pladienolide Bの生物活性：

IC_{50} values for anti-VEGF-PLAP and anti-proliferative activities in U251 cells：1.8 and 3.5nM〔7〕
Inhibition of splicing of *DNAJB1* and *RIOK3* in HeLa cells for 4 hr：10nM〔5〕

参考文献：

〔1〕 Sakai T, Asai N, Okuda A, Kawamura N, Mizui Y (2004) Pladienolides, new substances from culture of *Streptomyces platensis* Mer-11107. II. Physico-chemical properties and structure elucidation. *J Antibiot* **57**:180-187.
〔2〕 Asai N, Kotake Y, Niijima J, Fukuda Y, Uehara T, Sakai T (2007) Stereochemistry of pladienolide B. *J Antibiot* **60**:364-369.
〔3〕 Kanada RM, Itoh D, Nagai M, Niijima J, Asai N, Mizui Y, Abe S, Kotake Y (2007) Total synthesis of the potent antitumor macrolides pladienolide B and D. *Angew Chem Int Ed Engl* **46**:4350-4355.
〔4〕 Mizui Y, Sakai T, Iwata M, Uenaka T, Okamoto K, Shimizu H, Yamori T, Yoshimatsu K, Asada M (2004) Pladienolides, new substances from culture of *Streptomyces platensis* Mer-11107. III. In vitro and in vivo antitumor activities. *J Antibiot* **57**:188-196.
〔5〕 Kotake Y, Sagane K, Owa T, Mimori-Kiyosue Y, Shimizu H, Uesugi M, Ishihama Y, Iwata M, Mizui Y (2007) Splicing factor SF3b as a target of the antitumor natural product pladienolide. *Nat Chem Biol* **3**:570-575.
〔6〕 Yokoi A, Kotake Y, Takahashi K, Kadowaki T, Matsumoto Y, Minoshima Y, Sugi NH, Sagane K, Hamaguchi M, Iwata M, Mizui Y (2011) Biological validation that SF3b is a target of the antitumor macrolide pladienolide. *FEBS J* **278**:4870-4880.
〔7〕 Sakai T, Sameshima T, Matsufuji M, Kawamura N, Dobashi K, Mizui Y (2004) Pladienolides, new substances from culture of Streptomyces platensis Mer-11107. I. Taxonomy, fermentation, isolation and screening. *J Antibiot* **57**:173-179.

Prodigiosin 25-C

キーワード：[Antitumor] [Immunosuppressant]

構造：

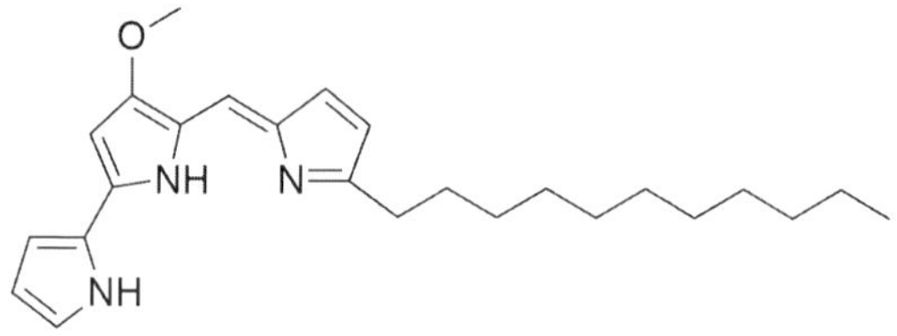

Prodigiosin 25-C

分子式：$C_{25}H_{35}N_3O$
分子量：393.57
溶解性：DMSO, +++; H_2O, -; MeOH, ++

由来：

セラチア菌 *Serratia marcescens* や放線菌 *Streptomyces* sp. 由来の天然物〔1〕。

標的分子と作用：

Prodigiosin 25-C はV-ATPaseを脱共役し、液胞の酸性化を阻害することで糖タンパク質プロセシングの阻害〔4〕や、小胞の H^+/Cl^- symportを促進することで免疫抑制作用をもたらすことが示唆されている〔3, 5〕。また、破骨細胞の骨吸収抑制活性〔7〕、mTOR阻害を介した抗腫瘍活性〔8〕、p53欠損細胞でのp73の発現亢進〔9〕が報告されている。

Prodigiosinsの生物活性：

Prodigiosin 25-C

IC_{50} values of proton pump activity in rat liver lysosomes：30nM〔4〕
Inhibition of ATPase activity in rat liver lysosomes：> 1μM〔4〕

Prodigiosin

IC_{50} values of intralysosomal pH through inhibition of lysosomal acidification driven by V-ATPase：30 ～ 120pmol/mg of protein〔10〕
Activation of both autophagic and apoptotic mechanisms in SK-MEL-28 and SK-MEL-5 cells：4.51 ± 0.47μM and 1.02 ± 0.15μM, respectively〔8〕
Induction of p53 target proteins and PARP cleavage in various cancer cells：1μM〔9〕

参考文献：

〔1〕 Nakamura A, Nagai K, Ando K, Tamura G (1986) Selective suppression by prodigiosin of the mitogenic response of murine splenocytes. *J Antibiot* **39**:1155-1159.
〔2〕 Nakamura A, Magae J, Tsuji RF, Yamasaki M, Nagai K (1989) Suppression of cytotoxic T cell induction in vivo by prodigiosin 25-C. *Transplantation* **47**:1013-1016.
〔3〕 Tsuji RF, Magae J, Yamashita M, Nagai K, Yamasaki M (1992) Immunomodulating properties of prodigiosin 25-C, an antibiotic which preferentially suppresses induction of cytotoxic T cells. *J Antibiot* **45**:1295-1302.
〔4〕 Kataoka T, Muroi M, Ohkuma S, Waritani T, Magae J, Takatsuki A, Kondo S, Yamasaki M, Nagai K (1995) Prodigiosin 25-C uncouples vacuolar type H(+)-ATPase, inhibits vacuolar acidification and affects glycoprotein processing. *FEBS Lett* **359**:53-59.
〔5〕 Sato T, Konno H, Tanaka Y, Kataoka T, Nagai K, Wasserman HH, Ohkuma S (1998) Prodigiosins as a new group of H+/Cl- symporters that uncouple proton translocators. *J Biol Chem* **273**:21455-21462.
〔6〕 Davis JT, Gale PA, Okunola OA, Prados P, Iglesias-Sanchez JC, Torroba T, Quesada R (2009) Using small molecules to facilitate exchange of bicarbonate and chloride anions across liposomal membranes. *Nat Chem* **1**:138-144.
〔7〕 Woo JT, Ohba Y, Tagami K, Sumitani K, Kataoka T, Nagai K (1997) Prodigiosin 25-C and metacycloprodigiosin suppress the bone resorption by osteoclasts. *Biosci Biotechnol Biochem* **61**:400-402.
〔8〕 Espona-Fiedler M, Soto-Cerrato V, Hosseini A, Lizcano JM, Guallar V, Quesada R, Gao T, Perez-Tomas R (2012) Identification of dual mTORC1 and mTORC2 inhibitors in melanoma cells: prodigiosin vs. obatoclax. *Biochem Pharmacol* **83**:489-496.
〔9〕 Hong B, Prabhu VV, Zhang S, van den Heuvel AP, Dicker DT, Kopelovich L, El-Deiry WS (2014) Prodigiosin rescues deficient p53 signaling and antitumor effects via upregulating p73 and disrupting its interaction with mutant p53. *Cancer Res* **74**:1153-1165.
〔10〕 Ohkuma S, Sato T, Okamoto M, Matsuya H, Arai K, Kataoka T, Nagai K, Wasserman HH (1998) Prodigiosins uncouple lysosomal vacuolar-type ATPase through promotion of H+/Cl- symport. *Biochem J* **334**:731-741.

Pseudolaric acid B

キーワード：[Antifungal]［Tubulin inhibitor]

構造：

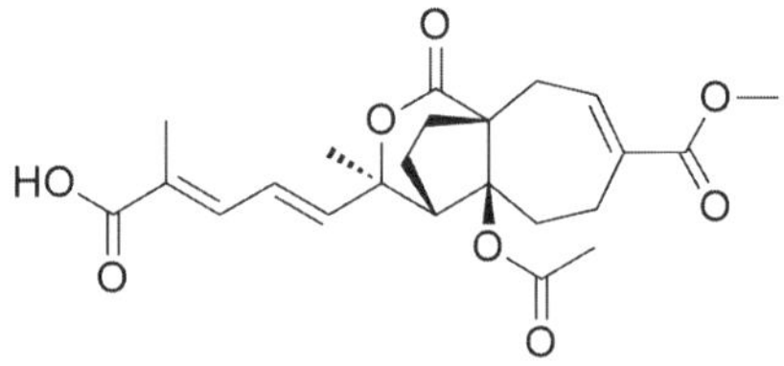

Pseudolaric acid B

分子式：$C_{23}H_{28}O_8$
分子量：432.47
溶解性：DMSO, ++; H_2O, ±; MeOH, ++

由来：

イヌカラマツ *Pseudolarix kaempferi* 由来の天然物〔1, 2〕。

標的分子と作用：

Colchicineやvinblastine結合部位とは異なる部位に結合するチューブリン重合阻害剤であり〔9〕、がん細胞に対する細胞傷害性〔3〕、抗真菌活性〔4〕、抗血管新生活性〔5〕、アポトーシス誘導〔6〕と抗炎症活性〔7〕など、さまざまな生物活性を示す。

Pseudolaric acid Bの生物活性：

IC_{50} of VEGF-stimulated migration of HUVECs：2.92μM〔5〕
IC_{50} of FBS-stimulated tube formation of HUVECs：2.60μM〔5〕
IC_{50} of cytotoxicities against several cancer cell lines：～ 3μM〔8〕
IC_{50} of *in vitro* microtubule polymerization：10.9 ± 1.8μM〔8〕
Depolymerization of micortubule network in HMEC cells：1μM〔9〕

参考文献：
〔1〕 Li Z-L, Pan D-J, Chang-Qi H, Qin-Li W, Song-Song Y, Guang-Yi X (1982) Studies on the novel diterpenic constituents of Tu-Jin-Pi. I. Strucutre of pseudolaric acid A and pseudolaric acid B. *Acta Chimica Sinica* **05**.
〔2〕 Trost BM, Waser J, Meyer A (2008) Total synthesis of (-)-pseudolaric acid B. *J Am Chem Soc* **130**:16424-16434.
〔3〕 Pan DJ, Li ZL, Hu CQ, Chen K, Chang JJ, Lee KH (1990) The cytotoxic principles of Pseudolarix kaempferi: pseudolaric acid-A and -B and related derivatives. *Planta Med* **56**:383-385.
〔4〕 Li E, Clark AM, Hufford CD (1995) Antifungal evaluation of pseudolaric acid B, a major constituent of Pseudolarix kaempferi. *J Nat Prod* **58**:57-67.
〔5〕 Li MH, Miao ZH, Tan WF, Yue JM, Zhang C, Lin LP, Zhang XW, Ding J (2004) Pseudolaric acid B inhibits angiogenesis and reduces hypoxia-inducible factor 1alpha by promoting proteasome-mediated degradation. *Clin Cancer Res* **10**:8266-8274.
〔6〕 Gong X, Wang M, Wu Z, Tashiro S, Onodera S, Ikejima T (2004) Pseudolaric acid B induces apoptosis via activation of c-Jun N-terminal kinase and caspase-3 in HeLa cells. *Exp Mol Med* **36**:551-556.
〔7〕 Li T, Wong VK, Yi XQ, Wong YF, Zhou H, Liu L (2009) Pseudolaric acid B suppresses T lymphocyte activation through inhibition of NF-kappaB signaling pathway and p38 phosphorylation. *J Cell Biochem* **108**:87-95.
〔8〕 Wong VK, Chiu P, Chung SS, Chow LM, Zhao YZ, Yang BB, Ko BC (2005) Pseudolaric acid B, a novel microtubule-destabilizing agent that circumvents multidrug resistance phenotype and exhibits antitumor activity in vivo. *Clin Cancer Res* **11**:6002-6011.
〔9〕 Tong YG, Zhang XW, Geng MY, Yue JM, Xin XL, Tian F, Shen X, Tong LJ, Li MH, Zhang C, Li WH, Lin LP, Ding J (2006) Pseudolarix acid B, a new tubulin-binding agent, inhibits angiogenesis by interacting with a novel binding site on tubulin. *Mol Pharmacol* **69**:1226-1233.

Pyrrolizilactone

キーワード：[Proteasome inhibitor]

構造：

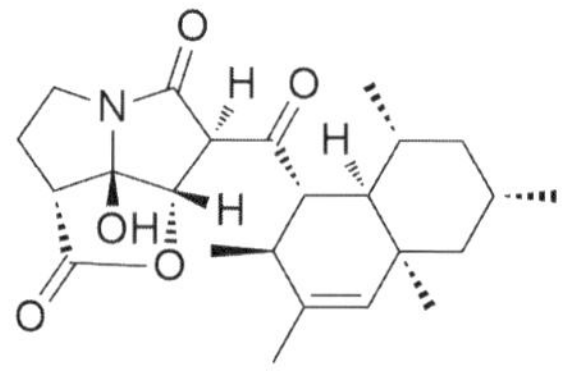

Pyrrolizilactone

分子式：$C_{24}H_{33}NO_5$
分子量：415.53
溶解性：DMSO, ++; H_2O, -; MeOH,+++

由来：

未同定菌類から分離された天然物〔1〕。

標的分子と作用：

Trypsin様プロテアーゼ活性を阻害するプロテアソーム阻害剤〔2〕。

Pyrrolizilactoneの生物活性：

IC_{50} values against HeLa and HL60：9.5 and 2.5μM, respectively〔2〕

IC_{50} values against trypsin-, chymotrypsin- and caspase-like protease activity of proteasome：1.6, 29, and 84μM, respectively〔2〕

Inhibition of cell cycle progression of HeLa in G2/M phase：10μM〔2〕

参考文献：

〔1〕 Nogawa T, Kawatani M, Uramoto M, Okano A, Aono H, Futamura Y, Koshino H, Takahashi S, Osada H (2013) Pyrrolizilactone, a new pyrrolizidinone metabolite produced by a fungus. *J Antibiot* **66**:621-623.
〔2〕 Futamura Y, Kawatani M, Muroi M, Aono H, Nogawa T, Osada H (2013) Identification of a molecular target of a novel fungal metabolite, pyrrolizilactone, by phenotypic profiling systems. *Chembiochem* **14**:2456-2463.

QS11*

キーワード：[Wnt/β-catenin signaling activator]
[GTPase activating protein of ADP-ribosylation factor 1 (ARFGAP1) inhibitor]

構造：

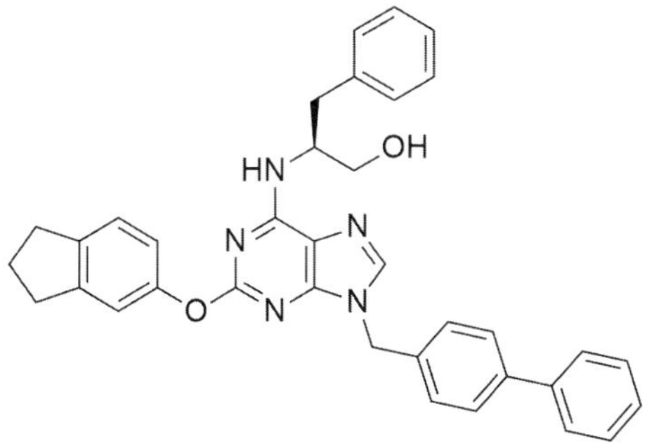

QS11

分子式：$C_{36}H_{33}N_5O_2$
分子量：567.68
溶解性：DMSO, +++; H_2O, -; MeOH, +++

由来：

＊合成化合物〔1〕。

標的分子と作用：

ADPリボース化因子1のGTPase活性化タンパク質（ARFGAP1）と結合・阻害し、Wnt/β-cateninシグナル経路を活性化する〔1,2〕。

QS11の生物活性：

EC_{50} for activation of the Wnt signal reporter in the presence of Wnt-3a：0.5μM〔1〕

K_d value for ARFGAP1：620nM〔1〕

80% inhibition of MDA-MB-231 migration：2.5μM〔1〕

参考文献：

〔1〕 Zhang Q, Major MB, Takanashi S, Camp ND, Nishiya N, Peters EC, Ginsberg MH, Jian X, Randazzo PA, Schultz PG, Moon RT, Ding S (2007) Small-molecule synergist of the Wnt/beta-catenin signaling pathway. *Proc Natl Acad Sci USA* **104**:7444-7448.
〔2〕 Kim W, Kim SY, Kim T, Kim M, Bae DJ, Choi HI, Kim IS, Jho E (2013) ADP-ribosylation factors 1 and 6 regulate Wnt/beta-catenin signaling via control of LRP6 phosphorylation. *Oncogene* **32**:3390-3396.
〔3〕 Kanamarlapudi V, Thompson A, Kelly E, Lopez Bernal A (2012) ARF6 activated by the LHCG receptor through the cytohesin family of guanine nucleotide exchange factors mediates the receptor internalization and signaling. *J Biol Chem* **287**:20443-20455.
〔4〕 Zhu W, London NR, Gibson CC, Davis CT, Tong Z, Sorensen LK, Shi DS, Guo J, Smith MC, Grossmann AH, Thomas KR, Li DY (2012) Interleukin receptor activates a MYD88-ARNO-ARF6 cascade to disrupt vascular stability. *Nature* **492**:252-255.
〔5〕 Davies JC, Bain SC, Kanamarlapudi V (2014) ADP-ribosylation factor 6 regulates endothelin-1-induced lipolysis in adipocytes. *Biochem Pharmacol* **90**:406-413.

Radicicol

キーワード：[HSP90 inhibitor] [ATP citrate lyase (ACL) inhibitor]

構造：

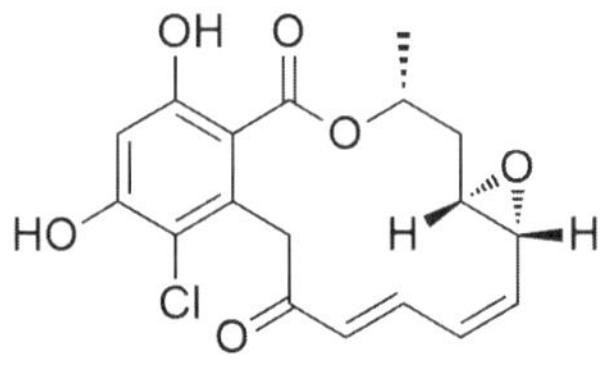

OH O
HO
Cl
O
O
O
H
H

Radicicol

分子式：$C_{18}H_{17}O_6Cl$
分子量：364.78
溶解性：DMSO, ++; H_2O, +; MeOH,+++

由来：

真菌*Monosporium bonorden*由来の天然物〔1〕。

標的分子と作用：

哺乳類細胞に対して、血管新生阻害〔4〕、RASおよびMOSによる形態変化抑制〔5〕、HL60細胞の分化〔6〕、Raf-1キナーゼの選択的減少〔7〕などのさまざまな作用を示す。標的分子はHSP90であり〔8〕、HSP90N末端のATP/ADP結合ドメインに結合し、ATPase活性を阻害する〔9,10〕。HSP90クライアントタンパク質であるテロメラーゼや、変異p53、Bcr-Abl、Raf-1、Akt、HER2/Neu、変異B-Raf、変異EGF受容体、HIF-1αを不安定化する〔11〕。Radicicolの他の標的分子としてATP citrate lyase（ACL）〔12〕や、古細菌トポイソメラーゼVIなどのGHKLスーパーファミリーに属するATP結合モチーフを持つタンパク質〔13〕が報告されている。

Radicicolの生物活性：

Morphological reversion and inhibition of *src* kinase of *src*-transformed 3Y1 cells：0.1 ～ 1μg/ml〔3〕
ID_{50} for inhibition embryonic angiogenesis：200ng/egg〔4〕
IC_{50} of Raf-1 depletion in KNRK5.2 cells：3.1μM〔7〕
K_d for HSP90：19nM〔9〕
The K_i values for citrate and ATP against ACL：13 and 7μM, respectively〔12〕

参考文献：

〔1〕 Delmotte P, Delmotte-Plaque J (1953) A new antifungal substance of fungal origin. *Nature* **171**:344.
〔2〕 McCapra F, Scott AI (1964) The constitution of monorden, an antibiotic with tranquilising action. *Tetrahedron Lett* **15**:869-875.
〔3〕 Kwon HJ, Yoshida M, Abe K, Horinouchi S, Beppu T (1992) Radicicol, an agent inducing the reversal of transformed phenotypes of src-transformed fibroblasts. *Biosci Biotechnol Biochem* **56**:538-539.
〔4〕 Oikawa T, Ito H, Ashino H, Toi M, Tominaga T, Morita I, Murota S (1993) Radicicol, a microbial cell differentiation modulator, inhibits in vivo angiogenesis. *Eur J Pharmacol* **241**:221-227.
〔5〕 Zhao JF, Nakano H, Sharma S (1995) Suppression of RAS and MOS transformation by radicicol. *Oncogene* **11**:161-173.
〔6〕 Shimada Y, Ogawa T, Sato A, Kaneko I, Tsujita Y (1995) Induction of differentiation of HL-60 cells by the anti-fungal antibiotic, radicicol. *J Antibiot* **48**:824-830.
〔7〕 Soga S, Kozawa T, Narumi H, Akinaga S, Irie K, Matsumoto K, Sharma SV, Nakano H, Mizukami T, Hara M (1998) Radicicol leads to selective depletion of Raf kinase and disrupts K-Ras-activated aberrant signaling pathway. *J Biol Chem* **273**:822-828.
〔8〕 Sharma SV, Agatsuma T, Nakano H (1998) Targeting of the protein chaperone, HSP90, by the transformation suppressing agent, radicicol. *Oncogene* **16**:2639-2645.
〔9〕 Roe SM, Prodromou C, O'Brien R, Ladbury JE, Piper PW, Pearl LH (1999) Structural basis for inhibition of the Hsp90 molecular chaperone by the antitumor antibiotics radicicol and geldanamycin. *J Med Chem* **42**:260-266.
〔10〕 Schulte TW, Akinaga S, Soga S, Sullivan W, Stensgard B, Toft D, Neckers LM (1998) Antibiotic radicicol binds to the N-terminal domain of Hsp90 and shares important biologic activities with geldanamycin. *Cell Stress Chaperones* **3**:100-108.
〔11〕 Neckers L (2006) Using natural product inhibitors to validate Hsp90 as a molecular target in cancer. *Curr Top Med Chem* **6**:1163-1171.
〔12〕 Ki SW, Ishigami K, Kitahara T, Kasahara K, Yoshida M, Horinouchi S (2000) Radicicol binds and inhibits mammalian ATP citrate lyase. *J Biol Chem* **275**:39231-39236.
〔13〕 Gadelle D, Bocs C, Graille M, Forterre P (2005) Inhibition of archaeal growth and DNA topoisomerase VI activities by the Hsp90 inhibitor radicicol. *Nucleic Acids Res* **33**:2310-2317.

Rapamycin

キーワード：[Antifungal] [Immunosuppressant] [mTOR inhibitor]

構造：

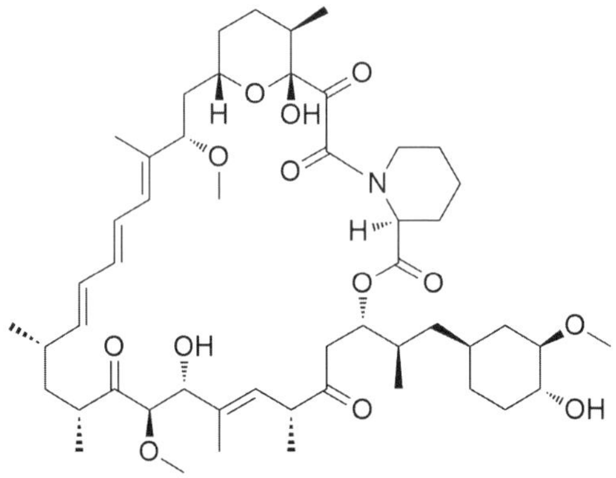

Rapamycin

分子式：$C_{51}H_{79}NO_{13}$
分子量：914.19
溶解性：DMSO, ++; H_2O, +; MeOH, ++

由来：

放線菌 *Streptomyces hygroscopicus* 由来の天然物〔1,2〕。

標的分子と作用：

RapamycinはFK506とは異なる機構で免疫抑制を示す〔3〕。*S. cerevisiae*を用いた遺伝学的解析より、標的分子としてTOR1およびTOR2が同定され〔5〕、哺乳細胞の標的分子としてTOR1/2ホモログであるFRAPが同定された〔6,7〕。Rapamycin/FKBP複合体はp70^{S6k}活性化カスケードを選択的に阻害し〔8-10〕、最終的に4E-BP1/PHAS-1を阻害してキャップ依存性翻訳を抑制する〔11,12〕。Rapamycinは細胞増殖に関連するmTORC1複合体を選択的に阻害し、mTORC2複合体は阻害しない〔13〕。

Rapamycinの生物活性：

K_d for rapamycin to FKBP：0.2nM〔5〕

Inhibition of IL-2-induced S phase entry of T cells：0.05 ～ 0.2nM〔8〕

参考文献：

〔1〕 Sehgal SN, Baker H, Vezina C (1975) Rapamycin (AY-22,989), a new antifungal antibiotic. II. Fermentation, isolation and characterization. *J Antibiot* **28**:727-732.
〔2〕 Vezina C, Kudelski A, Sehgal SN (1975) Rapamycin (AY-22,989), a new antifungal antibiotic. I. Taxonomy of the producing streptomycete and isolation of the active principle. *J Antibiot* **28**:721-726.
〔3〕 Martel RR, Klicius J, Galet S (1977) Inhibition of the immune response by rapamycin, a new antifungal antibiotic. *Can J Physiol Pharmacol* **55**:48-51.
〔4〕 Bierer BE, Mattila PS, Standaert RF, Herzenberg LA, Burakoff SJ, Crabtree G, Schreiber SL (1990) Two distinct signal transmission pathways in T lymphocytes are inhibited by complexes formed between an immunophilin and either FK506 or rapamycin. *Proc Natl Acad Sci USA* **87**:9231-9235.
〔5〕 Heitman J, Movva NR, Hall MN (1991) Targets for cell cycle arrest by the immunosuppressant rapamycin in yeast. *Science* **253**:905-909.
〔6〕 Brown EJ, Albers MW, Shin TB, Ichikawa K, Keith CT, Lane WS, Schreiber SL (1994) A mammalian protein targeted by G1-arresting rapamycin-receptor complex. *Nature* **369**:756-758.
〔7〕 Sabatini DM, Erdjument-Bromage H, Lui M, Tempst P, Snyder SH (1994) RAFT1: a mammalian protein that binds to FKBP12 in a rapamycin-dependent fashion and is homologous to yeast TORs. *Cell* **78**:35-43.
〔8〕 Brown EJ, Beal PA, Keith CT, Chen J, Shin TB, Schreiber SL (1995) Control of p70 s6 kinase by kinase activity of FRAP in vivo. *Nature* **377**:441-446.
〔9〕 Chung J, Kuo CJ, Crabtree GR, Blenis J (1992) Rapamycin-FKBP specifically blocks growth-dependent activation of and signaling by the 70 kd S6 protein kinases. *Cell* **69**:1227-1236.
〔10〕 Kuo CJ, Chung J, Fiorentino DF, Flanagan WM, Blenis J, Crabtree GR (1992) Rapamycin selectively inhibits interleukin-2 activation of p70 S6 kinase. *Nature* **358** (6381):70-73.
〔11〕 Beretta L, Gingras AC, Svitkin YV, Hall MN, Sonenberg N (1996) Rapamycin blocks the phosphorylation of 4E-BP1 and inhibits cap-dependent initiation of translation. *EMBO J* **15**:658-664.
〔12〕 Brunn GJ, Hudson CC, Sekulic A, Williams JM, Hosoi H, Houghton PJ, Lawrence JC, Jr., Abraham RT (1997) Phosphorylation of the translational repressor PHAS-I by the mammalian target of rapamycin. *Science* **277**:99-101.
〔13〕 Laplante M, Sabatini DM (2012) mTOR signaling in growth control and disease. *Cell* **149**:274-293.

Rebeccamycin

キーワード：[Topoisomerase I inhibitor] [Chk1 inhibitor]

構造：

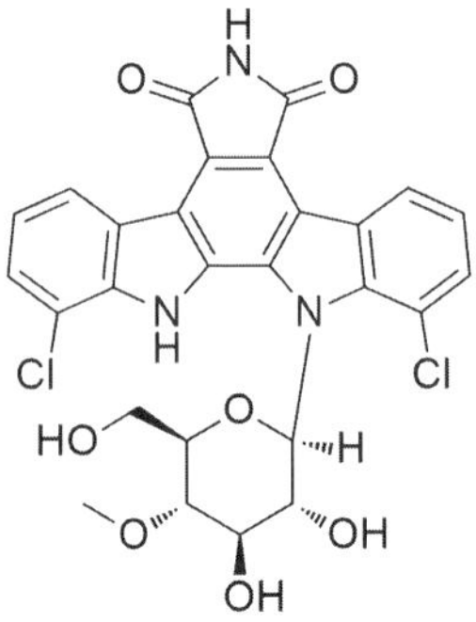

H
N
O O
N
N
H
Cl Cl
HO O
H
O OH
OH

Rebeccamycin

分子式：$C_{27}H_{21}Cl_2N_3O_7$
分子量：570.38
溶解性：DMSO, ++; H_2O, ?; MeOH, ?

由来：

放線菌*Streptomyces* sp. C-38,383株由来の天然物〔1〕。

標的分子と作用：

マウスに移植されたP388白血病細胞、L1210白血病細胞およびB16黒色腫細胞に対する抗腫瘍活性を示す〔1〕。Rebeccamycinはstaurosporineと構造的に類似しているが、プロテインキナーゼに対する阻害活性を持たず〔2〕、topoisomerase I依存的DNA切断を誘導する〔3〕。

Rebeccamycinの生物活性：

DNA break in A549 cells：0.15 ～ 5.0μg/mL〔1〕
IC_{50} against protein kinase A and protein kinase C *in vitro*：> 100μM〔2〕
Topoisomerase I-mediated DNA cleavage：5μM〔3〕

参考文献：

〔1〕 Bush JA, Long BH, Catino JJ, Bradner WT, Tomita K. (1987) Production and biological activity of rebeccamycin, a novel antitumor agent. *J Antibiot.* **40**:668-678.
〔2〕 Sancelme M, Fabre S, Prudhomme M. (1994) Antimicrobial activities of indolocarbazole and bis-indole protein kinase C inhibitors. *J Antibiot.* **47**:792-798.
〔3〕 Yamashita Y, Fujii N, Murakata C, Ashizawa T, Okabe M, Nakano H. (1992) Induction of mammalian DNA topoisomerase I mediated DNA cleavage by antitumor indolocarbazole derivatives. *Biochemistry.* **31**:12069-12075.
〔4〕 Bailly C, Qu X, Graves DE, Prudhomme M, Chaires JB. (1999) Calories from carbohydrates: energetic contribution of the carbohydrate moiety of rebeccamycin to DNA binding and the effect of its orientation on topoisomerase I inhibition. *Chem Biol.* **6**:277-286.

Reveromycin A

キーワード：[Antiosteoporotic]［Detransforming agent］［Protein translation inhibitor］

構造：

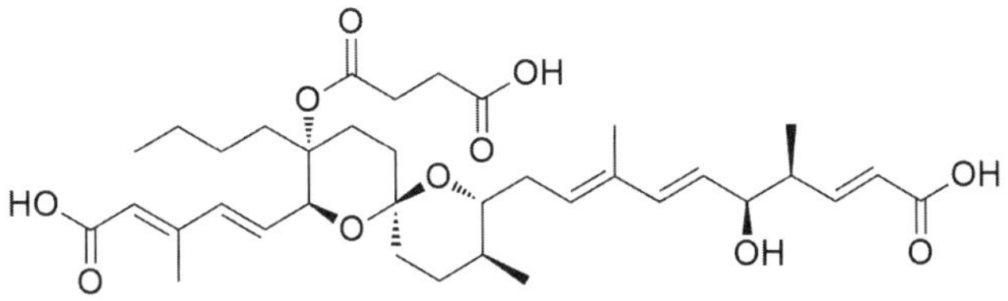

Reveromycin A

分子式：$C_{36}H_{52}O_{11}$
分子量：660.80
溶解性：DMSO, ++; H_2O, +; MeOH, ++

由来：

放線菌 *Streptomyces* sp. 由来の天然物〔1, 2〕。

標的分子と作用：

tRNA^{Ile} synthetase（IleRS）特異的阻害剤であり、タンパク質合成を真核細胞選択的に阻害する〔3, 5〕。Reveromycin Aは3つのカルボキシル基を持ち、成熟破骨細胞などの酸性環境下に蓄積するため、成熟破骨細胞特異的にアポトーシスを誘導する〔6〕。

Reveromycin Aの生物活性：

IC_{50} for inhibition of protein synthesis in *src*^{ts}-NRK cells：1μM〔3〕
IC_{50} for inhibition of protein synthesis in rabbit reticulocyte lysate：40nM〔3〕
Inhibition of cell proliferation induced by TGF-α in BG-1 cells：30 〜 300nM〔4〕
Growth inhibition of *Saccharomyces cerevisiae* on YPD plate adjusted at pH4.5：1μg/ml〔8〕

参考文献：

〔1〕 Osada H, Koshino H, Isono K, Takahashi H, Kawanishi G (1991) Reveromycin A, a new antibiotic which inhibits the mitogenic activity of epidermal growth factor. *J Antibiot* **44**:259-261.

〔2〕 Takahashi H, Osada H, Koshino H, Kudo T, Amano S, Shimizu S, Yoshihama M, Isono K (1992) Reveromycins, new inhibitors of eukaryotic cell growth. I. Producing organism, fermentation, isolation and physico-chemical properties. *J Antibiot* **45**:1409-1413.

〔3〕 Takahashi H, Osada H, Koshino H, Sasaki M, Onose R, Nakakoshi M, Yoshihama M, Isono K (1992) Reveromycins, new inhibitors of eukaryotic cell growth. II. Biological activities. *J Antibiot* **45**:1414-1419.

〔4〕 Takahashi H, Yamashita Y, Takaoka H, Nakamura J, Yoshihama M, Osada H (1997) Inhibitory action of reveromycin A on TGF-alpha-dependent growth of ovarian carcinoma BG-1 in vitro and in vivo. *Oncol Res* **9**:7-11.

〔5〕 Miyamoto Y, Machida K, Mizunuma M, Emoto Y, Sato N, Miyahara K, Hirata D, Usui T, Takahashi H, Osada H, Miyakawa T (2002) Identification of Saccharomyces cerevisiae isoleucyl-tRNA synthetase as a target of the G1-specific inhibitor Reveromycin A. *J Biol Chem* **277**:28810-28814.

〔6〕 Woo JT, Kawatani M, Kato M, Shinki T, Yonezawa T, Kanoh N, Nakagawa H, Takami M, Lee KH, Stern PH, Nagai K, Osada H (2006) Reveromycin A, an agent for osteoporosis, inhibits bone resorption by inducing apoptosis specifically in osteoclasts. *Proc Natl Acad Sci USA* **103**:4729-4734.

〔7〕 Muguruma H, Yano S, Kakiuchi S, Uehara H, Kawatani M, Osada H, Sone S (2005) Reveromycin A inhibits osteolytic bone metastasis of small-cell lung cancer cells, SBC-5, through an antiosteoclastic activity. *Clin Cancer Res* **11**:8822-8828.

〔8〕 Cui Z, Hirata D, Tsuchiya E, Osada H, Miyakawa T (1996) The multidrug resistance-associated protein (MRP) subfamily (Yrs1/Yor1) of *Saccharomyces cerevisiae* is important for the tolerance to a broad range of organic anions. *J Biol Chem* **271**:14712-14716.

R-Roscovitine*

キーワード：[Cyclin-dependent kinase (CDK) inhibitor]

構造：

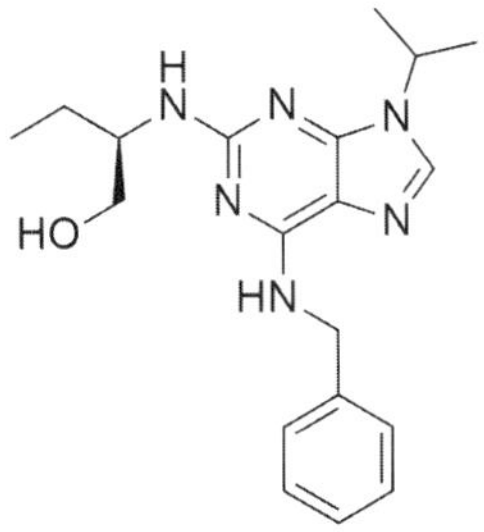

R-Roscovitine

分子式：$C_{19}H_{26}N_6O$
分子量：354.46
溶解性：DMSO,+++; H_2O,+; MeOH,+++

由来：

*合成化合物〔1,2〕。

標的分子と作用：

選択的サイクリン依存性キナーゼ（CDK）阻害剤であり、細胞周期非特異的に細胞死を誘導する〔3〕。

R-Roscovitineの生物活性：

IC_{50} of cdc2 (cdc2/cyclin B), cdk2 (cdk2/cyclin A and cdk2/cyclin E) and cdk5 (cdk5/p35)：0.65μM, 0.7μM, 0.7μM and 0.16μM respectively〔3〕

IC_{50} of Erk1 and Erk2：34μM and 14μM respectively〔3〕

An average IC_{50} value of CDK2/cyclin E kinase activity in a panel of 19 human tumor cell lines：15.21μM〔4〕

参考文献：

〔1〕 Lacrima K, Rinaldi A, Vignati S, Martin V, Tibiletti MG, Gaidano G, Catapano CV, Bertoni F (2007) Cyclin-dependent kinase inhibitor seliciclib shows in vitro activity in diffuse large B-cell lymphomas. *Leuk Lymphoma* **48**:158-167.

〔2〕 Cicenas J, Kalyan K, Sorokinas A, Stankunas E, Levy J, Meskinyte I, Stankevicius V, Kaupinis A, Valius M (2015) Roscovitine in cancer and other diseases. *Ann Transl Med* **3**:135.

〔3〕 Meijer L, Borgne A, Mulner O, Chong JP, Blow JJ, Inagaki N, Inagaki M, Delcros JG, Moulinoux JP (1997) Biochemical and cellular effects of roscovitine, a potent and selective inhibitor of the cyclin-dependent kinases cdc2, cdk2 and cdk5. *Eur J Biochem* **243**:527-536.

〔4〕 McClue SJ, Blake D, Clarke R, Cowan A, Cummings L, Fischer PM, MacKenzie M, Melville J, Stewart K, Wang S, Zhelev N, Zheleva D, Lane DP (2002) In vitro and in vivo antitumor properties of the cyclin dependent kinase inhibitor CYC202 (R-roscovitine). *Int J Cancer* **102**:463-468.

Rottlerin

キーワード：[Autophagy inducer] [Kinase inhibitor]

構造：

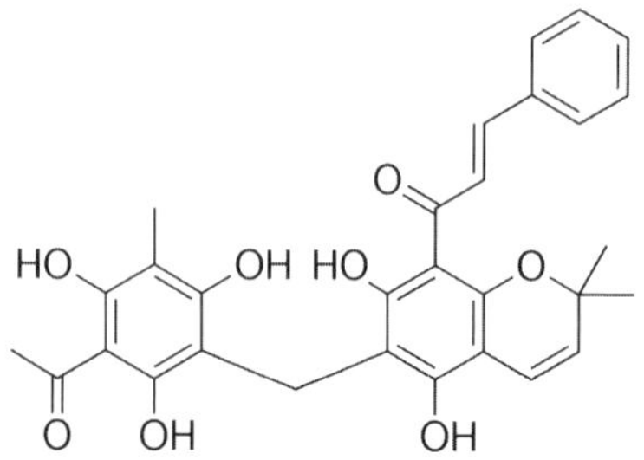

HO OH HO O O OH OH OH O

Rottlerin

分子式：$C_{30}H_{28}O_8$

分子量：516.54

溶解性：DMSO, +++; H_2O, -; MeOH, +

由来：

トウダイグサ科 *Mallotus philippensis*（Muell）由来の天然物〔1〕。

標的分子と作用：

PKCδ特異的阻害剤として使われていたが〔2〕、PKCδ特異的ではないとの報告も多い〔3〕。PKCδ非依存的にミトコンドリア機能を阻害し、アポトーシスを誘導する〔4, 5〕。また、rottlerinはmTORC1伝達を阻害し、オートファジーを誘導する〔6〕。

Rottlerinの生物活性：

Rapid reduction of cellular ATP in parotid acinar cells：10μM〔4〕

Inhibition of amyloid polymerization：30μM〔7〕

Autophagy induction in MCF-7 cells：3μM〔6〕

参考文献：

〔1〕 Anderson (1855). *Edin New Phil J* **1**:300.

〔2〕 Gschwendt M, Muller HJ, Kielbassa K, Zang R, Kittstein W, Rincke G, Marks F (1994) Rottlerin, a novel protein kinase inhibitor. *Biochem Biophys Res Commun* **199**:93-98.

〔3〕 Soltoff SP (2007) Rottlerin: an inappropriate and ineffective inhibitor of PKCdelta. *Trends Pharmacol Sci* **28**:453-458.

〔4〕 Soltoff SP (2001) Rottlerin is a mitochondrial uncoupler that decreases cellular ATP levels and indirectly blocks protein kinase Cdelta tyrosine phosphorylation. *J Biol Chem* **276**:37986-37992.

〔5〕 Tillman DM, Izeradjene K, Szucs KS, Douglas L, Houghton JA (2003) Rottlerin sensitizes colon carcinoma cells to tumor necrosis factor-related apoptosis-inducing ligand-induced apoptosis via uncoupling of the mitochondria independent of protein kinase C. *Cancer Res* **63**:5118-5125

〔6〕 Balgi AD, Fonseca BD, Donohue E, Tsang TC, Lajoie P, Proud CG, Nabi IR, Roberge M (2009) Screen for chemical modulators of autophagy reveals novel therapeutic inhibitors of mTORC1 signaling. *PLoS One* **4**:e7124.

〔7〕 Feng BY, Toyama BH, Wille H, Colby DW, Collins SR, May BC, Prusiner SB, Weissman J, Shoichet BK (2008) Small-molecule aggregates inhibit amyloid polymerization. *Nat Chem Biol* **4**:197-199.

S1201*

キーワード：[Lysine-specific demethylase I inhibitor]

構造：

F, O, NH_2

S1201

分子式：$C_{16}H_{16}FNO$
分子量：257.30
溶解性：DMSO, +++; H_2O, +; MeOH, +

由来：

＊合成化合物〔1〕。

標的分子と作用：

S1201はhistone demethylase LSD1内の補酵素FADと共有結合し、強力かつ選択的に阻害する〔1,2〕。また、脂肪細胞のミトコンドリアのエネルギー消費および代謝に関与する調節因子を誘導し、ミトコンドリア呼吸を活性化させる〔2〕。

S1201の生物活性：

k_{inact}/K_I value against demethylation activity of LSD1：4560 M^{-1} s^{-1}〔1〕

参考文献：

〔1〕 Mimasu S, Umezawa N, Sato S, Higuchi T, Umehara T, Yokoyama S (2010) Structurally designed trans-2-phenylcyclopropylamine derivatives potently inhibit histone demethylase LSD1/KDM1. *Biochemistry* **49**:6494-6503.
〔2〕 Hino S, Sakamoto A, Nagaoka K, Anan K, Wang Y, Mimasu S, Umehara T, Yokoyama S, Kosai K, Nakao M (2012) FAD-dependent lysine-specific demethylase-1 regulates cellular energy expenditure. *Nat Commun* **3**:758.

SC1* (Pluripotin)

キーワード：[Self-renewal] [Dual inhibitor of RasGAP and ERK1]

構造：

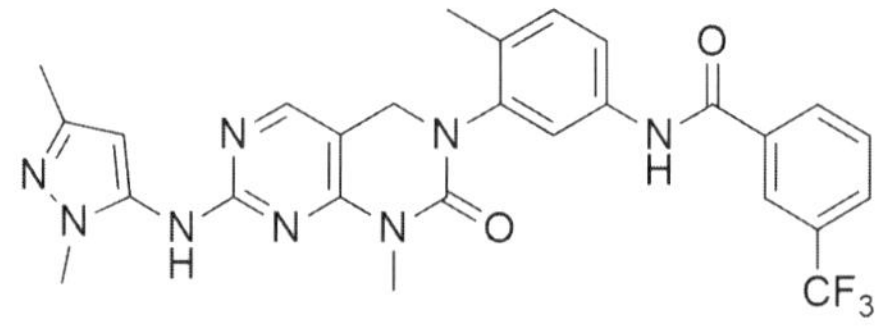

SC1 (Pluripotin)

分子式：$C_{27}H_{25}F_3N_8O_2$
分子量：550.54
溶解性：DMSO, +++; H_2O, ±; MeOH, +

由来：

*合成化合物〔1〕。

標的分子と作用：

SC1はフィーダー細胞、血清およびLIFの非存在条件下でも10継代以上に渡りマウスES細胞の自己複製能および多分化能を維持させる。この現象は、SC1がRasGAPと結合して分化誘導活性を阻害し、自己複製経路を活性化すると同時にERK依存性分化を阻止することで誘導されると考えられている〔1〕。

SC1 (Pluripotin) の生物活性：

Self-renewal of mES for >10 passages in an undifferentiated/pluripotent state：1μM〔1〕
K_d values to ERK1 and RasGAP：98 and 212nM〔1〕

参考文献：

〔1〕 Chen S, Do JT, Zhang Q, Yao S, Yan F, Peters EC, Scholer HR, Schultz PG, Ding S (2006) Self-renewal of embryonic stem cells by a small molecule. *Proc Natl Acad Sci USA* **103**:17266-17271.
〔2〕 Yang W, Wei W, Shi C, Zhu J, Ying W, Shen Y, Ye X, Fang L, Duo S, Che J, Shen H, Ding S, Deng H (2009) Pluripotin combined with leukemia inhibitory factor greatly promotes the derivation of embryonic stem cell lines from refractory strains. *Stem Cells* **27**:383-389.
〔3〕 Mertins SD, Scudiero DA, Hollingshead MG, Divelbiss RD, Jr., Alley MC, Monks A, Covell DG, Hite KM, Salomon DS, Niederhuber JE (2013) A small molecule (pluripotin) as a tool for studying cancer stem cell biology: proof of concept. *PLoS One* **8**:e57099.

Sirtinol*

キーワード：[NAD-dependent lysine deacetylase inhibitor]

構造：

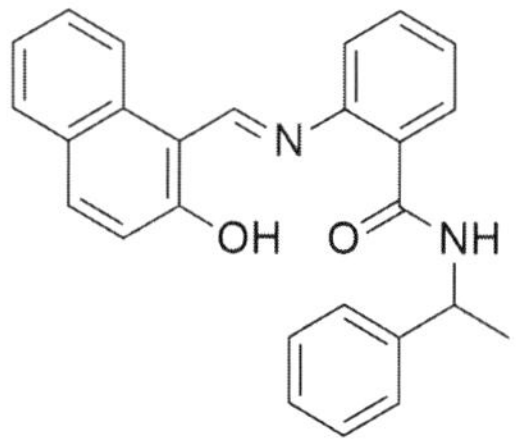

Sirtinol

分子式：$C_{26}H_{22}N_2O_2$
分子量：394.47
溶解性：DMSO, +++; H_2O, ?; MeOH, ?

P-T

由来：

*合成化合物〔1〕。

標的分子と作用：

NAD依存的HDAC阻害剤として同定された〔1〕。酵母ではSir2pによる転写サイレンシングを阻害し〔2〕、シロイズナズナではオーキシンシグナル伝達を活性化し、根の伸長を阻害する〔1,2〕。ヒト乳がん細胞および肺がん細胞の老化促進〔3〕、アポトーシスやオートファジー細胞死の誘導〔4〕、ヒト真皮微小血管内皮細胞の抗炎症活性などが報告されている〔5〕。

Sirtinolの生物活性：

In vitro IC_{50} against yeast Sir2p and human SIRT2：68μM and 38μM〔1〕
IC_{50} on proliferation of human breast cancer MCF7 cells：48.6μM (24hr) and 43.5μM (48hr)〔4〕

参考文献：

〔1〕 Grozinger CM, Chao ED, Blackwell HE, Moazed D, Schreiber SL (2001) Identification of a class of small molecule inhibitors of the sirtuin family of NAD-dependent deacetylases by phenotypic screening. *J Biol Chem* **276**:38837-38843.
〔2〕 Zhao Y, Dai X, Blackwell HE, Schreiber SL, Chory J (2003) SIR1, an upstream component in auxin signaling identified by chemical genetics. *Science* **301**:1107-1110.
〔3〕 Ota H, Tokunaga E, Chang K, Hikasa M, Iijima K, Eto M, Kozaki K, Akishita M, Ouchi Y, Kaneki M (2006) Sirt1 inhibitor, Sirtinol, induces senescence-like growth arrest with attenuated Ras-MAPK signaling in human cancer cells. *Oncogene* **25**:176-85.
〔4〕 Wang J, Kim TH, Ahn MY, Lee J, Jung JH, Choi WS, Lee BM, Yoon KS, Yoon S, Kim HS (2011) Sirtinol, a class III HDAC inhibitor, induces apoptotic and autophagic cell death in MCF-7 human breast cancer cells. *Int J Oncol* **41**:1101-1109.
〔5〕 Orecchia A, Scarponi C, Di Felice F, Cesarini E, Avitabile S, Mai A, Mauro ML, Sirri V, Zambruno G, Albanesi C, Camilloni G, Failla CM (2011) Sirtinol treatment reduces inflammation in human dermal microvascular endothelial cells. *PLoS One* **6**:e24307.

Spliceostatin A*

キーワード：[Antitumor] [Splicing inhibitor] [SF3b]

構造：

Spliceostatin A

分子式：$C_{28}H_{43}NO_8$

分子量：521.64

溶解性：DMSO, +++; H_2O, ±; MeOH, +

由来：

*バクテリア *Pseudomonas* sp. No.2663由来の天然物FR901464の誘導体〔1-4〕。

標的分子と作用：

FR901464はp27*と呼ばれるC末端が短いp27の発現を誘導することで細胞周期進行をG1期およびG2期で阻害する〔5〕。Spliceostatin AはスプライソソームのSF3bを標的分子とし、*in vitro*でスプライシングの阻害およびmRNA前駆体の蓄積を促進し、スプライシングの行われていないmRNA前駆体を核質および細胞質へ漏出させる〔5-7〕。

Spliceostatin Aの生物活性：

Inhibition of *in vitro* splicing：>60nM〔5〕

Inhibition of *in vivo* splicing and pre-mRNA translation：100ng/ml〔5〕

Inhibition of *in vivo* tumor angiogenesis in CAM assay：2nM〔8〕

参考文献：

〔1〕 Motoyoshi H, Horigome M, Ishigami K, Yoshida T, Horinouchi S, Yoshida M, Watanabe H, Kitahara T (2004) Structure-activity relationship for FR901464: a versatile method for the conversion and preparation of biologically active biotinylated probes. *Biosci Biotechnol Biochem* **68**:2178-2182.

〔2〕 Nakajima H, Hori Y, Terano H, Okuhara M, Manda T, Matsumoto S, Shimomura K (1996) New antitumor substances, FR901463, FR901464 and FR901465. II. Activities against experimental tumors in mice and mechanism of action. *J Antibiot* **49**:1204-1211.

〔3〕 Nakajima H, Sato B, Fujita T, Takase S, Terano H, Okuhara M (1996) New antitumor substances, FR901463, FR901464 and FR901465. I. Taxonomy, fermentation, isolation, physico-chemical properties and biological activities. *J Antibiot* **49**:1196-1203.

〔4〕 Nakajima H, Takase S, Terano H, Tanaka H (1997) New antitumor substances, FR901463, FR901464 and FR901465. III. Structures of FR901463, FR901464 and FR901465. *J Antibiot* **50**:96-99.

〔5〕 Kaida D, Motoyoshi H, Tashiro E, Nojima T, Hagiwara M, Ishigami K, Watanabe H, Kitahara T, Yoshida T, Nakajima H, Tani T, Horinouchi S, Yoshida M (2007) Spliceostatin A targets SF3b and inhibits both splicing and nuclear retention of pre-mRNA. *Nat Chem Biol* **3**:576-583.

〔6〕 Corrionero A, Minana B, Valcarcel J (2011) Reduced fidelity of branch point recognition and alternative splicing induced by the anti-tumor drug spliceostatin A. *Genes Dev* **25**:445-459.

〔7〕 Martins SB, Rino J, Carvalho T, Carvalho C, Yoshida M, Klose JM, de Almeida SF, Carmo-Fonseca M (2011) Spliceosome assembly is coupled to RNA polymerase II dynamics at the 3' end of human genes. *Nat Struct Mol Biol* **18**:1115-1123.

〔8〕 Furumai R, Uchida K, Komi Y, Yoneyama M, Ishigami K, Watanabe H, Kojima S, Yoshida M (2010) Spliceostatin A blocks angiogenesis by inhibiting global gene expression including VEGF. *Cancer Sci* **101**:2483-2489.

Staurosporine

キーワード：[Cell cycle inhibitor]［Kinase inhibitor]

構造：

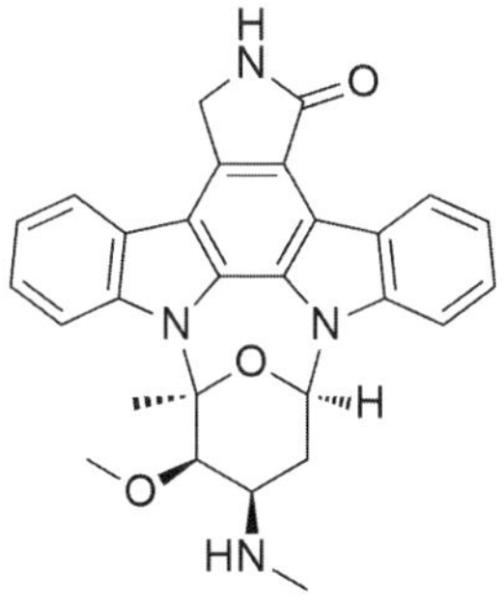

Staurosporine

分子式：$C_{28}H_{26}N_4O_3$
分子量：466.53
溶解性：DMSO, ++; H_2O, -; MeOH, +

由来：

最初に発見された天然のindolocarbazole化合物〔1〕。Indolocarbazoleはさまざまな生物から単離されている〔2〕。

標的分子と作用：

抗真菌活性〔1〕、分化誘導〔2〕、アポトーシス誘導〔3〕、細胞周期阻害〔4〕などのさまざまな生物学的活性を持つ。非特異的なキナーゼ阻害剤として用いられ〔5-7〕、HepG2細胞では100種類のstaurosporine結合キナーゼが同定されている〔8〕。Staurosporineのanalog-sensitive（AS）kinase技術が開発されており、多様な生物および生理学的プロセスにおけるホスホシグナリング経路の研究に用いられている〔9〕。

Staurosporineの生物活性：

IC_{50} value for protein kinase C from rat brain：2.7nM〔5〕
Reversible cell cycle arrest of rat 3Y1 fibroblasts at the early G1 phase：1 ～ 10ng/ml〔4〕
Reversible cell cycle arrest of rat 3Y1 fibroblasts at G2：100ng/ml〔4〕
Apoptosis induction in MOLT-4 cells：10 ～ 200nM〔3〕

参考文献：

〔1〕 Omura S, Iwai Y, Hirano A, Nakagawa A, Awaya J, Tsuchya H, Takahashi Y, Masuma R (1977) A new alkaloid AM-2282 of *Streptomyces* origin. Taxonomy, fermentation, isolation and preliminary characterization. *J Antibiot* **30**:275-282.

〔2〕 Morioka H, Ishihara M, Shibai H, Suzuki T (1985) Staurosporine-induced differentiation in a human neuroblastoma cell line, NB-1. *Agric Biol Chem* **49**:1959-1963.

〔3〕 Falcieri E, Martelli AM, Bareggi R, Cataldi A, Cocco L (1993) The protein kinase inhibitor staurosporine induces morphological changes typical of apoptosis in MOLT-4 cells without concomitant DNA fragmentation. *Biochem Biophys Res Commun* **193**:19-25.

〔4〕 Abe K, Yoshida M, Usui T, Horinouchi S, Beppu T (1991) Highly synchronous culture of fibroblasts from G2 block caused by staurosporine, a potent inhibitor of protein kinases. *Exp Cell Res* **192**:122-127.

〔5〕 Tamaoki T, Nomoto H, Takahashi I, Kato Y, Morimoto M, Tomita F (1986) Staurosporine, a potent inhibitor of phospholipid/Ca++dependent protein kinase. *Biochem Biophys Res Commun* **135**:397-402.

〔6〕 Nakano H, Kobayashi E, Takahashi I, Tamaoki T, Kuzuu Y, Iba H (1987) Staurosporine inhibits tyrosine-specific protein kinase activity of Rous sarcoma virus transforming protein p60. *J Antibiot* **40**:706-708

〔7〕 Fujita-Yamaguchi Y, Kathuria S (1988) Characterization of receptor tyrosine-specific protein kinases by the use of inhibitors. Staurosporine is a 100-times more potent inhibitor of insulin receptor than IGF-I receptor. *Biochem Biophys Res Commun* **157**:955-962

〔8〕 Fischer JJ, Graebner OY, Dalhoff C, Michaelis S, Schrey AK, Ungewiss J, Andrich K, Jeske D, Kroll F, Glinski M, Sefkow M, Dreger M, Koester H (2010) Comprehensive identification of staurosporine-binding kinases in the hepatocyte cell line HepG2 using Capture Compound Mass Spectrometry (CCMS). *J Proteome Res* **9**:806-817

〔9〕 Lopez MS, Choy JW, Peters U, Sos ML, Morgan DO, Shokat KM (2013) Staurosporine-derived inhibitors broaden the scope of analog-sensitive kinase technology. *J Am Chem Soc* **135**:18153-18159.

〔10〕 Nakano H, Omura S (2009) Chemical biology of natural indolocarbazole products: 30 years since the discovery of staurosporine. *J Antibiot* **62**:17-26.

TC11*

キーワード：[Antitumor] [Nucleophosmin 1 inhibitor]

構造：

TC11

分子式：$C_{20}H_{22}N_2O_2$
分子量：322.41
溶解性：DMSO, +++; H_2O, -; MeOH, ±

由来：

* 合成化合物〔1〕。

標的分子と作用：

Nucleophosmin 1を標的とする強力な腫瘍細胞増殖阻害剤。ICR/SCIDマウスを用いた多発性骨髄腫細胞xenograftモデルで抗腫瘍活性を示す〔1〕。中心体のクラスター化を阻害し、多極性細胞を誘導する。破骨細胞の阻害、骨髄腫細胞のアポトーシス誘導活性も報告されている〔2〕。

TC11の生物活性：

IC_{50} values against several multiple myeloma cell lines：4 ～ 8μM〔1〕
K_d value for oligomeric and monomeric fraction of nucleophosmin 1：1.3×10^{-4} and 6.6×10^{-8}M〔1〕
Formation of multipolar spindle in HeLa cells：5μM〔1〕

参考文献：

〔1〕 Shiheido H, Terada F, Tabata N, Hayakawa I, Matsumura N, Takashima H, Ogawa Y, Du W, Yamada T, Shoji M, Sugai T, Doi N, Iijima S, Hattori Y, Yanagawa H (2012) A phthalimide derivative that inhibits centrosomal clustering is effective on multiple myeloma. *PLoS One* **7**:e38878.
〔2〕 Matsushita M, Ozaki Y, Hasegawa Y, Terada F, Tabata N, Shiheido H, Yanagawa H, Oikawa T, Matsuo K, Du W, Yamada T, Hozumi M, Ichikawa D, Hattori Y. (2015) A novel phthalimide derivative, TC11, has preclinical effects on high-risk myeloma cells and osteoclasts. *PLoS One* **10**:e0116135.

Terpendole E, 11-Ketopaspaline

キーワード：[Kinesin spindle protein (KSP) inhibitor]

構造：

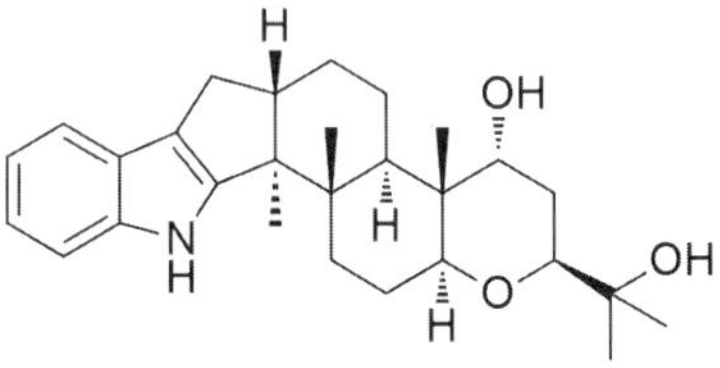

Terpendole E

分子式：$C_{28}H_{39}NO_3$

分子量：437.62

溶解性：DMSO,+++; H_2O, ±; MeOH,+

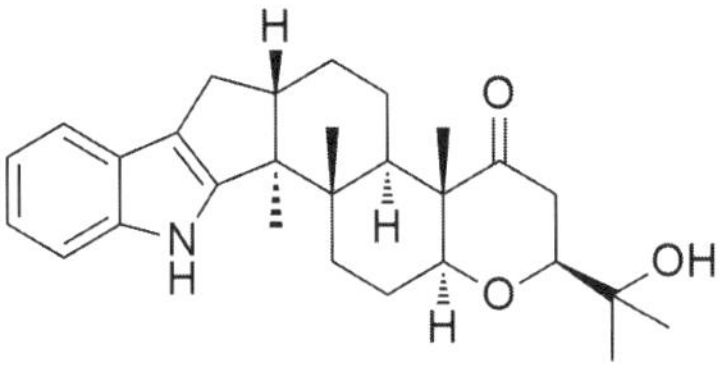

11-Ketopaspaline

分子式：$C_{28}H_{37}NO_3$

分子量：435.61

溶解性：DMSO,+++; H_2O, ±; MeOH,+

由来：

真菌*Albophoma yamanashiensis*由来の天然物〔1-3〕。

標的分子と作用：

Eg5/KSPを標的分子とする細胞周期阻害剤であり、M期で単極紡錘体の形成を誘導する〔5〕。Terpendole Eおよび類縁体の11-ketopaspalineは*S*-trityl-L-cysteine耐性およびGSK1耐性Eg5のATPase活性を野生型Eg5とほぼ同等の濃度で阻害する〔4〕。

P-T

Terpendole Eの生物活性：

IC_{50} on in vitro ACAT activity：228μM〔3〕

Inhibition of cell cycle progression in M phase in 3Y1, A549, and HeLa cells：50μM〔5〕

IC_{50} on the microtubule-stimulated ATPase activity of recombinant Eg5：23μM〔5〕

参考文献：

〔1〕 Huang XH, Tomoda H, Nishida H, Masuma R, Omura S (1995) Terpendoles, novel ACAT inhibitors produced by *Albophoma yamanashiensis*. I. Production, isolation and biological properties. *J Antibiot* **48**: 1-4.

〔2〕 Huang XH, Nishida H, Tomoda H, Tabata N, Shiomi K, Yang DJ, Takayanagi H, Omura S (1995) Terpendoles, novel ACAT inhibitors produced by *Albophoma yamanashiensis*. II. Structure elucidation of terpendoles A, B, C and D. J Antibiot 48: 5-11.

〔3〕 Tomoda H, Tabata N, Yang DJ, Takayanagi H, Omura S (1995) Terpendoles, novel ACAT inhibitors produced by *Albophoma yamanashiensis*. III. Production, isolation and structure elucidation of new components. *J Antibiot* **48**: 793-804.

〔4〕 Tarui Y, Chinen T, Nagumo Y, Motoyama T, Hayashi T, Hirota H, Muroi M, Ishii Y, Kondo H, Osada H, Usui T (2014) Terpendole E and its derivative inhibit STLC- and GSK-1-resistant Eg5. *Chembiochem* **15**: 934-938.

〔5〕 Nakazawa J, Yajima J, Usui T, Ueki M, Takatsuki A, Imoto M, Toyoshima YY, Osada H (2003) A novel action of terpendole E on the motor activity of mitotic Kinesin Eg5. *Chem Biol* **10**: 131-137.

Terpestacin

キーワード：[Antiangiogenesis] [HIV-1 inhibitor] [Mitochondria complex III inhibitor]

構造：

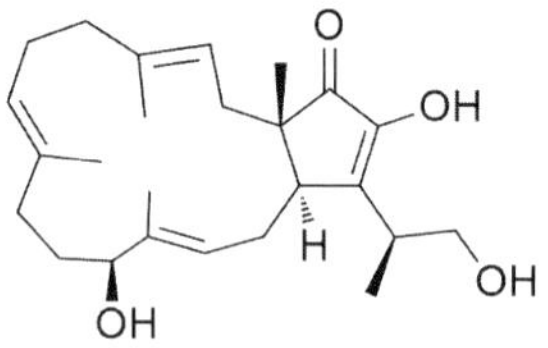

Terpestacin

分子式：$C_{25}H_{38}O_4$

分子量：402.57

溶解性：DMSO, ++; H_2O, ±; MeOH, +++

由来：

真菌 *Arthrinium* sp. FA1744（ATCC 74132）由来の天然物〔1〕。

標的分子と作用：

ミトコンドリアの複合体III（ユビキノール - シトクロムcレダクターゼ結合タンパク質、UQCRB）の阻害〔5〕を介し、HIV-1のgp120とgp41を発現する牛痘ウイルスに感染したBSC-1細胞、およびCD4抗体を発現させたHeLa-T4細胞の多核化阻害〔1〕や、血管新生抑制〔4, 5〕などを引き起こす。

Terpestacinの生物活性：

ID_{50} for syncytium formation：0.46μg/ml〔1〕

Inhibition of BAECs tube formation stimulated by 30 ng/ml bFGF：10μg/ml〔4〕

Instability of HIF-1α under hypoxia condition：50μM〔5〕

参考文献：

〔1〕 Oka M, Iimura S, Tenmyo O, Sawada Y, Sugawara M, Ohkusa N, Yamamoto H, Kawano K, Hu SL, Fukagawa Y, et al. (1993) Terpestacin, a new syncytium formation inhibitor from Arthrinium sp. *J Antibiot* **46**:367-373.

〔2〕 Tatsuta K, Masuda N (1998) The first total synthesis of natural (+)-terpestacin, syncytium formation inhibitor. *J Antibiot* **51**:602-606.

〔3〕 Myers AG, Siu M, Ren F (2002) Enantioselective synthesis of (-)-terpestacin and (-)-fusaproliferin: clarification of optical rotational measurements and absolute configurational assignments establishes a homochiral structural series. *J Am Chem Soc* **124**:4230-4232.

〔4〕 Jung HJ, Lee HB, Kim CJ, Rho JR, Shin J, Kwon HJ (2003) Anti-angiogenic activity of terpestacin, a bicyclo sesterterpene from Embellisia chlamydospora. *J Antibiot* **56**:492-496.

〔5〕 Jung HJ, Shim JS, Lee J, Song YM, Park KC, Choi SH, Kim ND, Yoon JH, Mungai PT, Schumacker PT, Kwon HJ (2010) Terpestacin inhibits tumor angiogenesis by targeting UQCRB of mitochondrial complex III and suppressing hypoxia-induced reactive oxygen species production and cellular oxygen sensing. *J Biol Chem* **285**:11584-11595.

〔6〕 Cho YS, Jung HJ, Seok SH, Payumo AY, Chen JK, Kwon HJ (2013) Functional inhibition of UQCRB suppresses angiogenesis in zebrafish. *Biochem Biophys Res Commun* **433**:396-400.

Thalidomide*, Lenalidomide*

キーワード：[Cereblon inhibitor] [E3 ubiquitin ligase inhibitor]

構造：

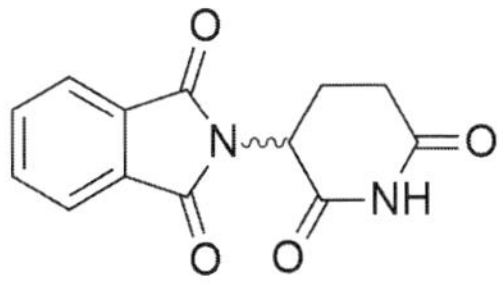

Thalidomide

分子式：$C_{13}H_{10}N_2O_4$
分子量：258.23
溶解性：DMSO, +++; H_2O, -; MeOH, +

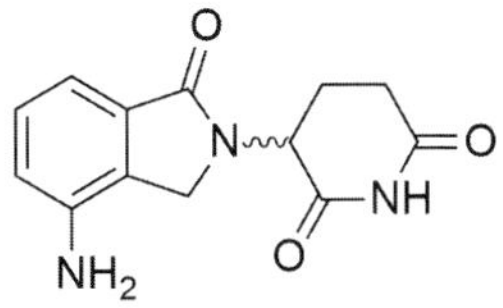

Lenalidomide

分子式：$C_{13}H_{13}N_3O_3$
分子量：259.26
溶解性：DMSO, +++; H_2O, -; MeOH, +

由来：

* 合成化合物〔1,2〕。

標的分子と作用：

Thalidomideは催奇形性を示し、アザラシ肢病の原因となった化合物。近年その標的分子がE3ユビキチンリガーゼ複合体の成分であるセレブロン（CRBN）であることが明らかになった〔6〕。Thalidomideおよびその誘導体は、E3ユビキチンリガーゼ複合体の特異性を変化することによってIkarosタンパク質、転写因子IKZF1およびIKZF3の分解を促進する〔7, 8〕。らい性結節性紅斑改善効果〔3〕や抗血管形成作用〔4〕があり、thalidomideおよび、lenalidomide〔5〕などのthalidomide誘導体は、ハンセン病および多発性骨髄腫の合併症の治療薬として使用されている。

Thalidomideおよび、Lenalidomideの生物活性：

Thalidomide

Thalidomide-induced teratogenicity in zebrafish：400μM〔6〕

Lenalidomide

Downregulation of Ikaros proteins by lenalidomide：2μM〔8〕

参考文献：

〔1〕 Franks ME, Macpherson GR, Figg WD. (2004)Thalidomide. *Lancet* **363**:1802-1811.
〔2〕 Speirs AL (1962) Thalidomide and congenital abnormalities. *Lancet* **279**:303-305.
〔3〕 Sheskin L. Thalidomide in the treatment of lepra reaction. (1965) *Clin. Pharmacol. Ther* **6** 303–306.
〔4〕 D'Amato RJ, Loughnan MS, Flynn E, Folkman J.(1994) Thalidomide is an inhibitor of angiogenesis. *Proc Natl Acad Sci USA.* **91**:4082-4085.
〔5〕 Tsenova L, Mangaliso B, Muller G, Chen Y, Freedman VH, Stirling D, Kaplan G. (2002) Use of IMiD3, a thalidomide analog, as an adjunct to therapy for experimental tuberculous meningitis. *Antimicrob Agents Chemother* **46**:1887-1895.
〔6〕 Ito T, Ando H, Suzuki T, Ogura T, Hotta K, Imamura Y, Yamaguchi Y, Handa H (2010) Identification of a primary target of thalidomide teratogenicity. *Science* **327**:1345-1350.
〔7〕 Licht JD, Shortt J, Johnstone R (2014) From anecdote to targeted therapy: the curious case of thalidomide in multiple myeloma. *Cancer Cell* **25**:9-11.
〔8〕 Lu G, Middleton RE, Sun H, Naniong M, Ott CJ, Mitsiades CS, Wong KK, Bradner JE, Kaelin WG, Jr. (2014) The myeloma drug lenalidomide promotes the cereblon-dependent destruction of Ikaros proteins. *Science* **343**:305-309.
〔9〕 Chamberlain PP, Lopez-Girona A, Miller K, Carmel G, Pagarigan B, Chie-Leon B, Rychak E, Corral LG, Ren YJ, Wang M, Riley M, Delker SL, Ito T, Ando H, Mori T, Hirano Y, Handa H, Hakoshima T, Daniel TO, Cathers BE (2014) Structure of the human Cereblon-DDB1-lenalidomide complex reveals basis for responsiveness to thalidomide analogs. *Nat Struct Mol Biol* **21**:803-809.

Theonellamide F

キーワード：[Antifungal]［3β-hydroxysterol］

構造：

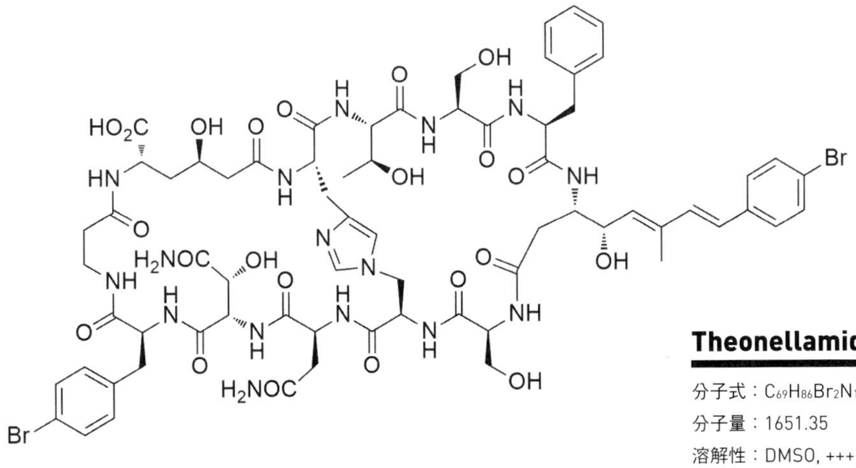

Theonellamide F

分子式：$C_{69}H_{86}Br_2N_{16}O_{22}$

分子量：1651.35

溶解性：DMSO, +++; H_2O, ++; MeOH,+++

由来：

海綿 *Theonella* 由来の天然物〔1〕。

標的分子と作用：

核周辺に大きな液胞様構造体の形成を誘導する〔2〕。

標的分子はchemical-genomic profileから3β-hydroxysterol類であり、膜障害を引き起こす〔5〕。

Theonellamide Fの生物活性：

Vacuolation in exponentially growing 3Y1 cells：6μM〔2〕

Elevation of 1,3-β-D-glucan synthesis in *Schizosaccharomyces pombe*：5μg/ml〔5〕

参考文献：

〔1〕 Matsunaga S, Fusetani N, Hashimoto K, Walchli M (1989) Theonellamide F. A novel antifungal bicyclic peptide from a marine sponge Theonella sp. *J Am Chem Soc* **111**:2582-2588.

〔2〕 Wada S, Matsunaga S, Fusetani N, Watabe S (1999) Theonellamide F, a Bicyclic Peptide Marine Toxin, Induces Formation of Vacuoles in 3Y1 Rat Embryonic Fibroblast. *Mar Biotechnol (NY)* **1**:337-341.

〔3〕 Wada S, Kantha S, Yamashita T, Matsunaga S, Fusetani N, Watabe S (2002) Accumulation of H+ in vacuoles induced by a marine peptide toxin, theonellamide F, in rat embryonic 3Y1 fibroblasts. *Mar Biotechnol (NY)* **4**:571-582.

〔4〕 Wada S, Matsunaga S, Fusetani N, Watabe S (2000) Interaction of Cytotoxic Bicyclic Peptides, Theonellamides A and F, with Glutamate Dehydrogenase and 17beta-Hydroxysteroid Dehydrogenase IV. *Mar Biotechnol (NY)* **2**:285-292.

〔5〕 Nishimura S, Arita Y, Honda M, Iwamoto K, Matsuyama A, Shirai A, Kawasaki H, Kakeya H, Kobayashi T, Matsunaga S, Yoshida M (2010) Marine antifungal theonellamides target 3beta-hydroxysterol to activate Rho1 signaling. *Nat Chem Biol* **6**:519-526.

Trapoxin B

キーワード：[Cell cycle inhibitor] [Histone deacetylase (HDAC) inhibitor]

構造：

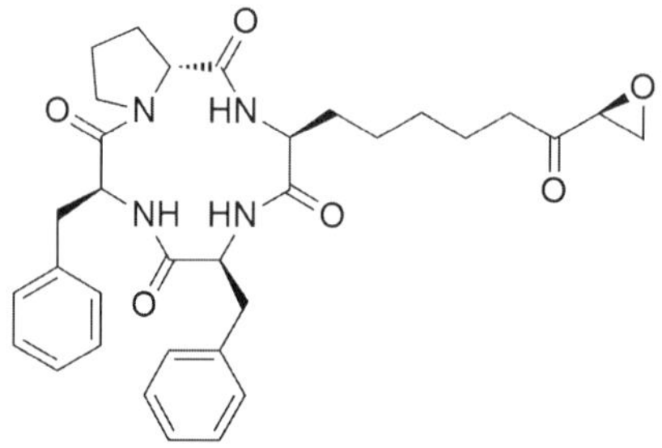

Trapoxin B

分子式：$C_{33}H_{40}N_4O_6$
分子量：588.71
溶解性：DMSO, +++; H_2O, ±; MeOH, ++

由来：

菌類*Helicoma ambiens* RF-1023由来の天然物〔1〕。

標的分子と作用：

ヒストン脱アセチル化酵素（HDAC）を標的とし、エポキシドが共有結合することによって、アセチル化ヒストンの脱アセチル化を不可逆的に阻害する〔2〕。別のHDAC阻害剤であるtrichostatin AはクラスI、IIのすべてのHDACsを阻害するが、trapoxin BはクラスIIのHDACsの1つであるHDAC6を阻害しない〔9〕。抗がん剤としての作用を持ち、v-*sis*遺伝子導入によるNIH3T3細胞の形態変化を回復させる〔1〕。

Trapoxin Bの生物活性：

ID_{50} for growth of *sis*-transformed NIH3T3 cells：200ng/ml〔1〕
Histone hyperacetylation in various cell lines：100nM〔2〕
MIC for FM3A and TR303, trichostatin-resistant mutant of FM3A：2ng and 50ng/ml, respectively〔2〕

参考文献：

〔1〕 Itazaki H, Nagashima K, Sugita K, Yoshida H, Kawamura Y, Yasuda Y, Matsumoto K, Ishii K, Uotani N, Nakai H, et al. (1990) Isolation and structural elucidation of new cyclotetrapeptides, trapoxins A and B, having detransformation activities as antitumor agents. *J Antibiot* **43**:1524-1532.

〔2〕 Kijima M, Yoshida M, Sugita K, Horinouchi S, Beppu T (1993) Trapoxin, an antitumor cyclic tetrapeptide, is an irreversible inhibitor of mammalian histone deacetylase. *J Biol Chem* **268**:22429-22435.

〔3〕 Taunton J, Hassig CA, Schreiber SL (1996) A mammalian histone deacetylase related to the yeast transcriptional regulator Rpd3p. *Science* **272**:408-411.

〔4〕 Hassig CA, Fleischer TC, Billin AN, Schreiber SL, Ayer DE (1997) Histone deacetylase activity is required for full transcriptional repression by mSin3A. *Cell* **89**:341-347.

〔5〕 Kim YB, Ki SW, Yoshida M, Horinouchi S (2000) Mechanism of cell cycle arrest caused by histone deacetylase inhibitors in human carcinoma cells. *J Antibiot* **53**:1191-1200.

〔6〕 Sambucetti LC, Fischer DD, Zabludoff S, Kwon PO, Chamberlin H, Trogani N, Xu H, Cohen D (1999) Histone deacetylase inhibition selectively alters the activity and expression of cell cycle proteins leading to specific chromatin acetylation and antiproliferative effects. *J Biol Chem* **274**:34940-34947.

〔7〕 Brush MH, Guardiola A, Connor JH, Yao TP, Shenolikar S (2004) Deactylase inhibitors disrupt cellular complexes containing protein phosphatases and deacetylases. *J Biol Chem* **279**:7685-7691.

〔8〕 Qian DZ, Kachhap SK, Collis SJ, Verheul HM, Carducci MA, Atadja P, Pili R (2006) Class II histone deacetylases are associated with VHL-independent regulation of hypoxia-inducible factor 1 alpha. *Cancer Res* **66**:8814-8821.

〔9〕 Matsuyama A, Shimazu T, Sumida Y, Saito A, Yoshimatsu Y, Seigneurin-Berny D, Osada H, Komatsu Y, Nishino N, Khochbin S, Horinouchi S, Yoshida M (2002) In vivo destabilization of dynamic microtubules by HDAC6-mediated deacetylation. *EMBO J* **21**:6820-6831.

Trichostatin A

キーワード：[Cell cycle inhibitor]［Histone deacetylase (HDAC) inhibitor]

構造：

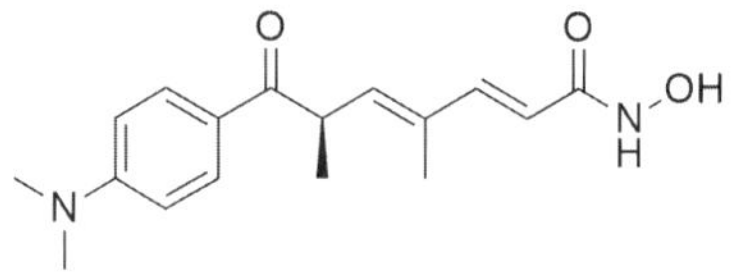

Trichostatin A

分子式：$C_{17}H_{22}N_2O_3$
分子量：302.37
溶解性：DMSO, ++; H_2O, -; MeOH, ++

由来：

放線菌 *Streptomyces hygroscopicus* 由来の天然物〔1,2〕。

標的分子と作用：

クラスIおよびIIのヒストン脱アセチル化酵素（HDAC）を標的分子とするHDAC阻害剤〔8〕。ヒストンの高アセチル化を誘導し、細胞周期のG1期およびG2期に作用し細胞増殖を抑制〔3〕、*sis* 遺伝子や *ras* 遺伝子導入によるNIH3T3細胞、T24細胞、HeLa細胞の形態変化の回復〔4,5〕、およびアポトーシス〔6,7〕を誘導する。HDACはヒストンの他にもp53〔14,15〕、NF-κB〔16〕、sp3〔17〕、Bcl-6〔18〕、α-tubulin〔19〕の脱アセチル化を行うことが知られている。これらのタンパク質の機能は翻訳後の可逆的アセチル化によって調節されており、これらの調節機構を調べる際にtrichostatin Aが用いられる。

Trichostatin Aの生物活性：

Differentiation in murine erythroleukemia cells：15nM〔2〕
K_i for partially purified histone deacetylase from FM3A cells, noncompetitive：3.4nM〔8〕
Induction of normal and flat phenotype in *sis*-transformed NIH3T3 cells：1ng/ml〔4〕

参考文献：

〔1〕 Tsuji N, Kobayashi M, Nagashima K, Wakisaka Y, Koizumi K (1976) A new antifungal antibiotic, trichostatin. *J Antibiot* **29**:1-6.

〔2〕 Yoshida M, Nomura S, Beppu T (1987) Effects of trichostatins on differentiation of murine erythroleukemia cells. *Cancer Res* **47**:3688-3691.

〔3〕 Yoshida M, Beppu T (1988) Reversible arrest of proliferation of rat 3Y1 fibroblasts in both the G1 and G2 phases by trichostatin A. *Exp Cell Res* **177**:122-131.

〔4〕 Sugita K, Koizumi K, Yoshida H (1992) Morphological reversion of sis-transformed NIH3T3 cells by trichostatin A. *Cancer Res* **52**:168-172.

〔5〕 Hoshikawa Y, Kwon HJ, Yoshida M, Horinouchi S, Beppu T (1994) Trichostatin A induces morphological changes and gelsolin expression by inhibiting histone deacetylase in human carcinoma cell lines. *Exp Cell Res* **214**:189-197.

〔6〕 Lee E, Furukubo T, Miyabe T, Yamauchi A, Kariya K (1996) Involvement of histone hyperacetylation in triggering DNA fragmentation of rat thymocytes undergoing apoptosis. *FEBS Lett* **395**:183-187.

〔7〕 McBain JA, Eastman A, Nobel CS, Mueller GC (1997) Apoptotic death in adenocarcinoma cell lines induced by butyrate and other histone deacetylase inhibitors. *Biochem Pharmacol* **53**:1357-1368.

〔8〕 Yoshida M, Kijima M, Akita M, Beppu T (1990) Potent and specific inhibition of mammalian histone deacetylase both in vivo and in vitro by trichostatin A. *J Biol Chem* **265**:17174-17179

〔9〕 Bernstein BE, Tong JK, Schreiber SL (2000) Genomewide studies of histone deacetylase function in yeast. *Proc Natl Acad Sci USA* **97**:13708-13713.

〔10〕 Schlake T, Klehr-Wirth D, Yoshida M, Beppu T, Bode J (1994) Gene expression within a chromatin domain: the role of core histone hyperacetylation. Biochemistry 33:4197-4206

〔11〕 Sheridan PL, Mayall TP, Verdin E, Jones KA (1997) Histone acetyltransferases regulate HIV-1 enhancer activity in vitro. *Genes Dev* **11**:3327-3340.

〔12〕 Cameron EE, Bachman KE, Myohanen S, Herman JG, Baylin SB (1999) Synergy of demethylation and histone deacetylase inhibition in the re-expression of genes silenced in cancer. *Nat Genet* **21**:103-107.

〔13〕 Nan X, Ng HH, Johnson CA, Laherty CD, Turner BM, Eisenman RN, Bird A (1998) Transcriptional repression by the methyl-CpG-binding protein MeCP2 involves a histone deacetylase complex. *Nature* **393**:386-389.

〔14〕 Roy S, Tenniswood M (2007) Site-specific acetylation of p53 directs selective transcription complex assembly. *J Biol Chem* **282**:4765-4771.

〔15〕 Zhao Y, Lu S, Wu L, Chai G, Wang H, Chen Y, Sun J, Yu Y, Zhou W, Zheng Q, Wu M, Otterson GA, Zhu WG (2006) Acetylation of p53 at lysine 373/382 by the histone deacetylase inhibitor depsipeptide induces expression of p21(Waf1/Cip1). *Mol Cell Biol* **26**:2782-2790.

〔16〕 Chen L, Fischle W, Verdin E, Greene WC (2001) Duration of nuclear NF-kappaB action regulated by reversible acetylation. *Science* **293**:1653-1657.

〔17〕 Ammanamanchi S, Freeman JW, Brattain MG (2003) Acetylated sp3 is a transcriptional activator. *J Biol Chem* **278**:35775-35780.

〔18〕 Bereshchenko OR, Gu W, Dalla-Favera R (2002) Acetylation inactivates the transcriptional repressor BCL6. *Nat Genet* **32**:606-613.

〔19〕 Matsuyama A, Shimazu T, Sumida Y, Saito A, Yoshimatsu Y, Seigneurin-Berny D, Osada H, Komatsu Y, Nishino N, Khochbin S, Horinouchi S, Yoshida M (2002) In vivo destabilization of dynamic microtubules by HDAC6-mediated deacetylation. *EMBO J* **21**:6820-6831.

Tunicamycin

キーワード：[*N*-linked glycosylation inhibitor]［Secretion inhibitor］

構造：

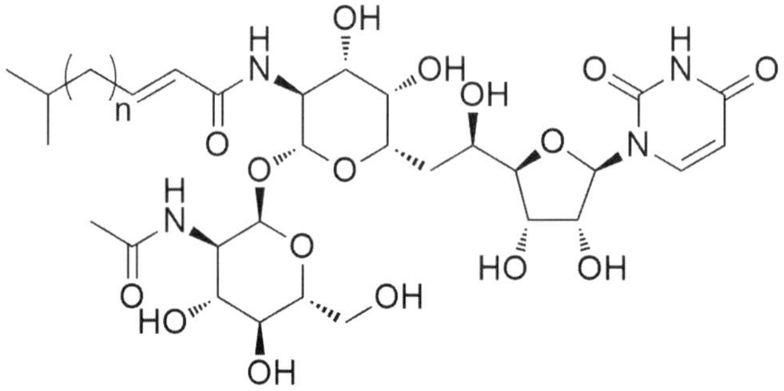

Tunicamycin

	n＝8	n＝9	n＝10	n＝11
分子式：	$C_{37}H_{60}N_4O_{16}$	$C_{38}H_{62}N_4O_{16}$	$C_{39}H_{64}N_4O_{16}$	$C_{40}H_{66}N_4O_{16}$
分子量：	816.90	830.93	844.95	858.99

溶解性： DMSO, +++; H_2O, ±; MeOH, +

由来：

グラム陽性菌 *Streptomyces lysosuperificus* 由来の天然物〔1〕。10以上の同族体が存在する〔2〕。

標的分子と作用：

タンパク質の*N*-グリコシル化を開始するUDP-GlcNAc-ドリコールリン酸*N*-アセチルグルコサミンリン酸転移酵素を阻害する〔5, 6〕。*N*-glycanの共通したコア部分の合成を阻害するため、タンパク質のフォールディング〔7〕や細胞内輸送〔8〕などに対する*N*-glycanの機能解析によく用いられている。また、unfolded protein response (UPR)/ER stress誘導する試薬としても利用されている〔9-13〕。

Tunicamycinの生物活性：

MIC for Newcastle disease virus production by the agar-diffusion plaque inhibition method：0.5mg/ml〔1〕
Apoptosis induction in HL-60 cells：0.05μg/ml〔14〕
Inhibition of VEGF glycosylation in RPE-J cells：10μg/ml〔8〕
Induction of GRP78 mRNA in HeLa cells：10μg/ml〔10〕
Induction of autophagy in yeast：2μg/ml〔12〕

参考文献：

〔1〕 Takatsuki A, Arima K, Tamura G (1971) Tunicamycin, a new antibiotic. I. Isolation and characterization of tunicamycin. *J Antibiot* **24**:215-223.

〔2〕 Takatsuki A, Kawamura K, Okina M, Kodama Y, Ito T, Tamura G (1977) The structure of tunicamycin. *Agric Biol Chem* **41**:2307-2309.

〔3〕 Takatsuki A, Tamura G (1971) Tunicamycin, a new antibiotic. 3. Reversal of the antiviral activity of tunicamycin by aminosugars and their derivatives. *J Antibiot* **24**:232-238.

〔4〕 Takatsuki A, Kohno K, Tamura G (1975) Inhibition of biosynthesis of polyisoprenol sugars in chick embryo microsomes by tunicamycin. *Arg BiolChem* **39**:2089-2091.

〔5〕 Datema R, Schwarz RT (1978) Formation of 2-deoxyglucose-containing lipid-linked oligosaccharides. Interference with glycosylation of glycoproteins. *Eur J Biochem* **90**:505-516.

〔6〕 Xu L, Appell M, Kennedy S, Momany FA, Price NP (2004) Conformational analysis of chirally deuterated tunicamycin as an active site probe of UDP-N-acetylhexosamine:polyprenol-P N-acetylhexosamine-1-P translocases. *Biochemistry* **43**:13248-13255.

〔7〕 McCormick LM, Urade R, Arakaki Y, Schwartz AL, Bu G (2005) Independent and cooperative roles of N-glycans and molecular chaperones in the folding and disulfide bond formation of the low-density lipoprotein (LDL) receptor-related protein. *Biochemistry* **44**:5794-5803.

〔8〕 Marmorstein AD, Csaky KG, Baffi J, Lam L, Rahaal F, Rodriguez-Boulan E (2000) Saturation of, and competition for entry into, the apical secretory pathway. *Proc Natl Acad Sci USA* **97**:3248-3253.

〔9〕 Brewer JW, Cleveland JL, Hendershot LM (1997) A pathway distinct from the mammalian unfolded protein response regulates expression of endoplasmic reticulum chaperones in non-stressed cells. *EMBO J* **16**:7207-7216.

〔10〕 Shinjo S, Mizotani Y, Tashiro E, Imoto M (2013) Comparative analysis of the expression patterns of UPR-target genes caused by UPR-inducing compounds. *Biosci Biotechnol Biochem* **77**:729-735.

〔11〕 Brewer JW, Hendershot LM, Sherr CJ, Diehl JA (1999) Mammalian unfolded protein response inhibits cyclin D1 translation and cell-cycle progression. *Proc Natl Acad Sci USA* **96**:8505-8510

〔12〕 Yorimitsu T, Nair U, Yang Z, Klionsky DJ (2006) Endoplasmic reticulum stress triggers autophagy. *J Biol Chem* **281**:30299-30304.

〔13〕 Kim H, Tu HC, Ren D, Takeuchi O, Jeffers JR, Zambetti GP, Hsieh JJ, Cheng EH (2009) Stepwise activation of BAX and BAK by tBID, BIM, and PUMA initiates mitochondrial apoptosis. *Mol Cell* **36**:487-499.

〔14〕 Perez-Sala D, Mollinedo F (1995) Inhibition of N-linked glycosylation induces early apoptosis in human promyelocytic HL-60 cells. *J Cell Physiol* **163**:523-531.

TWS119*

キーワード：[Glycogen synthase kinase-3β (GSK-3β) inhibitor] [Neurogenesis inducer]

構造：

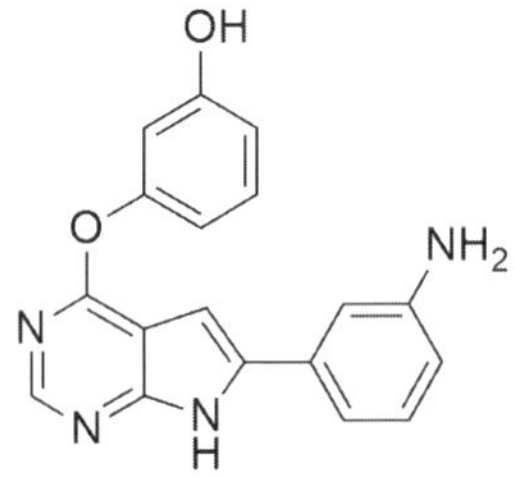

TWS119

分子式：$C_{18}H_{14}N_4O_2$
分子量：318.33
溶解性：DMSO, +++; H_2O, -; MeOH, -

由来：

* 合成化合物〔1〕。

標的分子と作用：

Wntシグナル経路でβ-カテニンの分解を促進するキナーゼであるグリコーゲン合成キナーゼ-3β（GSK-3β）を標的分子とし、β-カテニンの増加および核内移行を誘導することで、容量依存的にβ-カテニン誘導性TCF/LEFリポーターの活性化を引き起こす〔1〕。

TWS119の生物活性：

Neuronal differentiation of P19 EC cells and primary mouse ES cells：0.4 ～ 1μM〔1〕
K_d value to GSK-3β：126nM〔1〕
IC_{50} value against kinase activity of GSK-3β：30 nM〔1〕

参考文献：

〔1〕 Ding S, Wu TY, Brinker A, Peters EC, Hur W, Gray NS, Schultz PG (2003) Synthetic small molecules that control stem cell fate. *Proc Natl Acad Sci USA* **100**:7632-7637.
〔2〕 Morioka N, Abe H, Araki R, Matsumoto N, Zhang FF, Nakamura Y, Hisaoka-Nakashima K, Nakata Y (2014) A beta1/2 adrenergic receptor-sensitive intracellular signaling pathway modulates CCL2 production in cultured spinal astrocytes. *J Cell Physiol* **229**:323-332.
〔3〕 Muralidharan S, Hanley PJ, Liu E, Chakraborty R, Bollard C, Shpall E, Rooney C, Savoldo B, Rodgers J, Dotti G (2011) Activation of Wnt signaling arrests effector differentiation in human peripheral and cord blood-derived T lymphocytes. *J Immunol* **187**:5221-5232.
〔4〕 Zeng FY, Dong H, Cui J, Liu L, Chen T (2010) Glycogen synthase kinase 3 regulates PAX3-FKHR-mediated cell proliferation in human alveolar rhabdomyosarcoma cells. *Biochem Biophys Res Commun* **391**:1049-1055.

UCN-01

キーワード：[G2 checkpoint inhibitor][Chk1 inhibitor][α1-acid glycoprotein binder]

構造：

UCN-01

分子式：$C_{28}H_{26}N_4O_4$
分子量：482.53
溶解性：DMSO, +++; H_2O, -; MeOH, +

由来：

放線菌 *Streptomyces* sp. 由来の天然物〔1〕。

標的分子と作用：

UCN-01はstaurosporineよりもPKC特異的阻害剤として発見され〔1〕、cPKCを阻害する〔2〕。DNA障害を受けた細胞でChk1活性を阻害し、Cdc25CのSer216のリン酸化阻害、およびCdc25Cと14-3-3の結合を阻害する〔8〕。さらにチェックポイント経路に関与するp38MAPK/MK2も阻害する〔9〕ことから、UCN-01が2つの重要なチェックポイント経路を同時に阻害すると考えられている。

UCN-01の生物活性：

IC_{50} value against protein kinase C, protein kinase A and pp60src kinase：4.1, 42, and 45nM, respectively〔1〕
IC_{50} value against cdk2, 4, and 6：42, 32, and 58nM, respectively〔16〕
IC_{50} value against Chk1 autophosphorylation and Cdc25C-serine 216 phosphorylation：～25nM〔8〕

参考文献：

〔1〕 Takahashi I, Kobayashi E, Asano K, Yoshida M, Nakano H. UCN-01, a selective inhibitor of protein kinase C from *Streptomyces*. (1987) *J Antibiot.* **40**:1782-1784.
〔2〕 Mizuno K, Noda K, Ueda Y, Hanaki H, Saido TC, Ikuta T, Kuroki T, Tamaoki T, Hirai S, Osada S, Ohno S (1995) UCN-01, an anti-tumor drug, is a selective inhibitor of the conventional PKC subfamily. *FEBS Lett.* **359**:259-261.
〔3〕 Akinaga S, Gomi K, Morimoto M, Tamaoki T, Okabe M. (1991) Antitumor activity of UCN-01, a selective inhibitor of protein kinase C, in murine and human tumor models. *Cancer Res.* **51**:4888-4892.
〔4〕 Seynaeve CM, Stetler-Stevenson M, Sebers S, Kaur G, Sausville EA, Worland PJ. (1993) Cell cycle arrest and growth inhibition by the protein kinase antagonist UCN-01 in human breast carcinoma cells. *Cancer Res.* **53**:2081-2086.
〔5〕 Sugiyama K, Akiyama T, Shimizu M, Tamaoki T, Courage C, Gescher A, Akinaga S. (1999) Decrease in susceptibility toward induction of apoptosis and alteration in G1 checkpoint function as determinants of resistance of human lung cancer cells against the antisignaling drug UCN-01 (7-Hydroxystaurosporine). *Cancer Res.* **59**:4406-4412.
〔6〕 Lee JH, Choy ML, Ngo L, Venta-Perez G, Marks PA. (2011) Role of checkpoint kinase 1 (Chk1) in the mechanisms of resistance to histone deacetylase inhibitors. *Proc Natl Acad Sci USA.* **108**:19629-19634.
〔7〕 Shao RG, Cao CX, Zhang H, Kohn KW, Wold MS, Pommier Y. (1999) Replication-mediated DNA damage by camptothecin induces phosphorylation of RPA by DNA-dependent protein kinase and dissociates RPA:DNA-PK complexes. *EMBO J.* **18**:1397-1406.
〔8〕 Graves PR, Yu L, Schwarz JK, Gales J, Sausville EA, O'Connor PM, Piwnica-Worms H. (2000) The Chk1 protein kinase and the Cdc25C regulatory pathways are targets of the anticancer agent UCN-01. *J Biol Chem.* **275**:5600-5605.
〔9〕 Reinhardt HC, Aslanian AS, Lees JA, Yaffe MB. (2007) p53-deficient cells rely on ATM- and ATR-mediated checkpoint signaling through the p38MAPK/MK2 pathway for survival after DNA damage. *Cancer Cell.* **11**:175-189.
〔10〕 Kohn EA, Ruth ND, Brown MK, Livingstone M, Eastman A. (2002) Abrogation of the S phase DNA damage checkpoint results in S phase progression or premature mitosis depending on the concentration of 7-hydroxystaurosporine and the kinetics of Cdc25C activation. *J Biol Chem.* **277**:26553-26564.
〔11〕 Zhao B, Bower MJ, McDevitt PJ, Zhao H, Davis ST, Johanson KO, Green SM, Concha NO, Zhou BB. (2002) Structural basis for Chk1 inhibition by UCN-01. *J Biol Chem.* **277**:46609-46615.
〔12〕 Komander D, Kular GS, Bain J, Elliott M, Alessi DR, Van Aalten DM. (2003) Structural basis for UCN-01 (7-hydroxystaurosporine) specificity and PDK1 (3-phosphoinositide-dependent protein kinase-1) inhibition. *Biochem J.* **375**:255-262.
〔13〕 Fuse E, Tanii H, Kurata N, Kobayashi H, Shimada Y, Tamura T, Sasaki Y, Tanigawara Y, Lush RD, Headlee D, Figg WD, Arbuck SG, Senderowicz AM, Sausville EA, Akinaga S, Kuwabara T, Kobayashi S. (1998) Unpredicted clinical pharmacology of UCN-01 caused by specific binding to human alpha1-acid glycoprotein. *Cancer Res.* **58**:3248-3253.
〔14〕 Fuse E, Tanii H, Takai K, Asanome K, Kurata N, Kobayashi H, Kuwabara T, Kobayashi S, Sugiyama Y. (1999) Altered pharmacokinetics of a novel anticancer drug, UCN-01, caused by specific high affinity binding to alpha1-acid glycoprotein in humans. *Cancer Res.* **59**:1054-1060.
〔15〕 Katsuki M, Chuang VT, Nishi K, Kawahara K, Nakayama H, Yamaotsu N, Hirono S, Otagiri M. (2005) Use of photoaffinity labeling and site-directed mutagenesis for identification of the key residue responsible for extraordinarily high affinity binding of UCN-01 in human alpha1-acid glycoprotein. *J Biol Chem.* **280**:1384-1391.
〔16〕 Kawakami K, Futami H, Takahara J, Yamaguchi K. (1996) UCN-01, 7-hydroxyl-staurosporine, inhibits kinase activity of cyclin-dependent kinases and reduces the phosphorylation of the retinoblastoma susceptibility gene product in A549 human lung cancer cell line. *Biochem Biophys Res Commun.* **219**:778-783.

UNC0638*

キーワード：[Protein lysine methyltransferases G9a and GLP inhibitor]

構造：

UNC0638

分子式：$C_{30}H_{47}N_5O_2$
分子量：509.73
溶解性：DMSO, +++; H_2O, -; MeOH, ±

由来：

* 合成化合物〔1,2〕。

標的分子と作用：

強力で選択的なヒストンメチル基転移酵素G9a、GLPの阻害剤〔1,2〕。サイレンシングされた遺伝子を再活性化する〔2,3〕。

UNC0638の生物活性：

IC_{50} value against G9a and GLP：< 15, and 19 ± 1nM〔2〕
Stem cell-like phenotypes maintenance in hematopoietic stem and progenitor cells：1μM〔3〕
Growth inhibition and induction of myeloid differentiation of AML cells：1μM〔4〕

参考文献：

〔1〕 Liu F, Chen X, Allali-Hassani A, Quinn AM, Wigle TJ, Wasney GA, Dong A, Senisterra G, Chau I, Siarheyeva A, Norris JL, Kireev DB, Jadhav A, Herold JM, Janzen WP, Arrowsmith CH, Frye SV, Brown PJ, Simeonov A, Vedadi M, Jin J (2010) Protein lysine methyltransferase G9a inhibitors: design, synthesis, and structure activity relationships of 2,4-diamino-7-aminoalkoxy-quinazolines. *J Med Chem* **53**:5844-5857.
〔2〕 Vedadi M, Barsyte-Lovejoy D, Liu F, Rival-Gervier S, Allali-Hassani A, Labrie V, Wigle TJ, Dimaggio PA, Wasney GA, Siarheyeva A, Dong A, Tempel W, Wang SC, Chen X, Chau I, Mangano TJ, Huang XP, Simpson CD, Pattenden SG, Norris JL, Kireev DB, Tripathy A, Edwards A, Roth BL, Janzen WP, Garcia BA, Petronis A, Ellis J, Brown PJ, Frye SV, Arrowsmith CH, Jin J (2011) A chemical probe selectively inhibits G9a and GLP methyltransferase activity in cells. *Nat Chem Biol* **7**:566-574.
〔3〕 Chen X, Skutt-Kakaria K, Davison J, Ou YL, Choi E, Malik P, Loeb K, Wood B, Georges G, Torok-Storb B, Paddison PJ (2012) G9a/GLP-dependent histone H3K9me2 patterning during human hematopoietic stem cell lineage commitment. *Genes Dev* **26**:2499-2511.
〔4〕 Lehnertz B, Pabst C, Su L, Miller M, Liu F, Yi L, Zhang R, Krosl J, Yung E, Kirschner J, Rosten P, Underhill TM, Jin J, Hebert J, Sauvageau G, Humphries RK, Rossi FM (2014) The methyltransferase G9a regulates HoxA9-dependent transcription in AML. *Genes Dev* **28**:317-327.

UTK01*

キーワード：[Migration inhibitor] [14-3-3ζ] [Protein-Protein interaction inhibitor]

構造：

UTK01

分子式：$C_{23}H_{34}O_4$
分子量：374.52
溶解性：DMSO, +++; H_2O, ±; MeOH, +

由来：

* *Aspergillus* sp. F7720から単離されたmoverastinの合成類縁化合物〔1,2〕。

標的分子と作用：

UTK01はヒトの食道腫瘍EC17細胞の遊走を阻害する〔1〕。標的分子は14-3-3ζであり、14-3-3ζとTiam1の結合を妨害し、細胞遊走におけるRac1活性化を阻害する〔3〕。

UTK01の生物活性：

IC_{50} values for cell migration and cell viability against EC17 cells：1.98 and 46μM, respectively〔1〕
IC_{50} value for second EGF-induced wave of lamellipodia formation in A431 cells：0.78μM〔3〕
IC_{50} value for cell migration induced by EGF against A431 cells：0.67μM〔3〕

参考文献：

〔1〕 Sawada M, Kubo S, Matsumura K, Takemoto Y, Kobayashi H, Tashiro E, Kitahara T, Watanabe H, Imoto M (2011) Synthesis and anti-migrative evaluation of moverastin derivatives. *Bioorg Med Chem Lett* **21**:1385-1389.
〔2〕 Takemoto Y, Watanabe H, Uchida K, Matsumura K, Nakae K, Tashiro E, Shindo K, Kitahara T, Imoto M (2005) Chemistry and biology of moverastins, inhibitors of cancer cell migration, produced by Aspergillus. *Chem Biol* **12**:1337-1347.
〔3〕 Kobayashi H, Ogura Y, Sawada M, Nakayama R, Takano K, Minato Y, Takemoto Y, Tashiro E, Watanabe H, Imoto M (2011) Involvement of 14-3-3 proteins in the second epidermal growth factor-induced wave of Rac1 activation in the process of cell migration. *J Biol Chem* **286**:39259-39268.

Vinblastine, Vincristine

キーワード：[Antitumor] [Apoptosis] [Cell cycle inhibitor] [Microtubule inhibitor]

構造：

Vinblastine (R = CH_3)

分子式：$C_{46}H_{58}N_4O_9$
分子量：810.97
溶解性：DMSO, ++; H_2O, +; MeOH, ++

Vincristine (R = CHO)

分子式：$C_{46}H_{56}N_4O_{10}$
分子量：824.96
溶解性：DMSO, ++; H_2O, +; MeOH, ++

由来：

ニチニチソウ *Vinca rosea* L. 由来の天然物〔1〕。

標的分子と作用：

α, β-チューブリンヘテロダイマーに対しcolchicineと異なる部位に結合し、微小管の重合阻害や過重合を引き起こす〔2-9〕。

Vinblastine、およびVincristineの生物活性：

Vinblastine

IC_{50} value against *in vitro* microtubule polymerization (3.0mg/ml tubulin)：430nM〔4〕

K_i value against net tubulin addition at the assembly ends：178nM〔9〕

Complete growth inhibition in L-cells：40nM〔9〕

Vincristine

K_i value against net tubulin addition at the assembly ends：85nM〔9〕

Complete growth inhibition in L-cells：40nM〔9〕

参考文献：

〔1〕 Neuss N, Gorman M, Svoboda GH, Maciak G, Beer CT (1959) Vinca alkaloids. III. Characterization of leurosine and vincaleukoblastine, new alkaloids from Vinca rosea Linn. *J Am Chem Soc* **81**:4754-4755.
〔2〕 Malawista S, Sato H, Bensch K (1968) Vinblastine and griseofulvin reversibly disrupt the living mitotic spindle. *Science* **160**:770-771.
〔3〕 Bensch K, Malawista S (1969) Microtubular crystals in mammalian cells. J Cell Biol 40:95-107.
〔4〕 Owellen RJ, Hartke CA, Dickerson RM, Hains FO (1976) Inhibition of tubulin-microtubule polymerization by drugs of the Vinca alkaloid class. *Cancer Res* **36**-1499.
〔5〕 Gigant B, Wang C, Ravelli RB, Roussi F, Steinmetz MO, Curmi PA, Sobel A, Knossow M. (2005) Structural basis for the regulation of tubulin by vinblastine. *Nature* **435**:519-522.
〔6〕 Ravelli RB, Gigant B, Curmi PA, Jourdain I, Lachkar S, Sobel A, Knossow M (2004) Insight into tubulin regulation from a complex with colchicine and a stathmin-like domain. *Nature* **428**:198-202.
〔7〕 Mueller GA, Gaulden ME, Drane W (1971) The effects of varying concentrations of colchicine on the progression of grasshopper neuroblasts into metaphase. *J Cell Biol* **48**:253-265.
〔8〕 Rizzoni M, Palitti F (1973) Regulatory mechanism of cell division. I. Cholchicine-induced endoreduplication. *Exp Cell Res* **77**:450-458.
〔9〕 Jordan MA, Himes RH, Wilson L (1985) Comparison of the effects of vinblastine, vincristine, vindesine, and vinepidine on microtubule dynamics and cell proliferation in vitro. *Cancer Res* **45**:2741-2747.

Withaferin A

キーワード：[Antiangiogenesis] [Anti-inflammation] [Antitumor]

構造：

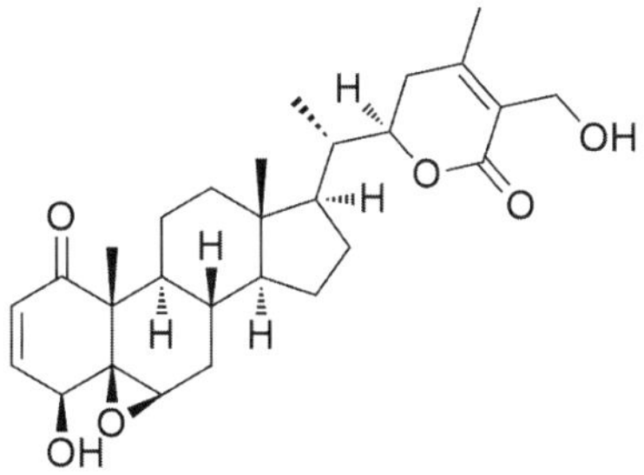

Withaferin A

分子式：$C_{28}H_{38}O_6$

分子量：470.61

溶解性：DMSO, ++; H_2O, ±; MeOH,++

由来：

ナス科植物 *Withania somnifera* 由来の天然物〔1〕。

標的分子と作用：

抗がん作用〔3〕、抗血管新生作用〔4〕、抗炎症作用などの多くの生物活性が報告されている。標的分子として、アネキシンII〔5〕、プロテインキナーゼC〔6〕、がんプロテアソーム〔7〕、IKK*β*〔8〕、ビメンチン〔9〕、HSP90〔10〕、グリア繊維酸性タンパク質（GFAP）〔11〕、*β*-チューブリン〔12〕などが報告されている。Withaferin A構造中の*α, β*-不飽和ケトンがこれらのタンパク質と共有結合することで活性を示すと考えられており、それぞれの結合部位は、アネキシンII（Cys133）、GFAP（Cys294）、*β*-チューブリン（Cys303）、IKK*β*（Cys179）である〔12, 11, 5, 13〕。

Withaferin Aの生物活性：

Actin filament disruption in WI-38 and HepG2 cells：4μM〔5〕

IC_{50} value against protein kinase C activity of *Leishmania*：～5μM〔6〕

IC_{50} value against chymotrypsin-like activity of a purified rabbit 20S proteasome：4.5μM〔7〕

IC_{50} value against pancreatic cancer cells：1.24～2.93μM〔10〕

参考文献：

〔1〕 Yarden A, Lavie D (1962) Withaferin - a New Constituent of *Withania Somnifera*. B *Res Counc Israel A* **11**:35.

〔2〕 Lavie D, Glotter E, Shvo Y (1965) Constituents of Withania Somnifera Dun .4. Structure of Withaferin A. *J Chem Soc* (Dec):7517-7531.

〔3〕 Shohat B, Gitter S, Abraham A, Lavie D (1967) Antitumor activity of withaferin A (NSC-101088). *Cancer Chemother Rep* **51**:271-276

〔4〕 Mohan R, Hammers HJ, Bargagna-Mohan P, Zhan XH, Herbstritt CJ, Ruiz A, Zhang L, Hanson AD, Conner BP, Rougas J, Pribluda VS (2004) Withaferin A is a potent inhibitor of angiogenesis. *Angiogenesis* **7**:115-122.

〔5〕 Falsey RR, Marron MT, Gunaherath GM, Shirahatti N, Mahadevan D, Gunatilaka AA, Whitesell L (2006) Actin microfilament aggregation induced by withaferin A is mediated by annexin II. *Nat Chem Biol* **2**:33-38.

〔6〕 Sen N, Banerjee B, Das BB, Ganguly A, Sen T, Pramanik S, Mukhopadhyay S, Majumder HK (2007) Apoptosis is induced in leishmanial cells by a novel protein kinase inhibitor withaferin A and is facilitated by apoptotic topoisomerase I-DNA complex. *Cell Death Differ* **14**:358-367.

〔7〕 Yang H, Shi G, Dou QP (2007) The tumor proteasome is a primary target for the natural anticancer compound Withaferin A isolated from "Indian winter cherry". *Mol Pharmacol* **71**:426-437.

〔8〕 Kaileh M, Vanden Berghe W, Heyerick A, Horion J, Piette J, Libert C, De Keukeleire D, Essawi T, Haegeman G (2007) Withaferin a strongly elicits IκB kinase β hyperphosphorylation concomitant with potent inhibition of its kinase activity. *J Biol Chem* **282**:4253-4264.

〔9〕 Bargagna-Mohan P, Hamza A, Kim YE, Khuan Abby Ho Y, Mor-Vaknin N, Wendschlag N, Liu J, Evans RM, Markovitz DM, Zhan CG, Kim KB, Mohan R (2007) The tumor inhibitor and antiangiogenic agent withaferin A targets the intermediate filament protein vimentin. *Chem Biol* **14**:623-634.

〔10〕 Yu Y, Hamza A, Zhang T, Gu M, Zou P, Newman B, Li Y, Gunatilaka AA, Zhan CG, Sun D (2010) Withaferin A targets heat shock protein 90 in pancreatic cancer cells. *Biochem Pharmacol* **79**:542-551.

〔11〕 Bargagna-Mohan P, Paranthan RR, Hamza A, Dimova N, Trucchi B, Srinivasan C, Elliott GI, Zhan CG, Lau DL, Zhu H, Kasahara K, Inagaki M, Cambi F, Mohan R (2010) Withaferin A targets intermediate filaments glial fibrillary acidic protein and vimentin in a model of retinal gliosis. *J Biol Chem* **285**:7657-7669.

〔12〕 Antony ML, Lee J, Hahm ER, Kim SH, Marcus AI, Kumari V, Ji X, Yang Z, Vowell CL, Wipf P, Uechi GT, Yates NA, Romero G, Sarkar SN, Singh SV (2014) Growth arrest by the antitumor steroidal lactone withaferin A in human breast cancer cells is associated with down-regulation and covalent binding at cysteine 303 of β-tubulin. *J Biol Chem* **289**:1852-1865.

〔13〕 Heyninck K, Lahtela-Kakkonen M, Van der Veken P, Haegeman G, Vanden Berghe W (2014) Withaferin A inhibits NF-κB activation by targeting cysteine 179 in IKKβ. *Biochem Pharmacol* **91**:501-509.

Wortmannin

キーワード：[Apoptosis inducer] [PI3 kinase inhibitor]

構造：

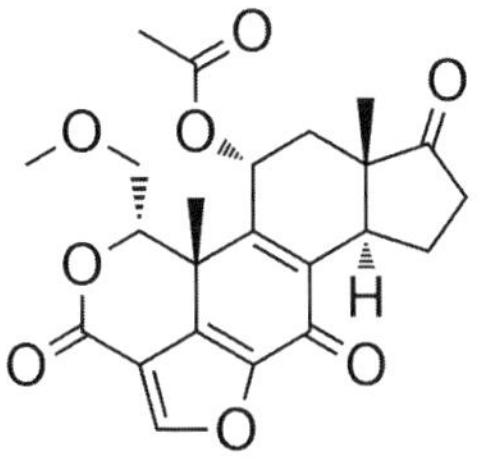

Wortmannin

分子式：$C_{23}H_{24}O_8$
分子量：428.43
溶解性：DMSO, +++; H_2O, ±; MeOH, ±

由来：

アオカビ *Penicillium wortmanni* 由来の天然物〔1〕。

標的分子と作用：

Wortmannin は強力な抗炎症活性を示し〔2〕、NADPH オキシダーゼの活性化を誘導するシグナル伝達を阻害する〔3〕。Phosphatidylinositol 3-kinase（PI3K）リン酸転移反応に関与する Lys802 に共有結合することで、不可逆的かつ選択的に PI3K を阻害する〔4-6〕。

Wortmannin の生物活性：

Growth inhibition of *Botrytis allii, B. cincerea, B. fabae, Cladosporium herbarum* and *Rhizopus stolonifer*：0.4 ～ 3.2 μg/ml〔1〕

IC_{50} for noncompetitive inhibition of all three of the PI 3-kinase activities found in the cytosol fraction of guinea pig neutrophils：5nM〔4〕

Inhibition of the phosphorylation of Akt in HEK293 and HeLa cells：100nM〔12〕

IC_{50} of antiproteolytic effect on autophagic sequestration：30nM〔13〕

Inhibition of early endosome fusion *in vitro* prepared wortmannin cell：100nM〔14〕

参考文献：

〔1〕 Brian PW, Curtis PJ, Hemming HG, Norris GLF (1957) Wortmannin, an antibiotic produced by Penicillium wortmanni. *Trans Brit mycol Soc* **40**:365-368.

〔2〕 Wiesinger D, Gubler HU, Haefliger W, Hauser D (1974) Antiinflammatory activity of the new mould metabolite 11-desacetoxy-wortmannin and of some of its derivatives. *Experientia* **30**:135-136.

〔3〕 Baggiolini M, Dewald B, Schnyder J, Ruch W, Cooper PH, Payne TG (1987) Inhibition of the phagocytosis-induced respiratory burst by the fungal metabolite wortmannin and some analogues. *Exp Cell Res* **169**:408-418.

〔4〕 Okada T, Sakuma L, Fukui Y, Hazeki O, Ui M (1994) Blockage of chemotactic peptide-induced stimulation of neutrophils by wortmannin as a result of selective inhibition of phosphatidylinositol 3-kinase. *J Biol Chem* **269**:3563-3567.

〔5〕 Norman BH, Shih C, Toth JE, Ray JE, Dodge JA, Johnson DW, Rutherford PG, Schultz RM, Worzalla JF, Vlahos CJ (1996) Studies on the mechanism of phosphatidylinositol 3-kinase inhibition by wortmannin and related analogs. *J Med Chem* **39**:1106-1111.

〔6〕 Wymann MP, Bulgarelli-Leva G, Zvelebil MJ, Pirola L, Vanhaesebroeck B, Waterfield MD, Panayotou G (1996) Wortmannin inactivates phosphoinositide 3-kinase by covalent modification of Lys-802, a residue involved in the phosphate transfer reaction. *Mol Cell Biol* **16**:1722-1733.

〔7〕 Burgering BM, Coffer PJ (1995) Protein kinase B (c-Akt) in phosphatidylinositol-3-OH kinase signal transduction. *Nature* **376**:599-602.

〔8〕 Franke TF, Yang SI, Chan TO, Datta K, Kazlauskas A, Morrison DK, Kaplan DR, Tsichlis PN (1995) The protein kinase encoded by the Akt proto-oncogene is a target of the PDGF-activated phosphatidylinositol 3-kinase. *Cell* **81**:727-736.

〔9〕 Banin S, Moyal L, Shieh S, Taya Y, Anderson CW, Chessa L, Smorodinsky NI, Prives C, Reiss Y, Shiloh Y, Ziv Y (1998) Enhanced phosphorylation of p53 by ATM in response to DNA damage. *Science* **281**:1674-1677.

〔10〕 Yao R, Cooper GM (1995) Requirement for phosphatidylinositol-3 kinase in the prevention of apoptosis by nerve growth factor. *Science* **267**:2003-2006.

〔11〕 Dudek H, Datta SR, Franke TF, Birnbaum MJ, Yao R, Cooper GM, Segal RA, Kaplan DR, Greenberg ME (1997) Regulation of neuronal survival by the serine-threonine protein kinase Akt. *Science* **275**:661-665.

〔12〕 Ozes ON, Mayo LD, Gustin JA, Pfeffer SR, Pfeffer LM, Donner DB (1999) NF-kappaB activation by tumour necrosis factor requires the Akt serine-threonine kinase. *Nature* **401**:82-85.

〔13〕 Blommaart EF, Krause U, Schellens JP, Vreeling-Sindelárová H, Meijer AJ. (1997) The phosphatidylinositol 3-kinase inhibitors wortmannin and LY294002 inhibit autophagy in isolated rat hepatocytes. *Eur J Biochem* **243**:240-246.

〔14〕 Simonsen A, Lippe R, Christoforidis S, Gaullier JM, Brech A, Callaghan J, Toh BH, Murphy C, Zerial M, Stenmark H (1998) EEA1 links PI(3)K function to Rab5 regulation of endosome fusion. *Nature* **394**:494-498.

Xanthohumol

キーワード：[Antiangiogenesis]［Antitumor］［Autophagy］［Valosin-containing protein (VCP) inhibitor］

構造：

HO OH OH O O

Xanthohumol

分子式：$C_{21}H_{22}O_5$
分子量：354.40
溶解性：DMSO, ++; H_2O, ±; MeOH, +

由来：

ホップ植物 *Humulus lupulus* L. 由来の天然物〔1,2〕。

標的分子と作用：

骨吸収阻害剤〔4〕、diacylglycerol acyltransferase 阻害剤〔5〕、farnesoid X 受容体アゴニスト〔6〕、血管新生阻害剤〔7〕、抗腫瘍化合物〔8〕といった生物活性を示す。NF-κB および Akt 経路を抑制し、アポトーシスを誘導すること〔7,8〕、また valosin-containing protein（VCP）に結合して不活性化することが報告されている〔9〕。

Xanthohumolの生物活性：

IC_{50} values for diacylglycerol acyltransferase：50.3μM〔5〕
Inhibition of endothelial cell chemotaxis and invasion：5 ～ 10μM〔7〕
Growth inhibition of prostate cancer cells, LNCaP, C4-2, PC-3 and DU145：20 ～ 40μM〔8〕
Autophagy induction in HeLa cells：10 ～ 30μM〔9〕

参考文献：

〔1〕 Power FB, Tutin F, Rogerson H (1913) CXXXV.-The constituents of hops. *J Chem Soc Trans* **103**:1267-1292.

〔2〕 Stevens JF, Page JE (2004) Xanthohumol and related prenylflavonoids from hops and beer: to your good health! *Phytochemistry* **65**:1317-1330.

〔3〕 Verzele M, Stockx J, Fontijn F, Anteunis M (1957) Xanthohumol, a new natural chalcone. *Bull Soc Chim Belg* **66**:452-475.

〔4〕 Tobe H, Muraki Y, Kitamura K, Komiyama O, Sato Y, Sugioka T, Maruyama HB, Matsuda E, Nagai M (1997) Bone resorption inhibitors from hop extract. *Biosci Biotechnol Biochem* **61**:158-159

〔5〕 Tabata N, Ito M, Tomoda H, Omura S (1997) Xanthohumols, diacylglycerol acyltransferase inhibitors, from Humulus lupulus. *Phytochemistry* **46**:683-687.

〔6〕 Nozawa H (2005) Xanthohumol, the chalcone from beer hops (Humulus lupulus L.), is the ligand for farnesoid X receptor and ameliorates lipid and glucose metabolism in KK-A(y) mice. *Biochem Biophys Res Commun* **336**:754-761.

〔7〕 Albini A, Dell'Eva R, Vene R, Ferrari N, Buhler DR, Noonan DM, Fassina G (2006) Mechanisms of the antiangiogenic activity by the hop flavonoid xanthohumol: NF-kappaB and Akt as targets. *FASEB J* **20**:527-529.

〔8〕 Deeb D, Gao X, Jiang H, Arbab AS, Dulchavsky SA, Gautam SC (2010) Growth inhibitory and apoptosis-inducing effects of xanthohumol, a prenylated chalone present in hops, in human prostate cancer cells. *Anticancer Res* **30**:3333-3339.

〔9〕 Sasazawa Y, Kanagaki S, Tashiro E, Nogawa T, Muroi M, Kondoh Y, Osada H, Imoto M (2012) Xanthohumol impairs autophagosome maturation through direct inhibition of valosin-containing protein. *ACS Chem Biol* **7**:892-900.

XAV939*

キーワード：[Antitumor] [PARP/tankyrase inhibitior] [Wnt signaling]

構造：

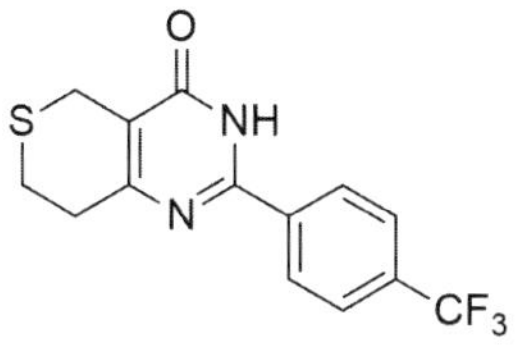

XAV939

分子式：$C_{14}H_{11}F_3N_2OS$
分子量：312.31
溶解性：DMSO, ++; H_2O, -; MeOH, -

由来：

*合成化合物〔1〕。

標的分子と作用：

XAV939はポリADPリボシル化酵素タンキラーゼ1およびタンキラーゼ2を阻害することでaxinの安定化し、*β*-cateninの分解を誘導する〔1〕。ヒトタンキラーゼ2のPARPドメインの共結晶構造によって、XAV939がNAD^+結合部位のnicotinamide部位であることが報告されている〔2〕。

XAV939の生物活性：

IC_{50} values for TNKS1, TNKS2, and PARP1：11nM, 4nM, and 2,194nM, respectively〔1〕
K_d values for TNKS1, TNKS2, and PARP1：14 ± 8, 8 ± 3, and 620 ± 130nM, respectively〔2〕
IC_{50} values against the growth of MDA-MB-231 cells in low serum condition：1.5μM〔7〕

参考文献：

〔1〕 Huang SM, Mishina YM, Liu S, Cheung A, Stegmeier F, Michaud GA, Charlat O, Wiellette E, Zhang Y, Wiessner S, Hild M, Shi X, Wilson CJ, Mickanin C, Myer V, Fazal A, Tomlinson R, Serluca F, Shao W, Cheng H, Shultz M, Rau C, Schirle M, Schlegl J, Ghidelli S, Fawell S, Lu C, Curtis D, Kirschner MW, Lengauer C, Finan PM, Tallarico JA, Bouwmeester T, Porter JA, Bauer A, Cong F (2009) Tankyrase inhibition stabilizes axin and antagonizes Wnt signalling. *Nature* **461**:614-620.

〔2〕 Karlberg T, Markova N, Johansson I, Hammarstrom M, Schutz P, Weigelt J, Schuler H (2010) Structural basis for the interaction between tankyrase-2 and a potent Wnt-signaling inhibitor. *J Med Chem* **53**:5352-5355.

〔3〕 Wang H, Hao J, Hong CC (2011) Cardiac induction of embryonic stem cells by a small molecule inhibitor of Wnt/beta-catenin signaling. *ACS Chem Biol* **6**:192-197.

〔4〕 Fancy SP, Harrington EP, Yuen TJ, Silbereis JC, Zhao C, Baranzini SE, Bruce CC, Otero JJ, Huang EJ, Nusse R, Franklin RJ, Rowitch DH (2011) Axin2 as regulatory and therapeutic target in newborn brain injury and remyelination. *Nat Neurosci* **14**:1009-1016.

〔5〕 Li Z, Yamauchi Y, Kamakura M, Murayama T, Goshima F, Kimura H, Nishiyama Y (2012) Herpes simplex virus requires poly(ADP-ribose) polymerase activity for efficient replication and induces extracellular signal-related kinase-dependent phosphorylation and ICP0-dependent nuclear localization of tankyrase 1. *J Virol* **86**:492-503.

〔6〕 Cho-Park PF, Steller H (2013) Proteasome regulation by ADP-ribosylation. *Cell* **153**:614-627.

〔7〕 Bao R, Christova T, Song S, Angers S, Yan X, Attisano L (2012) Inhibition of tankyrases induces Axin stabilization and blocks Wnt signalling in breast cancer cells. *PLoS One* **7**:e48670.

Xestospongin B and C

キーワード：[Vasodilative activity]［IP3 receptor agonist]

構造：

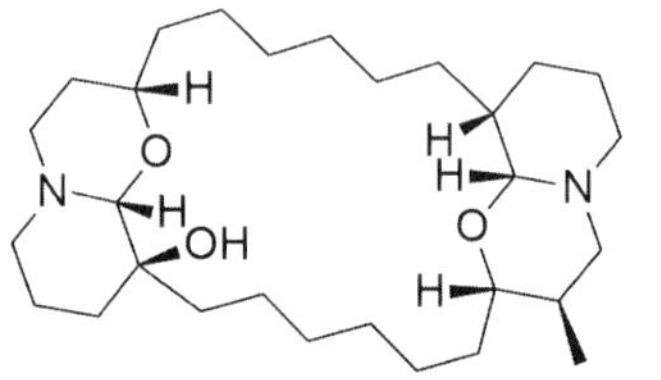

Xestospongin B

分子式：$C_{29}H_{52}N_2O_3$

分子量：476.75

溶解性：DMSO, +; H_2O, ±; MeOH, +

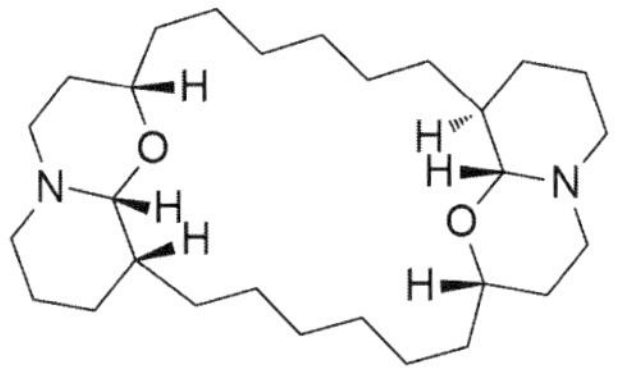

Xestospongin C

分子式：$C_{28}H_{50}N_2O_2$

分子量：446.72

溶解性：DMSO, +; H_2O, ±; MeOH, +

由来：

ミズガメカイメン *Xestospongia exugua* 由来の天然物〔1〕。

標的分子と作用：

Xestospongin BおよびCは、それぞれ競合的、非競合的に1,4,5-trisphosphaste receptor（IP_3R）を阻害し〔3〕、ERからのbradykininおよびcarbamylocholineに誘導されるERからのCa^{2+}流出を抑制する。

Xestospongin BおよびCの生物活性：

IC_{50} on IP_3-mediated Ca^{2+} release of xestospongin C in rabbit cerebellar microsomes：358nM〔2〕

K_i value of xestospongin B on IP_3-binding for cerebellar membrane：31μM〔3〕

Inhibition of xestospongin B on bradykinin-induced Ca^{2+} signaling in NG108-15 cells：27μM〔3〕

Autophagy induction in HeLa cells：2μM〔4〕

参考文献：

〔1〕 Nakagawa M, Endo M, Tanaka N, Lee GP (1984) Structures of Xestospongin-a, Xestospongin-B, Xestospongin-C and Xestospongin-D, Novel Vasodilative Compounds from Marine Sponge, Xestospongia-Exigua. *Tetrahedron Lett* **25**:3227-3230.

〔2〕 Gafni J, Munsch JA, Lam TH, Catlin MC, Costa LG, Molinski TF, Pessah IN (1997) Xestospongins: potent membrane permeable blockers of the inositol 1,4,5-trisphosphate receptor. *Neuron* **19**:723-733.

〔3〕 Jaimovich E, Mattei C, Liberona JL, Cardenas C, Estrada M, Barbier J, Debitus C, Laurent D, Molgo J (2005) Xestospongin B, a competitive inhibitor of IP3-mediated Ca2+ signalling in cultured rat myotubes, isolated myonuclei, and neuroblastoma (NG108-15) cells. *FEBS Lett* **579**:2051-2057.

〔4〕 Vicencio JM, Ortiz C, Criollo A, Jones AW, Kepp O, Galluzzi L, Joza N, Vitale I, Morselli E, Tailler M, Castedo M, Maiuri MC, Molgo J, Szabadkai G, Lavandero S, Kroemer G (2009) The inositol 1,4,5-trisphosphate receptor regulates autophagy through its interaction with Beclin 1. *Cell Death Differ* **16**:1006-1017.

〔5〕 Criollo A, Vicencio JM, Tasdemir E, Maiuri MC, Lavandero S, Kroemer G (2007) The inositol trisphosphate receptor in the control of autophagy. *Autophagy* **3**:350-353.

ZM447439*

キーワード：[Aurora kinase inhibitor]

構造：

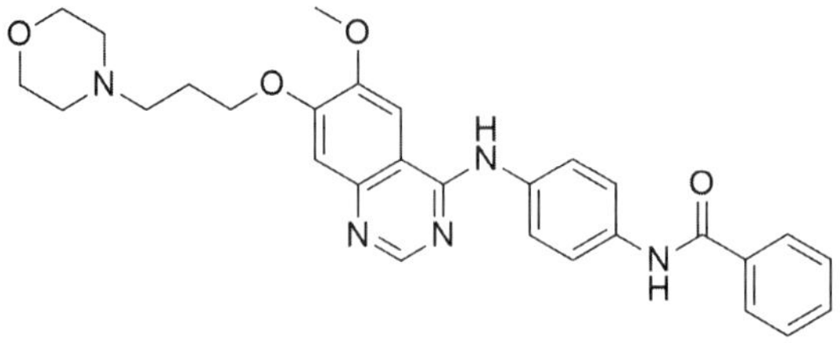

ZM447439

分子式：$C_{29}H_{31}N_5O_4$
分子量：513.60
溶解性：DMSO,+++; H_2O,+; MeOH,+++

由来：

* 合成化合物〔1〕。

標的分子と作用：

Aurora kinase阻害剤として合成され、Aurora Bに対する特異性が高い〔1〕。細胞増殖やヒストンH3のリン酸化を阻害し、アポトーシスを誘導する。細胞分裂期中期におけるkinetochore-microtubule結合を介した染色体整列や、スピンドルアセンブリチェックポイントの活性化、およびcytokinesisにAurora Bが重要であることが明らかになった〔2〕。

ZM447439の生物活性：

IC_{50} for Aurora kinase A and Aurora kinase B：1000nM and 50nM, respectively〔1〕
K_i value for Aurora kinase A and Aurora kinase B：100nM and 0.36nM, respectively〔1〕

参考文献：

〔1〕 Ditchfield C, Johnson VL, Tighe A, Ellston R, Haworth C, Johnson T, Mortlock A, Keen N, Taylor SS (2003) Aurora B couples chromosome alignment with anaphase by targeting BubR1, Mad2, and Cenp-E to kinetochores. *J Cell Biol* **161**:267-280.
〔2〕 Gadea BB, Ruderman JV (2005) Aurora kinase inhibitor ZM447439 blocks chromosome-induced spindle assembly, the completion of chromosome condensation, and the establishment of the spindle integrity checkpoint in Xenopus egg extracts. *Mol Biol Cell* **16**:1305-1318.

ZSTK474*

キーワード：[Antiangiogeneisis] [Antitumor] [PI3K inhibitior]

構造：

ZSTK474

分子式：$C_{19}H_{21}F_2N_7O_2$
分子量：417.41
溶解性：DMSO, ++; H_2O, -; MeOH, -

由来：

*合成化合物〔1〕。

標的分子と作用：

ZSTK474はATP結合ポケットに結合し、PI3KキナーゼクラスIを競合的に阻害する〔1,2〕。これにより強力な抗腫瘍活性と抗血管形成活性を示す〔1,3,4〕。

ZSTK474の生物活性：

Inhibition of cell cycle progression of OVCAR3 in G1 phase：> 0.5μM〔1〕
K_i value against PI3Kδ：1.8nM〔2〕
IC_{50} for inhibiting the growth of HUVECs：146nM〔4〕

参考文献：

〔1〕 Yaguchi S, Fukui Y, Koshimizu I, Yoshimi H, Matsuno T, Gouda H, Hirono S, Yamazaki K, Yamori T (2006) Antitumor activity of ZSTK474, a new phosphatidylinositol 3-kinase inhibitor. *J Natl Cancer Inst* **98**:545-556.
〔2〕 Kong D, Yamori T (2007) ZSTK474 is an ATP-competitive inhibitor of class I phosphatidylinositol 3 kinase isoforms. *Cancer Sci* **98**:1638-1642.
〔3〕 Dan S, Yoshimi H, Okamura M, Mukai Y, Yamori T (2009) Inhibition of PI3K by ZSTK474 suppressed tumor growth not via apoptosis but G0/G1 arrest. *Biochem Biophys Res Commun* **379**:104-109.
〔4〕 Kong D, Okamura M, Yoshimi H, Yamori T (2009) Antiangiogenic effect of ZSTK474, a novel phosphatidylinositol 3-kinase inhibitor. *Eur J Cancer* **45**:857-865.

編著者・執筆者一覧

編集委員会

編集長　[理化学研究所　環境資源科学研究センター]　長田 裕之

編集委員（*幹事）

[慶応義塾大学　理工学部]　井本 正哉

[神奈川大学　天然医薬リード探索研究所]　上村 大輔

[京都大学大学院　薬学研究科]　掛谷 秀昭

[住友化学株式会社　健康・農業関連事業研究所]　永野 栄喜

[日本農薬株式会社　総合研究所]　町谷 幸三

[理化学研究所　環境資源科学研究センター]　吉田 稔

*[理化学研究所　環境資源科学研究センター]　大高 潤之介

執筆者一覧（所属五十音順）

[アステラス製薬株式会社　研究本部]　菅原 真悟

[アステラス製薬株式会社　研究本部]　藤井 康友

[石原産業株式会社]　吉田 潔充

[石原産業株式会社]　三谷 滋

[エーザイ株式会社]　木村 禎治

[大阪大学　大学院工学研究科]　菊地 和也

[神奈川大学　天然医薬リード探索研究所]　上村 大輔

[北里大学　北里生命科学研究所]　塩見 和朗

[九州大学大学院　薬学研究院]　平井 剛

[京都大学　化学研究所]　佐藤 慎一

[京都大学　化学研究所]　上杉 志成

[京都大学大学院　薬学研究科]　掛谷 秀昭

[京都大学大学院　薬学研究科]　李 雪氷

[京都大学大学院　薬学研究科]　吉村 彩

[京都大学大学院　薬学研究科]　小川 はるか

[クミアイ化学工業株式会社]　河合 清

[クミアイ化学工業株式会社]　清水 力

[慶應義塾大学　理工学部]　井本 正哉

[慶應義塾大学　理工学部]　藤本 ゆかり

[産業技術総合研究所]　新家 一男

[静岡大学　グリーン科学技術研究所]　河岸 洋和

[住友化学株式会社　健康・農業関連事業研究所]　氏原 一哉

[住友化学株式会社　健康・農業関連事業研究所]　永野 栄喜

[第一三共RDノバーレ株式会社]　西 剛秀

[大正製薬株式会社]　ロドニー・W・スティーブンス

[大正製薬株式会社]　杉本 智洋

[千葉大学大学院　薬学研究院]　荒井 緑

[筑波大学　生命環境系]　臼井 健郎

[東京大学　創薬機構]　岡部 隆義

[東京大学　創薬機構]　長野 哲雄

[東京大学　創薬機構]　小島 宏建

[東京農工大学　大学院工学研究院]　櫻井 香里

[日本農薬株式会社　総合研究所]　諏訪 明之

[日本農薬株式会社　総合研究所]　藤岡 伸祐

[Meiji Seika ファルマ株式会社]　米沢 実

[Meiji Seika ファルマ株式会社]　味戸 慶一

[理化学研究所　環境資源科学研究センター]　長田 裕之

[理化学研究所　環境資源科学研究センター]　吉田 稔

[理化学研究所　環境資源科学研究センター]　越野 広雪

[理化学研究所　創薬・医療技術基盤プログラム]　丹澤 和比古

[理化学研究所　袖岡有機合成化学研究室]　袖岡 幹子

索引

■ 英字・記号

■ あ行

▪ か行

▪ さ行

▪ た行

■ な行

■ は行

■ ま行

■ ら行

• 本書の内容に関する質問は，オーム社雑誌編集局「(書名を明記)」係宛，
書状またはFAX（03-3293-6889），E-mail（zasshi@ohmsha.co.jp）にてお願いします．
お受けできる質問は本書で紹介した内容に限らせていただきます．なお，電話での質問にはお答えできませんので，あらかじめご了承ください．
• 万一，落丁・乱丁の場合は，送料当社負担でお取替えいたします．当社販売課宛にお送りください．
• 本書の一部の複写複製を希望される場合は，本書扉裏を参照してください．

ケミカルバイオロジー化合物集
—研究展開のヒント—

平成 30 年 10 月 23 日　第 1 版第 1 刷発行

編　者　日本学術振興会ケミカルバイオロジー第 189 委員会
発行者　村 上 和 夫
発行所　株式会社 オ ー ム 社
郵便番号　101-8460
東京都千代田区神田錦町 3-1
電話　03(3233)0641(代表)
URL　https://www.ohmsha.co.jp/

組版　シンクス　　印刷・製本　壮光舎印刷
ISBN978-4-274-50709-0　Printed in Japan